Leonhard Eulers Wirken
an der Berliner Akademie
der Wissenschaften
1741 1766

STUDIEN ZUR GESCHICHTE
DER AKADEMIE DER WISSENSCHAFTEN DER DDR

BAND 11

Herausgegeben im Auftrag des Präsidenten
der Akademie der Wissenschaften der DDR
von Heinrich Scheel

Leonhard Eulers Wirken an der Berliner Akademie der Wissenschaften 1741–1766

Spezialinventar
Regesten der Euler-Dokumente aus dem Zentralen Archiv der Akademie der Wissenschaften der DDR

Bearbeitet von
Wolfgang Knobloch

AKADEMIE-VERLAG
BERLIN
1984

Dieser Titel wurde vom Originalmanuskript des Autors reproduziert

Erschienen im Akademie-Verlag, DDR-1086 Berlin, Leipziger Straße 3—4

Lizenznummer: 202 · 100/408/84
Printed in the German Democratic Republic
Druck: VEB Kongreß- und Werbedruck, 9273 Oberlungwitz
Buchbinderei: VEB Druckhaus „Maxim Gorki“, 7400 Altenburg
Einband und Schutzumschlag: Karl Salzbrunn
LSV 1008
Bestellnummer: 763 327 8 (2168/11)

06000

Inhalt

Abkürzungsverzeichnis

Apr.	April
Aug.	August
Bl.	Blatt
dt.	deutsch
E	Eneström
egh.	eigenhändig
Febr.	Februar
frz.	französich
Gr.	Groschen
Jan.	Januar
lat.	lateinisch
Nov.	November
o. D.	ohne Datum
Okt.	Oktober
Pf.	Pfennig
Pkte	Punkte
Rt.	Reichstaler
Sept.	September
v.	von
Dez.	Dezember
§§	Paragraphen

Einleitung

Das Spezialinventar über Leonhard Eulers Wirken an der Berliner Akademie der Wissenschaften in den Jahren von 1741 bis 1766 verfolgt das Ziel, die Gesamtheit der im Zentralen Archiv der AdW der DDR überlieferten Dokumente von, an und über Euler in Regestform zu erschließen und für die wissenschaftsgeschichtliche Forschung zugänglich zu machen. Während die aus der Tätigkeit Eulers an der Petersburger Akademie der Wissenschaften hervorgegangene quellenmäßige Überlieferung durch das Archiv der Akademie der Wissenschaften der UdSSR bereits im Jahre 1962 in Regestform veröffentlicht wurde,[1] fehlte bisher eine vollständige Zusammenstellung des schriftlichen Niederschlags aus der Zeit seines Wirkens an der Berliner Akademie der Wissenschaften. Es sei allerdings darauf verwiesen, daß schon für das Euler-Jubiläum im Jahre 1957 anläßlich der 250. Wiederkehr des Geburtstages Eulers eine Zusammenstellung von 275 dienstlichen Aufzeichnungen und Schreiben Eulers aus seiner Tätigkeit an der Berliner Akademie in Form von Kurzregesten erarbeitet wurde. Diese in den Akten des Zentralen Archivs der AdW der DDR befindlichen Schriftstücke wurden in Regestform der Euler-Kommission der AdW der UdSSR für eine 1967 erfolgte Publikation zur Verfügung gestellt.[2] 1975 erfolgte eine weitere Veröffentlichung dieser regestenmäßigen Aufstellung von Euler-Dokumenten als Anhang im Band I der Serie IV A der Opera omnia Eulers.[3] Diese regestenmäßige Übersicht der dienstlichen Aufzeichnungen und Schreiben von und an Euler weist jedoch große Lücken auf und enthält eine Reihe von Datierungsfehlern. Hinzu kommt, daß die Euler-Dokumente in der Übersicht nur in Form von äußerst knappen Kurzregesten erschienen sind, die nicht immer der Bedeutung des Inhalts dieser Aufzeichnungen Rechnung tragen und auch zu Fehldeutungen Anlaß geben können.
Das nunmehr vorliegende Spezialinventar der Euler-Dokumente ist ein Beitrag des Zentralen Archivs der AdW der DDR zur 200. Wiederkehr des Todestages Leonhard Eulers am 18.9.1983. Es reiht sich ein in die weltweiten Bemühungen zur Erschließung des wissenschaftlichen Erbes

---

1 Rukopisnye materialy Leonarda Ejlera v archive Akademii nauk SSSR, Bd. 1, Moskau, Leningrad 1962

2 Leonard Ejler, Perepiska, Annotirovannyj ukazatel', Leningrad 1967

3 L. Euler, Briefwechsel, Opera omnia. Series quarta A: Commercium epistolicum, Bd. I, Basel 1975

von Euler, über die R. Taton auf dem XVI. Internationalen Kongreß für Geschichte der Wissenschaften 1981 in Bukarest berichtet hat.[4] Die Veröffentlichung des dienstlichen Schriftwechsels von Euler in Regestform aus der Zeit seines Wirkens an der Berliner Akademie stellt eine Ergänzung seiner im Rahmen der Opera omnia erscheinenden wissenschaftlichen Korrespondenz dar. Das Spezialinventar der im Zentralen Archiv der AdW der DDR überlieferten Schriftstücke von, an und über Euler dürfte erstmalig einen vollständigen Einblick in das umfangreiche wissenschaftliche, wissenschaftsorganisatorische und administrative Wirken Eulers an der Berliner Akademie der Wissenschaften ermöglichen. Das Leben und Wirken Eulers ist auf das engste mit der Berliner Akademie verbunden, der er von 1741 bis 1766 als ordentliches Mitglied angehörte. Eulers Tätigkeit als Akademiemitglied, als Direktor der mathematischen Klasse, als Mitglied der Kalenderkommission und der ökonomischen Kommission, als Leiter der Akademieverwaltung während der Abwesenheit des Akademiepräsidenten P.-L.M. de Maupertuis und als Hauptinitiator bei der Herausgabe von Landkarten durch die Akademie hat einen umfangreichen schriftlichen Niederschlag in Form von wissenschaftlichen Abhandlungen, Gutachten, Sitzungsprotokollen und dienstlichem Schriftwechsel gefunden. Die durch das Spezialinventar erschlossenen Schriftstücke von, an und über L. Euler dokumentieren, daß dieser seit seiner Ankunft in Berlin großen Anteil an der Entwicklung der Berliner Akademie zu einer der bedeutendsten wissenschaftlichen Einrichtungen des 18. Jahrhunderts hatte. Die regestierten Dokumente geben uns Aufschluß über die angestrengte und fruchtbare wissenschaftliche Tätigkeit Eulers an der Berliner Akademie, über seine wissenschaftsorganisatorischen Bemühungen, wie z. B. bei der Reorganisation der Akademie in den 40er Jahren oder bei der Neueinrichtung des Observatoriums, sowie über den von ihm gesuchten unmittelbaren Kontakt zu Fachkollegen, die Euler während ihres Aufenthaltes in Berlin entweder in seinem eigenen Haus beherbergte oder denen er Unterkunft besorgte. Die im Spezialinventar wiedergegebenen Dokumente von, an und über Euler vermitteln manch neue Erkenntnis in solchen Fragen wie etwa dem Prioritätsstreit zwischen dem Präsidenten P.-L.M. de Maupertuis und dem auswärtigen Akademiemitglied S. König über das Prinzip der kleinsten Aktion oder den Ursachen für den Weggang Eulers aus Berlin im Jahre 1766. Das Spezialinventar legt auch deutlich Zeugnis ab von der umfangreichen und vielfältigen Ver-

---

[4] R. Taton, Sur la publication de la correspondance de Leonhard Euler (1707-1783). In: Proceedings of the 16 th International Congress of the History of Science. Reihe C und D, Bukarest 1981, S. 307 ff.

waltungsarbeit, die Euler in seiner Eigenschaft als Akademiedirektor leistete und mit der er zur Stärkung der finanziellen Lage der Berliner Akademie maßgeblich beitrug. Der dazu reichhaltig überlieferte dienstliche Schriftwechsel Eulers erstreckt sich vom 7.9.1742 bis zum 10. Mai 1766.

Voraussetzung für die Veröffentlichung der Euler-Dokumente aus dem Zentralen Archiv der AdW der DDR in Form eines Spezialinventars war die systematische Durchsicht der dafür in Frage kommenden Akten des ältesten Archivbestandes. Als Euler-Dokumente werden hier Schriftstücke bezeichnet, die von Euler verfaßt oder unter- bzw. mitunterzeichnet sind, die an ihn gerichtet sind oder sich auf seine Person beziehen. Jedes Euler-Dokument wurde schriftstückweise in Regestform verzeichnet. Die Erschließung der Dokumente entspricht der Verzeichnungsintensität von Vollregesten. Um das gesamte Tätigkeitsspektrum von Euler zu dokumentieren, wurden auch die Schriftstücke in das Spezialinventar aufgenommen, die lediglich von Euler verfaßte bzw. von ihm unterzeichnete Angaben, Voten und Vermerke enthalten. Jedes Euler-Dokument wurde in der Regel mit folgenden Verzeichnungsangaben regestiert: Absender, Empfänger, Regesttext, Ort und Datum der Ausstellung des Schriftstücks, Überlieferungsform, Hinweis auf die Sprache, wenn das jeweilige Schriftstück in einer anderen als der deutschen Sprache abgefaßt ist, Hinweise auf Angaben, Voten und Vermerke, die von Eulers Hand stammen bzw. von diesem unterzeichnet sind, Archivsignatur mit Blattangabe. Bei den Protokollen von Akademiesitzungen und den wissenschaftlichen Abhandlungen wurde auf die Angabe des stets gleichen Ausstellungsortes verzichtet. Sind der Ausstellungsort, das Ausstellungsdatum oder der Absender bzw. Empfänger nicht sicher zu ermitteln gewesen, wurden sie in eckige Klammern gesetzt. Bei der umfangreichen Schriftgutgruppe der von Euler und den übrigen Direktoren vorgenommenen Rechnungsanweisungen erfolgte eine summarische Verzeichnung von Einzelschriftstücken in nur einem Regest, wenn sich diese auf ein- und dieselbe Sache bzw. Person beziehen. Als Datierung wurde in diesen Fällen die zeitliche Erstreckung der zum Gruppenregest gehörenden Schriftstücke angegeben. Analog wurde bei Protokollen von Akademiesitzungen verfahren, wo mehrmals hintereinander lediglich die Teilnahme von Euler an den Sitzungen zu dokumentieren war. Wenn von einem Euler-Dokument mehrere Überlieferungsformen vorliegen, wurde die authentischste für die Regestierung ausgewählt und auf die übrigen am Schluß der Regestangaben verwiesen. Als Ergebnis einer systematischen Ermittlungs- und Erschließungsarbeit sind mehr als 3000 Dokumente über das Wirken von Euler an der Berliner Akademie der Wissenschaften für das Spezialinventar regestiert worden. Die in Regestform erschlossenen Euler-Dokumente sind im Spe-

zialinventar nach ihrem Entstehungszweck in drei Abschnitte unterteilt. Der erste Abschnitt umfaßt die wissenschaftlichen Abhandlungen und Gutachten Eulers, der zweite Abschnitt die Regesten des dienstlichen Schriftwechsels von Euler und der dritte Abschnitt die Regesten der verschiedenen Sitzungsprotokolle, die auf Euler Bezug nehmen. Die Regesten sind innerhalb der drei Abschnitte chronologisch angeordnet und mit einer laufenden Regestnummer versehen.
Der erste Abschnitt des Spezialinventars enthält alle eigenhändigen bzw. in Abschrift überlieferten wissenschaftlichen Abhandlungen und Gutachten von Euler. Nicht mit aufgenommen wurden die Abhandlungen von J.A. Euler, obwohl diese stark von den Ideen seines Vaters und Lehrers beeinflußt worden sind. Ein beträchtlicher Teil der Abhandlungen von L. Euler ist im Zentralen Archiv der AdW der DDR nur in Abschrift überliefert. Wird die Überlieferungsform der jeweiligen Abhandlung als behändigte Reinschrift gekennzeichnet, so handelt es sich stets um eine von Euler eigenhändig verfaßte Originalabhandlung. Liegt neben dem Originalmanuskript auch eine Abschrift vor, so wird dies am Schluß der Regestangaben zum Original besonders vermerkt.
Alle Dokumente dieses Abschnitts weisen eine durchgängige Numerierung auf, zuerst werden die Abhandlungen Eulers zu den verschiedenen mathematischen, mechanischen, astronomischen und physikalischen Problemen seiner Zeit aufgeführt, danach seine Gutachten. Da genaue Daten über die Entstehung der einzelnen Abhandlungen Eulers nicht vorliegen, sind diese nach dem Datum ihres Vortrags in den Plenarsitzungen der Akademie angeordnet. Diese Datierung dürfte in vielen Fällen mit dem Entstehungsjahr der Abhandlungen übereinstimmen. Wo keine genauere Datierung der Abhandlungen möglich war, wurde versucht, deren ungefähres Entstehungsjahr zu ermitteln. Abhandlungen und Gutachten, die sich überhaupt nicht datieren ließen, wurden mit dem Vermerk "o.D." (ohne Datum) an das Ende des Abschnitts gesetzt. Die Bezeichnung der Abhandlungen wird in der Originalfassung buchstabengetreu wiedergegeben, wobei jedoch die Groß- und Kleinschreibung sowie die Akzentsetzung bei französischen Texten nach der modernen Schreibweise erfolgen. Ist die Abhandlung in einzelne Abschnitte, Paragraphen oder Punkte unterteilt, so wird dies nach der Benennung der Abhandlung vermerkt. Angegeben wird auch die Anzahl der Zeichnungen, die in einem Manuskript vorkommen. Auf eine besondere Regestierung des Inhalts der Abhandlungen und Gutachten wurde verzichtet, da der überwiegende Teil von ihnen bereits veröffentlicht ist. Handelt es sich um keine eigenhändig von Euler verfaßte Abhandlung, sondern um eine Abschrift, wird dies besonders erwähnt. Zu den Verzeichnungsangaben gehört auch der Hinweis auf die Sprache, in der die Abhandlungen verfaßt sind. Enthalten die Abhandlungen Vermerke über deren Vortrag in den Akademie-

sitzungen oder ließ sich das Datum des Vortrags aus den Sitzungsprotokollen ermitteln, so wird dies im Regest mit angegeben. Ist eine Abhandlung in den Opera omnia von Euler bereits veröffentlicht bzw. für den Druck vorgesehen, so wird dies vermerkt. In runden Klammern hinzugefügt wird die Nummer, unter der die jeweilige Abhandlung im Verzeichnis der Schriften Eulers von G. Eneström zu finden ist.[5] Den Abschluß der Angaben zu den Abhandlungen und Gutachten bilden deren Archivsignaturen mit den Blattangaben und eventuelle Hinweise auf andere Überlieferungsformen.

Der Abschnitt mit den Regesten des dienstlichen Schriftwechsels umfaßt alle Schriftstücke von, an und über Euler, die in der Registratur der Akademie zu den Akten gekommen sind. Die in diesem Abschnitt regestierten Dokumente vermitteln ein vollständiges Bild von der umfangreichen wissenschaftsorganisatorischen und administrativen Tätigkeit Eulers an der Berliner Akademie. Sie verdeutlichen, welch große Aufmerksamkeit Euler selbst Detailfragen der Akademieverwaltung widmete. Zu einem nicht geringen Teil besteht diese Quellenüberlieferung aus dem innerdienstlichen Schriftverkehr zwischen Euler und dem Administrator und Kassierer der Akademie, D. Köhler. Der Inhalt der Schriftstücke wird durch Vollregesten erschlossen, die chronologisch nach dem Ausstellungsdatum der Schriftstücke angeordnet sind. Regesten von Schriftstücken, die keine vollständige Datierung aufweisen, werden am Ende des jeweiligen Monats oder Jahres bzw. nach inhaltlichen Gesichtspunkten eingeordnet. Bei einer Reihe von Schriftstücken ließen sich nur ungefähre Entstehungsdaten ermitteln. In der Regel werden im Kopf eines jeden Schriftstückregests Absender und Empfänger angegeben. Der sich daran anschließende Regesttext vermittelt die wesentlichen Fakten und Aussagen des Schriftstücks. Zusätzliche Angaben zur Überlieferungsform und zum Verfasser des Schriftstücks vervollständigen das Regest. In den Fällen, wo das Schriftstück in einer anderen als der deutschen Sprache abgefaßt ist, erfolgt ein entsprechender Hinweis. Enthält ein Schriftstück eine Angabe, Stellungnahme oder einen Vermerk, deren Verfasser oder Mitunterzeichner Euler ist, so wird der Inhalt in Kurzform wiedergegeben. Den Abschluß der Verzeichnungsangaben zu jedem Schriftstückregest bildet die Archivsignatur mit Blattangabe. Liegen zu einem Schriftstück noch andere genetische Überlieferungsformen vor, so werden diese unter Angabe ihrer Archivsignatur mit vermerkt.

---

5 G. Eneström, Verzeichnis der Schriften Leonhard Eulers. Erste Lieferung, Leipzig 1910; zweite Lieferung, Leipzig 1913 (gedruckt als Ergänzungsband IV zum Jahresbericht der Deutschen Mathematiker-Vereinigung).

Der dritte Abschnitt des Spezialinventars umfaßt alle Euler-Bezüge in den Sitzungsprotokollen der akademischen Gremien bis hin zur bloßen Teilnahme Eulers an den Sitzungen. Die Protokolle von den Sitzungen des Konziliums, des Plenums, des Direktoriums, der mathematischen Klasse und der ökonomischen Kommission dokumentieren das umfassende wissenschaftliche und organisatorische Wirken Eulers in der Société littéraire und der alten Sozietät der Wissenschaften während der Übergangsphase von der alten zur neuen Akademie sowie in der durch die Statuten von 1744 und 1746 reorganisierten Akademie. Erstmals werden alle auf Euler Bezug nehmenden Protokolleintragungen in Regestform veröffentlicht. Auf die Angabe der Überlieferungsform wurde bei den Protokollregesten verzichtet. Entsprechend der Überlieferungslage sind die Regesten der Sitzungsprotokolle in drei Unterabschnitte gegliedert. Der erste Unterabschnitt umfaßt die Regesten aller Sitzungsprotokolle aus dem Zeitraum von 1742 bis 1766 unabhängig von der Art der Sitzungen in chronologischer Reihenfolge, der zweite enthält die Regesten der größtenteils eigenhändig von Euler protokollierten Direktoriumssitzungen von 1760 bis 1765 und der dritte die Regesten der Sitzungsprotokolle der ökonomischen Kommission aus den Jahren 1765 bis 1766. Mit Ausnahme der von Eulers Hand stammenden Direktoriumsprotokolle ist bei allen anderen Sitzungsprotokollen Gegenstand des Regests nicht das gesamte Sitzungsprotokoll, sondern nur der Teil des Protokolls, der sich auf L. Euler bezieht. Auf die Anwesenheit Eulers in den Akademiesitzungen wird jeweils im Regestkopf hingewiesen. Da die Sitzungsprotokolle von 1742 bis zum 3.3.1746 in jeweils unterschiedlichen Sprachen vorliegen, wurde bei der Regestierung dieser Protokolle stets vermerkt, in welcher Sprache sie abgefaßt sind. Ab dem 2. Juni 1746 sind die Plenumsprotokolle der Akademie einheitlich in der französischen Sprache niedergeschrieben, so daß auf die Angabe der Schriftsprache der Protokolle in den Regesten verzichtet wurde. Wenn die Sitzungsprotokolle der mathematischen Klasse von Euler eigenhändig abgezeichnet sind, so wird dies im Regestformular besonders erwähnt. Die Regesten der Sitzungsprotokolle erfassen das Auftreten Eulers in den Akademiesitzungen, insbesondere die von ihm gehaltenen wissenschaftlichen Vorträge. Euler hat regelmäßig an den Sitzungen der Akademie teilgenommen. In dem Zeitraum von 1746 bis zu seinem Weggang aus Berlin im Jahre 1766 war er lediglich in 32 Gesamtsitzungen der Akademie nicht anwesend. In die Regesten der Sitzungsprotokolle wurden auch die in der Akademie gehaltenen Vorträge seines Sohnes J.A. Euler aufgenommen, da dessen Arbeiten stark von den Ideen des Vaters beeinflußt worden sind. Die Themen der Vorträge werden in den Regesten in der Sprache und Schreibweise des Originals wiedergegeben. Die Originalprotokolle der Gesamtsitzungen der Akademie aus dem Zeitraum 1746 bis 1766 wurden von E. Winter bereits in extenso veröffentlicht.[6] Die mitunter unkorrekten Datierungen dieser Sitzungsprotokolle durch den Protokollführer J.-H. S. Formey, die schon E. Winter richtiggestellt hat, werden im Regest durch das in eckigen Klammern nachgestellte richtige Datum verbessert. Die Archivsignatur mit Blattangabe schließt jeweils die Angaben zu den einzelnen Regesten der Sitzungsprotokolle ab.

Die noch unbekannten und unveröffentlichten Protokolle der Direktoriumssitzungen aus der Zeit von 1760 bis 1766, die zum überwiegenden Teil von Euler selbst angefertigt wurden, bilden die Quellengrundlage für die Regesten des zweiten Unterabschnitts. Dieser als "Journal de 1760 Déc. - 1766 le 10 Avril" bezeichnete Protokollband belegt quellenmäßig, daß nach dem Tode des Präsidenten P.-L.M. de Maupertuis das Direktorium in den Jahren 1760 bis 1766 regelmäßig neben den Gesamtsitzungen der Akademie tagte. Insoweit die Direktoriumsprotokolle von Eulers Hand stammen oder auf ihn Bezug nehmen, werden sie als Vollregesten wiedergegeben. Euler führte die Protokolle der Direktoriumssitzungen bis zum 21.11.1765. Danach wurden die Protokolle von den beiden anderen Direktoren J.P. Heinius und A.S. Marggraf weitergeführt, ab dem 4.1.1766 liegen nur noch journalmäßige Eintragungen von A.S. Marggraf über eingegangene Schreiben und Schriften vor.

Als dritte Gruppe an Regesten von Sitzungsprotokollen werden die Protokolle von den Sitzungen der ökonomischen Kommission wiedergegeben, die von Friedrich II. im Februar 1765 zur Überprüfung der Kalenderadministration und der Akademiefinanzen eingesetzt wurde und der die Akademiemitglieder L. Euler, J.H. Lambert, J.G. Sulzer, L.I. de Beausobre, J.B. Merian und J. de Castillon angehörten. Die Mitglieder dieser Kontrollinstanz der Akademie, die sich zu einem Machtorgan neben dem Direktorium entwickelte und in Konkurrenz zu diesem stand, trafen sich meist wöchentlich, mitunter auch in kürzeren Zeitabständen, zu Sitzungen, in denen die ökonomischen Angelegenheiten der Akademie beratschlagt und Beschlüsse gefaßt wurden. Die in französischer Sprache niedergeschriebenen Sitzungsprotokolle wurden von J.H. Lambert angefertigt. Für das Spezialinventar der Euler-Dokumente wurden nur die Protokolle erfaßt, in denen auf L. Euler Bezug genommen wird.

Den Abschluß des Spezialinventars bildet ein Personenregister, das alle in den Regesten vorkommenden Personennamen unter Angabe der Regestnummer im jeweiligen Abschnitt des Spezialinventars enthält. Nicht berücksichtigt wurden die Namen aus der Einleitung und der ständig wiederkehrende Name von L. Euler.

---

6 E. Winter, Die Registres der Berliner Akademie der Wissenschaften, 1746-1766, Berlin 1957

Für die beim Zustandekommen dieses Spezialinventars gewährte vielfältige Hilfe und Unterstützung möchte der Bearbeiter dem Vizepräsidenten für Plenum und Klassen der AdW der DDR Akademiemitglied Prof. Dr. H. Scheel sowie dem Direktor des Zentralen Archivs der AdW der DDR Frau Dr. sc. phil. C. Kirsten herzlich Dank sagen. Gedankt sei auch Frau C. Kühl für die maschinenschriftliche Ausfertigung des Spezialinventars.

I. Wissenschaftliche Abhandlungen und Gutachten

Nr. 1
Demonstratio gemina theorematis Neutoniani in quo traditur relatio inter coefficientes cujusvis aequationis algebraicae et summas potestatum radicum ejusdem.
§§ 1-16
1747
Abschrift von J.-H.S. Formey, lat.
Vermerk: vorgetragen am 12. Jan. 1747
Druck: Opera omnia, I-6, S. 20-30 (E 153)
I-M 80, Bl. 7-11

Nr. 2
De numeris amicabilibus
§§ 1-17
1747
Abschrift von J.-H.S. Formey, lat.
Vermerk: vorgetragen am 23. Febr. 1747
Druck: Opera omnia, I-2, S. 86-162 (E 152)
I-M 81, Bl. 68-81

Nr. 3
Theoremata circa divisores numerorum
Theoreme 1-16
1747
Abschrift von J.-H.S. Formey, lat.
Vermerk: vorgetragen am 23. März 1747
Druck: Opera omnia, I-2, S. 62-85 (E 134)
I-M 82, Bl. 82-91

Nr. 4
Recherches sur le mouvement des corps célestes en général
§§ 1-54
1747
Abschrift von J.-H.S. Formey, frz.
Vermerk: vorgetragen am 8. Juni 1747
Druck: Opera omnia, II-25, S. 1-44 (E 112)
I-M 83, Bl. 119-142

Nr. 5
Découverte d'une loi tout extraordinaire des nombres par rapport à la somme de leurs diviseurs.
§§ 1-13
1747
Abschrift von J.-H.S. Formey, frz.

Vermerk: vorgetragen am 22. Juni 1747
Druck: Opera omnia, I-2, S. 241-253 (E 175)
I-M 84, Bl. 143-149

Nr. 6
De reductione linearum curvarum ad arcus circulares.
Punkte 1-55
1747
Abschrift von J.-H.S. Formey, lat.
Vermerk: vorgetragen am 20. Juli 1747
Druck: Opera omnia, I-27, S. 200-235 (E 166)
I-M 85, Bl. 166-181

Nr. 7
Sur les logarithmes des nombres négatifs et imaginaires.
§§ 1-34
1747
Abschrift von J.-H.S. Formey, frz.
Vermerk: vorgetragen am 7. Sept. 1747
Druck: Opera omnia, I-19, S. 417-438 (E 807)
I-M 86, Bl. 182-191

Nr. 8
Méthode pour trouver les vrais momens tant des nouvelles que des pleines lunes.
§§ 1-50
1747
Abschrift von J.-H.S. Formey, frz.
Vermerk: vorgetragen am 21. Sept. 1747
Druck: Opera omnia, II-30, S. 26-44 (E 113)
I-M 87, Bl. 212-227

Nr. 9
Sur une contradiction apparente dans la doctrine des lignes courbes.
§§ 1-23
1747
Abschrift von J.-H.S. Formey, frz.
Vermerk: vorgetragen am 12. Okt. 1747
Druck: Opera omnia, I-26, S. 33-45 (E 147)
I-M 88, Bl. 228-235

Nr. 10
Sur le point de rebroussement de la seconde espèce de Mr. le Marquis de l' Hôpital.
§§ 1-37
1747
Abschrift von J.-H.S. Formey, frz.

Vermerk: vorgetragen am 26. Okt. 1747
Druck: Opera omnia, I-27, S. 236-252 (E 169)
I-M 89, Bl. 240-247

Nr. 11
Sur la force des rames.
§§ 1-40
1747
Abschrift von J.-H.S. Formey, frz.
Vermerk: vorgetragen am 23. Nov. 1747
Druck: Opera omnia, II-20, S. 101-130 (E 116)
I-M 90, Bl. 256-273

Nr. 12
De la parallaxe de la lune tant par rapport à sa hauteur qu' à son azimuth dans l'hypothèse de la terre sphéroidique.
§§ 1-15
1747
Abschrift von J.-H.S. Formey, frz.
Vermerk: vorgetragen am 6. Dez. 1747
Druck: Opera omnia, II-30, S. 140-150 (E 172)
I-M 91, Bl. 274-280

Nr. 13
Suite du discours précédent laquelle contient une démonstration sur le nombre des points, où deux lignes des ordres quelconques peuvent se couper.
§§ 1-25
1748
Abschrift von J.-H.S. Formey, frz.
Vermerk: vorgetragen am 18. Jan. 1748
Druck: Opera omnia, I-26, S. 46-59 (E 148)
I-M 92, Bl. 14-21

Nr. 14
Réfléxions sur l'espace et le tems.
§§ 1-21
1748
Abschrift von J.-H.S. Formey, frz.
Vermerk: vorgetragen am 1. Febr. 1748
Druck: Opera omnia, III-2, S. 376-383 (E 149)
I-M 93, Bl. 22-27

Nr. 15
De vibratione cordarum
§§ 1-31
1748

Abschrift von J.-H.S. Formey, lat.
Vermerk: vorgetragen am 16. Mai 1748
Druck: Opera omnia, II-10, S. 50-62 (E 119)
I-M 94, Bl. 39-46

Nr. 16
Sur la friction des corps solides.
§§ 1-20, mit vier Zeichnungen.
1748
Abschrift von J.-H.S. Formey, frz.
Vermerk: vorgetragen am 4. Juli 1748
Druck: Opera omnia, II-8, S. 54-63 (E 143)
I-M 95, Bl. 61-67

Nr. 17
Sur la perfection des verres objectifs des lunettes.
§§ 1-36, mit sechs Zeichnungen
1748
Abschrift von J.-H.S. Formey, frz.
Vermerk: vorgetragen am 27. Sept. 1748
Druck: Opera omnia, III-6, S. 1-21 (E 118)
I-M 96, Bl. 94-105

Nr. 18
Sur l'accord des deux dernières éclipses du soleil et de la lune avec mes tables pour trouver les vrais momens des pléni lunes et novi lunes.
Pkte 1-19
1748
Abschrift von J.-H.S. Formey, frz.
Vermerk: vorgetragen am 24. Okt. 1748
Druck: Opera omnia, II-30, S. 89-100 (E 141)
I-M 97, Bl. 114-120

Nr. 19
De atmosphaera lunae ex eclipsi solis annulari evicta.
§§ 1-40, mit sieben Zeichnungen
1748
Abschrift von J.-H.S. Formey, lat.
Vermerk: vorgetragen am 5. Dez. 1748
Druck: Opera omnia, in Vorbereitung (E 142)
I-M 98, Bl. 147-159

Nr. 20
Recherches sur les plus grands et plus petits qui se trouvent dans les actions des forces.
§§ 1-40, mit vier Zeichnungen

1748
Abschrift von J.-H.S. Formey, frz.
Vermerk: vorgetragen am 19. Dez. 1748
Druck: Opera omnia, II-5, S. 1-37 (E 145)
I-M 99, Bl. 166-187

Nr. 21
Remarques sur un beau rapport entre les séries des puissances tant directes que réciproques.
Pkte 1-20
1749
Behändigte Reinschrift, egh., frz.
Vermerk: vorgetragen 1749
Druck: Opera omnia, I-15, S. 70-90 (E 352)
I-M 100, Bl. 1-10

Nr. 22
Demonstratio theorematis Fermatiani omnem numerum primum formae 4n + 1 esse summam duorum quadratorum.
§§ 1-15
1750
Abschrift von J.-H.S. Formey, lat.
Vorgetragen am 15. Okt. 1750
Druck: Opera omnia, I-2, S. 328-337 (E 241)
I-M 102, Bl. 46-49

Nr. 23
De methodo Diophanteae analoga in analysi infinitorum.
Pkte 1-75
1751
Abschrift von J.-H.S. Formey, lat.
Vermerk: vorgetragen am 7. Jan. 1751
Druck: Opera omnia, I-22, S. 237-294 (E 245)
I-M 103, Bl. 23-45

Nr. 24
Methodus inveniendi infinitas curvas isoperimetras aliave communi proprietate praeditas.
Pkte 1-37
1751
Abschrift von J.-H.S. Formey, lat.
Vorgetragen am 14. Jan. 1751
Druck: Opera omnia, I-25, S. 98-122 (E 250)
I-M 104, Bl. 67-78

Nr. 25
Réflexions sur les divers degrés de lumière du soleil et des autres corps célestes.
§§ 1-58, mit drei Zeichnungen
1751
Abschrift von J.-H.S. Formey, frz.
Vermerk: vorgetragen am 4. März 1751
Druck: Opera omnia, III-5, S. 130-155 (E 178)
I-M 105, Bl. 87-101

Nr. 26
Recherches sur le mouvement des rivières
§§ 1-31
1751
Behändigte Reinschrift, egh., frz.
Vorgetragen am 6. Mai 1751
Druck: Opera omnia, II-12, S. 272-288 (E 332)
I-M 106, Bl. 1-8, Abschrift von J.-H.S. Formey mit einer Zeichnung:
I-M 107, Bl. 59-66

Nr. 27
Demonstratio theorematis Fermatiani, omnem numerum sive integrum sive fractum esse summam quatuor pauciorumve quadratorum.
§§ 1-100
1751
Abschrift von J.-H.S. Formey, lat.
Vermerk: vorgetragen am 17. Juni 1751
Druck: Opera omnia, I-2, S. 338-372 (E 242)
I-M 108, Bl. 273-283

Nr. 28
Détermination de l' effet d'une machine hydraulique inventée par Mr. Segner, Prof. à Gottingue.
Pkte 1-44, mit zehn Zeichnungen
1751
Abschrift von J.-H.S. Formey, frz.
Vorgetragen am 27. Aug. 1751
Druck: Opera omnia, II-15, S. 40-79 (E 833)
I-M 109, Bl. 230-247

Nr. 29
Observatio de summis divisorum
§§ 1-26
1751
Abschrift von J.-H.S. Formey, lat.
Vorgetragen am 9. Sept. 1751

Druck: Opera omnia, I-2, S. 373-389 (E 243)
I-M 112, Bl. 268-272

Nr. 30
Demonstratio nonnullarum insignium proprietatum, quibus solida hedris planis inclusa sunt praedita.
Pkte 1-22, mit fünf Zeichnungen
1751
Abschrift von J.-H.S. Formey, lat.
Vorgetragen am 9. Sept. 1751
Druck: Opera omnia, I-26, S. 94-108 (E 231)
I-M 110, Bl. 258-264

Nr. 31
Du mouvement d'un corps solide quelconque lorsqu'il tourne autour d'un axe mobile
Pkte 1-59, mit fünf Zeichnungen
1751
Behändigte Reinschrift, egh., frz.
Vorgetragen am 7. Okt. 1751
Druck: Opera omnia, II-8, S. 313-356 (E 336)
I-M 113, Bl. 1-26, Abschrift von J.-H.S. Formey ohne die Zeichnungen und die Punkte 57-59: I-M 128, Bl. 306-320

Nr. 32
De cochlea Archimedis
§§ 1-45, mit vier Zeichnungen
1751
Abschrift von J.-H.S. Formey, lat.
Vorgetragen am 21. Okt. 1751
Druck: Opera omnia, II-16, S. 126-164 (E 248)
I-M 114, Bl. 295-305

Nr. 33
Observationes de comparatione arcuum curvarum irrectificabilium
Pkte 1-48
1752
Abschrift von J.-H.S. Formey, lat.
Vorgetragen am 27. Jan. 1752
Druck: Opera omnia, I-20, S. 80-107 (E 252)
I-M 115, Bl. 191-198

Nr. 34
Nouvelle méthode d'éliminer les quantités inconnues des équations
Pkte 1-27
1752
Abschrift von J.-H.S. Formey, frz.

Vorgetragen am 10. Febr. 1752
Druck: Opera omnia, I-6, S. 197-211 (E 310)
I-M 116, Bl. 290-294

Nr. 35
Subsidium calculi sinuum
§§ 1-53, mit fünf Zeichnungen
1752
Abschrift von J.-H.S. Formey, lat.
Vorgetragen am 9. März 1752
Druck: Opera omnia, I-14, S. 542-584 (E 246)
I-M 117, Bl. 210-221

Nr. 36
De aptissima figura rotarum dentibus tribuenda
Pkte 1-23
1752
Abschrift von J.-H.S. Formey, lat.
Vorgetragen am 23. März 1752
Druck: Opera omnia, in Vorbereitung (E 249)
I-M 118, Bl. 321-326

Nr. 37
De la réfraction de la lumière en passant par l'atmosphère selon les divers degrés tant de la chaleur que de l'élasticité de l'air
Pkte 1-94
1752
Abschrift von J.-H.S. Formey, frz.
Vorgetragen am 22. Juni 1752
Druck: Opera omnia, III-5, S. 185-217 (E 219)
I-M 119, Bl. 336-346

Nr. 38
De motu fluidorum in genere
§§ 1-90
1752
Abschrift von J.-H.S. Formey, lat.
Vermerk: vorgetragen am 31. Aug. 1752
Druck: Opera omnia, II-12, S. 133-168 (E 258)
I-M 120, Bl. 199-209

Nr. 39
Essai d'une explication physique des couleurs engendrées sur des surfaces extrêmement minces.
Pkte I-LIV
1753
Abschrift von J.-H.S. Formey, frz.

Vermerk: vorgetragen am 12. Apr. 1753
Druck: Opera omnia, III-5, S. 156-171 (E 209)
I-M 121, Bl. 102-111

Nr. 40
De resolutione aequationum cujusvis gradus.
Pkte 1-46
1753
Abschrift von J.-H.S. Formey, lat.
Vorgetragen am 3. Mai 1753
Druck: Opera omnia, I-6, S. 170-196 (E 282)
I-M 122, Bl. 222-229

Nr. 41
Théorie plus complette des machines qui sont mises en mouvement par la réaction de l'eau
Pkte 1-126
1753
Abschrift von J.-H.S. Formey, frz.
Vermerk: vorgetragen am 13. Sept. 1753
Druck: Opera omnia, II-15, S. 157-218 (E 222)
I-M 123, Bl. 166-187

Nr. 42
Recherches pour servir à la perfection des lunettes
Pkte 1-169
1755
Abschrift von J.-H.S. Formey, frz.
Vermerk: vorgetragen am 26. Juni 1755
Druck: Opera omnia, III-9, S. 144-236 (E 846)
I-M 125, Bl. 127-155

Nr. 43
Demonstratio theorematis circa ordinem in summis divisorum observatum
Vor 1756
Abschrift von J.-H.S. Formey, lat.
Druck: Opera omnia, I-2, S. 390-398 (E 244)
I-M 111, Bl. 265-267

Nr. 44
Règles générales pour la construction des télescopes et microscopes
Pkte 1-15
1756
Behändigte Reinschrift, egh., frz.
Vorgetragen am 1. Juli 1756

Druck: Opera omnia, III-7, S. 81-88 (E 357)
I-M 126, Bl. 1-4

Nr. 45
Solution d'une question curieuse qui ne paroit soumise à aucune analyse
Pkte 1-44
1758
Behändigte Reinschrift, egh., frz.
Vorgetragen am 2. März 1758
Druck: Opera omnia, I-7, S. 26-56 (E 309)
I-M 133, Bl. 1-11

Nr. 46
Sur la perfection des lunettes astronomiques qui représentent les objets renversés
Pkte 1-31
1758
Behändigte Reinschrift, egh., frz.
Vorgetragen am 21. Sept. 1758
Druck: Opera omnia, III-7, S. 89-103 (E 358)
I-M 127, Bl. 1-8

Nr. 47
Recherches sur le mouvement de rotation des corps célestes
Pkte 1-69
1759
Behändigte Reinschrift, egh., frz.
Vorgetragen am 18. Jan. 1759
Druck: Opera omnia, II-29, S. 220-256 (E 308)
I-M 132, Bl. 1-18

Nr. 48
De la Propagation du son
Pkte 1-43
1759
Behändigte Reinschrift, egh., frz.
Vorgetragen am 1. Nov. 1759
Druck: Opera omnia, III-1, S. 428-451 (E 305)
I-M 129, Bl. 1-11

Nr. 49
Supplément aux recherches sur la propagation du son
Pkte 1-48
1759
Behändigte Reinschrift, egh., frz.
Vorgetragen am 13. Dez. 1759

Druck: Opera omnia, III-1, S. 452-483 (E 306)
I-M 130, Bl. 1-12

Nr. 50
Continuation des recherches sur la propagation du son
Pkte 1-38
1760
Behändigte Reinschrift, egh., frz.
Vorgetragen am 17. Jan. 1760
Druck: Opera omnia, III-1, S. 484-507 (E 307)
I-M 131, Bl. 1-10

Nr. 51
Recherches générales sur la mortalité et la multiplication du genre humain
Pkte 1-29
Vor 1761
Behändigte Reinschrift, egh., frz.
Druck: Opera omnia, I-7, S. 79-98 (E 334)
I-M 135, Bl. 1-8

Nr. 52
Sur les rentes viagères
Pkte 1-17
Vor 1761
Behändigte Reinschrift, egh., frz.
Druck: Opera omnia, I-7, S. 101-112 (E 335)
I-M 136, Bl. 1-6

Nr. 53
Recherches sur la confusion des verres dioptriques causée par leur ouverture
Pkte 1-63
Vor 1762
Behändigte Reinschrift, egh., frz.
Druck: Opera omnia, III-7, S. 1-34 (E 353)
I-M 138, Bl. 1-15

Nr. 54
Recherches sur les moyens de diminuer ou de réduire même à rien la confusion causée par l'ouverture des verres
Pkte 1-41
Vor 1762
Behändigte Reinschrift, egh., frz.
Druck: Opera omnia, III-7, S. 35-63 (E 354)
I-M 139, Bl. 1-13

Nr. 55
Nouvelle manière de perfectionner les verres objectifs des lunettes
Pkte 1-13, mit 16 Zeichnungen
Vor 1762
Behändigte Reinschrift, egh., frz.
Druck: Opera omnia, III-7, S. 64-71(E 355)
I-M 140, Bl. 1-6

Nr. 56
Détermination du champ apparent que découvrent tant les télescopes que les microscopes
Pkte 1-8, mit vier Zeichnungen
Vor 1762
Behändigte Reinschrift, egh., frz.
Druck: Opera omnia, III-7, S. 72-80 (E 356)
I-M 141, Bl. 1-5

Nr. 57
Problème. Un corps étant attiré en raison réciproque quarrée des distances vers deux points fixes donnés, trouver les cas où la courbe décrite par ce corps sera algébrique, résolu par L. Euler
Pkte 1-34
1762
Behändigte Reinschrift, egh., frz.
Vorgetragen am 28. Okt. 1762
Druck: Opera omnia, II-6, S. 274-293 (E 337)
I-M 137, Bl. 1-9

Nr. 58
Recherches sur la courbure des surfaces
Pkte 1-29
1763
Behändigte Reinschrift, egh., frz.
Vorgetragen am 8. Sept. 1763
Druck: Opera omnia, I-28, S. 1-22 (E 333)
I-M 134, Bl. 1-10

Nr. 59
Sur le mouvement d'une corde qui au commencement n' a été ebranlée que dans une partie
Pkte 1-48
1765
Behändigte Reinschrift, egh., frz.
Vorgetragen am 18. Juli 1765
Druck: Opera omnia, II-10, S. 426-450 (E 339)
I-M 145, Bl. 1-12

Nr. 60
Eclaircissements plus détaillés sur la génération et la propagation du son et sur la formation de l'écho
Pkte 1-44
1765
Behändigte Reinschrift, egh., frz.
Vermerk: vorgetragen am 19. und 26. Sept. 1765
Druck: Opera omnia, III-1, S. 540-567 (E 340)
I-M 143, Bl. 1-11

Nr. 61
Sur la probabilité des séquences dans la lotterie Génoise
Pkte 1-28
Vor 1766
Behändigte Reinschrift, egh., frz.
Druck: Opera omnia, I-7, S. 113-152 (E 338)
I-M 144, Bl. 1-16

Nr. 62
Gutachten von L. Euler über die vom Preußischen Generaldirektorium an die Berliner Akademie zur Begutachtung eingeschickten Vorschläge des Kriegsrates S.E. Ihering aus Aurich zur Verbesserung des ostfriesischen Deichwesens
Berlin, 27. Okt. 1744
Behändigte Reinschrift, egh.
I-V-15, Bl. 13

Nr. 63
Gutachten von L. Euler über den vom Preußischen Generaldirektorium an die Berliner Akademie zur Begutachtung eingeschickten Vorschlag des Kriegsrates S.E. Ihering aus Aurich über das Anfüllen der Spittdobben an den ostfriesischen Deichen mittels eines Hebers
Berlin, 10. März 1746
Behändigte Reinschrift, egh.
I-V-15, Bl. 32

Nr. 64
Gutachten von L. Euler zu einer Schrift des Chevalier Thibault aus Avignon über die Quadratur des Kreises
Berlin, 15. März 1750
Behändigte Reinschrift, egh., frz.
I-M 101, Bl. 1

Nr. 65
Gutachten von L. Euler über die vom Hofschlosser Schröder angefertigten Modelle zur Verminderung der Reibung bei Mühlen und Fuhrwerken
Berlin, 22. Juli 1751

Behändigte Reinschrift, egh., mitunterzeichnet von J. Kies und C.F. Ludolff
I-V-30, Bl. 1a-2

Nr. 66
Gutachten von L. Euler über die Abhandlung von Püschel "Planimetria Circulari"
Berlin, 21. Dez. 1754
Behändigte Reinschrift, egh., lat.
I-M 124, Bl. 1

Nr. 67
Gutachten der Berliner Akademie für Friedrich II. über das von G.F. Brander erfundene dioptrische Instrument zum Messen von Entfernungen
Berlin, 20. Juni 1764
Konzept von L. Euler, egh.
I-V-34, Bl. 2

Nr. 68
Gutachten von L. Euler über die Abhandlung von Gerdil "Sur la force de Adhesion des hemispheres de Magdenbourg"
Berlin, o. D.
Behändigte Reinschrift, egh., frz.
I-M 124a, Bl. 1-4

II. Dienstlicher Schriftwechsel

Nr. 1

L. Euler an den Akademiesekretar P.J. de Jariges:

Schlägt vor, das Observatorium wieder verstärkt für astronomische Beobachtungen zu nutzen, wofür sich der Astronom J. Kies besonders eigne, vorausgesetzt, daß dieser eine feste Anstellung an der Akademie erhalte.

Berlin, 7. Sept. 1742

Behändigte Reinschrift, egh.

I-III-1b, Bl. 449, 452

Nr. 2

L. Euler an den Akademiesekretar P.J. de Jariges:

Erläutert in neun programmatischen Punkten die Aufgaben eines Astronomen.

Berlin, vor dem 21. Nov. 1742

Behändigte Reinschrift, egh.

I-III-1b, Bl. 450-451

Nr. 3

Bestallung für den Astronomen der Akademie J. Kies:

J. Kies wird u. a. beauftragt, alle außergewöhnlichen Himmelsphänomene wie Nordlichter, Kometen und Veränderungen an den Fixsternen, unverzüglich dem Direktor der mathematischen Klasse, L. Euler, mitzuteilen.

Berlin, 22. Nov. 1742

Konzept von P.J. de Jariges

I-III-1b, Bl. 453-454

Nr. 4

Eintragung in der Jahresrechnung der Akademie über eine Briefportoausgabe für L. Euler in Höhe von 4 Rt., 10 Gr. und 6 Pf.

Berlin, 1742

Reinschrift von D. Köhler

I-XVI-108, S. 21

Nr. 5

Aufstellung von J.W. Wagner über die von L. Euler an die Bibliothek abgegebenen mathematischen Bücher aus London.

Berlin, 20. Aug. 1743

Behändigte Reinschrift, egh.

I-XVI-219, Bl. 170

Nr. 6

Vertrag zwischen C.S. Schumacher und der Berliner Sozietät der Wissenschaften über die Anfertigung der Ephemeridenjahrgänge:
Enthält eine Aufzählung von C.S. Schumacher über die von L. Euler angeregten Verbesserungen bei der Anfertigung der Ephemeriden.
Berlin, 14. Sept. 1743
Reinschrift von C.S. Schumacher
I-V-5, Bl. 215

Nr. 7

L. Euler an D. Köhler:
Teilt mit, daß er von den aus London an die Akademie geschickten mathematischen Büchern die drei Werke von C. Leadbetter "Uranoscopia", "Astronomy" und "Satellites" für sich privat kaufen wolle und daß er die übrigen Bücher der Bibliothek übergeben habe.
Berlin, 12. Okt. 1743
Behändigte Reinschrift, egh.
I-XVI-219, Bl. 169

Nr. 8

Liste der Reden und Abhandlungen, die in der Nouvelle Société littéraire vorgetragen wurden:
Aufgeführt werden u. a. die Mitteilung von L. Euler über die in Peking von Jesuiten angestellten Kometenbeobachtungen sowie L. Eulers Abhandlung "Sur le mouvement des corps renfermés dans un tube droit, mobile autour d'une axe fixe".
Berlin, zwischen 1. und 7. Nov. 1743
Reinschrift von J.F. Faber, frz.
I-IV-10, Bl. 6

Nr. 9

Staatsminister A.O. von Viereck an Friedrich II.:
Berichtet über die Wahl von J.P. Heinius zum Direktor der historisch-philologischen Klasse und von L. Euler zum Adjunkten des schon 95jährigen Direktors der mathematischen Klasse, A. des Vignoles, und bittet um Bestätigung dieser Wahlen.
[Berlin], 2. Nov. 1743
Konzept, Schreiberhand
I-I-5, Bl. 17, Abschrift: Bl. 16, Konzept von A. O. von Viereck: I-III-1b, Bl. 456.

Nr. 10

Generalfeldmarschall S. von Schmettau an Friedrich II.:
Bittet den König um Einsetzung einer Kommission zur Vereinigung der alten mit der neuen Akademie und übersendet einen Brief von L. Euler, der ihm geschrieben habe, daß er die Leitung der mathematischen Klasse nur dann übernehmen würde, wenn die beiden Akademien miteinander

vereinigt werden.
[Berlin], 9. Nov. 1743
Konzept, egh. und Hand von J.F. Faber, frz.
I-I-5, Bl. 14, Reinkonzept: Bl. 11

Nr. 11
Friedrich II. an den Staatsminister A.O. von Viereck:
Ordnet an, sich wegen der Wiederbesetzung der beiden Direktorenstellen an die Kommission zur Vereinigung der alten mit der neuen Akademie zu wenden.
Potsdam, 13. Nov. 1743
Behändigte Ausfertigung, Schreiberhand
I-I-5, Bl. 19

Nr. 12
Vorschlag von L. Euler in 16 Punkten zur Vereinigung der Société littéraire mit der alten Akademie.
Berlin, Nov. 1743
Behändigte Reinschrift, egh.
I-I-5, Bl. 76-78

Nr. 13
Notizen des Generalfeldmarschalls S. von Schmettau über den Entwurf von P.J. de Jariges und J.F. von Bielfeld zur Vereinigung der alten mit der neuen Akademie:
Als Direktoren der mathematischen Klasse werden A. des Vignoles und L. Euler erwähnt.
[Berlin], 6. Dez. 1743
Konzept, egh.
I-I-5, Bl. 88-89

Nr. 14
Stellungnahme des Generalfeldmarschalls S. von Schmettau zum Planentwurf von P.J. de Jariges und J.F. von Bielfeld für die neue Akademie:
Spricht sich u. a. dafür aus, daß der König entscheiden sollte, ob die alten Klassendirektoren beizubehalten oder neue in den Klassen zu wählen seien, da auch J.P. Heinius und L. Euler von der alten Sozietät dem König lediglich vorgeschlagen wurden und folglich noch nicht im Besitz des Direktorenamtes seien.
(Berlin), zwischen 7. und 11. Dez. 1743
Konzept, egh.
I-I-5, Bl. 108-109

Nr. 15
Bemerkungen von Geheimrat C.E. Jordan zu den Ausführungen des Generalfeldmarschalls S. von Schmettau über den Plan von P.J. de Jariges und J.F. von Bielfeld für die neue Akademie:

Stellt u. a. fest, daß es Akademiemitglieder gebe, die, wie z. B. L. Euler, bereits eine Pension beziehen und die von der neuen Akademie sicherlich keine Pension fordern werden.
[Berlin], nach dem 12. Dez. 1743
Behändigte Reinschrift, egh., frz.
I-I-5, Bl. 130-131

Nr. 16
Stellungnahme des Generalfeldmarschalls S. von Schmettau zu den Bemerkungen des Geheimrats C.E. Jordan:
Vertritt u. a. die Meinung, daß Mitglieder der Akademie, die, wie z. B. L. Euler, von anderer Stelle ihre Pension beziehen, keine Akademiepension erhalten sollen.
[Berlin], nach dem 12. Dez. 1743
Behändigte Reinschrift von J.F. Faber
I-I-5, Bl. 129, 133

Nr. 17
Buchhändler Haude an unbekannte Person:
Teilt mit, daß P.J. de Jariges ein großes Abendessen gegeben habe, an dem u. a. C.E. Jordan, F. Achard und J.F. von Bielfeld teilgenommen hätten und wo sicherlich über die Angelegenheiten der Akademie gesprochen wurde; übersendet in der Anlage eine Schrift, aus der die Intrigen des Rendanten D. Köhler zur Vergrößerung seiner Einkünfte hervorgingen; befürchtet, daß man eine Untersuchung gegen L. Euler anstrengen werde, und hält es für das beste, wenn es zwischen L. Euler und A. de Humbert zu einer Aussprache in der fraglichen Angelegenheit käme.
Berlin, 20. Dez. 1743
Behändigte Ausfertigung, frz.
I-VIII-18, Bl. 25

Nr. 18
Kommission zur Vereinigung der alten Akademie mit der Société littéraire an Friedrich II.:
Bittet um Billigung ihrer Vorschläge zur Vereinigung beider Akademien; schlägt u. a. L. Euler zum Direktor der mathematischen Klasse vor.
Berlin, 27. Dez. 1743
Abschrift, Schreiberhand, frz.
I-I-5, Bl. 134

Nr. 19
Plan von P.J. de Jariges zur Errichtung der neuen Akademie der Wissenschaften:
Hinsichtlich der Direktoren der neuen Akademie vertritt er die Auffassung, daß die bisher bestellten Direktoren, darunter auch L. Euler für die mathematische Klasse, in ihrem Amte verbleiben sollen.
Berlin, 1743

Konzept, egh.
I-I-5, Bl. 230-233

Nr. 20
Liste der ordentlichen Mitglieder der alten Sozietät der Wissenschaften:
L. Euler wird als Mitglied der mathematischen Klasse aufgeführt.
Berlin, [1743]
Reinschrift von J.F. Faber
I-I-5, Bl. 244

Nr. 21
Liste der Mitglieder der Nouvelle Société littéraire:
L. Euler wird unter den ordentlichen Mitgliedern aufgeführt.
Berlin, [1743]
Reinschrift von J.F. Faber, frz.
I-I-5, Bl. 260

Nr. 22
Aufstellung der ordentlichen Mitglieder der neuen Akademie nach ihrer Zugehörigkeit zu den Klassen:
Unter den Mitgliedern der mathematischen Klasse wird L. Euler als deren vorgeschlagener Direktor erwähnt.
Berlin, [1743]
Reinschrift, Schreiberhand, frz.
I-I-6, Bl. 12-13, Abschriften: I-I-5, Bl. 240-241, Bl. 251-252,
Konzepte: I-I-5, Bl. 248, 249-250, 253-254

Nr. 23
Liste der abwesenden Mitglieder der alten Sozietät der Wissenschaften:
Enthält den Vermerk, daß über A.-C. Clairaut L. Euler nähere Auskunft geben kann.
Berlin, [1743]
Reinschrift, Schreiberhand, frz.
I-I-5, Bl. 242-243

Nr. 24
[Generalfeldmarschall S. von Schmettau] an Friedrich II.:
Berichtet, daß er sich in der Kommission nicht gegen P.J. de Jariges habe durchsetzen können, der den Kalenderadministrator D. Köhler decke und bis auf L. Euler die Direktoren der alten Akademie in der neuen Akademie beibehalten möchte; bittet den König anzuordnen, daß das Direktorium jährlich wechsle und daß P.J. de Jariges, der auch Tresorier der Akademie werden möchte, von den ökonomischen Angelegenheiten der neuen Akademie ausgeschlossen bleibe.
Berlin, [1743]
Unvollendete Reinschrift von J.F. Faber, frz.
I-I-5, Bl. 190-191

Nr. 25
L. Euler an das Direktorium der Akademie:
Teilt mit, daß der Kalkulator C.S. Schumacher um eine Bestätigung des mit ihm im vergangenen Jahr abgeschlossenen Vertrages über die Herausgabe der Manfredischen Ephemeriden und um Zahlung von kleinen Vorschüssen für diese Arbeit bitte.
Berlin, 31. Jan. 1744
Behändigte Reinschrift, egh.
I-XIV-26, Bl. 201

Nr. 26
Skizze über die Sitzanordnung für die Eröffnungssitzung der neuen Akademie am 23.1.1744:
L. Euler wird als Direktor der mathematischen Klasse erwähnt.
Berlin, [Januar] 1744
Reinschrift, Schreiberhand, frz.
I-I-5, Bl. 153-154, Konzept: Bl. 148-149, Abschrift: Bl. 152, 155

Nr. 27
Aufzählung der in den Direktoriumssitzungen am 14. und 16.2.1744 zu behandelnden Punkte und der dazu erfolgten Festlegungen:
Hinsichtlich des Vertrages mit C.S. Schumacher über die Fortsetzung der Manfredischen Ephemeriden wird festgelegt, den Vertrag zu bestätigen und L. Euler zu beauftragen, für die abschlagsweise Bezahlung Schumachers je nach Umfang der geleisteten Arbeit zu sorgen.
Berlin, vor dem 14. Febr. 1744
Konzept, Schreiberhand und Hand von S. von Schmettau
I-I-5, Bl. 223-226

Nr. 28
Direktorium der Akademie an die physikalische und mathematische Klasse:
Trägt ihnen auf, nützliche Nachrichten für die Aufnahme in die Kalender zusammenzustellen und binnen sechs Wochen dem Direktorium zu überreichen.
Berlin, 25. Febr. 1744
Konzept von P.J. de Jariges
I-VIII-15, Bl. 22, Abschrift: Bl. 21

Nr. 29
Kurator S. von Schmettau an die übrigen Kuratoren:
Nimmt Bezug auf die Vorstellung von L. Euler vom 31.3., in der dieser auf die Gefahren für die Akademie hingewiesen hat, wenn der schon sehr alte J.W. Wagner und C. Kirch, die mit der Herstellung allein der schlesischen Kalender voll ausgelastet seien, für die Kalenderarbeit ausfallen würden; schlägt vor, den Sohn von P. Naudé, D. Naudé, zur Kalenderarbeit heranzuziehen und von J.W. Wagner und C. Kirch

darin ausbilden zu lassen.
Berlin, nach dem 31. März 1744
Behändigte Reinschrift, egh., frz.
I-VIII-133, Bl. 391

Nr. 30
L. Euler an die Mitglieder der mathematischen Klasse:
Übersendet ihnen in der Anlage den Auftrag des Direktoriums und bittet alle Klassenmitglieder, entsprechende Artikel für die Kalender auszuarbeiten und sie ihm in der festgesetzten Zeit zuzuschicken.
Berlin, 4. April 1744
Behändigte Reinschrift, egh.
I-VIII-15, Bl. 25

Nr. 31
D. Köhler an das Direktorium der Akademie:
Fragt an, ob das Direktorium mit der von ihm vorgeschlagenen Einrichtung des Anhangs zum Haushaltungs-, Garten- und Geschichtskalender zufrieden sei.
Berlin, 8. Juli 1744
Behändigte Reinschrift, egh., mit einem Vermerk von D. Köhler, daß nach einer mündlichen Mitteilung L. Euler die Einrichtung des Anhangs besorgen solle.
I-VIII-21, Bl. 28

Nr. 32
L. Euler an [D. Köhler]:
Nimmt Stellung zur Gestaltung der Mondangaben im großen Vereinigten Kalender.
Berlin, 13. Juli 1744
Behändigte Reinschrift, egh.
I-VIII-21, Bl. 29

Nr. 33
D. Köhler an L. Euler:
Teilt die Übersendung der ökonomischen Abhandlung vom Säen zum Kalender für das Jahr 1745 mit und bittet um deren Revision.
Berlin, 6. Aug. 1744
Behändigte Reinschrift, egh., mit einem Revisionsvermerk von L. Euler.
I-VIII-10, Bl. 76-77

Nr. 34
Anfragen von J.F. Faber an den vorsitzenden Kurator G.A. von Gotter über die Versendung von Akademiekalendern ins Ausland:
Teilt u. a. mit, daß die Versendung von einigen deutschen und französischen Kalendern nach Paris und Petersburg L. Euler übernehmen würde.
Berlin, vor dem 19. Sept. 1744
Behändigte Reinschrift von J.F. Faber
I-IV-11, Bl. 35

Nr. 35

Zirkular derjenigen Punkte, die bei der letzten Gesamtsitzung wegen der Kürze der Zeit nicht mehr behandelt werden konnten und in der nächsten Direktoriumssitzung zu beraten sind:

Zu den noch zu behandelnden Punkten gehört auch der Vorschlag von L. Euler, die vom Kalkulator C.S. Schumacher verfertigten Tabulas ascensionum rectarum Eclipticae drucken zu lassen.

Berlin, vor dem 19. Sept. 1744

Reinschrift von J.F. Faber

I-IV-11, Bl. 19-23

Nr. 36

Entscheidung des Direktoriums auf die Vorstellungen des Astronomen J.W. Wagner:

Das Direktorium beauftragt u. a. die Mitglieder der mathematischen Klasse und besonders deren Direktor L. Euler, die Mängel bei den astronomischen Kalenderberechnungen abzustellen.

Berlin, nicht nach dem 23. Sept. 1744

Konzept von unbekannter Hand

I-IV-11, Bl. 36

Nr. 37

Direktorium der Akademie an die mathematische Klasse:

Trägt der mathematischen Klasse und insbesondere deren Direktor L. Euler auf, dafür zu sorgen, daß künftig im astronomischen Teil der Kalender keine Fehler mehr auftreten.

Berlin, 23. Sept. 1744

Konzept, Schreiberhand

I-XIV-26, Bl. 203

Nr. 38

A. Grischow an S. Pelloutier:

Nimmt Stellung zu den Fehlern im Verzeichnis der Jahrmärkte des Gartenkalenders und erwähnt u. a., daß der Direktor L. Euler in einer Versammlung der mathematischen Klasse vor einigen Monaten ihm empfohlen hätte, durch seinen Sohn A.N. Grischow den Gartenkalender für 1745 besorgen zu lassen.

Berlin, 2. Nov. 1744

Behändigte Reinschrift, egh.

I-VIII-21, Bl. 45-46

Nr. 39

Aufstellung der Kuratoren und Mitglieder der Akademie:

L. Euler wird als neuer Direktor der mathematischen Klasse aufgeführt; erwähnt wird, daß L. Euler den Vornamen von A.-C. Clairaut wissen könnte.

Berlin, 1744

Konzept von P.J. de Jariges und J.F. Faber
I-III-1b, Bl. 457-458

Nr. 40
Mathematische Klasse an das Direktorium der Akademie:
Stellt den Antrag, einen astronomischen Quadranten aus England für das Observatorium der Akademie zu beschaffen.
Berlin, 28. Jan. 1745
Behändigte Reinschrift von J. Kies, mitunterzeichnet von L. Euler, A. de Humbert, J.W. Wagner und A. Grischow.
I-XIV-26, Bl. 204

Nr. 41
Friedrich II. an den Akademiekurator A.O.von Viereck:
Entscheidet auf den von A.O. von Viereck eingereichten Bericht über die Verwendung der 200 Reichstaler Pension des verstorbenen P. Naudé, daß nicht J.N. Lieberkühn diese Pension erhalten solle, sondern L. Euler jemanden aus Rußland gewinnen werde, der Talent habe und anstelle von P. Naudé Professor werden soll.
Berlin, 31. Jan. 1745
Behändigte Ausfertigung, egh.
I-III-9, Bl. 13

Nr. 42
Kriegsrat S.E. Ihering an Preußisches Generaldirektorium:
Übersendet seine Erläuterungen zu den Bedenken von L. Euler und J.N. Lieberkühn an seinen Vorschlägen zur Verbesserung des ostfriesischen Deichwesens und bittet um Mitteilung seiner Stellungnahme an die Berliner Akademie.
Aurich, 2. Febr. 1745
Abschrift, Schreiberhand
I-V-15, Bl. 17-18, 20-23

Nr. 43
Preußisches Generaldirektorium an die Akademiekuratoren:
Teilt mit, daß es die Gutachten von L. Euler und J.N. Lieberkühn zur Frage der Verbesserung des ostfriesischen Deichwesens an den Kriegsrat S.E. Ihering in Aurich geschickt habe, der zu den in den Gutachten angemeldeten Zweifeln Erläuterungen mit der Bitte eingesandt habe, diese der Akademie zu überreichen; übersendet die Erläuterungen in Abschrift und bittet um Stellungnahme, ob damit die Zweifel von L. Euler und J.N. Lieberkühn behoben seien.
Berlin, 20. Febr. 1745
Behändigte Ausfertigung, Schreiberhand, mit einer Angabe des Kurators F.L.F. von Borcke, daß die Einsendung an L. Euler und J.N. Lieberkühn zur Stellungnahme übergeben werden soll.
I-V-15, Bl. 16

Nr. 44
L. Euler an die Akademiekuratoren:
Teilt mit, daß er nach Kenntnisnahme der Erläuterungen des Kriegsrates S.E. Ihering aus Aurich keine Bedenken mehr gegen dessen Vorschläge zur Verbesserung des ostfriesischen Deichwesens habe.
Berlin, 20. März 1745
Behändigte Reinschrift, egh.
I-V-15, Bl. 15

Nr. 45
Akademiekuratoren an das Preußische Generaldirektorium:
Teilen mit, daß L. Euler und J.N. Lieberkühn keine Bedenken mehr gegen die Vorschläge des Kriegsrates S.E. Ihrering aus Aurich zur Verbesserung des ostfriesischen Deichwesens haben.
Berlin, 27. März 1745
Konzept von P.J. de Jariges
I-V-15, Bl. 14

Nr. 46
Instruktion des Direktoriums der Akademie an die Mitglieder der Kalenderkommission S. Pelloutier, L. Euler und J.G. Gleditsch.
Berlin, 8. Apr. 1745
Konzept von P.J. de Jariges
I-VIII-21, Bl. 93

Nr. 47
Akademiesekretar P.J. de Jariges an das Direktorium der Akademie:
Teilt mit, daß er mit S. Pelloutier und L. Euler über die zu gründende Kommission für das Kalenderwesen gesprochen und nach deren Meinung die beiliegende Instruktion über die Kalenderaufsicht verfaßt habe, die er zur Genehmigung überreiche.
Berlin, 10. Apr. 1745
Behändigte Reinschrift, egh.
I-VIII-21, Bl. 89

Nr. 48
Kalenderfaktor J.J. Korn aus Breslau an die Berliner Akademie:
Berichtet über den Druck und Absatz der Kalender für das Jahr 1745 und schlägt die Auflagenhöhe der verschiedenen Kalendersorten für das Jahr 1746 vor.
Breslau, 17. Apr. 1745
Behändigte Ausfertigung, egh., mit einer Angabe von S. Pelloutier vom 28.4., mitunterzeichnet von L. Euler und J.G. Gleditsch, daß die Auflagenhöhe für den Druck der Kalender auf das Jahr 1746 gebilligt werde.
I-VIII-133, Bl. 472-474

Nr. 49

D. Köhler an [A. Grischow]:

Bezieht sich auf die in der Versammlung der mathematischen Klasse am 4.5. bei L. Euler getroffene Festlegung über die Ausarbeitung der Manuskripte zu einigen schlesischen Kalendern und bittet um baldige Anfertigung und Ablieferung der Manuskripte.

Berlin, 5. Mai 1745

Behändigte Reinschrift, egh.

I-VIII-7, Bl. 137

Nr. 50

L. Euler an die Kalenderkommission:

Fragt an, ob der Kalenderfaktor in Magdeburg M.C. Behle die Kosten für die Ausfertigung der Kautionsbestätigung der Akademie anrechnen könne.

Berlin, 31. Mai 1745

Behändigte Reinschrift, egh., mit einer Angabe von S. Pelloutier vom 2.6., mitunterzeichnet von L. Euler, in dieser Angelegenheit P.J. de Jariges und das Direktorium zu befragen.

I-VIII-122, Bl. 60

Nr. 51

Quittung von L. Euler über den Empfang des Gehaltes für das erste Quartal in Höhe von 25 Rt.

Berlin, 2. Juni 1745

Behändigte Reinschrift, egh.

I-XVI-219, Bl. 203

Nr. 52

Quittung von L. Euler über den Empfang des Gehaltes für das zweite Quartal in Höhe von 25 Rt.

Berlin, 2. Juni 1745

Behändigte Reinschrift, egh.

I-XVI-219, Bl. 204

Nr. 52a

Witwe A. Naudé an das Direktorium der Akademie:

Bittet um Gewährung des Gnadenjahres an Gehalt ihres verstorbenen Mannes, P. Naudé, und teilt mit, daß der Nachfolger ihres Mannes, F. Moula, gegenüber L. Euler erklärt habe, für das laufende Jahr auf die Pension zu verzichten.

Berlin, 5. Juni 1745

Behändigte Ausfertigung, Schreiberhand, frz.

I-III-14, Bl. 14

Nr. 52 b

Erklärung von L. Euler über den Verzicht von F. Moula auf das Gehalt von 200 Rt., das der verstorbene P. Naudé bezogen hatte, bis Ostern nächsten Jahres zugunsten des Gnadenjahres für die Witwe A. Naudé.
Berlin, 10. Juni 1745
Behändigte Ausfertigung, egh.
I-III-14, Bl. 16

Nr. 52 c

Pastor D. Naudé an einen der Kuratoren:
Teilt die Übersendung der Bescheinigung von L. Euler als Beweis für die Richtigkeit der Darlegungen seiner Schwägerin, A. Naudé, hinsichtlich der Gewährung des Gnadenjahres mit.
Berlin, 11. Juni 1745
Behändigte Ausfertigung, egh., frz.
I-III-14, Bl. 15

Nr. 53

L. Euler an das Direktorium der Akademie:
Teilt auftragsgemäß mit, daß die unterschiedliche Festlegung des Bußtages in den Kalendern darauf zurückzuführen sei, daß A. Grischow, der die Manuskripte für die preußischen Kalender herstelle, nicht gewußt habe, daß die Verordnung über die Konkurrenz des Pfingstfestes mit dem Bußtag auch für Preußen gelte.
Berlin, 22. Juni 1745
Behändigte Reinschrift, egh.
I-VIII-7, Bl. 139

Nr. 54

Kalenderfaktor D. von Beughem an D. Köhler:
Bittet u. a. um Überlassung der übriggebliebenen Kalendermakulatur.
Wesel, 11. Juli 1745
Behändigte Ausfertigung, egh., mit einer Angabe von J. Kies für D. Köhler vom 15.12., mitunterzeichnet von L. Euler und S. Pelloutier, dem Buchhändler die Makulatur zu schenken.
I-VIII-83, Bl. 82, 91

Nr. 55

D. Köhler an die Kalenderkommission:
Fragt an, ob die im Vereinigten Garten-, Haus- und Geschichtskalender zu jedem Monat gehörigen Verse für die nächsten Jahre beibehalten werden können.
Berlin, 12. Juli 1745

Behändigte Reinschrift, egh., mit den Voten der Kommissionsmitglieder L. Euler, S. Pelloutier und J.G. Gleditsch sowie einem von J.G. Gleditsch verfaßten und von L. Euler sowie S. Pelloutier unterzeichneten Beschluß der Kalenderkommission vom 28.7., daß die Verse noch ein Jahr beibehalten werden können.
I-VIII-10, Bl. 115

Nr. 56
D. Köhler an die Kalenderkommission:
Fragt an, ob in den deutschen Genealogischen Kalendern noch bei jedem Monat unter den Devisen Verse zu setzen seien.
Berlin, 12. Juli 1745
Behändigte Reinschrift, egh., mit einem Votum von L. Euler, daß er darüber nicht Bescheid wisse und dies S. Pelloutier entscheiden solle.
I-VIII-177, Bl. 171

Nr. 57
J.G. Gleditsch, L. Euler und S. Pelloutier an die Akademiekuratoren:
Bitten die Kuratoren, den Adjunkten in der Astronomie D. Naudé und A.N. Grischow für ihre nützliche Arbeit bei der Kalenderherstellung und bei der Vornahme astronomischer Beobachtungen ein jährliches Entgelt zukommen zu lassen.
Berlin, 2. Aug. 1745
Behändigte Reinschrift von J.G. Gleditsch, mitunterzeichnet von L. Euler und S. Pelloutier.
I-III-9, Bl. 39

Nr. 58
Direktorium der Akademie an die Mitglieder der Kalenderkommission S. Pelloutier, L. Euler, J.G. Gleditsch und J. Kies:
Teilt ihnen mit, daß J. Kies zum Mitglied der Kalenderkommission ernannt wurde, daß die Kommission über die eiligen und nicht sehr wichtigen Anzeigen und Anfragen des Administrators D. Köhler selbst entscheiden und in den anderen Fällen dem Direktorium berichten solle.
Berlin, 18. Aug. 1745
Konzept von P.J. de Jariges
I-VIII-21, Bl. 94

Nr. 59
Direktorium der Akademie an D. Köhler:
Teilt mit, daß S. Pelloutier, L. Euler, J.G. Gleditsch und J. Kies zu Mitgliedern einer Kommission für die Aufsicht über die Einrichtung und Verfertigung der Kalender ernannt wurden und daß er künftig seine Anzeigen und Anfragen statt an das Direktorium an die Kommission richten soll.
Berlin, 18. Aug. 1745

Konzept von P.J. de Jariges
I-VIII-21, Bl. 94

Nr. 59a
D. Köhler an die Kalenderkommission:
Fragt an, ob dem Faktor in Königsberg der der Akademie zugefügte Schaden aus den zu billig verkauften Exemplaren des Vereinigten Garten- und Geschichtskalenders erlassen werden soll.
Berlin, 23. Aug. 1745
Behändigte Reinschrift, egh., mit einer Angabe von J. Kies vom 1.9., mitunterzeichnet von L. Euler, J.G. Gleditsch und S. Pelloutier, daß dies mit Genehmigung der Kuratoren geschehen könne.
I-VIII-327, Bl. 26-27

Nr. 60
Kalenderkommission an das Direktorium der Akademie:
Teilt auftragsgemäß mit, daß weder die Akademie noch deren Faktoren das Einbinden der Kalender besorgen und daher das Generaldirektorium die Buchbinder direkt anweisen müßte, das in der hiesigen Fabrik hergestellte türkische Papier zu verwenden.
Berlin, 1. Sept. 1745
Behändigte Reinschrift von J. Kies, mitunterzeichnet von L. Euler, J.G. Gleditsch und S. Pelloutier.
I-VIII-22, Bl. 7

Nr. 61
Kalenderkommission an die Kuratoren der Akademie:
Ersucht um eine Anweisung über die Anfertigung der Kupfer zum Genealogischen Kalender in Berlin und nicht in Augsburg.
Berlin, 1. Sept. 1745
Behändigte Reinschrift von J. Kies, mitunterzeichnet von L. Euler und J.G. Gleditsch.
I-VIII-177, Bl. 173

Nr. 62
D. Köhler an die Kalenderkommission:
Fragt an, wer die zurückgesandten übriggebliebenen Kalender und Stempel zählen und ihm darüber eine Quittung ausstellen wird.
Berlin, 8. Sept. 1745
Behändigte Reinschrift, egh., mit Vermerken von S. Pelloutier vom 9.9. und von J. Kies, daß sich L. Euler und J. Kies der Sache annehmen werden.
I-VIII-21, Bl. 96

Nr. 63
Kalenderkommission an D. Köhler:
Trägt ihm auf, möglichst schnell die fertig gedruckten Kalender an die

Akademiefaktoren auszuliefern.
Berlin, 8. Sept. 1745
Angabe von J. Kies, mitunterzeichnet von L. Euler und S. Pelloutier.
I-VIII-177, Bl. 185

Nr. 64
D. Köhler an die Kalenderkommission:
Teilt mit, daß der Buchdrucker C.L. Kunst pro Ballen Papier für den Genealogischen Kalender einen Rt. mehr zahlen mußte und darum bitte, diese Mehrkosten auf die Rechnung setzen zu dürfen.
Berlin, 8. Sept. 1745
Behändigte Reinschrift, egh., mit einem Votum von L. Euler, deswegen im Vertrag mit dem Buchdrucker C.L. Kunst nachzusehen und mit einer Angabe von J. Kies vom 16.9., mitunterzeichnet von L. Euler und S. Pelloutier, daß der Buchdrucker die Mehrkosten auf die Rechnung von 1746 setzen könne.
I-VIII-177, Bl. 182

Nr. 65
D. Köhler an die Kalenderkommission:
Fragt an, ob alle Sorten an Genealogischen Kalendern einzeln oder zusammen an die Akademiefaktoren zu schicken seien und ob die Berliner Faktoren erst dann die Kalender erhalten sollen, wenn die übrigen Kalenderfaktoren damit versorgt sind.
Berlin, 14. Sept. 1745
Behändigte Reinschrift, egh., mit einer Angabe von J. Kies vom 16.9., mitunterzeichnet von L. Euler und S. Pelloutier, alle Kalender zusammen und so zu verschicken, daß die Berliner Kalenderfaktoren sie nicht eher als die übrigen Faktoren erhalten.
I-VIII-177, Bl. 186

Nr. 66
Quittung von L. Euler über den Empfang des Quartalsgehaltes in Höhe von 25 Rt.
Berlin, 16. Sept. 1745
Behändigte Reinschrift, egh.
I-XVI-219, Bl. 205

Nr. 67
Beschluß der Mitglieder der Kalenderkommission, wegen der Einrichtung der ostfriesischen Kalender die Antwort des Kriegs- und Domänenrates Bügel aus Aurich abzuwarten.
Berlin, 16. Sept. 1745
Beschlußprotokoll von J. Kies, mitunterzeichnet von L. Euler und S. Pelloutier.
I-VIII-129, Bl. 19

Nr. 68
Kuratorium der Akademie an die Mitglieder der Kalenderkommission L.

Euler, S. Pelloutier, J.G. Gleditsch und J. Kies:
Trägt ihnen auf, die Kalenderhauptrechnung der Akademie aus dem Jahre 1744 dem Rendanten abzunehmen und darüber dem Direktorium zu berichten.
Berlin, 16. Sept. 1745
Behändigte Reinschrift von P.J. de Jariges
I-XVI-28, Bl. 47

Nr. 69
Kuratorium der Akademie an die Mitglieder der Kalenderkommission L. Euler, S. Pelloutier, J.G. Gleditsch und J. Kies:
Trägt ihnen auf, die Jahresrechnung der Akademie für das Jahr 1744 mit Zuziehung des Generalfiskals J.C. Uhden abzunehmen.
Berlin, 16. Sept. 1745
Behändigte Reinschrift, Schreiberhand, mit einem Vermerk von J. Kies vom 30.9., mitunterzeichnet von S. Pelloutier und L. Euler, daß die Rechnungsabnahme am 4.10. durchgeführt werde.
I-XVI-110, S. 129

Nr. 70
Kalenderkommission an D. Köhler:
Trägt ihm auf, allen Berliner Buchbindern Genealogische Kalender zum Falzen zu übergeben.
Berlin, 17. Sept. 1745
Angabe von J. Kies, mit einem Vermerk von L. Euler, mitunterzeichnet von S. Pelloutier, daß dieses Schreiben dem Beschluß vom Vortage entspreche.
I-VIII-177, Bl. 187

Nr. 71
D. Köhler an die Mitglieder der Kalenderkommission:
Teilt die Übersendung von Rechnungen zur Überprüfung mit.
Berlin, 17. Sept. 1745
Behändigte Reinschrift, egh., mit Vermerken von L. Euler, S. Pelloutier und J. Kies über die sachliche Richtigkeit der Rechnungen.
I-XVI-28, Bl. 53, 60

Nr. 72
Kalenderkommission an das Direktorium der Akademie:
Führt aus, daß der verstorbene J.W. Wagner die Manuskripte zu einigen Kalendern angefertigt und dafür 300 Rt. erhalten habe; schlägt vor, daß diese Summe weiterhin für die Verfertigung der Kalender bestimmt bleibe und die Verwaltung und Verteilung der Geldsumme der Kalenderkommission übertragen werden.
Berlin, 19. Sept. 1745
Behändigte Reinschrift von J. Kies, mitunterzeichnet von J.G. Gleditsch, L. Euler und S. Pelloutier.
I-VIII-7, Bl. 145, 149

Nr. 73

J.A. Braun an die Akademiekuratoren:

Bewirbt sich um die durch den Tod von J.W. Wagner freigewordene Stelle eines Astronomen und Bibliothekars auf dem Observatorium, für die er die erforderlichen Kenntnisse besitze, was L. Euler bezeugen könne.

Berlin, 21. Sept. 1745

Behändigte Ausfertigung, egh.

I-III-9, Bl. 44

Nr. 74

D. Köhler an die Kalenderkommission:

Teilt mit, daß nach der ihm erteilten Instruktion es ihm überlassen sei, welchen Buchbindern er die Genealogischen Kalender zum Einbinden gebe.

Berlin, 24. Sept. 1745

Behändigte Reinschrift, egh., mit den Voten der Kommissionsmitglieder, darunter dem von L. Euler, daß aus der Instruktion nicht klar hervorgehe, ob alle Genealogischen Kalender auf Kosten der Akademie gebunden werden sollen.

I-VIII-177, Bl. 189

Nr. 75

Direktorium der Akademie an die mathematische Klasse:

Vertritt die Auffassung, daß die mathematische Klasse, zu der die Kalendariographie gehöre, die bisher von J.W. Wagner gefertigten Kalender ohne zusätzliche Bezahlung erarbeiten könne, da zu ihren Mitgliedern zwei Astronomen gehören, da diese Klasse mehr Mitglieder als früher und dazu noch die beiden Adjunkten besitze und da früher G. Kirch bis auf zwei Kalender alle übrigen über 20 Jahre lang allein angefertigt habe; trägt ihr auf, dem Direktorium ein Gutachten darüber zu erstatten sowie eine Revision der astronomischen und mathematischen Instrumente durchzuführen und ein Inventar dazu anzulegen.

Berlin, 25. Sept. 1745

Konzept von P.J. de Jariges

I-VIII-7, Bl. 144, 150

Nr. 76

D. Köhler an die Kalenderkommission:

Bittet um Mitteilung eines Zeitpunktes für die Abnahme der Kalenderhauptrechnung von 1744 und für die Ablieferung der Provinzialadreßkalender.

Berlin, 28. Sept. 1745

Behändigte Reinschrift, egh., mit einer Angabe von S. Pelloutier vom 30.9., daß sich D. Köhler wegen der Ablieferung der Provinzialadreßkalender an L. Euler und J. Kies wenden solle.

I-XVI-28, Bl. 61

Nr. 77
D. Köhler an L. Euler:
Fragt an, wann und wo die Ablieferung der Provinzialadreßkalender geschehen könne.
Berlin, 1. Okt. 1745
Behändigte Reinschrift, egh., mit einem Vermerk von L. Euler, die Ablieferung am nächsten Tag um 10 Uhr auf der Akademiebibliothek vorzunehmen.
I-XVI-28, Bl. 62

Nr. 78
Quittung über die Abnahme der Jahresrechnung der Akademie für das Jahr 1744.
Berlin, 4. Okt. 1745
Behändigte Reinschrift, Schreiberhand, mitunterzeichnet von L. Euler.
I-XVI-110, S. 128-129

Nr. 79
L. Euler an das Direktorium der Akademie:
Nimmt Stellung zum Schreiben der Akademiekuratoren vom 25.9. über die künftige Anfertigung der Kalender nach dem Tode von J.W. Wagner; führt aus, daß schon G. Kirch unter der Last der Kalenderarbeit geklagt habe, daß die Hauptabsicht der mathematischen Klasse in der Untersuchung und Erfindung nützlicher Dinge in den Wissenschaften und nicht in der Anfertigung der Kalender zur Gewinnung der Einkünfte der Akademie bestehe, daß die beiden Adjunkten D. Naudé und A.N. Grischow nicht noch die gesamte Kalenderarbeit von J.W. Wagner übernehmen können und daß ohne Verwendung eines Teils der Pension von J.W. Wagner niemand die bisher von diesem angefertigten Kalender zusätzlich übernehmen würde; schlägt vor, die Kalenderkommission in den Stand zu setzen, die Arbeit an den Kalendern gegen eine entsprechende Belohnung auszuteilen; teilt mit, daß mit der Revision und Inventarisierung der auf dem Observatorium befindlichen Instrumente noch heute begonnen werde.
Berlin, 8. Okt. 1745
Behändigte Reinschrift von J. Kies, unterzeichnet von L. Euler.
I-VIII-7, Bl. 147-148

Nr. 80
L. Euler an D. Köhler:
Verlangt einen Bericht über die ostfriesischen Kalender und fragt an, ob aus Augsburg die Kupferplatten für den Genealogischen Kalender schon eingetroffen seien.
Berlin, 13. Okt. 1745
Angabe, egh.
I-VIII-129, Bl. 21

Nr. 81
D. Köhler an L. Euler:
Übersendet in der Anlage die angeforderten Informationen über die ostfriesischen Kalender und teilt mit, daß die Kupferplatten aus Augsburg für den Genealogischen Kalender noch nicht eingetroffen seien.
Berlin, [13.] Okt. 1745
Behändigte Reinschrift, egh.
I-VIII-129, Bl. 21

Nr. 82
Kalenderkommission an das Kuratorium der Akademie:
Berichtet über die Abnahme der Kalenderhauptrechnung der Akademie auf das Jahr 1744.
Berlin, 14. Okt. 1745
Behändigte Reinschrift von J. Kies, mitunterzeichnet von L. Euler, S. Pelloutier und J.G. Gleditsch.
I-XVI-28, Bl. 63

Nr. 83
Direktorium der Akademie an die mathematische Klasse:
Teilt den Beschluß des Direktoriums mit, die Adjunkten D. Naudé und A.N. Grischow von der aufwendigen Anfertigung der Register zu den Jahrmärkten zu befreien und diese dem Rendanten D. Köhler zu übertragen, von der Pension des verstorbenen J.W. Wagner nach Ablauf des Gnadenjahres für dessen Witwe jährlich eine Summe von 150 Rt. der mathematischen Klasse für die Anfertigung der bisher von J.W. Wagner besorgten Kalender zur Verfügung zu stellen; trägt ihr auf, den astronomischen Kalender künftig so einzurichten, daß der Akademie daraus kein finanzieller Verlust entstehe, und die Wahl des Sekretars der mathematischen Klasse vorzunehmen und vom Direktorium bestätigen zu lassen.
Berlin, 26. Okt. 1745
Konzept von P.J. de Jariges
I-VIII-7, Bl. 143, 151

Nr. 84
Inventarverzeichnis der auf dem Observatorium befindlichen Instrumente und Modelle.
Berlin, 3. Nov. 1745
Reinschrift von J. Kies, unterzeichnet von L. Euler sowie mit einem Vermerk von ihm, daß diese Gegenstände am 3.11. auf dem Observatorium vorgefunden wurden.
I-XVI-27, Bl. 39-40

Nr. 85
D. Köhler an die Kalenderkommission:
Fragt an, ob jemand aus der Akademie die deutschen Verse für den Genealogischen Kalender anfertigen werde.
Berlin, 3. Nov. 1745
Behändigte Reinschrift, egh., mit einem Votum von L. Euler, daß diese Arbeit gegen eine geringe Bezahlung Krause aufgetragen werden könne.
I-VIII-177, Bl. 171

Nr. 86
Stellungnahmen der Mitglieder der Kalenderkommission S. Pelloutier, J. Kies, J.G. Gleditsch und L. Euler zur Anfrage des Kalenderfaktors der Akademie in Wesel, D. von Beughem, über die Höhe des Stempelgeldes für fremde Genealogische Kalender.
Berlin, 11. Nov. 1745
Behändigte Reinschrift, egh.
I-VIII-19, Bl. 12

Nr. 87
D. Köhler an die Kalenderkommission:
Weist darauf hin, daß nach dem Kalenderedikt das Stempelgeld für den ausländischen Genealogischen Kalender den doppelten Preis des einheimischen Kalenders von gleicher Sorte und Format ausmachen müsse.
Berlin, 12. Nov. 1745
Behändigte Reinschrift, egh., mit einer Angabe von J. Kies vom 17.11., mitunterzeichnet von L. Euler und S. Pelloutier, daß es ausreiche, wenn der Stempel für einen ausländischen Kalender so viel koste wie ein einheimischer Kalender des gleichen Formats.
I-VIII-19, Bl. 13

Nr. 88
Beschluß der Mitglieder der Kalenderkommission über den Druck und das Stempeln der ostfriesischen Kalender.
Berlin, zwischen dem 12. und 19. Nov. 1745
Beschlußprotokoll von J. Kies, mitunterzeichnet von L. Euler, J.G. Gleditsch und S. Pelloutier.
I-VIII-129, Bl. 31

Nr. 89
D. Köhler an die Kalenderkommission:
Fragt an, ob an den Maler J. Harper die volle Vertragssumme für das Stechen der Devisen, Titel und Porträts zu den Genealogischen Kalendern auf das Jahr 1746 auszuzahlen sei, da nur ein Porträt gestochen wurde.
Berlin, 8. Dez. 1745

Behändigte Reinschrift, egh., mit einem Votum von J. Kies vom 9.12., mitunterzeichnet von J.G. Gleditsch und S. Pelloutier, darüber am kommenden Mittwoch bei L. Euler zu beratschlagen.
I-VIII-177, Bl. 209

Nr. 90
L. Euler an D. Köhler:
Trägt ihm auf, dem Maler J. Harper mitzuteilen, daß nach Meinung des Präsidenten P.-L.M. de Maupertuis der Maler Harper die Porträts für die Genealogischen Kalender aus dem Kopf zeichnen solle, da die Namen ja darunter geschrieben würden.
Berlin, 14. Dez. 1745
Angabe, egh.
I-VIII-177, Bl. 192

Nr. 91
Kalenderkommission an D. Köhler:
Trägt ihm auf, dem Maler J. Harper die volle Summe auszuzahlen und diesen dazu anzuhalten, künftig allen Vertragspunkten genau nachzukommen.
Berlin, 15. Dez. 1745
Angabe von J. Kies, mitunterzeichnet von L. Euler und S. Pelloutier.
I-VIII-177, Bl. 206

Nr. 92
Quittung von L. Euler über den Empfang des Quartalsgehaltes in Höhe von 25 Rt.
Berlin, 16. Dez. 1745
Behändigte Reinschrift, egh.
I-XVI-219, Bl. 206

Nr. 93
Kalenderfaktor J.J. Korn aus Breslau an die Berliner Akademie:
Unterbreitet seine Vorschläge über die Auflagenhöhe der verschiedenen Kalendersorten auf das Jahr 1747, über notwendige Reisen zur Gewinnung von Kalenderverkäufern und über die Kalenderpreise.
Breslau, 31. Dez. 1745
Behändigte Ausfertigung, egh., mit Angaben von S. Pelloutier und J. Kies vom 19.1.1746, mitunterzeichnet von L. Euler und J.G. Gleditsch, zu den einzelnen Punkten der Vorstellung.
I-VIII-135, Bl. 14-16

Nr. 94
Eintragung in der Jahresrechnung der Akademie über die Zahlung einer Pension von jährlich 100 Rt. an L. Euler in seiner Funktion als Direktor der mathematischen Klasse.
Berlin, 1745
Behändigte Reinschrift von D. Köhler
I-XVI-111, S. 11

Nr. 95
Eintragung in der Jahresrechnung der Akademie über die von L. Euler veranlaßte Beschaffung eines eisernen Ofens für das Observatorium.
Berlin, 1745
Reinschrift von D. Köhler
I-XVI-111, S. 22

Nr. 96
Aktenvermerk der Mitglieder der Kalenderkommission über die Bearbeiter der Manuskripte zu den Kalendern.
Berlin, [1745]
Reinschrift von J. Kies, mitunterzeichnet von J.G. Gleditsch, L. Euler und S. Pelloutier.
I-VIII-7, Bl. 134

Nr. 97
D. Köhler an die Kalenderkommission:
Fragt an, ob ein Nachdruck an Kalendern für Schlesien besorgt werden soll.
Berlin, 3. Jan. 1746
Behändigte Reinschrift, egh., mit Voten der Kommissionsmitglieder, darunter dem von L. Euler, statt eines Zeit beanspruchenden Kalendernachdrucks besser mehr Stempel für fremde Kalender an den Kalenderfaktor zu schicken und die Kalenderauflage für 1747 entsprechend zu erhöhen.
I-VIII-135, Bl. 6

Nr. 98
D. Köhler an die Kalenderkommission:
Vertritt die Auffassung, daß nach dem Vertrag der Maler J. Harper nicht nur gute Stiche von den Porträts und Devisen des Genealogischen Kalenders, sondern auch gute Abdrucke zu liefern habe; fragt an, ob für den Genealogischen Kalender auf das Jahr 1747 die Porträts des Römischen Kaisers und der Kaiserin zu nehmen seien.
Berlin, 3. Jan. 1746
Behändigte Reinschrift, egh., mit einer Angabe von L. Euler, mitunterzeichnet von J. Kies und J.G. Gleditsch, daß sich J. Harper genau an seinen Vertrag halten müsse und für die vorgeschlagenen Porträts noch die Genehmigung einzuholen sei.
I-VIII-177, Bl. 200

Nr. 99
D. Köhler an die Kalenderkommission:
Fragt an, ob die verlangten Sedezkalender und die Titelblätter zum Duodezkalender gedruckt werden können.
Berlin, 5. Jan. 1746

Behändigte Reinschrift, egh., mit Voten der Kommissionsmitglieder, darunter dem von L. Euler, die Kalender unverzüglich zu drucken und die Vorstellung des Kalenderfaktors J.J. Korn aus Breslau in der nächsten Sitzung zu beraten.
I-VIII-135, Bl. 11

Nr. 100
Kalenderkommission an D. Köhler:
Trägt ihm auf, von dem Kalenderfaktor J.D. Nehls in Minden einen Bericht über die im Gebiet von Tecklenburg und Lingen eingeführten fremdem Kalender anzufordern.
Berlin, 15. Jan. 1746
Angabe von L. Euler und S. Pelloutier, mitunterzeichnet von J. Kies.
I-VIII-246, Bl. 74

Nr. 101
Vertrag der Berliner Akademie der Wissenschaften mit J. Harper über die Anfertigung von Kupferstichen und -abdrucken für die Genealogischen Kalender.
Berlin, 18. Jan. 1746
Vollzogene Reinschrift, mit einem von L. Euler, J. Kies und S. Pelloutier unterzeichneten Vermerk, daß dieser Vertrag am 9.3. gebilligt wurde.
I-VIII-177, Bl. 211

Nr. 102
Beschluß der Kalenderkommission, daß sich der Maler J. Harper erklären solle, ob er die Genealogischen Kupferkalender allein verlegen und der Akademie das Stempelgeld bezahlen wolle.
Berlin, 19. Jan. 1746
Abschrift von D. Köhler
I-VIII-177, Bl. 198

Nr. 103
Beschluß der Kalenderkommission über die Aufnahme der Porträts der Könige von England und von Schweden in die Genealogischen Kalender auf das Jahr 1747.
Berlin, 19. Jan. 1746
Beschlußprotokoll von D. Köhler, unterzeichnet von L. Euler, J. Kies, J.G. Gleditsch und S. Pelloutier.
I-VIII-177, Bl. 210

Nr. 104
Antrag der mathematischen Klasse auf Billigung der in der Klasse erfolgten Wahl des Mitglieds der Pariser Akademie und Intendanten der Königlichen Gärten von Frankreich, G.-L.L. de Buffon, durch das Direktorium.
Berlin, 3. Febr. 1746
Behändigte Reinschrift von J. Kies, unterzeichnet von L. Euler und

A. von Humbert.
I-IV-11, Bl. 67

Nr. 105
Kalenderkommission an D. Köhler:
Trägt ihm auf, die Beschwerde der Kriegs- und Domänenkammer in Minden wegen nicht geänderter Jahrmarktangaben in den Kalendern auf das Jahr 1746 zu untersuchen.
Berlin, 17. Febr. 1746
Angabe von S. Pelloutier, mitunterzeichnet von L. Euler, J. Kies und J.G. Gleditsch.
I-VIII-151, Bl. 164

Nr. 106
D. Köhler an L. Euler:
Übersendet in der Anlage ein Gesuch von C. Kirch und bittet um Abstellung der von ihr vorgebrachten Schwierigkeiten, damit die Kalender für Schlesien rechtzeitig fertig werden.
Berlin, 21. Febr. 1746
Abschrift von D. Köhler
I-VIII-135, Bl. 22

Nr. 107

Aufstellung von D. Köhler über die Korrespondenten der Akademie zur Ermittlung der Postkurse und für den Kalenderverkauf.
Berlin, 21. Febr. 1746
Behändigte Reinschrift, egh., mit einem von L. Euler, J. Kies und S. Pelloutier unterzeichneten Sichtvermerk vom 19.3.
I-VIII-177, Bl. 214

Nr. 108
Aufstellung des Administrators D. Köhler über die Personen, darunter L. Euler, die den 7. Band der Miscellanea Berolinensia im Jahre 1743 als Geschenkexemplar erhielten.
Berlin, Februar 1746
Behändigte Reinschrift, egh.
I-VII-2, Bl. 105

Nr. 109
L. Euler an das Direktorium der Akademie:
Gibt zu bedenken, daß die mathematische Klasse durch jemanden zu verstärken sei, der sich durch Erfindungen hervorgetan habe, was man von J.A. Braun noch nicht behaupten könne.
Berlin, 3. März 1746
Behändigte Reinschrift, egh.
I-III-9, Bl. 45

Nr. 110
Quittung von L. Euler über den Empfang des Quartalsgehaltes in Höhe von 25 Rt.
Berlin, 5. März 1746
Behändigte Reinschrift, egh.
I-XVI-219, Bl. 260

Nr. 111
Direktorium der Akademie an das Preußische Generaldirektorium:
Übersenden in Abschrift die Gutachten von L. Euler und J.N. Lieberkühn zum Vorschlag des Kriegsrates S.E. Ihering aus Aurich, die Spittdobben an den ostfriesischen Deichen mittels eines Hebers anzufüllen.
Berlin, 11. März 1746
Konzept von P.J. de Jariges
I-V-15, Bl. 31

Nr. 112
Akademiesekretar P.J. de Jariges an das Direktorium der Akademie:
Teilt mit, daß er die Anfrage an Friedrich II. wegen der Verwendung der vakanten Gehälter entworfen habe, die er jedoch dem Präsidenten P.-L.M. de Maupertuis nicht habe zeigen können, da dieser in Potsdam beim König weile; berichtet über die von L. Euler erhaltene Mitteilung, daß F. Moula sicherlich nicht an die Berliner Akademie kommen werde, obwohl L. Euler noch keine Antwort von F. Moula auf seinen Brief erhalten habe.
Berlin, [13.] März 1746
Behändigte Reinschrift, egh.
I-I-5, Bl. 272

Nr. 113
Akademiekurator S. von Schmettau an Akademiekurator A.O. von Viereck:
Legt dar, daß nach den Akademiestatuten das Direktorium über die Vergabe der freigewordenen Pensionen mit Billigung des Königs entscheiden könne, woran man sich bisher auch gehalten habe, wie z. B. bei der Zuerkennung der Pension von A. des Vignoles an L. Euler.
Berlin, 18. März 1746
Behändigte Reinschrift, Schreiberhand, frz.
I-III-9, Bl. 76-78

Nr. 114
Direktorium der Akademie an die Akademiemitglieder S. Pelloutier, L. Euler und J. Kies:
Teilt ihnen abschriftlich das Schreiben des Direktoriums an A. Grischow und die Witwe von J.W. Wagner über die Ablieferung der Instrumente und Bücher zur gehörigen Beachtung mit und trägt L. Euler und J. Kies auf, anhand eines Inventarverzeichnisses die Revision der auf dem Observatorium befindlichen Instrumente, Maschinen und Modelle durchzuführen und darüber zu berichten.

Berlin, 12. Apr. 1746
Konzept von P.J. de Jariges
I-XIV-26, Bl. 205-206

Nr. 115
D. Köhler an L. Euler:
Teilt die Übersendung eines Probedrucks des Aderlaß-Mannes mit und bittet um den dazugehörigen Text.
Berlin, 30. Apr. 1746
Behändigte Reinschrift, egh., mit einer Angabe von L. Euler, daß A. Grischow eine kurze Einleitung dazu anfertigen werde.
I-VIII-21, Bl. 97, 105

Nr. 116
D. Köhler an die Kalenderkommission:
Fragt an, bei wem der große Stempelvorrat für die Kalender deponiert werden soll.
Berlin, 9. Mai 1746
Behändigte Reinschrift, egh., mit einer Angabe von S. Pelloutier vom 12.5., mitunterzeichnet von L. Euler, J.G. Gleditsch und J. Kies, daß die Mitglieder der Kommission abwechselnd die Stempel verwalten können; mit einem Vermerk von J. Kies vom 17.8., mitunterzeichnet von L. Euler, S. Pelloutier und J. Kies, daß alle Stempel mit den Platten an die Bibliothek abgegeben wurden.
I-VIII-21, Bl. 100

Nr. 117
D. Köhler an die Kalenderkommission:
Fragt nach dem Preis der neuen Astronomischen Kalender an.
Berlin, 9. Mai 1746
Behändigte Reinschrift, egh., mit einer Angabe von L. Euler, mitunterzeichnet von J. Kies, daß die Kalender auf Druckpapier 6 Gr. und die auf Schreibpapier 8 Gr. kosten sollen.
I-VIII-21, Bl. 99

Nr. 118
D. Köhler an die Kalenderkommission:
Fragt an, ob die Kurfürstliche Geschichte mit Porträts und die Geschichte König Friedrich Wilhelms in Duodezkalendern für 1747 zum Verkauf verschickt werden sollen.
Berlin, 9. Mai 1746
Behändigte Reinschrift, egh., mit einer Angabe von L. Euler, mitunterzeichnet von J. Kies, dies zu tun.
I-VIII-21, Bl. 98

Nr. 119
D. Köhler an die Kalenderkommission:
Schätzt die Möglichkeiten des Vorgehens gegen fremde Kalender in Kleve und Westfalen ein.
Berlin, 9. Mai 1746
Behändigte Reinschrift, egh., mit einer Angabe von L. Euler, mitunterzeichnet von J. Kies, daß alles so wie bisher bleiben müsse, die Buchbinder allerdings, welche gestempelte Kalender verkaufen, die unverkauften Stempel wieder zurücknehmen müßten.
I-VIII-15, Bl. 47

Nr. 120
D. Köhler an die Kalenderkommission:
Fragt an, ob ab 1747 alle Jahre neue Verse für den Vereinigten Haus-, Garten- und Geschichtskalender gemacht werden sollen.
Berlin, 9. Mai 1746
Behändigte Reinschrift, egh., mit einer Angabe von L. Euler, mitunterzeichnet von J. Kies, daß alle Jahre neue Verse gemacht werden können.
I-VIII-10, Bl. 116

Nr. 121
D. Köhler an die Kalenderkommission:
Teilt mit, daß ihm der Verleger des Uphuser Kalenders in Ostfriesland auf sein Schreiben nicht geantwortet habe und fragt an, was in der Angelegenheit weiter zu unternehmen sei.
Berlin, 9. Mai 1746
Behändigte Reinschrift, egh., mit einer Angabe von J. Kies vom 11.5., mitunterzeichnet von L. Euler, hierüber eine Vorstellung für die Kuratoren der Akademie anzufertigen.
I-VIII-129, Bl. 39

Nr. 122
Kalenderkommission an das Direktorium der Akademie:
Teilt mit, daß der Kalenderverkauf in Westfalen durch die Einfuhr fremder Kalender von Jahr zu Jahr zurückgegangen sei und daß alle Bemühungen um den Kalenderabsatz in Ostfriesland bisher ergebnislos gewesen seien.
Berlin, 11. Mai 1746
Behändigte Reinschrift von J. Kies, mitunterzeichnet von L. Euler, J.G. Gleditsch und S. Pelloutier.
I-VIII-129, Bl. 59

Nr. 123
Kalenderkommission an das Direktorium der Akademie:
Schlägt vor, die Herausgabe eines Polnischen Kalenders dem Kalenderfaktor J.J. Korn in Breslau in Kommission zu übergeben.
Berlin, 11. Mai 1746

Behändigte Reinschrift von J. Kies, mitunterzeichnet von L. Euler, J.G. Gleditsch und S. Pelloutier.
I-VIII-135, Bl. 29

Nr. 123a
D. Köhler an L. Euler:
Fragt an, ob die Preise für den Verkauf der Genealogischen Kurfürstlichen Kalender und der Posttabellenkalender auf das Jahr 1747 schon festgesetzt sind.
Berlin, 21. Mai 1746
Behändigte Reinschrift, egh., mit einer Angabe von S. Pelloutier vom 23.5., mitunterzeichnet von L. Euler, über die festgesetzten Kalenderpreise.
I-VIII-329, Bl. 52

Nr. 124
Quittung von L. Euler über den Empfang des Quartalsgehaltes in Höhe von 25 Rt.
Berlin, 2. Juni 1746
Behändigte Reinschrift, egh.
I-XVI-219, Bl. 261

Nr. 124a
Rechnung von J.V. Krause über die Anfertigung der Verse zu den Astronomischen Kalendern auf das Jahr 1747.
Berlin, 14. Juni 1746
Behändigte Ausfertigung, egh., mit einem Vermerk der Kalenderkommission vom 16.6., mitunterzeichnet von L. Euler, über die sachliche Richtigkeit.
I-VIII-329, Bl. 353

Nr. 125
L. Euler an D. Köhler:
Teilt mit, daß er mit dem Akademiepräsidenten P.-L.M. de Maupertuis über den Plan der Herstellung und des Vertriebs von Landkarten durch die Akademie zur Erhöhung der Akademieeinnahmen gesprochen habe und dieser mit dem Vorschlag einverstanden sei, jedoch bitte, ihn schriftlich einzureichen.
Berlin, 18. Juni 1746
Behändigte Reinschrift, egh.
I-VII-37, Bl. 7, 11

Nr. 126
D. Köhler an die Kalenderkommission:
Fragt an, ob für die Neuauflage der Genealogischen Kalender mit der Geschichte der Brandenburgischen Fürsten eine Verbesserung des Textes, z. B. durch Erklärung der Wappen eines jeden Kurfürsten, vorzunehmen sei.

Berlin, 22. Juni 1746
Behändigte Reinschrift, egh., mit einer Angabe von L. Euler, mitunterzeichnet von J. Kies und J.G. Gleditsch, diesen Vorschlag zu verwirklichen, falls jemand die Beschreibung der Wappen übernehme.
I-VIII-177, Bl. 225

Nr. 126a
Beschluß der Kalenderkommission über den Verkauf noch vorrätiger Adreßkalender in Berlin.
Berlin, 24. Juni 1746
Behändigte Reinschrift von J. Kies, mitunterzeichnet von L. Euler und J.G. Gleditsch.
I-VIII-328, Bl. 234

Nr. 126b
Protokoll der Kalenderkommission über den Abkauf von Kupferplatten für die Kalenderherstellung von D. Köhler.
Berlin, 29. Juni 1746
Behändigte Reinschrift von J. Kies, mitunterzeichnet von L. Euler und J.C. Uhden.
I-VIII-327, Bl. 247

Nr. 127
D. Köhler an die Kalenderkommission:
Teilt den Vorschlag von A. Grischow mit, die alte Geschichte aus dem Historischen Kalender für 1747 herauszunehmen oder diesen einen Bogen stärker zu machen, da Grischows Beitrag für diesen Kalender um einen Druckbogen umfangreicher als sonst sei; bittet um eine Entscheidung.
Berlin, 16. Aug. 1746
Behändigte Reinschrift, egh., mit einer Angabe von J. Kies vom 16.8., mitunterzeichnet von L. Euler und S. Pelloutier, die alte Geschichte aus dem Kalender für 1747 herauszunehmen.
I-VIII-21, Bl. 112

Nr. 128
D. Köhler an das Direktorium der Akademie:
Fragt an, ob dem Buchdrucker J.B. Müller zu Lipstadt eine ständige Zulage von 5 Rt. für den Kalenderdruck zu gewähren sei.
Berlin, 17. Aug. 1746
Behändigte Reinschrift, egh., mit einer Angabe von J. Kies vom 15.9., mitunterzeichnet von L. Euler und S. Pelloutier, diese Zulage für 1746 zu gewähren; mit einer weiteren Angabe von J.T. Eller vom 8.10., mitunterzeichnet von L. Euler, J.P. Heinius und J. Elsner, ab 1748 eine Zulage von 3 Rt. zu gewähren.
I-VIII-85, Bl. 29

Nr. 129
D. Köhler an die Kalenderkommission:
Fragt an, ob von der Geschichte der Kurfürsten zu den Genealogischen

Kalendern eine neue Auflage von 1500 Exemplaren angefertigt werden soll.
Berlin, 17. Aug. 1746
Behändigte Reinschrift, egh., mit einer egh. Angabe von J. Kies, mitunterzeichnet von L. Euler und S. Pelloutier, diese Auflagenhöhe drucken zu lassen.
I-VIII-177, Bl. 226

Nr. 129a
D. Köhler an die Kalenderkommission:
Fragt an, welchen Lohn Prof. Becmann für die Anfertigung der Wappen zu den Genealogischen Kalendern erhalten soll.
Berlin, 19. Aug. 1746
Behändigte Reinschrift, egh., mit den Voten von L. Euler, J. Kies und S. Pelloutier.
I-VIII-329, Bl. 359

Nr. 130
T.B. Foesius an den Kalenderfaktor Pesenecker:
Bittet ihn, seine Vorschläge zur Verbesserung der Genealogischen Kalender der Akademie zu unterbreiten.
Hart am Berg, 25. Aug. 1746
Behändigte Ausfertigung, egh., mit einem Resolutionsprotokoll von J. Kies vom 6.11., mitunterzeichnet von L. Euler und S. Pelloutier, daß mit dem Jahre 1748 den Genealogischen Kalendern je ein Preußischer und Schlesischer Kalender auf sechs kleinen Blättern beizufügen sei.
I-VIII-178, Bl. 20

Nr. 131
Beschluß der Kalenderkommission, eine Druckauflage von 2500 Polnischen Kalendern zu bewilligen.
Berlin, 30. Aug. 1746
Beschlußprotokoll von J. Kies, mitunterzeichnet von L. Euler und S. Pelloutier.
I-VIII-135, Bl. 61

Nr. 132
Quittung von L. Euler über den Empfang des Quartalsgehaltes in Höhe von 25 Rt.
Berlin, 9. Sept. 1746
Behändigte Reinschrift, egh.
I-XVI-219, Bl. 262

Nr. 133
Aufstellung von D. Köhler über angefertigte silberne Kaspeln, zu deren Empfängern auch L. Euler gehört.
Berlin, 14. Sept. 1746
Behändigte Reinschrift, egh.
I-XVI-28, Bl. 45

Nr. 133a
D. Köhler an die Kalenderkommission:
Fragt an, ob die Akademie die noch vorrätigen 600 Exemplare der gedruckten Posttaxen und -tabellen für 1 Gr. das Exemplar übernehmen wolle.
Berlin, vor dem 5. Okt. 1746
Behändigte Reinschrift, egh., mit einer Angabe von L. Euler, mitunterzeichnet von J. Kies, die Posttabellen in die Rechnung zu 1 Gr. das Exemplar aufzunehmen; mit dem Resolutionsprotokoll der Direktoriumssitzung vom 5.10., mitunterzeichnet von L. Euler, daß D. Köhler die Posttabellen zugunsten der Akademie verkaufen soll.
I-VIII-327, Bl. 233

Nr. 134
Abnahme der Kalenderhauptrechnung für das Jahr 1745 durch das Direktorium der Akademie.
Berlin, 5. Okt. 1746
Behändigte Reinschrift von J.D. Blume, mitunterzeichnet von L. Euler.
I-VIII-299, Bl. 27

Nr. 135
Quittung über die Abnahme der Jahresrechnung der Akademie für das Jahr 1745.
Berlin, 5. Okt. 1746
Behändigte Reinschrift, Schreiberhand, mitunterzeichnet von L. Euler.
I-XVI-111, S. 85-86

Nr. 136
D. Köhler an die Kalenderkommission:
Teilt mit, daß der Postmeister Leuenberg in Glatz seine Rechnung über die Genealogischen Kalender trotz mehrfacher Aufforderung noch nicht eingeschickt habe.
Berlin, 15. Okt. 1746
Behändigte Reinschrift, egh., mit einer Angabe von L. Euler, mitunterzeichnet von J. Kies und S. Pelloutier, deswegen an gehöriger Stelle vorstellig zu werden.
I-VIII-177, Bl. 237

Nr. 137
D. Köhler an die Kalenderkommission:
Zeigt den Bestand an übriggebliebenen Kalendern in Schlesien, Preußen und Westfahlen an, fragt an, wer diese nachzählen soll und schlägt vor, den Faktoren über ein bestimmtes Quantum hinaus pro Ries Kalendermakulatur 8 Gr. zu berechnen.
Berlin, 31. Okt. 1746
Behändigte Reinschrift, egh., mit zwei Angaben von J. Kies vom 9.11., mitunterzeichnet von L. Euler und S. Pelloutier, daß in Königsberg und Minden die Kalender durch den dortigen Fiskal, in den kleineren

Städten durch die Faktoren nachzuzählen seien und daß der Preis für die Kalendermakulatur gebilligt werde.
I-VIII-21, Bl. 109, 111

Nr. 138
L. Euler an D. Köhler:
Teilt die Übersendung der Quittung von J.le Rond d'Alembert vom 19.10. 1746 über den Empfang von 50 Dukaten als Preis für dessen siegreiche Abhandlung zur Preisaufgabe über den Wind mit und bittet um Rückgabe seiner eigenen Quittung über dieses Geld.
Berlin, 1. Nov. 1746
Behändigte Reinschrift, egh.
I-XVI-219, Bl. 279

Nr. 139
D. Köhler an die Kalenderkommission:
Fragt an, ob J. du Fresne de Francheville die Verse zu den Genealogischen Kalendern übernehmen werde.
Berlin, 8. Nov. 1746
Behändigte Reinschrift, egh., mit einer Angabe von J. Kies vom 9.11., mitunterzeichnet von L. Euler und S. Pelloutier, daß J. du Fresne de Francheville die Verse besorgen werde.
I-VIII-177, Bl. 238

Nr. 140
D. Köhler an die Kalenderkommission:
Fragt an, ob zu den Genealogischen Kalendern auf das Jahr 1748 neben dem Porträt der königlichen Prinzessin Anna Amalia auch dasjenige des königlichen Prinzen Heinrich zu stechen sei.
Berlin, 8. Nov. 1746
Behändigte Reinschrift, egh., mit einer Angabe von L. Euler, daß nach Auffassung des Präsidenten P.-L.M. de Maupertuis das Porträt der Prinzessin genüge.
I-VIII-177, Bl. 239

Nr. 141
D. Köhler an die Kalenderkommission:
Fragt an, ob der Kalenderfaktor J.J. Korn in Breslau noch zusätzlich 200 Kontoirkalender auf das Jahr 1747 erhalten könne.
Berlin, 15. Nov. 1746
Behändigte Reinschrift, egh., mit einer Angabe von J. Kies vom 18.11., mitunterzeichnet von L. Euler, die verlangten Kalender zu liefern.
I-VIII-135, Bl. 90

Nr. 142
Quittung von L. Euler über den Empfang des Quartalsgehaltes in Höhe von 25 Rt.
Berlin, 10. Dez. 1746
Behändigte Reinschrift, egh.
I-XVI-219, Bl. 263

Nr. 143
Eintragung in der Jahresrechnung der Akademie über die Auszahlung von 50 Dukaten an L. Euler zur Weiterleitung an J. le Rond d'Alembert für den Gewinn der Preisaufgabe der Akademie.
Berlin, 1746
Reinschrift von D. Köhler
I-XVI-112, S. 20

Nr. 144
Eintragung in der Jahresrechnung der Akademie über die Zahlung einer Pension von jährlich 100 Rt. an L. Euler, Direktor der mathematischen Klasse.
Berlin, 1746
Reinschrift von D. Köhler
I-XVI-112, S. 12

Nr. 145
Aufstellung von D. Köhler über die Korrespondenten der Akademie für den Kalenderverkauf im Jahre 1747.
Berlin, 1746
Behändigte Reinschrift, egh., mit einem Sichtvermerk von L. Euler.
I-VIII-177, Bl. 244

Nr. 146
Akademiepräsident P.-L.M. de Maupertuis an D. Köhler:
Weist an, daß ab dem 1.1.1747 die Akademiemitglieder L. Euler, J.-H.S. Formey und S. Pelloutier je 50 Rt., C.F. Ludolff 30 Rt. und J. du Fresne de Francheville 20 Rt. jährliche Gehaltserhöhung erhalten sollen.
Berlin, 28. Jan. 1747
Behändigte Reinschrift, Schreiberhand, frz.
I-XVI-219, Bl. 299

Nr. 147
Stellungnahme von L. Euler über den Abgang der Polnischen Kalender in Schlesien.
Berlin, Januar 1747
Behändigte Reinschrift, egh.
I-VIII-135, Bl. 107

Nr. 148
D. Köhler an die Kalenderkommission:
Teilt mit, daß der Berliner Kalenderfaktor Pesenecker die Kalenderbogen von den unverkauften Kalendern nicht vollständig zurückgegeben habe.
Berlin, 1. Febr. 1747
Behändigte Reinschrift, egh., mit einem Votum von L. Euler und den Voten von S. Pelloutier und J. Kies, daß gegen den Kalenderfaktor

Peseneoker nichts unternommen werden solle.
I-VIII-6, Bl. 68

Nr. 149
Quittung von L. Euler über den Empfang des Quartalsgehaltes in Höhe von $37\frac{1}{2}$ Rt.
Berlin, 21. Febr. 1747
Behändigte Reinschrift, egh.
I-XVI-219, Bl. 298

Nr. 149a
D. Köhler an L. Euler:
Beantragt eine Dienstreise nach Schlesien zur besseren Einrichtung des dortigen Kalenderwesens.
Berlin, 23. Febr. 1747
Behändigte Reinschrift, egh.
I-VIII-135, Bl. 120

Nr. 150
L. Euler an S. Pelloutier und J. Kies:
Teilt mit, daß er für eine Geschichte über Kamtschatka keine Informationen habe finden können, und schlägt vor, eine Landkarte von den Niederlanden in den Kalender aufzunehmen, über die sich leicht eine historische Beschreibung finden ließe.
Berlin, 3. März 1747
Behändigte Reinschrift, egh.
I-VIII-21, Bl. 115

Nr. 151
D. Köhler an die Kalenderkommission:
Fragt an, ob den Königsberger Faktoren das Ries Kalendermakulatur zu 5 Gr. berechnet werden könne.
Berlin, 4. März 1747
Behändigte Reinschrift, egh., mit Voten der Kommissionsmitglieder, darunter dem von L. Euler, daß man den vorgeschlagenen Preis billige.
I-VIII-21, Bl. 116

Nr. 152
Berliner Akademie der Wissenschaften an das Collegium Medicum et Sanitatis in Breslau:
Teilt die Übersendung der Quittung über die an die Akademie eingesandten Examinations- und Approbationsgebühren mit.
Berlin, 8. März 1747
Konzept von J.D. Blume, mit den Revisionsunterschriften von L. Euler, J.P. Heinius, J. Elsner und J.T. Eller.
I-XI-2, Bl. 48

Nr. 153
L. Euler an D. Köhler:
Trägt ihm auf, 150 Rt. von der Pension des verstorbenen J.W. Wagner

zu je 50 Rt. an C. Kirch, D. Naudé und A.N. Grischow für ihre Kalenderarbeit auszuzahlen.
Berlin, 11. März 1747
Angabe, egh.
I-XVI-219, Bl. 307

Nr. 154
D. Köhler an die Kalenderkommission:
Fragt an, ob der für Stolpe gemeldete Krammarkt mit in die Kalender aufzunehmen sei.
Berlin, vor dem 24. März 1747
Behändigte Reinschrift, egh., mit einer Angabe von L. Euler vom 23.3., mitunterzeichnet von J. Kies, S. Pelloutier und J.G. Gleditsch, daß man deswegen beim Preußischen Generaldirektorium anfragen sollte.
I-VIII-151, Bl. 201

Nr. 155
D. Köhler an die Kalenderkommission:
Teilt mit, daß einige gleiche Orte mit Jahrmarktsangaben sowohl in den schlesischen als auch in den hiesigen Kalendern vorkommen; bittet um eine Zusammenkunft, um herauszufinden, wo einige ihm unbekannte Orte liegen, damit er die dortigen Magistrate um Auskunft bitten könne.
Berlin, 29. März 1747
Behändigte Reinschrift, egh., mit einer Angabe von L. Euler vom 30.3., mitunterzeichnet von J. Kies, daß eine Versammlung kaum dazu beitragen werde, unbekannte Orte ausfindig zu machen, und daher nur an die Magistrate der bekannten Orte wegen unsicherer Jahrmarktsangaben geschrieben werden solle.
I-VIII-151, Bl. 209

Nr. 156
Abnahme der Kalenderhauptrechnung für das Jahr 1746 durch das Direktorium der Akademie.
Berlin, 14. Apr. 1747
Behändigte Reinschrift von J.D. Blume, mitunterzeichnet von L. Euler.
I-VIII-300, Bl. 26

Nr. 157
Quittung über die Abnahme der Jahresrechnung der Akademie für 1746.
Berlin, 14. Apr. 1747
Behändigte Reinschrift, Schreiberhand, mitunterzeichnet von L. Euler.
I-XVI-112, S. 51-52

Nr. 158
Quittung von L. Euler über den Empfang des Quartalsgehaltes in Höhe von $37\frac{1}{2}$ Rt.
Berlin, 21. Apr. 1747
Behändigte Reinschrift, egh.
I-XVI-219, Bl. 300

Nr. 158a
D. Köhler an L. Euler:
Berichtet über seine schlesische Dienstreise in Kalendersachen.
Berlin, 10. Mai 1747
Behändigte Ausfertigung, egh.
I-VIII-135, Bl. 127

Nr. 159
D. Köhler an die Kalenderkommission:
Teilt die Übersendung der deutschen Verse für den Genealogischen Kalender auf das Jahr 1748 zur Revision mit.
Berlin, 12. Aug. 1747
Behändigte Reinschrift, egh., mit einem Revisionsvermerk von L. Euler vom 14.8., daß er und J. Kies an den Versen nichts auszusetzen haben.
I-VIII-177, Bl. 275, 281

Nr. 160
Quittung von L. Euler über den Empfang des Quartalsgehaltes in Höhe von $37\frac{1}{2}$ Rt.
Berlin, 13. Sept. 1747
Behändigte Reinschrift, egh.
I-XVI-219, Bl. 302

Nr. 161
D. Köhler an die Kalenderkommission:
Übersendet in der Anlage das Konzept für die Anstellung von T. Wagner als Kalenderfaktor in Schlesien und bittet um dessen Durchsicht.
Berlin, 14. Sept. 1747
Behändigte Reinschrift, egh., mit einem Fertigungsbefehl von L. Euler, daß der Vertrag mit T. Wagner so auszufertigen sei.
I-VIII-135, Bl. 194

Nr. 162
D. Köhler an die Kalenderkommission:
Fragt an, ob der Kalenderfaktor T. Wagner in Breslau 500 Kalender in einem anderen Format drucken und an seinem Haus eine Inschrift über seine Stellung als Kalenderfaktor der Akademie anbringen lassen könne.
Berlin, 20. Sept. 1747
Behändigte Reinschrift, egh., mit einer Angabe von S. Pelloutier vom 21.9., der L. Euler beipflichtet, darüber die Genehmigung des Präsidenten einzuholen.
I-VIII-135, Bl. 170

Nr. 163
Kalenderkommission an den Präsidenten der Akademie P.-L.M. de Maupertuis:
Nimmt Stellung zum Gesuch des Buchdruckers Korsten aus Geldern, holländische Kalender gegen eine jährliche Bezahlung von 10 Rt. an die Akademie drucken zu dürfen.

Berlin, 25. Sept. 1747
Behändigte Reinschrift von S. Pelloutier, frz., mitunterzeichnet von L. Euler.
I-VIII-236, Bl. 29

Nr. 164
D. Köhler an die Kalenderkommission:
Bittet um Revision des preußischen Teils des Provinzialadreßkalenders für 1748 und fragt an, ob die Materialien von den anderen Provinzen für diesen Adreßkalender ebenfalls zur Revision einzuschicken seien.
Berlin, 9. Nov. 1747
Behändigte Reinschrift, egh., mit Angaben von J. Kies, mitunterzeichnet von L. Euler, J.G. Gleditsch und S. Pelloutier, über den Inhalt des Adreßkalenders und die selbständige Bearbeitung der übrigen Provinzen zum Adreßkalender durch D. Köhler.
I-VIII-205, Bl. 108

Nr. 165
Gesellen der Hofbuchdruckerei an die Berliner Akademie der Wissenschaften:
Bitten darum, ihnen von den in ihrer Druckerei angefertigten astronomischen Kalendern weiterhin 12 Exemplare kostenfrei zu überlassen.
Berlin, vor dem 11. Nov. 1747
Behändigte Ausfertigung, Schreiberhand, mit einer Angabe von J. Kies für D. Köhler vom 10.11., mitunterzeichnet von L. Euler, J.G. Gleditsch und S. Pelloutier, daß dem Setzer des astronomischen Kalenders ein Exemplar gewährt werde.
I-VIII-20, Bl. 28

Nr. 166
D. Köhler an die Kalenderkommission:
Bittet um Revision der Zeichnung zum Titelblatt des Genealogischen Kalenders für 1749 und eines Konzepts über zu verschenkende Kalender.
Berlin, 23. Nov. 1747
Behändigte Reinschrift, egh., mit einem Revisionsvermerk von S. Pelloutier vom 23.11., mitunterzeichnet von L. Euler, J. Kies und J.G. Gleditsch.
I-VIII-20, Bl. 29

Nr. 167
D. Köhler an die Kalenderkommission:
Fragt an, ob das Domstift zu Breslau und sein Bischof in den Schlesischen Adreßkalender aufzunehmen seien.
Berlin, 30. Nov. 1747
Behändigte Reinschrift, egh., mit einem von den Kommissionsmitgliedern L. Euler, J. Kies, S. Pelloutier und J.G. Gleditsch unterzeichneten Beschluß, daß das Domstift und sein Bischof mit allen Titeln in den Adreßkalender aufzunehmen seien.
I-VIII-135, Bl. 225

Nr. 168

C. Kirch an L. Euler:

Bittet darum, ihr je drei Exemplare von jeder Sorte an Schlesischen Kalendern im Quartformat zukommen zu lassen.

Berlin, 11. Dez. 1747

Behändigte Reinschrift, egh., mit einer Angabe von L. Euler vom 11.12. für D. Köhler, ihr diese Bitte zu erfüllen.

I-VIII-20, Bl. 30-31

Nr. 169

Quittung von L. Euler über den Empfang des Quartalsgehaltes in Höhe von $37\frac{1}{2}$ Rt.

Berlin, 11. Dez. 1747

Behändigte Reinschrift, egh.

I-XVI-219, Bl. 303

Nr. 170

Aufstellung von D. Köhler über die neuen Korrespondenten der Akademie für den Kalenderverkauf im Jahre 1748.

Berlin, 1747

Behändigte Reinschrift, egh., mit einem Sichtvermerk von L. Euler.

I-VIII-178, Bl. 18

Nr. 171

Eintragung in der Jahresrechnung der Akademie über die Zahlung einer Pension von jährlich 150 Rt. an L. Euler in seiner Funktion als Direktor der mathematischen Klasse.

Berlin, 1747

Reinschrift von D. Köhler

I-XVI-113, S. 11

Nr. 172

Akademiepräsident P.-L.M. de Maupertuis an D. Köhler:

Trägt ihm auf, 24 Dukaten an L. Euler als Reisegeld für D. Passavant auszuzahlen.

Berlin, 19. Jan. 1748

Behändigte Reinschrift, egh., mit einem Vermerk von L. Euler, daß er dieses Geld am 19.1. erhalten habe.

I-XVI-219, Bl. 327

Nr. 173

D. Köhler an die Kalenderkommission:

Fragt u. a. an, welche Landkarte für den Historischen und Genealogischen Kalender auf 1749 zu stechen sei.

Berlin, 12. Febr. 1748

Behändigte Reinschrift, egh., mit einer Angabe von J. Kies vom 14.2., mitunterzeichnet von L. Euler und S. Pelloutier, die Karte von den Vereinigten Niederlanden zu stechen.

I-VIII-21, Bl. 139

Nr. 174
D. Köhler an die Kalenderkommission:
Bittet um Billigung des mit dem Buchdrucker ausgehandelten Druckerlohns für den Druck eines kleinen für Schlesien bestimmten Kalenders auf das Jahr 1748.
Berlin, 12. Febr. 1748
Behändigte Reinschrift, egh., mit einem von L. Euler, J. Kies und S. Pelloutier unterzeichneten Billigungsvermerk vom 14.2.
I-VIII-135, Bl. 246

Nr. 175
D. Köhler an die Kalenderkommission:
Fragt an, ob der angezeigte Papierpreis für den Kalenderdruck gebilligt werde.
Berlin, 12. Febr. 1748
Behändigte Reinschrift, egh., mit einer egh. Angabe von J. Kies vom 14.2., mitunterzeichnet von L. Euler und S. Pelloutier, daß der angegebene Papierpreis genehmigt werde.
I-VIII-178, Bl. 19

Nr. 176
Quittung von L. Euler über den Empfang des Quartalsgehaltes in Höhe von $37\frac{1}{2}$ Rt.
Berlin, 8. März 1748
Behändigte Reinschrift, egh.
I-XVI-219, Bl. 314

Nr. 177
Promemoria von L. Euler über die Einrichtung des Kalenderabsatzes in Ostfriesland durch Anstellung eines Buchbinders oder Buchdruckers als Faktor der Akademie.
Berlin, 8. März 1748
Behändigte Reinschrift, egh.
I-VIII-129, Bl. 99

Nr. 178
Berliner Akademie der Wissenschaften an die Kriegs- und Domänenkammer in Breslau:
Nimmt Stellung zur Frage der Stempelung der Jüdischen Kalender in Schlesien.
Berlin, 13. März 1748
Konzept von D. Köhler, mit einem Revisionsvermerk von L. Euler.
I-VIII-135, Bl. 253

Nr. 179

D. Köhler an den Buchdrucker H. Tapper in Aurich:
Teilt mit, daß die Akademie ihm den Kalenderverlag für Ostfriesland auf das Jahr 1749 probeweise überlasse; geht näher auf die einzelnen Bedingungen des Kalenderverlags ein.
Berlin, 2. Apr. 1748
Konzept von D. Köhler, mit einem Revisionsvermerk von L. Euler.
I-VIII-129, Bl. 105, 108

Nr. 180

Akademiepräsident P.-L.M. de Maupertuis an D. Köhler:
Trägt ihm auf, neue Pensionen für eine Reihe von Akademiemitgliedern auf den Gehaltsetat der Akademie zu setzen, darunter die von 200 Rt. für L. Euler.
Potsdam, 22. Apr. 1748
Behändigte Reinschrift, egh., frz.
I-XVI-219, Bl. 313

Nr. 181

Abnahme der Kalenderhauptrechnung für das Jahr 1747 durch das Direktorium der Akademie.
Berlin, 1. Mai 1748
Behändigte Reinschrift von J.D. Blume, mitunterzeichnet von L. Euler.
I-VIII-301, Bl. 28

Nr. 182

Quittung über die Abnahme der Jahresrechnung der Akademie für das Jahr 1747.
Berlin, 1. Mai 1748
Behändigte Reinschrift, Schreiberhand, mitunterzeichnet von L. Euler.
I-XVI-113, S. 45-46

Nr. 183

D. Köhler an den Kalenderverleger H. Tapper in Aurich:
Teilt ihm den Beschluß der Akademie über die Höhe des Stempelgeldes für den Sedezkalender und über die Bedingungen des Kalenderverlags mit.
Berlin, 4. Mai 1748
Konzept von D. Köhler, mit einem Revisionsvermerk von L. Euler.
I-VIII-129, Bl. 121

Nr. 184

Prediger Hecker an D. Köhler:
Teilt mit, daß er von dem geplanten Kalendergeschäft Abstand nehmen möchte, zumal er durch L. Euler von den Schwierigkeiten mit den auswärtigen Adressen erfahren habe.
Berlin, 8. Mai 1748
Behändigte Ausfertigung, egh.
I-VIII-21, Bl. 144

Nr. 185
D. Köhler an die Kalenderkommission:
Teilt mit, daß in Emden ohne Wissen der Akademie ein Adreßkalender auf das Jahr 1748 herausgekommen sei; schlägt vor, das Preußische Generaldirektorium zu ersuchen, deswegen an den Magistrat in Emden zu schreiben.
Berlin, 9. Mai 1748
Behändigte Reinschrift, egh., mit einer Angabe von S. Pelloutier vom 9.5., mitunterzeichnet von L. Euler, J.G. Gleditsch und J. Kies, so zu verfahren.
I-VIII-129, Bl. 124

Nr. 186
D. Köhler an die Kalenderkommission:
Fragt an, ob der lateinische Astronomische Kalender zum gleichen Preis wie der deutsche zu verkaufen sei.
Berlin, 9. Mai 1748
Behändigte Reinschrift, egh., mit einer Angabe von J. Kies vom 9.5., mitunterzeichnet von L. Euler, den lateinischen Astronomischen Kalender auf Druckpapier für 8 Gr. und auf Schreibpapier für 10 Gr. zu verkaufen.
I-VIII-21, Bl. 145

Nr. 187
D. Köhler an L. Euler:
Schlägt vor, die Vorschläge des Magistrats in Emden oder des Uphuser Kalenderverlegers wegen des dortigen Kalenderverkaufs abzuwarten.
Berlin, 25. Mai 1748
Behändigte Reinschrift, egh., mit einer Angabe von L. Euler vom 25.5., daß er damit einverstanden sei.
I-VIII-129, Bl. 126

Nr. 188
Quittung von L. Euler über den Empfang von 489 Rt. zur Bezahlung von zwei goldenen und 22 silbernen Medaillen.
Berlin, 25. Mai 1748
Behändigte Reinschrift, egh.
I-XVI-219, Bl. 332

Nr. 189
Berliner Akademie der Wissenschaften an das Preußische Generaldirektorium:
Teilt mit, daß die Akademie bereit sei, gegen eine Bezahlung von 8 Rt. die für die Stadt Emden bestimmten Uphuser Kalender stempeln zu lassen.
Berlin, 27. Mai 1748
Konzept von D. Köhler, mit einem Revisionsvermerk von L. Euler, mit-

unterzeichnet von J. Kies.
I-VIII-129, Bl. 138

Nr. 190
L. Euler an D. Köhler:
Teilt die Übergabe von 20 Gr. für die Zensur eines Buches von 10 Bogen mit.
Berlin, 7. Juni 1748
Behändigte Reinschrift, egh.
I-XVI-219, Bl. 312

Nr. 191
Quittung von L. Euler über den Empfang des Quartalsgehaltes in Höhe von 50 Rt.
Berlin, 7. Juni 1748
Behändigte Reinschrift, egh.
I-XVI-219, Bl. 315

Nr. 192
D. Köhler an den Kalenderverleger H. Tapper in Aurich:
Übersendet ihm den Vorbericht zum dortigen Kalender auf das Jahr 1748 und teilt Instruktionen zum Holländischen Kalender und zu den Stempeln für Landkarten mit.
Berlin, 8. Juni 1748
Konzept von D. Köhler, mit einem Revisionsvermerk von L. Euler und J. Kies.
I-VIII-129, Bl. 146

Nr. 193
D. Köhler an die Kalenderkommission:
Schlägt vor, für die Figuren im deutschen und französischen Etuiskalender zwei neue Kupferplatten stechen zu lassen.
Berlin, 19. Juni 1748
Behändigte Reinschrift, egh., mit einer Angabe von L. Euler, mitunterzeichnet von J. Kies und S. Pelloutier, daß solche Platten mit neuartigen Figuren gestochen werden sollen.
I-VIII-178, Bl. 26

Nr. 194
J.G. Trausoldt an den Berliner Kalenderfaktor J.S. Pesenecker:
Übersendet eine Liste mit Jahrmarktangaben in sächsischen Städten, die in den Kalendern noch fehlen.
Siebenberg, 13. Juli 1748
Behändigte Ausfertigung, egh., mit einer Angabe von L. Euler, mitunterzeichnet von J. Kies, die in den Kalendern befindlichen Jahrmärkte nach diesem Verzeichnis zu berichtigen.
I-VIII-151, Bl. 125-126

Nr. 194a

D. Köhler an die Kalenderkommission:

Fragt an, ob die 13 Rt. Kalenderschulden des verstorbenen Postmeisters Martini seiner Witwe erlassen werden können.

Berlin, 9. Aug. 1748

Behändigte Reinschrift, egh., mit einer Angabe von L. Euler, mitunterzeichnet von J. Kies, der Witwe die Schulden zu erlassen.

I-VIII-330, Bl. 228

Nr. 195

Aufstellung von J.-H.S. Formey über die Verteilung der silbernen Medaillen an die Mitglieder der königlichen Familie, an die Akademiekuratoren und an Akademiemitglieder, darunter an L. Euler.

Berlin, 24. Aug. 1748

Behändigte Reinschrift, egh., frz.

I-XVI-219, Bl. 332

Nr. 196

D. Köhler an die Kalenderkommission:

Teilt mit, daß der Buchbinder Schatz gegenüber den Kalenderkäufern falsche Aussagen mache und daher verwarnt werden müßte.

Berlin, 3. Sept. 1748

Behändigte Reinschrift, egh., mit einer Angabe von S. Pelloutier vom 5.9., mitunterzeichnet von L. Euler und J. Kies, daß dies gebilligt werde.

I-VIII-21, Bl. 149

Nr. 197

Quittung von L. Euler über den Empfang des Quartalsgehaltes von 50 Rt.

Berlin, 10. Sept. 1748

Behändigte Reinschrift, egh.

I-XVI-219, Bl. 316

Nr. 198

Rechnung von L. Euler über die Anfertigung des Medaillenstempels.

Berlin, vor dem 11. Sept. 1748

Behändigte Reinschrift, egh., mit einem Vermerk von L. Euler über den Empfang des verauslagten Geldes.

I-XVI-219, Bl. 331

Nr. 199

D. Köhler an die Kalenderkommission:

Unterbreitet und unterstützt den Vorschlag des Kurators S. von Schmettau, die lateinischen Astronomischen Kalender der Akademie im Ausland für 3 Rt. das Dutzend zu verkaufen.

Berlin, 19. Okt. 1748

Behändigte Reinschrift, egh., mit einer Angabe von J.-H.S. Formey vom 19.10., mitunterzeichnet von L. Euler, J. Kies und S. Pelloutier, daß

man dem Vorschlag zustimme.
I-VIII-15, Bl. 49

Nr. 200
Akademiesekretar J.-H.S. Formey an die Mitglieder der Kalenderkommission:
Teilt mit, daß ihn der Präsident P.-L.M. Maupertuis beauftragt habe, zur beiliegenden Abhandlung über die Verbesserung der Kalender die Stellungnahmen der Kommissionsmitglieder einzuholen.
Berlin, 19. Okt. 1748
Behändigte Reinschrift, egh., frz., mit dem Votum von L. Euler, daß die Vorschläge es verdienen, beraten zu werden.
I-VIII-23, Bl. 1

Nr. 201
D. Köhler an die Kalenderkommission:
Teilt die Übersendung der neuen Platte zum deutschen Etuiskalender zur Revision mit.
Berlin, 21. Okt. 1748
Behändigte Reinschrift, egh., mit einem Revisionsvermerk von L. Euler.
I-VIII-178, Bl. 28

Nr. 202
Berliner Akademie der Wissenschaften an das Preußische Generaldirektorium:
Ersucht darum, den Magistrat in Emden anzuweisen, daß der dortige Buchdrucker die Kalendertitel zum Abstempeln und die 8 Rt. Stempelgeld an die Akademie einschicke.
Berlin, 22. Okt. 1748
Konzept von D. Köhler, mit Revisionsunterschriften von L. Euler und J. Kies.
I-VIII-129, Bl. 162

Nr. 203
Katalog über die am 28.10.1748 in der Akademiebibliothek veranstaltete Bücherauktion mit Eintragungen von D. Köhler über die von L. Euler gekauften Bücher.
Berlin, 28. Okt. 1748
Druck und Reinschrift von D. Köhler
I-XII-2, Bl. 456-475

Nr. 204
D. Köhler an das Direktorium der Akademie:
Fragt an, ob der Bogen des Berliner Adreßkalenders über das Kammergericht wegen der bei diesem erfolgten Veränderungen umzudrucken sei.
Berlin, 28. Nov. 1748
Behändigte Reinschrift, egh., mit einer Angabe von J.T. Eller, mitunterzeichnet von L. Euler und J. Elsner, daß der Bogen umzudrucken sei.
I-VIII-188, Bl. 99

Nr. 205
Quittung von L. Euler über den Empfang des Quartalsgehaltes in Höhe von 50 Rt.
Berlin, 15. Dez. 1748
Behändigte Reinschrift, egh.
I-XVI-219, Bl. 317

Nr. 206
D. Köhler an die Kalenderkommission:
Teilt die Übersendung der Zeichnungen und Verse für die Genealogischen Kalender auf das Jahr 1749 zur Revision mit.
Berlin, 1748
Behändigte Reinschrift, egh., mit einem Revisionsvermerk von L. Euler.
I-VIII-178, Bl. 22

Nr. 207
Eintragung in der Jahresrechnung der Akademie über die Zahlung einer Pension von jährlich 187 Rt. 12 Pf. an L. Euler in seiner Funktion als Direktor der mathematischen Klasse.
Berlin, 1748
Reinschrift von D. Köhler
I-XVI-114, S. 12

Nr. 208
Eintragung in der Jahresrechnung der Akademie über die Zahlung von 6 Rt. an L. Euler für einen russischen Atlas.
Berlin, 1748
Reinschrift von D. Köhler
I-XVI-114, S. 21

Nr. 209
Eintragung in der Jahresrechnung der Akademie über die Zahlung von 100 Rt. an L. Euler zur Anfertigung von neu erfundenen Objektivgläsern.
Berlin, 1748
Reinschrift von D. Köhler
I-XVI-114, S. 23

Nr. 210
Bestätigung durch L. Euler und J. Kies über die Anfertigung einer Messingröhre für das Pariser Mikrometer durch den Klempnermeister Kalcke.
Berlin, 8. Jan. 1749
Behändigte Reinschrift von J. Kies, mitunterzeichnet von L. Euler.
I-XVI-221, Bl. 149

Nr. 211
D. Köhler an das Direktorium der Akademie:
Fragt an, welcher Betrag dem Faktor H. Tapper in Aurich bei seiner Kalenderabrechnung erlassen werden soll, damit er keinen zu großen Schaden daran habe.
Berlin, 14. Jan. 1749
Behändigte Reinschrift, egh., mit einer von L. Euler, J.P. Heinius, J.T. Eller und dem Kurator P.C.K. von Keith unterzeichneten Angabe, dem Faktor 20 Rt. zu gewähren.
I-VIII-129, Bl. 192

Nr. 212
Anweisung des Direktoriums der Akademie über die Zahlung von 4 Rt. an J.D. Schleuen für das Zeichnen von zwei Medaillen.
Berlin, 16. Jan. 1749
Angabe von J.T. Eller, mitunterzeichnet von L. Euler, J.P. Heinius und J. Elsner, lat.
I-XVI-221, Bl. 157

Nr. 213
Beschluß des Direktoriums der Akademie über die Anschaffung des Buches Uranographia Britannica.
Berlin, 16. Jan. 1749
Beschlußprotokoll von J. Kies, mitunterzeichnet von L. Euler.
I-XVI-221, Bl. 139

Nr. 214
Anweisung des Direktoriums der Akademie über die Zahlung von 30 Rt. an A.N. Grischow für den Zoll in Paris und den Transport der akademischen Instrumente nach Rouen.
Berlin, 6. Febr. 1749
Angabe von J.T. Eller, mitunterzeichnet von L. Euler, J.P. Heinius und J. Elsner, lat.
I-XVI-221, Bl. 150

Nr. 215
Quittung von L. Euler über den Empfang des Quartalsgehaltes in Höhe von 50 Rt.
Berlin, 6. März 1749
Behändigte Reinschrift, egh.
I-XVI-221, Bl. 18

Nr. 216
L. Euler an D. Köhler:
Trägt ihm auf, wegen des guten Abgangs des deutschen Astronomischen Kalenders dessen Auflage für das Jahr 1750 zu erhöhen.
Berlin, 12. März 1749
Angabe, egh.

I-VIII-21, Bl. 155

Nr. 217
D. Köhler an die Kalenderkommission:
Berichtet über das Angebot eines Buchdruckers in Emden, die Niederdeutschen Kalender in Ostfriesland zu verlegen; schlägt vor, den Verlag des Nieder- und Hochdeutschen Kalenders in der Hand des Faktors H. Tapper zu belassen.
Berlin, 11. Apr. 1749
Behändigte Reinschrift, egh., mit einer Angabe von L. Euler vom 11.4., mitunterzeichnet von J. Kies, den Verlag der beiden Kalendersorten beim Faktor H. Tapper zu belassen.
I-VIII-129, Bl. 175

Nr. 218
Vertrag über die Verpachtung der Maulbeerbäume auf den Berliner Wällen.
Berlin, 28. Apr. 1749
Konzept von D. Köhler, unterzeichnet von L. Euler, J.P. Heinius, J. Elsner und J.T. Eller.
I-X-4, Bl. 611

Nr. 219
Quittung von L. Euler über den Empfang des Quartalsgehaltes in Höhe von 50 Rt.
Berlin, 30. Mai 1749
Behändigte Reinschrift, egh.
I-XVI-221, Bl. 19

Nr. 219a
D. Köhler an das Direktorium der Akademie:
Fragt an, ob er die Kalenderschulden des Breslauer Faktors J.J. Korn gerichtlich einklagen soll.
Berlin, 12. Juli 1749
Behändigte Reinschrift, egh., mit einem zustimmenden Beschluß des Direktoriums, unterzeichnet von J.T. Eller, L. Euler, J. Elsner und J.P. Heinius.
I-VIII-331, Bl. 224

Nr. 220
Berliner Akademie der Wissenschaften an die Kriegs- und Domänenkammer in Breslau:
Unterbreitet einen Vorschlag über die Errichtung eines Kalenderverlags für die Jüdischen Kalender in Schlesien.
Berlin, 12. Juli 1749
Konzept von D. Köhler, mit einem Revisionsvermerk von L. Euler.

I-VIII-135, Bl. 336-337

Nr. 220a
D. Köhler an L. Euler:
Fragt an, ob der Anhang über die Polizeisachen sowie das Armen- und Leichenwesen zu den Quart- und Duodezkalendern auf das Jahr 1750 gleichermaßen zu 1 Gr. verkauft werden soll.
Berlin, 14. Juli 1749
Behändigte Reinschrift, egh., mit einer Angabe von L. Euler, daß der Preis für den Anhang zum Quartkalender etwas teurer als der zum Duodezkalender zu verkaufen sei.
I-VIII-332, Bl. 342

Nr. 221
Direktorium der Akademie an die ordentlichen Mitglieder der Akademie:
Teilt den Beschluß mit, daß aus der Akademiebibliothek ausgeliehene Bücher innerhalb von 14 Tagen an diese zurückzugeben seien.
Berlin, 19. Juli 1749
Behändigte Reinschrift von J.D. Blume, unterzeichnet von L. Euler, J.P. Heinius, J. Elsner und J.T. Eller.
I-XII-2, Bl. 448

Nr. 222
Quittung des königlichen Medaillenprägers L.H. Barbiez über die Zahlung von 6 Rt. durch L. Euler für das Prägen der Preismedaille der Akademie.
Berlin, 7. Aug. 1749
Behändigte Ausfertigung, egh., frz.
I-XVI-221, Bl. 132

Nr. 223
Quittung von L. Euler über den Empfang des Quartalsgehaltes in Höhe von 50 Rt.
Berlin, 8. Sept. 1749
Behändigte Reinschrift, egh.
I-XVI-221, Bl. 20

Nr. 224
S. Pelloutier an das Direktorium der Akademie:
Schlägt vor, die Kupferplatten zu den Münzdarstellungen zu verkaufen.
Berlin, 17. Sept. 1749
Behändigte Reinschrift, egh., frz., mit einer Angabe von J.T. Eller, mitunterzeichnet von L. Euler, J. Elsner und J.P. Heinius, die Kupferplatten im Archiv aufzubewahren.
I-XVI-28, Bl. 182

Nr. 225
Bestallungseid des Buchhändlers C. Bredow als Kalenderfaktor der Aka-

demie in Wesel.
Wesel, September 1749
Konzept von D. Köhler, mit Revisionsunterschriften von L. Euler, J.P. Heinius, J. Elsner und J.T. Eller.
I-VIII-83, Bl. 139, 143

Nr. 225a
D. Köhler an das Direktorium der Akademie:
Schlägt vor, dem Kupferstecher N.F. Sauerbrey für den Druck einer Landkarte 10 Gr. pro 100 Exemplare zu bezahlen.
Berlin, 21. Okt. 1749
Behändigte Reinschrift, egh., mit einem Billigungsvermerk von J.T. Eller, mitunterzeichnet von L. Euler, J. Elsner und J.P. Heinius.
I-VIII-333, Bl. 276

Nr. 226
Justitiar der Akademie J.C. Uhden an das Direktorium der Akademie:
Teilt mit, daß der Pächter Pfeiffer entgegen dem Vertrag die Köpenicker Plantage nicht ausschließlich zur Anpflanzung von Maulbeerbäumen genutzt habe, und schlägt eine genaue Untersuchung des Zustandes der Plantage an Ort und Stelle vor.
Berlin, 10. Nov. 1749
Behändigte Reinschrift, egh., mit einer Angabe von J.T. Eller vom 13.11., mitunterzeichnet von L. Euler und J. Elsner, die Untersuchung vorzunehmen.
I-X-8, Bl. 12-13

Nr. 226a
D. Köhler an das Direktorium der Akademie:
Berichtet, daß Postmeister Bion aus Landshut gebeten hat, ihm die Kalenderschulden für das Jahr 1749 zu erlassen.
Berlin, 25. Nov. 1749
Behändigte Reinschrift, egh., mit einem Resolutionsprotokoll des Direktoriums vom 27.11., unterzeichnet von J.T. Eller, L. Euler, J. Elsner und J.P. Heinius, daß der Postmeister diesen Verlust in der Zukunft nach und nach zu ersetzen habe.
I-VIII-331, Bl. 112

Nr. 227
L. Euler an J. G. Gleditsch:
Teilt ihm den Auftrag des Präsidenten P.-L.M. de Maupertuis mit, einen schonungslosen Bericht über den Zustand der Köpenicker Plantage und Vorschläge zu deren Nutzung auszuarbeiten.
Berlin, 5. Dez. 1749

Behändigte Reinschrift, egh.
I-X-8, Bl. 15

Nr. 228
Quittung von L. Euler über den Empfang des Quartalsgehaltes in Höhe von 50 Rt.
Berlin, 18. Dez. 1749
Behändigte Reinschrift, egh.
I-XVI-221, Bl. 21

Nr. 229
Eintragung in der Jahresrechnung der Akademie über die Zahlung einer Pension von jährlich 200 Rt. an L. Euler, Direktor der mathematischen Klasse.
Berlin, 1749
Reinschrift von D. Köhler
I-XVI-115, S. 11

Nr. 230
L. Euler an D. Köhler:
Trägt ihm auf, dem Kupferstecher N.F. Sauerbrey für die gestochene Platte eines Teils von Europa 35 Rt. auszuzahlen.
Berlin, 8. Jan. 1750
Angabe, egh.
I-XVI-225, Bl. 165

Nr. 230a
D. Köhler an das Direktorium der Akademie:
Schlägt vor, daß er eine Reise nach Königsberg unternehme, um die Schwierigkeiten beim Druck der Kalender und in der Kalenderfaktorei an Ort und Stelle zu klären.
Berlin, 14. Jan. 1750
Behändigte Reinschrift, egh., mit einer Angabe des Direktoriums, unterzeichnet von P.-L.M. de Maupertuis, L. Euler, J.P. Heinius, J.T. Eller und dem Kurator P.C.K. v. Keith, daß die Reise gebilligt werde.
I-VIII-94, Bl. 497-498

Nr. 231
D. Köhler an L. Euler:
Bittet um Übersendung eines Schriftstückes zum Kalenderwesen als Beleg.
Berlin, 20. Jan. 1750
Behändigte Reinschrift, egh., mit einer Angabe von L. Euler, daß das Schriftstück J.T. Eller habe und daß im Direktorium beschlossen wurde, für den Geographischen Kalender auf 1752 die Karte von Neuchâtel zu drucken.
I-VIII-21, Bl. 181

Nr. 232
Quittung von L. Euler über den Empfang des Quartalsgehaltes von 50 Rt.
Berlin, 16. Febr. 1750
Behändigte Reinschrift, egh.
I-XVI-222, Bl. 22

Nr. 233
D. Köhler an die Kalenderkommission:
Schlägt vor, dem Kalenderverleger C.J. Hartz gegen einen bescheidenen Preis die gedruckten roten Kalenderbogen statt eines vollständigen Kalendermanuskripts anzubieten.
Berlin, 19. Febr. 1750
Behändigte Reinschrift, egh., mit einer Angabe von S. Pelloutier vom 19.2., mitunterzeichnet von L. Euler, J.G. Gleditsch und J. Kies, daß der Vorschlag gebilligt werde.
I-VIII-15, Bl. 54

Nr. 234
D. Köhler an das Direktorium der Akademie:
Teilt mit, daß das Breslauer Collegium Medicum et Sanitatis die Examinations- und Approbationsgebühren nur für das 1. Quartal 1749 eingeschickt habe.
Berlin, 5. März 1750
Behändigte Reinschrift, egh., mit einer Angabe von J.T. Eller, mitunterzeichnet von L. Euler, J.P. Heinius und J. Elsner, daß deswegen an den Grafen von Münchow zu schreiben sei.
I-XI-2, Bl. 118

Nr. 235
Berliner Akademie der Wissenschaften an das Collegium Medicum et Sanitatis in Glogau:
Teilt die Übersendung der Quittung über die an die Akademie eingesandten Examinations- und Approbationsgebühren mit.
Berlin, 12. März 1750
Konzept von J.D. Blume, mit den Revisionsunterschriften von L. Euler und J.T. Eller.
I-XI-2, Bl. 124

Nr. 236
D. Köhler an L. Euler:
Schlägt zur Förderung des Absatzes der französischen Genealogischen Kalender im Ausland vor, statt der monatlichen Witterungsangaben, die für das Ausland kaum zutreffen, die Kalenderangaben nach dem alten Stil zu bringen.
Berlin, 18. März 1750
Behändigte Reinschrift, egh., mit einer Angabe von L. Euler, daß er den Vorschlag billige.
I-VIII-21, Bl. 170

Nr. 237
Sekretar J.-H.S. Formey an das Direktorium der Akademie:
Übersendet eine Anfrage des Pächters Pfeiffer über das weitere Schicksal der Köpenicker Plantage zur Begutachtung.
Berlin, 23. März 1750
Behändigte Reinschrift, egh., frz., mit einer Angabe von L. Euler, daß dem Pächter Pfeiffer zu antworten sei, die Plantage zum Michaelistag zu verlassen.
I-X-8, Bl. 37

Nr. 238
Direktorium der Akademie an den Pächter Pfeiffer:
Teilt ihm mit, daß die Akademie zum Michaelistag die Plantage in Köpenick wieder in Besitz nehmen werde.
Berlin, 11. Apr. 1750
Konzept von D. Köhler, mit Revisionsunterschriften von L. Euler, J.P. Heinius, J. Elsner und J.T. Eller.
I-X-8, Bl. 35

Nr. 239
D. Köhler an das Direktorium der Akademie:
Fragt an, ob ein Wandkalender mit Heiligenbildern für den Verkauf in Schlesien und im Ausland von der Akademie herausgegeben werden soll.
Berlin, 21. Apr. 1750
Behändigte Reinschrift, egh., mit einer Angabe, unterzeichnet von L. Euler, J.P. Heinius, J. Elsner und J.T. Eller, daß dies in der Akademiesitzung am 23.4. von den Direktoren gebilligt wurde.
I-VIII-21, Bl. 175

Nr. 240
D. Köhler an das Direktorium der Akademie:
Fragt an, ob dem Kalenderfaktor T. Wagner eine Zulage für das Trocknen der naß angekommenen Kalender zu gewähren sei.
Berlin, 21. Apr. 1750
Behändigte Reinschrift, egh., mit einer Angabe von J.-H.S. Formey vom 23.4., unterzeichnet von L. Euler, J.P. Heinius, J. Elsner und J.T. Eller, daß der Kalenderfaktor T. Wagner keine Zulage erhalten soll.
I-VIII-135, Bl. 405

Nr. 241
Abnahme der Kalenderhauptrechnung für das Jahr 1749 durch das Direktorium der Akademie:
Berlin, 5. Mai 1750
Behändigte Reinschrift von J.D. Blume, mitunterzeichnet von L. Euler.
I-VIII-303, Bl. 28

Nr. 242
Quittung über die Abnahme der Jahresrechnung der Akademie für das Jahr 1749.
Berlin, 5. Mai 1750
Behändigte Reinschrift, Schreiberhand, mitunterzeichnet von L. Euler.
I-XVI-115, S. 45-46

Nr. 243
D. Köhler an L. Euler:
Teilt mit, daß durch ein Versehen des Buchdruckers im Sedezkalender auf das Jahr 1751 die Finsternisse im Anhang ausgelassen seien; schlägt vor, einen Umdruck vorzunehmen.
Berlin, 12. Mai 1750
Behändigte Reinschrift, egh., mit einer Angabe von L. Euler, daß er mit dem Vorschlag einverstanden sei.
I-VIII-135, Bl. 414

Nr. 244
J.G. Gleditsch an das Direktorium der Akademie:
Weist darauf hin, daß man sich nach einem Mieter des Wohnhauses auf der Köpenicker Plantage umsehen müsse, damit die Plantage nicht ohne Aufsicht bleibe.
Berlin, 7. Juni 1750
Behändigte Reinschrift, egh., mit einer Angabe von L. Euler, mitunterzeichnet von J.P. Heinius, daß eine Aufsicht notwendig sei.
I-X-8, Bl. 42

Nr. 245
Quittung von L. Euler über den Empfang des Quartalsgehaltes in Höhe von 50 Rt.
Berlin, 19. Juni 1750
Behändigte Reinschrift, egh.
I-XVI-222, Bl. 23

Nr. 246
J.F. Cramer an die Berliner Akademie:
Bietet sich als Pächter der Köpenicker Maulbeerplantage an.
Berlin, 14. Juli 1750
Behändigte Ausfertigung, egh., mit einer Angabe von L. Euler, mitunterzeichnet von J.P. Heinius und J. Elsner, J.F. Cramer zu antworten, daß die Akademie die Plantage nicht verpachte.
I-X-8, Bl. 56

Nr. 247
L. Euler an D. Köhler:
Teilt mit, daß der Akademiepräsident P.-L.M. de Maupertuis angeordnet habe, für den Schulgebrauch Landkarten in einem kleineren Format herzustellen, und L. Euler die Ausführung dieser Anordnung übertragen habe, daß er daher mit dem Kupferstecher J.A. Bergmann wegen der An-

fertigung der Karte von Spanien einen Vertrag abgeschlossen habe; weist ihn an, J.A. Bergmann einen Vorschuß auszuzahlen.
Berlin, 25. Aug. 1750
Angabe, egh.
I-VII-37, Bl. 30

Nr. 248
Protokoll der vertraglichen Vereinbarung zwischen der Akademie und C. Friedrich über die Nutzung der Köpenicker Plantage.
Berlin, 31. Aug. 1750
Reinschrift von J.G. Gleditsch, unterzeichnet von L. Euler, J.G. Gleditsch und C. Friedrich.
I-X-8, Bl. 50-51

Nr. 249
Quittung von L. Euler über den Empfang des Quartalsgehaltes von 50 Rt.
Berlin, 3. Sept. 1750
Behändigte Reinschrift, egh.
I-XVI-222, Bl. 24

Nr. 250
D. Köhler an das Direktorium der Akademie:
Bittet um Genehmigung, in den Genealogischen Kalender für 1751 die Todesfälle in den Herrscherhäusern aufzunehmen.
Berlin, 7. Sept. 1750
Behändigte Reinschrift, egh., mit einer Angabe, unterzeichnet von L. Euler, J.P. Heinius, J. Elsner und J.T. Eller, daß dies im Direktorium am 8.9. gebilligt wurde.
I-VIII-21, Bl. 171

Nr. 250a
Bericht der aus S. Pelloutier, L. Euler und D. Köhler bestehenden Kommission zur Prüfung der Vorschläge des Schriftgießers J. Schmidt.
Berlin, 10. Sept. 1750
Behändigte Reinschrift von S. Pelloutier, frz., mitunterzeichnet von L. Euler und D. Köhler.
I-IV-46, Bl. 19, Konzept: Bl. 5

Nr. 251
J. G. Gleditsch an L. Euler:
Teilt die voraussichtlichen Kosten für den Kauf der Maulbeerbäume, der Pfähle, Baumstangen und des Mistes für die Köpenicker Plantage mit und bittet um Auszahlung einer Summe von 30 Rt. als Anzahlung.
Berlin, 16. Sept. 1750
Behändigte Reinschrift, egh.
I-X-8, Bl. 64, 66, 82

Nr. 252
L. Euler an P.-L.M. de Maupertuis:

Teilt die von J.G. Gleditsch aufgestellten Kosten für den Kauf der Maulbeerbäume, Pfähle, Baumstangen und des Mistes für die Köpenicker Plantage mit und bittet ihn um Anweisung der Geldsumme.
Berlin, nicht vor dem 16. Sept. 1750
Konzept, egh., frz.
I-X-8, Bl. 66

Nr. 253
Quittung von L. Euler über den Ankauf von Landkarten aus Nürnberg.
Berlin, 22. Sept. 1750
Behändigte Reinschrift, egh.
I-XVI-225, Bl. 157

Nr. 254
L. Euler an D. Köhler:
Trägt ihm auf, dem Kupferstecher N.F. Sauerbrey gegen Ablieferung der von ihm gestochenen Platte von Italien 35 Rt. auszuzahlen.
Berlin, 25. Okt. 1750
Angabe, egh.
I-XVI-225, Bl. 158

Nr. 255
L. Euler an D. Köhler:
Trägt ihm auf, dem Kupferstecher J.D. Schleuen für die Anfertigung der Karte von Großbritannien 20 Rt. auszuzahlen.
Berlin, 7. Nov. 1750
Angabe, egh.
I-XVI-225, Bl. 160

Nr. 256
L. Euler an D. Köhler:
Trägt ihm auf, dem Kupferstecher J.A. Bergmann gegen Ablieferung der von ihm gestochenen Platte von Spanien 20 Rt. auszuzahlen.
Berlin, 25. Nov. 1750
Angabe, egh.
I-XVI-225, Bl. 161

Nr. 257
L. Euler an J.G. Gleditsch:
Teilt mit, daß der Präsident P.-L.M. de Maupertuis sehr ungehalten über die unterlassene Pflanzung von Maulbeerbäumen auf der Köpenicker Plantage sei und darauf dringe, daß noch 2000 Bäume gepflanzt werden.
Berlin, 30. Nov. 1750
Behändigte Reinschrift, egh.
I-X-8, Bl. 61, 63

Nr. 258
L. Euler an D. Köhler:
Trägt ihm auf, dem Kupferstecher N.F. Sauerbrey für die von ihm gestochene Platte des Türkischen Reiches 40 Rt. auszuzahlen.
Berlin, 10. Dez. 1750

Angabe, egh.
I-XVI-225, Bl. 162

Nr. 259
L. Euler an D. Köhler:
Trägt ihm auf, dem Kupferstecher J.D. Schleuen für die gestochene Platte von Preußen 30 Rt. auszuzahlen.
Berlin, 11. Dez. 1750
Angabe, egh.
I-XVI-225, Bl. 164

Nr. 260
Quittung von L. Euler über den Empfang des Quartalsgehaltes in Höhe von 50 Rt.
Berlin, 14. Dez. 1750
Behändigte Reinschrift, egh.
I-XVI-222, Bl. 25

Nr. 261
Berliner Akademie an das Preußische Generaldirektorium:
Bittet um kostenlose Lieferung von 16 Schock Eichenpfählen und um 34 Schock Baumstangen für die Instandsetzung der Köpenicker Maulbeerplantage.
Berlin, 1750
Konzept von J.G. Gleditsch, egh., mit einem Betreffsvermerk von L. Euler.
I-X-8, Bl. 65

Nr. 262
Eintragung in der Jahresrechnung der Akademie über die Zahlung einer Pension von jährlich 200 Rt. an L. Euler, Direktor der mathematischen Klasse.
Berlin, 1750
Reinschrift von D. Köhler
I-XVI-116, S. 11

Nr. 263
Rechnung des Landjägers F.W. Bock über die Lieferung von Baumpfählen und Eichenplanken in den Köpenicker Maulbeergarten.
Köpenick, 12. Jan. 1751
Behändigte Ausfertigung, Schreiberhand, u. a. mit Sichtvermerken von L. Euler, J.P. Heinius und J.T. Eller.
I-XVI-223, Bl. 181

Nr. 264
Reglement für den Botanischen Garten.
Abschrift, mit einem abschriftlichen Vermerk, unterzeichnet vom Präsidenten P.-L.M. de Maupertuis, dem Kurator P.C.K. von Keith und den Direktoren L. Euler, J.P. Heinius und J. T. Eller, daß das Reglement im

Direktorium am 16.1. gebilligt wurde.
Berlin, 16. Jan. 1751
I-XIV-35, Bl. 31-38, Konzept von J.G. Gleditsch mit Revisionsvermerken von L. Euler und von J.T. Eller vom 12.12.1750: Bl. 44-50.

Nr. 264a
D. Köhler an L. Euler:
Unterbreitet Vorschläge für die Festsetzung der von den jüdischen Familien in Schlesien zu entrichtenden Kalendergelder.
Berlin, 23. Jan. 1751
Konzept, egh.
I-VIII-135, Bl. 424

Nr. 265
Protokoll einer Besprechung mit dem Gärtner J.F. Michelmann über das Reglement für den Botanischen Garten.
Berlin, 27. Jan. 1751
Vollzogene Reinschrift von J.G. Gleditsch, unterzeichnet von P.-L.M. de Maupertuis, L. Euler, J.G. Gleditsch und J.F. Michelmann.
I-XIV-56, Bl. 13-14

Nr. 266
Akademiepräsident P.-L.M. de Maupertuis an D. Köhler:
Ermächtigt ihn, auf den Gehaltsetat der Akademie eine Pension für L. Euler in Höhe von 1600 Rt. und für einen geschickten Mechaniker eine Pension von 100 Rt. zu setzen und dafür die Pensionen für die Unterhaltung des Theatri Anatomici vom Akademieetat abzusetzen.
Berlin, 30. Jan. 1751
Behändigte Reinschrift von J.-H.S. Formey, frz.
I-XVI-223, Bl. 22

Nr. 267
Akademiepräsident P.-L.M. de Maupertuis an D. Köhler:
Weist an, an L. Euler gegen Quittung alle Summen auszuzahlen, die dieser für das Stechen der Landkarten benötigt.
Berlin, 30. Jan. 1751
Angabe, Schreiberhand, frz.
I-VII-37, Bl. 31

Nr. 268
L. Euler an D. Köhler:
Trägt ihm auf, dem Kupferstecher J.A. Bergmann für die gestochene Platte von den Niederlanden 25 Rt. auszuzahlen.
Berlin, vor dem 9. Febr. 1751
Angabe, egh.
I-XVI-225, Bl. 166

Nr. 269
D. Köhler an L. Euler:
Fragt an, welche Abhandlung in den Haushaltungskalender auf das Jahr 1752 aufzunehmen sei.
Berlin, 9. Febr. 1751
Behändigte Reinschrift, egh., mit einem Vermerk von L. Euler vom 11.2., daß J.G. Gleditsch eine Abhandlung verfassen wird.
I-VIII-21, Bl. 197

Nr. 270
Direktorium der Akademie an D. Köhler:
Erteilt ihm Instruktionen über anfallende Ausgaben für den Botanischen Garten.
Berlin, 25. Febr. 1751
Angabe von J.G. Gleditsch, unterzeichnet von P.-L.M. de Maupertuis, L. Euler, J.P. Heinius und J.T. Eller.
I-XIV-35, Bl. 39

Nr. 271
L. Euler an D. Köhler:
Trägt ihm auf, dem Malermeister C.L. Wiedemann für das Anstreichen der Spinde noch 18 Rt. auszuzahlen.
Berlin, 5. März 1751
Angabe, egh.
I-XVI-223, Bl. 149

Nr. 272
Quittung von L. Euler über den Empfang des Quartalsgehaltes von 50 Rt.
Berlin, 8. März 1751
Behändigte Reinschrift, egh.
I-XVI-223, Bl. 20

Nr. 273
Reglement für den Gärtner des Botanischen Gartens.
Berlin, 10. März 1751
Reinschrift von Schreiberhand, unterzeichnet von P.-L.M. de Maupertuis, L. Euler, J.P. Heinius und J.T. Eller.
I-XIV-35, Bl. 51-53

Nr. 274
Zusatzpunkte für die Bestallung des Gärtners des Botanischen Gartens.
Berlin, 10. März 1751
Vollzogene Reinschrift, Schreiberhand, unterzeichnet von P.-L.M. de Maupertuis, L. Euler, J.P. Heinius und J.T. Eller.
I-XIV-56, Bl. 8-10

Nr. 275
Rechnung des Maurermeisters G. Mann über die Reparatur des Seidenhauses auf der Maulbeerplantage.
Köpenick, 15. März 1751

Behändigte Ausfertigung, egh., mit einem u. a. von L. Euler unterzeichneten Vermerk über die Billigung der Rechnung in der Akademiesitzung am 9. Juni.
I-XVI-223, Bl. 192-193

Nr. 276
L. Euler an D. Köhler:
Trägt ihm auf, dem Kupferstecher N.F. Sauerbrey für die gestochene Platte eines Teils von Europa 45 Rt. auszuzahlen.
Berlin, 20. März 1751
Angabe, egh.
I-XVI-225, Bl. 167

Nr. 277
L. Euler an D. Köhler:
Trägt ihm auf, dem Kupferstecher J.A. Bergmann für die gestochene Platte von Ungarn 35 Rt. auszuzahlen.
Berlin, 24. März 1751
Angabe, egh.
I-XVI-225, Bl. 168

Nr. 278
Kostenanschlag von L. Euler für die Arbeiten des Tischlers M. Schumann auf der neuen Akademiebibliothek.
Berlin, 30. März 1751
Behändigte Reinschrift, egh., frz.
I-XVI-223, Bl. 148

Nr. 279
L. Euler an D. Köhler:
Trägt ihm auf, die Rechnung des Tischlers M. Schumann für die Arbeiten auf der neuen Akademiebibliothek zu bezahlen.
Berlin, 30. März 1751
Angabe, egh.
I-XVI-223, Bl. 147

Nr. 280
D. Köhler an die Kalenderkommission:
Fragt an, ob in den Schlesischen und Preußischen Kalendern die Krönung des Römischen Kaisers im Titelblatt erwähnt werden soll.
Berlin, 31. März 1751
Behändigte Reinschrift, egh., mit den Stellungnahmen der Kommissionsmitglieder, darunter der von L. Euler, den Kaiser wegzulassen.
I-VIII-21, Bl. 183

Nr. 281
D. Köhler an die Kalenderkommission:
Fragt an, ob die Buchbinder wie die Faktoren von jedem verkauften Polizeianhang 1 Pf. Provision erhalten könnten.

Berlin, 31. März 1751
Behändigte Reinschrift, egh., mit unterschiedlichen Voten der Kommissionsmitglieder L. Euler, S. Pelloutier, J. Kies und J. Gleditsch über die Gewährung der Provision.
I-VIII-21, Bl. 184

Nr. 282
D. Köhler an die Kalenderkommission:
Fragt an, ob der lateinische Astronomische Kalender noch weiter gedruckt werden soll, da dessen Herausgabe für die Akademie ein Verlustgeschäft sei.
Berlin, 31. März 1751
Behändigte Reinschrift, egh., mit Voten der Kommissionsmitglieder L. Euler, J. Kies und S. Pelloutier, daß der Kalender weiter gedruckt werden müsse.
I-VIII-21, Bl. 185

Nr. 283
Kalenderkommission an D. Köhler:
Teilt mit, daß für den künftigen Historisch-Geographischen Kalender 400 Landkarten auf gutem Papier gedruckt wurden, die farbig ausgemalt werden könnten, wodurch sich der Preis pro Kalender um 1 Gr. erhöhen würde; trägt ihm auf, die entsprechenden Vorkehrungen zu treffen.
Berlin, 1. Apr. 1751
Angabe von L. Euler, mitunterzeichnet von J.G. Gleditsch, J. Kies und S. Pelloutier.
I-VIII-21, Bl. 186

Nr. 284
J.G. Gleditsch an L. Euler:
Teilt die Übersendung der verlangten Rechnung über die Köpenicker Plantage mit.
Berlin, 4. Apr. 1751
Behändigte Reinschrift, egh.
I-X-8, Bl. 69

Nr. 285
D. Köhler an die Kalenderkommission:
Fragt erneut wegen der Gewährung einer Provision an die Buchbinder für den Verkauf der Polizeianhänge an, da die Stellungnahmen der Kommissionsmitglieder nicht übereinstimmen.
Berlin, 6. Apr. 1751
Behändigte Reinschrift, egh., mit einer Angabe von L. Euler, den Buchbindern 1 Pf. Provision zu gewähren.
I-VIII-21, Bl. 184

Nr. 286
D. Köhler an die Kalenderkommission:
Gibt zu bedenken, daß es ausreichen würde, nur 50 bis 100 Landkarten farbig auszumalen, da die Kalender mit farbigen Karten in der Vergangenheit nur geringen Absatz fanden.
Berlin, 6. Apr. 1751
Behändigte Reinschrift, egh., mit einem Vermerk von L. Euler, daß er erst 75 farbige Karten erhalten habe.
Berlin, 6. Apr. 1751
I-VIII-21, Bl. 186

Nr. 287
L. Euler an D. Köhler:
Trägt ihm auf, für die Lieferung von Medianpapier zur Landkartenherstellung 25 Rt. 20 Gr. auszuzahlen.
Berlin, vor dem 9. Apr. 1751
Angabe, egh.
I-XVI-225, Bl. 169

Nr. 287a
D. Köhler an das Direktorium der Akademie:
Fragt an, ob dem Kastellan Röver wie dessen Vorgänger vierteljährlich 15 Rt. für Hausmiete auszuzahlen seien und ob unter Gnadenzeit das gewöhnliche Gnadenjahr zu verstehen sei.
Berlin, 27. Apr. 1751
Behändigte Reinschrift, egh., mit einem Beschlußprotokoll des Direktoriums vom 6.5., unterzeichnet von L. Euler, J.P. Heinius und J.T. Eller, daß die Akademie den Witwen ein Gnadenjahr gewähre und der Kastellan Röver das Mietsgeld erhalten soll.
I-III-14, Bl. 22

Nr. 288
Berliner Akademie der Wissenschaften an den Geheimen Staatsminister L.W. von Münchow:
Erklärt sich einverstanden mit dessen Vorschlag, daß die schlesischen Juden für ihre Kalender einen jährlichen festen Betrag von 100 Rt. an die Akademie zu entrichten haben.
Berlin, 29. Apr. 1751
Konzept von D. Köhler, mit einem Vermerk von J.-H.S. Formey, daß das Konzept von den Direktoren L. Euler und J.T. Eller am 29.4. gebilligt wurde.

I-VIII-135, Bl. 444

Nr. 288a

L. Euler an D. Köhler:

Trägt ihm auf, dem Kupferstecher N.F. Sauerbrey für den Druck von 500 Landkartenexemplaren 6 Rt. 16 Gr. auszuzahlen.

Berlin, 12. Mai 1751

Angabe, egh.

I-VIII-334, Bl. 362

Nr. 289

L. Euler an D. Köhler:

Trägt ihm auf, dem Kupferstecher J.D. Schleuen für die gestochenen Platten von Griechenland und Deutschland 65 Rt. auszuzahlen.

Berlin, 15. Mai 1751

Angabe, egh.

I-XVI-225, Bl. 171

Nr. 290

L. Euler an D. Köhler:

Trägt ihm auf, dem Malermeister C.L. Wiedemann für Malerarbeiten auf der Bibliothek noch 69 Rt. 20 Gr. auszuzahlen.

Berlin, 15. Mai 1751

Angabe, egh.

I-XVI-223, Bl. 150

Nr. 291

Abnahme der Kalenderhauptrechnung für das Jahr 1750 durch das Direktorium der Akademie.

Berlin, 19. Mai 1751

Behändigte Reinschrift von J.D. Blume, mitunterzeichnet von L. Euler.

I-VIII-304, Bl. 29

Nr. 292

Quittung über die Abnahme der Jahresrechnung der Akademie für das Jahr 1750.

Berlin, 19. Mai 1751

Behändigte Reinschrift, Schreiberhand, mitunterzeichnet von L. Euler.

I-XVI-116, S. 45-46

Nr. 293

Quittung von L. Euler über den Empfang des Quartalsgehaltes in Höhe von 50 Rt.

Berlin, 4. Juni 1751

Behändigte Reinschrift, egh.

I-XVI-223, Bl. 20a

Nr. 294

D. Köhler an das Direktorium der Akademie:

Fragt an, wem er ein Akademiedarlehen auf ein Jahr anbieten solle.

Berlin, 16. Juni 1751

Behändigte Reinschrift, egh., mit einem Vermerk von J.-H.S. Formey, unterzeichnet von L. Euler, P.-L.M. de Maupertuis und J.T. Eller, daß das Direktorium das Angebot von Splitgerber angenommen habe.

I-XVI-28, Bl. 84

Nr. 295

L. Euler an D. Köhler:

Trägt ihm auf, J.C. Rhode für die Korrekturen an gestochenen Platten für Landkarten und für das Zeichnen der Karte vom Globus 57 Rt. auszuzahlen.

Berlin, 3. Juli 1751

Angabe, egh.

I-XVI-225, Bl. 172

Nr. 296

S. Pelloutier an L. Euler:

Schlägt vor, am 15.7. in der Sitzung der Kalenderkommission das Bittgesuch der Kalenderdruckerin E. Berel zu beraten.

Berlin, 8. Juli 1751

Behändigte Reinschrift, egh., frz., mit einem Zustimmungsvermerk von L. Euler, mitunterzeichnet von J. Kies, die Beratung zum vorgeschlagenen Termin durchzuführen.

I-VIII-136, Bl. 56

Nr. 297

L. Euler an D. Köhler:

Trägt ihm auf, J.C. Claußen für das Zeichnen von Landkarten 30 Rt. auszuzahlen.

Berlin, 10. Juli 1751

Angabe, egh.

I-XVI-225, Bl. 202

Nr. 298

D. Köhler an die Kalenderkommission:

Fragt an, welche Kalenderstile in den Kalendern Anwendung finden sollen.

Berlin, 14. Juli 1751

Behändigte Reinschrift, egh., mit einer Angabe von L. Euler, mitunterzeichnet von J. Kies, den Julianischen, den Gregorianischen und den verbesserten Kalenderstil in den Kalendern zu bringen.

I-VIII-21, Bl. 191

Nr. 299

D. Köhler an die Kalenderkommission:

Fragt an, ob die katholischen oder die evangelischen Festtage in den Kalendern für Schlesien den Vorrang haben sollen.

Berlin, 14. Juli 1751

Behändigte Reinschrift, egh., mit den Voten der Kommissionsmitglieder, darunter dem von L. Euler, daß den protestantischen Festtagen in den Kalendern der Vorzug zu geben sei.

I-VIII-136, Bl. 7

Nr. 300

Beschluß der Kalenderkommission über die Gewährung von 16 Rt. 16 Gr. an die Buchdruckerin E. Berel für den Druck und das Einbinden von 800 Jüdischen Kalendern.

Berlin, 15. Juli 1751

Beschlußprotokoll von J. Kies, mitunterzeichnet von L. Euler und S. Pelloutier.

I-VIII-136, Bl. 55

Nr. 301

L. Euler an D. Köhler:

Teilt mit, daß trotz des errichteten Zaunes und des aufgeworfenen Grabens um die Köpenicker Plantage einige Leute gewaltsam in die Plantage eindringen und den Durchgang erzwingen; trägt ihm auf, darüber ein Schreiben an das Generaldirektorium aufzusetzen und darin zu bitten, daß der Magistrat von Köpenick angewiesen wird, solche Verstöße strafrechtlich zu verfolgen.

Berlin, 23. Juli 1751

Angabe, egh.
I-X-8, Bl. 74, 81

Nr. 302
D. Köhler an L. Euler:
Schlägt vor, wegen des gewaltsamen Eindringens in die Köpenicker Plantage zuerst an den Köpenicker Magistrat zu schreiben.
Berlin, 23. Juli 1751
Behändigte Reinschrift, egh., mit einer Angabe von L. Euler, daß er den Vorschlag gut finde und ein entsprechendes Schreiben zu verfassen sei.
I-X-8, Bl. 75

Nr. 303
L. Euler an D. Köhler:
Trägt ihm auf, dem Kupferstecher J.A. Bergmann für die gestochene Platte von Europa 25 Rt. auszuzahlen.
Berlin, 26. Juli 1751
Angabe, egh.
I-XVI-225, Bl. 173

Nr. 304
L. Euler an D. Köhler:
Trägt ihm auf, dem Kupferstecher N.F. Sauerbrey für den Druck und die farbige Ausgestaltung von Landkarten 9 Rt. auszuzahlen.
Berlin, 27. Juli 1751
Angabe, egh.
I-XVI-225, Bl. 222

Nr. 305
L. Euler an D. Köhler:
Trägt ihm auf, J.C. Claussen für das Zeichnen der Karten vom Globus 20 Rt. auszuzahlen.
Berlin, 27. Juli 1751
Angabe, egh.
I-XVI-225, Bl. 174

Nr. 306
D. Köhler an die Kalenderkommission:
Berichtet über den unerlaubten Nachdruck der Genealogischen Kalender in holländischer und französischer Sprache und fragt an, welche Maßnahmen dagegen zu ergreifen seien.
Berlin, 28. Juli 1751
Behändigte Reinschrift, egh., mit einer Angabe von L. Euler vom 2.8., mitunterzeichnet von J. Kies, diese Kalender als Konterbande zu behandeln.
I-VIII-178, Bl. 35

Nr. 307
L. Euler an D. Köhler:
Trägt ihm auf, dem Kupferstecher N.F. Sauerbrey für die letzten zwei gestochenen Platten von Europa noch 20 Rt. auszuzahlen.
Berlin, 6. Aug. 1751
Angabe, egh.
I-XVI-225, Bl. 175

Nr. 308
L. Euler an J.G. Gleditsch:
Teilt mit, daß es die Absicht des Präsidenten P.-L.M. de Maupertuis sei, um die Köpenicker Plantage einen Heckenzaun zu pflanzen, der den Landleuten als Modell dienen und zur Einsparung von Holz anregen soll; bittet ihn, zu diesem Zweck eine Anzahl von Weißdornpflanzen anzuschaffen; teilt mit, daß P.-L.M. de Maupertuis angewiesen habe, aus London 200 Virginische Maulbeerbäume zu beziehen, daß er selbst eine Reihe von Obstbäumen für den Botanischen Garten besorgt habe und daß Prinz Friedrich sehr neugierig auf den von J.G. Gleditsch gefundenen Käfer sei.
Berlin, 7. Aug. 1751
Behändigte Reinschrift, egh.
I-X-8, Bl. 76

Nr. 309
Rechnung über Töpferarbeiten im Botanischen Garten.
Berlin, 13. Aug. 1751
Behändigte Ausfertigung, egh., mit einem Vermerk von L. Euler, daß diese Arbeit vom Präsidenten P.-L.M. de Maupertuis angeordnet wurde.
I-XVI-223, Bl. 292

Nr. 310
L. Euler an D. Köhler:
Trägt ihm auf, gemäß einer Anordnung des Präsidenten P.-L.M. de Maupertuis an G.G. Küster für ein auf einer Auktion erworbenes Manuskript 3 Rt. 1 Gr. 3 Pf. auszuzahlen.
Berlin, 17. Aug. 1751
Angabe, egh.
I-XVI-223, Bl. 141

Nr. 311
L. Euler an D. Köhler:
Trägt ihm nach Rücksprache mit dem Präsidenten P.-L.M. de Maupertuis auf, die Anfertigung von zwei Warnschildern vor der Köpenicker Maulbeerplantage zu besorgen, wegen Mitteilung der Justizverordnungen für die Ediktensammlung an den Großkanzler der Justiz zu schreiben und sowohl das Postamt als auch die Spenerische Buchhandlung in

Glogau mit Kalendern zu versehen.
Berlin, 18. Aug. 1751
Angabe, egh.
I-VIII-178, Bl. 48

Nr. 312
L. Euler an D. Köhler:
Trägt ihm auf, dem Kupferstecher Berger für die gestochenen Platten von Asien noch 30 Rt. auszuzahlen.
Berlin, 20. Aug. 1751
Angabe, egh.
I-XVI-225, Bl. 176

Nr. 313
L. Euler an D. Köhler:
Trägt ihm auf, die beiliegende Medaille an den Hofrat Sello zu übergeben.
Berlin, 24. Aug. 1751
Angabe, egh.
I-IX-2, Bl. 68, 84

Nr. 314
Rechnung von L. Euler über von ihm getätigte Auslagen für die Maulbeerplantage in Köpenick.
Berlin, vor dem 2. Sept. 1751
Behändigte Reinschrift, egh., frz.
I-XVI-223, Bl. 190

Nr. 315
Quittung von L. Euler über den Empfang des Quartalsgehaltes in Höhe von 450 Rt.
Berlin, 6. Sept. 1751
Behändigte Reinschrift, egh.
I-XVI-223, Bl. 21

Nr. 316
L. Euler an D. Köhler:
Trägt ihm auf, eine Rechnung über die Anfertigung von Geschirren und Halftern für die beiden Pferde im Botanischen Garten zu bezahlen.
Berlin, nach dem 14. Sept. 1751
Angabe, egh.
I-XVI-223, Bl. 293

Nr. 317
L. Euler an D. Köhler:
Trägt ihm auf, eine Vollmacht zum Empfang der von Friedrich II. der Akademie geschenkten Gelder in Höhe von 376 Rt. 6 Gr. von J. T. Eller und J.P. Heinius unterzeichnen zu lassen.
Berlin, 18. Sept. 1751

Angabe, egh.
I-XVI-223, Bl. 15

Nr. 318
L. Euler an D. Köhler:
Trägt ihm auf, J.C. Rhode für das Zeichnen der Karte vom Südpol und für die Korrekturen an gestochenen Platten 52 Rt. auszuzahlen.
Berlin, 21. Sept. 1751
Angabe, egh.
I-XVI-225, Bl. 178

Nr. 319
D. Köhler an L. Euler:
Fragt wegen der farbigen Ausgestaltung der Land- und Postkarten, der geographischen Beschreibung und der Auffindbarkeit der Orte in den Landkarten an.
Berlin, 23. Sept. 1751
Behändigte Reinschrift, egh.
I-VII-37, Bl. 32

Nr. 320
L. Euler an D. Köhler:
Trägt ihm auf, dem Kupferstecher J.A. Bergmann für die gestochene Platte vom Russischen Reich 35 Rt. auszuzahlen.
Berlin, 30. Sept. 1751
Angabe, egh.
I-XVI-225, Bl. 179

Nr. 321
Rechnung des Maurermeisters Löbe über Reparaturen am Glashaus und an anderen Häusern im Botanischen Garten.
Charlottenburg, 3. Okt. 1751
Behändigte Ausfertigung, egh., mit einem Vermerk von L. Euler, daß diese Reparaturen auf Befehl des Präsidenten P.-L.M. de Maupertuis durchgeführt wurden.
I-XVI-223, Bl. 295

Nr. 322
Rechnung des Zimmermeisters Wolff über Reparaturen am Glashaus im Botanischen Garten.
Charlottenburg, 4. Okt. 1751
Behändigte Ausfertigung, egh., mit einem Vermerk von L. Euler, daß diese Reparaturen auf Befehl des Präsidenten P.-L.M. de Maupertuis durchgeführt wurden.
I-XVI-223, Bl. 294

Nr. 323
D. Köhler an die Kalenderkommission:
Teilt die Übersendung der Devisen und Verse zu den Kupferstichen für die Genealogischen Kalender auf das Jahr 1753 mit und schlägt vor, die Portraits des Herzogs und der Herzogin von Braunschweig für diese Kalender stechen zu lassen.
Berlin, 1. Nov. 1751
Behändigte Reinschrift, egh., mit einer Angabe von L. Euler vom 6.11., daß der Porträtvorschlag gebilligt worden sei.
I-VIII-178, Bl. 49

Nr. 324
L. Euler an D. Köhler:
Trägt ihm auf, dem Kupferstecher N.F. Sauerbrey für die gestochene Platte von Schweden 20 Rt. auszuzahlen.
Berlin, 3. Nov. 1751
Angabe, egh.
I-XVI-225, Bl. 180

Nr. 325
L. Euler an D. Köhler:
Trägt ihm auf, G.P. Busch für das Zeichnen der Karte vom Gelobten Land 30 Rt. auszuzahlen.
Berlin, 6. Nov. 1751
Angabe, egh.
I-XVI-225, Bl. 181

Nr. 326
L. Euler an D. Köhler:
Trägt ihm auf, dem Kupferstecher N.F. Sauerbrey für den Druck und die farbige Ausgestaltung von Landkarten 16 Rt. 21 Gr. auszuzahlen.
Berlin, 13. Nov. 1751
Angabe, egh.
I-XVI-225, Bl. 223

Nr. 327
Akademiepräsident P.-L.M. de Maupertuis an L. Euler:
Billigt die nach dem Tode des Gärtners J.F. Michelmann getroffenen Maßnahmen zum Schutze des Eigentums der Akademie im Botanischen Garten und fordert, daß als neuer Gärtner nur jemand anzunehmen sei, der französisch spreche.
Berlin, 13. Nov. 1751
Behändigte Reinschrift, egh., frz.
I-XIV-35, Bl. 66-67

Nr. 328
L. Euler an D. Köhler:
Teilt mit, daß er aus England Nachrichten für den Genealogischen Kalender erwarte, daß sich für den Historischen Kalender als Beitrag am besten die Karte und Beschreibung der Neumark eigne und daß der Präsident P.-L.M. de Maupertuis beschlossen habe, nach dem zu erwartenden Tod des Gärtners J.F. Michelmann alles im Botanischen Garten zu versiegeln und J.D. Blume einige Tage als Aufsicht dort wohnen zu lassen.
Berlin, 14. Nov. 1751
Behändigte Reinschrift, egh.
I-VIII-21, Bl. 194

Nr. 329
L. Euler an D. Köhler:
Trägt ihm auf, dem Kupferstecher J.A. Bergmann für die gestochene Platte von Amerika 30 Rt. auszuzahlen.
Berlin, 18. Nov. 1751
Angabe, egh.
I-XVI-225, Bl. 182

Nr. 330
L. Euler an D. Köhler:
Trägt ihm auf, dem Kupferstecher J.D. Schleuen für die gestochenen Platten von Polen und dem Österreichischen sowie Bayrischen Kreis 70 Rt. auszuzahlen.
Berlin, 23. Nov. 1751
Angabe, egh.
I-XVI-225, Bl. 184

Nr. 331
Berliner Akademie der Wissenschaften an den Geheimen Staatsminister L.W. von Münchow:
Teilt mit, daß das Breslauer Domkapitel weiter seine eigenen Kalender herausgeben könne, wenn diese mit dem Stempel der Akademie versehen werden.
Berlin, 28. Nov. 1751
Konzept von D. Köhler, mit einem Revisionsvermerk von L. Euler vom 28.11.
I-VIII-136, Bl. 16

Nr. 332
L. Euler an J.G. Gleditsch:
Teilt mit, daß er im Auftrage von P.-L.M. de Maupertuis bei ihm anfragen soll, ob er für die Annahme von J.I. Müller als Gärtner des Botanischen Gartens sei.
Berlin, 28. Nov. 1751
Behändigte Reinschrift, egh.
I-XIV-35, Bl. 64, 71

Nr. 333
L. Euler an D. Köhler:
Trägt ihm auf, dem Kupferstecher Berger für die gestochene Platte von der Australischen Hemisphäre 25 Rt. auszuzahlen.
Berlin, 3. Dez. 1751
Angabe, egh.
I-XVI-225, Bl. 185

Nr. 334
Quittung der Bankiers Splitgerber und Daum über den Empfang von 25 Rt. Aufschlag aus einem Wechselkursgeschäft.
Berlin, 3. Dez. 1751
Behändigte Ausfertigung, egh., mit einem Billigungsvermerk von J.T. Eller, mitunterzeichnet von L. Euler und P.-L.M. de Maupertuis.
I-XVI-223, Bl. 217

Nr. 335
Rechnung von L. Euler über von ihm getätigte Auslagen in Höhe von 7 Rt. 3 Gr.
Berlin, 11. Dez. 1751
Behändigte Reinschrift, egh., mit einem Empfangsvermerk von L. Euler.
I-XVI-223, Bl. 213

Nr. 336
Quittung von L. Euler über den Empfang des Quartalsgehaltes in Höhe von 450 Rt.
Berlin, 11. Dez. 1751
Behändigte Reinschrift, egh.
I-XVI-223, Bl. 23

Nr. 337
Bestallung des Gärtners des Botanischen Gartens J.I. Müller.
Berlin, 13. Dez. 1751
Vollzogene Reinschrift, Schreiberhand, unterzeichnet von P.-L.M. de Maupertuis, L. Euler, J.P. Heinius, J.T. Eller und dem Kurator P.C.K. von Keith.
I-XIV-56, Bl. 1-7, Reinschrift: I-XIV-35, Bl. 76-91

Nr. 338
L. Euler an D. Köhler:
Trägt ihm auf, dem Kupferstecher N.F. Sauerbrey für die Fertigstellung der Generalreduktionskarte vom Globus noch 35 Rt. auszuzahlen.
Berlin, 13. Dez. 1751
Angabe, egh.
I-XVI-225, Bl. 186

Nr. 339
L. Euler an D. Köhler:
Teilt mit, daß der Akademiepräsident P.-L.M. de Maupertuis angeordnet habe, von allen bisher gestochenen Landkartenplatten unverzüglich einige Exemplare auf gutem Papier abzuziehen und farbig zu gestalten, um sie Friedrich II. vorzulegen; beauftragt ihn, von jeder Platte fünf Abdrucke abziehen und farbig ausgestalten zu lassen.
Berlin, 24. Dez. 1751
Angabe, egh.
I-VII-37, Bl. 35

Nr. 340
Aufstellung von D. Köhler über die neuen Korrespondenten der Akademie für den Kalenderverkauf im Jahre 1752.
Berlin, 1751
Behändigte Reinschrift, egh., mit einem Sichtvermerk von L. Euler.
I-VIII-178, Bl. 50

Nr. 341
Eintragung in der Jahresrechnung der Akademie über die Zahlung einer Pension von jährlich 1000 Rt. an L. Euler, Direktor der mathematischen Klasse.
Berlin, 1751
Reinschrift von D. Köhler
I-XVI-117, S. 11

Nr. 342
Rechnung des Töpfermeisters J.T. Würtenberger über neu gesetzte Öfen im Sitzungssaal, in der neuen Bibliothek und auf dem Observatorium.
Berlin, 5. Jan. 1752
Behändigte Ausfertigung, egh., mit zwei Vermerken von L. Euler über die richtige Ausführung und die Kosten der Arbeiten.
I-XVI-224, Bl. 164-165

Nr. 343
L. Euler an D. Köhler:
Trägt ihm auf, dem Kupferstecher C.B. Glaßbach für die gestochene Platte von Frankreich noch 40 Rt. auszuzahlen.
Berlin, 8. Jan. 1752
Angabe, egh.
I-XVI-225, Bl. 187

Nr. 344
L. Euler an D. Köhler:
Trägt ihm auf, J.E. Gericke für die Anfertigung der Karte von Afrika noch 25 Rt. auszuzahlen.
Berlin, 8. Jan. 1752
Angabe, egh.
I-XVI-225, Bl. 188

Nr. 345
Rechnung des Schlossermeisters Veith über Schlosserarbeiten für die Akademie.
Berlin, 8. Jan. 1752
Behändigte Ausfertigung, egh., mit einem Vermerk von L. Euler vom 8.1. über die sachliche Richtigkeit der Rechnung.
I-XVI-224, Bl. 166

Nr. 346
D. Köhler an L. Euler:
Fragt an, ob er ihm von den übriggebliebenen Astronomischen Kalendern von 1751 je 12 Stück überschicken und die übrigen Kalender auf das Observatorium liefern soll.
Berlin, 11. Jan. 1752
Behändigte Reinschrift, egh., mit einer Angabe von L. Euler vom 12.1., alle übriggebliebenen Kalender auf das Observatorium zu bringen.
I-VIII-21, Bl. 195, 205

Nr. 347
Rechnung von L. Euler über die von ihm im Auftrage der Akademie aus London beschafften Landkarten, den Philosophical Transactions sowie Maulbeer- und Obstbäumen.
Berlin, 15. Jan. 1752
Behändigte Reinschrift, egh., frz., mit einem Vermerk von L. Euler vom 17.1. über den Empfang der Summe.
I-XVI-224, Bl. 274

Nr. 348
L. Euler an D. Köhler:
Trägt ihm auf, dem Kupferstecher J.A. Bergmann für die gestochene Platte vom Globus noch 35 Rt. auszuzahlen.
Berlin, 7. Febr. 1752
Angabe, egh.
I-XVI-225, Bl. 189

Nr. 349
L. Euler an J.G. Gleditsch:
Teilt mit, daß der Präsident P.-L.M. de Maupertuis das Gesuch des Gärtners an Friedrich II. gelangen lassen und den Hauptmann Michelmann entlasten werde.
Berlin, 9. Febr. 1752
Behändigte Reinschrift, egh.
I-XIV-35, Bl. 92, 95

Nr. 350
Rechnung des Tischlermeisters M. Schumann über Tischlerarbeiten für die Akademie.
Berlin, 11. Febr. 1752

Behändigte Ausfertigung, egh., mit einem Vermerk von L. Euler zur Berichtigung der Rechnung.
I-XVI-224, Bl. 173

Nr. 351
Rechnung des Malermeisters C.L. Wiedemann über Malerarbeiten im Sitzungssaal der Akademie.
Berlin, 18. Febr. 1752
Behändigte Ausfertigung, egh., mit einer Angabe von L. Euler vom 22.2. für D. Köhler, die Rechnung zu bezahlen.
I-XVI-224, Bl. 171

Nr. 352
L. Euler an D. Köhler:
Trägt ihm auf, dem Kupferstecher J.A. Bergmann für eine gestochene Platte von Nordamerika 45 Rt. auszuzahlen.
Berlin, 28. Febr. 1752
Angabe, egh.
I-XVI-225, Bl. 190

Nr. 353
L. Euler an D. Köhler:
Trägt ihm auf, dem Kupferstecher C.B. Glaßbach für eine gestochene Platte von Amerika 45 Rt. auszuzahlen.
Berlin, 28. Febr. 1752
Angabe, egh.
I-XVI-225, Bl. 191

Nr. 354
Quittung von L. Euler über den Empfang des Quartalsgehaltes in Höhe von 450 Rt.
Berlin, 28. Febr. 1752
Behändigte Reinschrift, egh.
I-XVI-224, Bl. 25

Nr. 355
L. Euler an D. Köhler:
Trägt ihm auf, J.C. Rhode für Arbeiten bei der Landkartenherstellung 56 Rt. 6 Gr. auszuzahlen.
Berlin, 2. März 1752
Angabe, egh.
I-XVI-225, Bl. 192

Nr. 356
L. Euler an D. Köhler:
Teilt ihm die Übersendung einer Anweisung betr. die Bestallung des neuen Gärtners J.I. Müller mit und trägt ihm auf, der Witwe Michelmann ihr letztes Quartalsgeld erst dann zu bezahlen, wenn sie aus dem Botani-

schen Garten ausgezogen sei.
Berlin, 3. März 1752
Angabe, egh.
I-XIV-35, Bl. 106-107

Nr. 357
Aufstellung von L. Euler über die dem Gärtner des Botanischen Gartens jährlich zu bezahlenden Gelder.
Berlin, 3. März 1752
Behändigte Reinschrift, egh.
I-XVI-224, Bl. 265

Nr. 358
Aufstellung der Witwe des Gärtners J.F. Michelmann vom Botanischen Garten über außerordentliche Ausgaben.
Berlin, 6. März 1752
Behändigte Ausfertigung, egh., mit einem Vermerk von L. Euler vom 25.3., mitunterzeichnet von J.P. Heinius und J.T. Eller, über die sachliche Richtigkeit der Rechnung.
I-XVI-224, Bl. 275

Nr. 359
L. Euler an D. Köhler:
Trägt ihm auf, dem Kupferstecher N.F. Sauerbrey für die Anfertigung der Landkarte von England noch 25 Rt. auszuzahlen.
Berlin, 11. März 1752
Angabe, egh.
I-XVI-225, Bl. 193

Nr. 360
L. Euler an D. Köhler:
Teilt mit, daß der Präsident P.-L.M. de Maupertuis angeordnet habe, die 13 Kupferplatten zu dem von dem verstorbenen Generalfeldmarschall und Kurator der Akademie S. von Schmettau herausgegebenen Seeatlas für die Akademie anzukaufen; trägt ihm auf, diese Platten dem Generalmajor von Schmettau abzukaufen.
Berlin, 15. März 1752
Angabe, egh.
I-XVI-225, Bl. 196

Nr. 361
D. Köhler an das Direktorium der Akademie:
Bittet um eine Auszahlungsanweisung auf einer Rechnung über den Kauf von Zwiebeln und Blumen für den Botanischen Garten und fragt an, ob er der Witwe Michelmann das Quartalsgeld auszahlen könne.
Berlin, 21. März 1752

Behändigte Reinschrift, egh., mit einer Angabe von L. Euler vom 23.3., mitunterzeichnet von J.P. Heinius und J.T. Eller, mit der Geldauszahlung an die Witwe Michelmann zu warten, bis sie aus dem Botanischen Garten ausgezogen sei.
I-XIV-35, Bl. 129

Nr. 362
L. Euler an D. Köhler:
Trägt ihm auf, dem Kupferstecher C.B. Glaßbach für den zweiten Teil der angefertigten Landkarte von Nordamerika noch 25 Rt. auszuzahlen.
Berlin, 23. März 1752
Angabe, egh.
I-XVI-225, Bl. 198

Nr. 363
L. Euler an D. Köhler:
Trägt ihm auf, dem Kupferstecher J.A. Bergmann für die Fertigstellung einer anderen Landkarte von Nordamerika 20 Rt. auszuzahlen.
Berlin, 23. März 1752
Angabe, egh.
I-XVI-225, Bl. 199

Nr. 364
L. Euler an D. Köhler:
Trägt ihm auf, J.C. Rhode für seine Arbeiten bei der Landkartenherstellung 46 Rt. 12 Gr. auszuzahlen.
Berlin, 5. Apr. 1752
Angabe, egh.
I-XVI-225, Bl. 201

Nr. 365
D. Köhler an L. Euler:
Fragt an, welcher Artikel in den Haushaltungskalender auf das Jahr 1753 aufzunehmen sei.
Berlin, 21. Apr. 1752
Behändigte Reinschrift, egh., mit einer Angabe von L. Euler vom 24.4., daß J.G. Gleditsch wieder einen Artikel verfassen werde.
I-VIII-21, Bl. 198

Nr. 366
D. Köhler an L. Euler:
Teilt mit, daß nur wenige farbige Landkarten zum Historisch-Geographischen Kalender verkauft worden seien, und schlägt vor, künftig keine farbigen Karten mehr für den Kalender anfertigen zu lassen.
Berlin, 22. Apr. 1752
Behändigte Reinschrift, egh., mit einer Angabe von L. Euler vom 24.4., die Landkarten künftig einzusparen und den Vorrat nach und nach zu

verkaufen.
I-VIII-21, Bl. 188

Nr. 367
L. Euler an D. Köhler:
Teilt auf dessen Anfrage mit, daß J.C. Claußen keine finanziellen Ansprüche mehr im Zusammenhang mit der Landkartenherstellung habe.
Berlin, 24. Apr. 1752
Behändigte Reinschrift, egh.
I-XVI-225, Bl. 202

Nr. 368
Rechnung von F.A. Heck über die Lieferung von Tuch für die Ausgestaltung des Akademiesaales.
Berlin, April 1752
Behändigte Ausfertigung, egh., mit einem Vermerk von L. Euler zur Berichtigung der Rechnung.
I-XVI-224, Bl. 179

Nr. 369
Rechnung des Schlossermeisters Veith über Schlosserarbeiten für die Akademie.
Berlin, 18. Mai 1752
Behändigte Ausfertigung, egh., mit einem Vermerk von L. Euler, daß für diese Arbeit eine Bezahlung mit 10 Rt. 7 Gr. ausreichend sei.
I-XVI-224, Bl. 167

Nr. 370
Rechnung des Malermeisters C.L. Wiedemann über Malerarbeiten im Sitzungssaal der Akademie.
Berlin, 19. Mai 1752
Behändigte Ausfertigung, egh., mit einer Angabe von L. Euler, daß der Maler für die verlangte Summe noch eine zusätzliche Anstreicharbeit ausführen soll.
I-XVI-224, Bl. 172

Nr. 371
Rechnung des Tischlermeisters M. Schumann über Tischlerarbeiten für die Akademie.
Berlin, 20. Mai 1752
Behändigte Ausfertigung, egh., mit einem Vermerk von L. Euler zur Berichtigung der Rechnung.
I-XVI-224, Bl. 174

Nr. 372
Rechnung des Tapezierermeisters J.Z. Dacho über Tapezierarbeiten für die Akademie.
Berlin, 24. Mai 1752

Behändigte Ausfertigung, egh., mit einem Vermerk von L. Euler zur Berichtigung der Rechnung.
I-XVI-224, Bl. 177

Nr. 373
D. Köhler an die Kalenderkommission:
Teilt das Bittgesuch der jüdischen Buchdruckerin E. Berel wegen des Drucks der Jüdischen Kalender mit und bittet um eine Entscheidung.
Berlin, 30. Mai 1752
Behändigte Reinschrift, egh., mit Voten von L. Euler und S. Pelloutier zu den einzelnen Punkten des Bittgesuchs.
I-VIII-136, Bl. 51

Nr. 374
Rechnung von J.C. Vogel über die Lieferung von Leinen und Leinband für die Akademie.
Berlin, Mai 1752
Behändigte Ausfertigung, egh., mit einem Vermerk von L. Euler zur Berichtigung der Rechnung.
I-XVI-224, Bl. 180

Nr. 375
Akademiepräsident P.-L.M. de Maupertuis an D. Köhler:
Ordnet an, dem Tapezierermeister J.Z. Dacho noch 6 Rt. 12 Gr. für die Einrichtung des Akademiesaales auszuzahlen.
Berlin, 1. Juni 1752
Angabe von L. Euler, frz.
I-XVI-224, Bl. 178

Nr. 376
Quittung von L. Euler über den Empfang des Quartalsgehaltes in Höhe von 450 Rt.
Berlin, 3. Juni 1752
Behändigte Reinschrift, egh.
I-XVI-224, Bl. 26

Nr. 377
Quittung von L. Euler über den Empfang von 4 Rt. 15 Gr. für Auslagen.
Berlin, 3. Juni 1752
Behändigte Reinschrift, egh.
I-XVI-224, Bl. 197

Nr. 378
Abnahme der Kalenderhauptrechnung für das Jahr 1751 durch das Direktorium der Akademie.
Berlin, 5. Juni 1752
Behändigte Reinschrift von J.D. Blume, mitunterzeichnet von L. Euler.
I-VIII-305, Bl. 27

Nr. 379
Quittung über die Abnahme der Jahresrechnung der Akademie für 1751.
Berlin, 5. Juni 1752
Behändigte Reinschrift, Schreiberhand, mitunterzeichnet von L. Euler.
I-XVI-117, S. 45-46

Nr. 379a
Rechnung des Buchdruckers und Formschneiders F.W. Birnstiel über für die Akademie angefertigte Stempel zu den Quart- und Duodezkalendern, zu den Genealogischen Kalendern und zu den Landkarten.
Berlin, 8. Juni 1752
Behändigte Ausfertigung, egh., mit einem Vermerk von L. Euler über die sachliche Richtigkeit.
I-VIII-335, Bl. 286

Nr. 380
Rechnung des Schlossermeisters E.L. Wentzel über Schlosserarbeiten auf dem Observatorium.
Berlin, 12. Juni 1752
Behändigte Ausfertigung, egh., mit einem Vermerk von L. Euler, daß Präsident P.-L.M. de Maupertuis diese Arbeiten angeordnet habe.
I-XVI-224, Bl. 169

Nr. 381
L. Euler an D. Köhler:
Trägt ihm auf, dem Kupferstecher N.F. Sauerbrey für die gestochene Platte von der Deklination der Magnetnadel noch 35 Rt. auszuzahlen.
Berlin, 13. Juni 1752
Angabe, egh.
I-XVI-225, Bl. 203

Nr. 382
L. Euler an D. Köhler:
Trägt ihm auf, für eine Papierlieferung zur Landkartenherstellung $4\frac{1}{2}$ Rt. auszuzahlen.
Berlin, 14. Juni 1752
Angabe, egh.
I-XVI-225, Bl. 204

Nr. 383
Rechnung von F. Steinmann über die Lieferung von Stühlen und einem Sessel an die Akademie.
Berlin, 15. Juni 1752
Behändigte Ausfertigung, egh., mit einem Vermerk von L. Euler vom 20.6., daß P.-L.M. de Maupertuis diesen Kauf angeordnet habe.
I-XVI-224, Bl. 213

Nr. 384
L. Euler an D. Köhler:
Trägt ihm auf, dem Kupferstecher J.A. Bergmann für die Anfertigung der Sonderlandkarte von Deutschland noch 20 Rt. auszuzahlen.

Berlin, 15. Juni 1752
Angabe, egh.
I-XVI-225, Bl. 205

Nr. 385
Rechnung des Kupferstechers J.D. Schleuen über die Herstellung von Landkarten für die Akademie.
Berlin, 5. Juli 1752
Behändigte Ausfertigung, egh., mit einem Vermerk über die sachliche Richtigkeit von L. Euler und einem Vermerk von D. Köhler, daß 85 Karten an L. Euler als Probekarten abgeliefert wurden.
I-XVI-225, Bl. 206

Nr. 386
L. Euler an D. Köhler:
Ordnet auf dessen Anfrage an, die Schmettauschen Seekarten für 3 Rt. das Exemplar und mit dem Stempel der Akademie zu verkaufen.
Berlin, 6. Juli 1752
Angabe, egh.
I-VII-37, Bl. 36

Nr. 387
D. Köhler an das Direktorium der Akademie:
Fragt an, ob dem Buchbinder C.L. Kunst ein Zinsdarlehen aus der Akademiekasse zum Kauf eines Hauses gewährt werden könne.
Berlin, 8. Juli 1752
Behändigte Reinschrift, egh., mit zustimmenden Voten von L. Euler, J.T. Eller und J.P. Heinius.
I-XVI-28, Bl. 238

Nr. 388
L. Euler an D. Köhler:
Trägt ihm auf, an N.F. Sauerbrey für das farbige Ausmalen von Landkarten 2 Rt. 18 Gr. auszuzahlen.
Berlin, 10. Juli 1752
Angabe, egh.
I-XVI-225, Bl. 207

Nr. 389
Rechnung des Brunnenmachers J.C. Trotzell über die Reparatur des Brunnens im Botanischen Garten.
Berlin, 10. Juli 1752
Behändigte Ausfertigung, egh., mit einem Vermerk von L. Euler über die sachliche Richtigkeit der Reparatur.
I-XVI-224, Bl. 284

Nr. 390
Akademiepräsident P.-L.M. de Maupertuis an D. Köhler:
Ordnet an, L. Euler als Anerkennung für dessen Mühe bei der Herausgabe von Landkarten durch die Akademie 200 Rt. auszuzahlen.
Berlin, 17. Juli 1752

Behändigte Reinschrift, Schreiberhand, frz., mit einem Vermerk von L. Euler vom 20.7. über den Empfang dieser Summe.
I-XVI-224, Bl. 131

Nr. 391
L. Euler an D. Köhler:
Trägt ihm auf, dem Kupferstecher C.B. Glaßbach für die Anfertigung der Karte vom Ober- und Untersächsischen Kreis noch 10 Rt. auszuzahlen.
Berlin, 27. Juli 1752
Angabe, egh.
I-XVI-225, Bl. 208

Nr. 392
L. Euler an D. Köhler:
Trägt ihm auf, J.C. Rhode für seine Arbeiten bei der Landkartenanfertigung 30 Rt. 15 Gr. auszuzahlen.
Berlin, 29. Juli 1752
Angabe, egh.
I-XVI-225, Bl. 209

Nr. 393
L. Euler an D. Köhler:
Trägt ihm auf, dem Kupferstecher Berger für die Anfertigung der Landkarte von der Nördlichen Hemisphäre noch 45 Rt. auszuzahlen.
Berlin, 12. Aug. 1752
Angabe, egh.
I-XVI-225, Bl. 210

Nr. 394
L. Euler an D. Köhler:
Trägt ihm auf, dem Kupferstecher J.D. Schleuen für die Fertigstellung der Karte vom Schwäbischen Kreis 40 Rt. und für die Zeichnung einer anderen Karte 5 Rt. auszuzahlen.
Berlin, 14. Aug. 1752
Angabe, egh.
I-XVI-225, Bl. 212

Nr. 395
D. Köhler an L. Euler:
Schlägt den Preis für die große Brucknersche Landkarte vor.
Berlin, 17. Aug. 1752
Behändigte Reinschrift, egh., mit einer Angabe von L. Euler, daß der Preis für die Landkarte gebilligt werde.
I-VII-37, Bl. 37

Nr. 396
Rechnung des Töpfermeisters J.E. Voit über Töpferarbeiten im Botanischen Garten.
Berlin, 28. Aug. 1752
Behändigte Ausfertigung, egh., mit einem Vermerk von L. Euler vom 2.9.

über die Notwendigkeit dieser Arbeiten.
I-XVI-224, Bl. 285

Nr. 397
Rechnung des Schmiedemeisters Dedering über Schmiedearbeiten im Botanischen Garten.
Berlin, 28. Aug. 1752
Behändigte Ausfertigung, egh., mit einem Vermerk von L. Euler vom 28.8. über die sachliche Richtigkeit der Rechnung.
I-XVI-224, Bl. 281

Nr. 398
Promemoria von J.G.Gleditsch über die Besitzrechte an den beiden zum Botanischen Garten gehörenden Wiesen, in dem u. a. ausgeführt wird, daß im Beisein von L. Euler dem Gärtner J.F. Michelmann das Reglement über den Botanischen Garten verlesen und von diesem unterzeichnet wurde.
Berlin, 28. Aug. 1752
Behändigte Reinschrift, egh.
I-XIV-56, Bl. 17-20

Nr. 399
Rechnung des Klempnermeisters Kirchhoff über Klempnerarbeiten für die Akademie.
Berlin, 30. Aug. 1752
Behändigte Ausfertigung, egh., mit einem Vermerk von L. Euler vom 16.9., daß diese Arbeit auf Anordnung des Akademiepräsidenten ausgeführt wurde.
I-XVI-224, Bl. 182

Nr. 400
Inserattext von L. Euler und D. Köhler in der Nr. 32 des Berliner Intelligenzblattes über den Verkauf des Seeatlasses in Berlin und in preußischen Provinzstädten.
Berlin, August 1752
Konzept von L. Euler und D. Köhler
I-VII-37, Bl. 39

Nr. 401
L. Euler an D. Köhler:
Trägt ihm auf, dem Kupferstecher N.F. Sauerbrey für die Fertigstellung der Landkarte von Dänemark noch 25 Rt. auszuzahlen.
Berlin, 1. Sept. 1752
Angabe, egh.
I-XVI-225, Bl. 213

Nr. 402
Quittung von L. Euler über den Empfang des Quartalsgehaltes in Höhe von 450 Rt.
Berlin, 16. Sept. 1752

Behändigte Reinschrift, egh.
I-XVI-224, Bl. 27

Nr. 403
Quittung von L. Euler über den Empfang von 52 Rt. 12 Gr. aus der Akademiekasse für die Beherbergung von J.-J. le Français de Lalande in L. Eulers Haus seit dem 1. Juni.
Berlin, 16. Sept. 1752
Behändigte Reinschrift, egh.
I-XVI-224, Bl. 190

Nr. 404
Quittung von L. Euler über den Empfang von 10 Rt. für die Beschaffung von 60 Pf. Kirschsteinen aus Basel für den Botanischen Garten.
Berlin, 16. Sept. 1752
Behändigte Reinschrift, egh.
I-XVI-224, Bl. 286

Nr. 405
Rechnung des Maurermeisters M. Arnholdt über Reparaturen an den Dächern und Gewächshäusern im Botanischen Garten.
Berlin, 23. Sept. 1752
Behändigte Ausfertigung, egh., mit einem Vermerk von L. Euler über die sachliche Richtigkeit des Reparaturauftrages.
I-XVI-224, Bl. 287

Nr. 406
D. Köhler an das Direktorium der Akademie:
Schlägt vor, die bisher nicht verkauften Exemplare der Lebens- und Regierungsgeschichten der brandenburgischen Kurfürsten, der Geschichte König Friedrich Wilhelm I. und die Porträts der brandenburgischen Kurfürsten zu herabgesetztem Preis im Jahre 1753 nochmals an die Postämter zu schicken.
Berlin, 27. Sept. 1752
Behändigte Reinschrift, egh., mit einem Beschlußprotokoll des Direktoriums von J.-H.S. Formey vom 28.9., unterzeichnet von P.-L.M. de Maupertuis, L. Euler, J.T. Eller und J.P. Heinius, daß der Vorschlag gebilligt wurde.
I-VIII-335, Bl. 42, Abschrift: I-VIII-21, Bl. 224

Nr. 407
Berliner Akademie der Wissenschaften an das Preußische Generaldirektorium:
Bittet darum, den Generalfiskal J.C. Uhden zum Zensor der Ediktensammlung zu ernennen.
Berlin, 28. Sept. 1752
Konzept von D. Köhler mit den Revisionsunterschriften von P.-L.M. de Maupertuis, L. Euler, J.P. Heinius und J.T. Eller.
I-IX-2, Bl. 145

Nr. 408

Entscheidung des Direktoriums über die Vollmacht für D. Köhler, von dem Buchhändler E. Bourdeaux die nicht verkauften gestempelten Kalenderblätter zurückzufordern.

Berlin, 28. Sept. 1752

Beschlußprotokoll von J.-H.S. Formey, frz., unterzeichnet von P.-L.M. de Maupertuis, L. Euler, J.P. Heinius und J.T. Eller.

I-VIII-247, Bl. 65

Nr. 409

L. Euler an D. Köhler:

Trägt ihm auf Anordnung des Präsidenten P.-L.M. de Maupertuis auf, zur Direktoriumssitzung den Brief des französischen Buchhändlers E. Bourdeaux vorzulegen und eine Vorstellung über den von diesem verlegten Kalender anzufertigen.

Berlin, 12. Okt. 1752

Angabe, egh.

I-VIII-247, Bl. 63, 68

Nr. 410

J.G. Gleditsch an das Direktorium der Akademie:

Berichtet über die Baufälligkeit des Holzzaunes um den Botanischen Garten und bietet sich an, ihn gegen geringe Kosten mit dem von ihm eingesparten Brennholz ausbessern zu lassen.

Berlin, 19. Okt. 1752

Behändigte Reinschrift, egh., mit einer von L. Euler niedergeschriebenen französischen Inhaltsangabe dieses Berichts für P.-L.M. de Maupertuis und dessen Billigungsvermerk.

I-XIV-35, Bl. 130

Nr. 411

L. Euler an D. Köhler:

Trägt ihm auf, dem Kupferstecher C.B. Glaßbach für die Fertigstellung der letzten Karte von Deutschland noch 30 Rt. auszuzahlen.

Berlin, 26. Okt. 1752

Angabe, egh.

I-XVI-225, Bl. 215

Nr. 412

L. Euler an D. Köhler:

Teilt mit, daß der Präsident P.-L.M. de Maupertuis den Vorschlag von D. Köhler, in den Genealogischen Kalendern auf das Jahr 1754 die Porträts des Marggrafen und der Marggräfin von Schwedt zu bringen, für den Fall billige, daß kein Porträt des Prinzen Heinrich von Preußen zu haben sei.

Berlin, 27. Okt. 1752

Behändigte Reinschrift, egh.
I-VIII-178, Bl. 104

Nr. 413
D. Köhler an das Direktorium der Akademie:
Schlägt vor, den beiden Registratoren beim Preußischen Generaldirektorium und bei der Geheimen Kanzlei für die Zusammenstellung und Ablieferung der Verordnungen für die Ediktensammlung eine jährliche Bezahlung von 10 Rt. für jeden zu gewähren.
Berlin, 14. Nov. 1752
Behändigte Reinschrift, egh., mit einer Angabe von J.T. Eller vom 16.11., mitunterzeichnet von L. Euler und dem Kurator P.C.K. von Keith, daß diese Summe gebilligt werde.
I-IX-2, Bl. 149

Nr. 414
Quittung von L. Euler über den Empfang des Quartalsgehaltes in Höhe von 450 Rt.
Berlin, 7. Dez. 1752
Behändigte Reinschrift, egh.
I-XVI-224, Bl. 28

Nr. 415
Rechnung von Akademieaufwärter Ende über die Anschaffung von Gegenständen für die Akademieräume.
Berlin, 14. Dez. 1752
Behändigte Reinschrift, egh., mit einem Vermerk von L. Euler, daß Präsident P.-L.M. de Maupertuis diese Anschaffung angeordnet habe.
I-XVI-224, Bl. 214

Nr. 416
L. Euler an D. Köhler:
Trägt ihm auf, J.C. Rhode für seine Arbeiten bei der Landkartenherstellung 77 Rt. auszuzahlen.
Berlin, 20. Dez. 1752
Angabe, egh.
I-XVI-225, Bl. 216

Nr. 417
L. Euler an D. Köhler:
Trägt ihm auf, dem Kupferstecher G.P. Busch für die gestochene Platte von Irland 40 Rt. auszuzahlen.
Berlin, 29. Dez. 1752
Angabe, egh.
I-XVI-225, Bl. 217

Nr. 418
D. Köhler an das Direktorium der Akademie:
Schlägt als Kalenderfaktor der Akademie in Halberstadt den Buchbinder J.C. Ziegler vor.
Berlin, 30. Dez. 1752
Behändigte Reinschrift, egh., mit einer Angabe von L. Euler vom 30.12., daß er mit diesem Vorschlag einverstanden sei.
I-VIII-123, Bl. 156

Nr. 419
Rechnung über die Einnahmen aus dem Botanischen Garten.
Berlin, 30. Dez. 1752
Behändigte Reinschrift, Schreiberhand, mit einem Billigungsvermerk von L. Euler, mitunterzeichnet von J.P. Heinius und J.T. Eller.
I-XVI-224, Bl. 4

Nr. 420
Eintragung in der Jahresrechnung der Akademie über die Zahlung einer Pension von jährlich 1800 Rt. an L. Euler, Direktor der mathematischen Klasse.
Berlin, 1752
Reinschrift von D. Köhler
I-XVI-118, S. 11

Nr. 421
Aufstellung von D. Köhler über die neuen Korrespondenten der Akademie für den Kalenderverkauf im Jahre 1753.
Berlin, 1752
Behändigte Reinschrift, egh., mit einem Sichtvermerk von L. Euler.
I-VIII-178, Bl. 129

Nr. 422
Eintragung in der Jahresrechnung der Akademie über die Zahlung einer Gratifikation in Höhe von 200 Rt. an L. Euler.
Berlin, 1752
Reinschrift von D. Köhler.
I-XVI-118, S. 18

Nr. 423
Aufstellung der verschiedenen Kupferplatten für Landkarten von L. Euler, die auf Anordnung des Akademiepräsidenten P.-L.M. de Maupertuis von den Kupferstechern an D. Köhler abgegeben werden sollen.
Berlin, 11. Jan. 1753
Behändigte Reinschrift, egh.
I-VII-37, Bl. 42

Nr. 424
L. Euler an D. Köhler:
Trägt ihm auf, die Papierlieferung für den Druck seines Werkes "Dissertatio de principio minimae actionis una cum examine objectionum d. prof. Koenigii contra hoc principium factorum", das auf Anordnung des Präsidenten P.-L.M. de Maupertuis bei J.G. Michaelis gedruckt wird, mit 37 Rt. 9 Gr. zu bezahlen.
Berlin, 12. Jan. 1753
Angabe, egh.
I-XVI-225, Bl. 248

Nr. 425
L. Euler an D. Köhler:
Trägt ihm auf, an den Buchdrucker J.G. Michaelis, der 10 Ries Papier für den Druck seines Werkes über das Prinzip der geringsten Aktion gekauft habe, 18 Rt. 12 Gr. auszuzahlen.
Berlin, 15. Jan. 1753
Angabe, egh., frz.
I-XVI-225, Bl. 249

Nr. 426
L. Euler an D. Köhler:
Trägt ihm auf, J.C. Rhode für die Zeichnung der Postlandkarte noch 40 Rt. 12 Gr. auszuzahlen.
Berlin, 20. Jan. 1753
Angabe, egh.
I-XVI-225, Bl. 218

Nr. 427
D. Köhler an L. Euler:
Schlägt Auflagenhöhe und Preise für die zu druckenden Landkarten vor.
Berlin, 22. Jan. 1753
Behändigte Reinschrift, egh., mit einer Angabe von L. Euler, daß er mit dem Vorschlag einverstanden sei.
I-VII-37, Bl. 43

Nr. 428
L. Euler an D. Köhler:
Trägt ihm auf, dem Kupferstecher N.F. Sauerbrey für die Fertigstellung der Landkarte von den russischen Entdeckungen zwischen Asien und Amerika noch 25 Rt. auszuzahlen.
Berlin, 24. Jan. 1753
Angabe, egh.
I-XVI-225, Bl. 220

Nr. 429
Direktorium der Akademie an den Großkanzler S. von Cocceji:
Teilt auf dessen Anfrage mit, daß die Akademie vorerst noch auf ihr Stempelrecht für fremde Landkarten verzichten werde.
Berlin, 30. Jan. 1753
Konzept von D. Köhler, mit einem Revisionsvermerk von L. Euler und J.T. Eller.
I-VII-35, Bl. 39

Nr. 430
D. Köhler an L. Euler:
Erkundigt sich nach dem Verbleib von 61 Landkarten, die er nach den Rechnungen hätte erhalten müssen.
Berlin, 31. Jan. 1753
Behändigte Reinschrift, egh., mit einem Vermerk von L. Euler über den Verbleib dieser Karten und einer Angabe, von der Landkarte über die russischen Entdeckungen zwischen Asien und Afrika wegen des guten Abgangs unverzüglich weitere Exemplare abziehen zu lassen.
I-XVI-225, Bl. 221

Nr. 431
D. Köhler an L. Euler:
Fragt an, welche Landkarte und geographische Beschreibung für den Historischen Kalender auf das Jahr 1754 zu nehmen sei.
Berlin, 31. Jan. 1753
Behändigte Reinschrift, egh., mit einer Angabe von L. Euler, die Karte von Pommern zu nehmen.
I-VIII-21, Bl. 228

Nr. 432
D. Köhler an das Direktorium der Akademie:
Teilt mit, daß der Hofbuchbinder Reichardt sechs Genealogische Kalender auf das Jahr 1752 für den Hofkämmerer empfangen habe und diese nicht bezahlen wolle.
Berlin, 8. Febr. 1753
Behändigte Reinschrift, egh., mit einer Angabe von J.T. Eller, mitunterzeichnet von L. Euler und J.P. Heinius, die Angelegenheit dem Justitiar der Akademie J.C. Uhden zu übergeben.
I-VIII-21, Bl. 235

Nr. 433
Rechnung des Graveurs J.C. Unger über die Anfertigung von vier Adlerholzschnitten.
Berlin, 8. Febr. 1753
Behändigte Ausfertigung, egh., mit einer Angabe von Präsident P.-L.M. de Maupertuis für D. Köhler vom 9.2., dem Graveur die Vignetten für die Abhandlungen von L. Euler zu bezahlen.
I-XVI-225, Bl. 256

Nr. 434
L. Euler an D. Köhler:
Teilt mit, daß sich der Generalpostmeister G.D. von Arnim bereit erklärt habe, der Akademie für die in Arbeit befindliche Postkarte die schlesischen Postkurse zu verschaffen; beauftragt ihn, ein Schreiben an das Generalpostamt aufzusetzen, in dem um die Mitteilung der schlesischen Postkurse und derjenigen in den benachbarten Ländern ersucht wird.
Berlin, 16. Febr. 1753
Angabe, egh.
I-VII-37, Bl. 45, 47

Nr. 435
D. Köhler an L. Euler:
Teilt die Übersendung der Zeichnungen sowie der deutschen und französischen Verse für die Genealogischen Kalender auf das Jahr 1754 zur Revision mit.
Berlin, 26. Febr. 1753
Behändigte Reinschrift, egh., mit einer Angabe von L. Euler vom 27.2., daß der Präsident P.-L.M. de Maupertuis alles gebilligt habe.
I-VIII-178, Bl. 145

Nr. 436
Quittung von L. Euler über den Empfang des Quartalsgehaltes in Höhe von 450 Rt.
Berlin, 6. März 1753
Behändigte Reinschrift, egh.
I-XVI-225, Bl. 45

Nr. 437
D. Köhler an das Direktorium der Akademie:
Schlägt vor, die übriggebliebenen Genealogischen Kalender nicht mehr als Makulatur zu verkaufen.
Berlin, 7. März 1753
Behändigte Reinschrift, egh., mit einer Angabe von J.T. Eller vom 8.3., mitunterzeichnet von L. Euler und J.P. Heinius, daß der Vorschlag gebilligt werde.
I-VIII-21, Bl. 229

Nr. 438
D. Köhler an das Direktorium der Akademie:
Schlägt vor, sich in der strittigen Kalenderangelegenheit nicht auf eine Auseinandersetzung mit dem Hofkämmerer einzulassen.
Berlin, 7. März 1753
Behändigte Reinschrift, egh., mit einer Angabe von J.T. Eller vom 8.3., mitunterzeichnet von L. Euler und J.P. Heinius, daß dies gebilligt werde.
I-VIII-21, Bl. 231

Nr. 439
Rechnung des Buchdruckers J.G. Michaelis über die Druckkosten des Werkes von L. Euler über das Prinzip der geringsten Aktion.
Berlin, 8. März 1753
Behändigte Ausfertigung, egh.
I-XVI-225, Bl. 250

Nr. 440
L. Euler an D. Köhler:
Teilt mit, daß der Kupferstecher N.F. Sauerbrey um Abdrucke von seinen Kupferplatten bitte, trägt ihm auf, die Delislische Karte in den Intelligenzblättern anzukündigen und ihm sechs Exemplare der Karte zu überschicken.
Berlin, 16. März 1753
Angabe, egh.
I-VII-37, Bl. 46

Nr. 441
L. Euler an D. Köhler:
Teilt mit, daß am nächsten Tag in der Zeitung von Spener die Karte von Delisle über die russischen Entdeckungen jenseits von Kamtschatka und über die zwischen Asien und Amerika gelegenen Länder und Inseln angekündigt werde, für die er einen Preis von 4 Groschen pro Exemplar festgesetzt habe; trägt ihm auf, Spener zu benachrichtigen, den Preis in der Annonce zu verändern, falls D. Köhler bereits Karten zu einem anderen Preis verschickt haben sollte.
Berlin, 19. März 1753
Angabe, egh.
I-VII-37, Bl. 55, 57

Nr. 442
L. Euler an D. Köhler:
Trägt ihm auf, dem Kupferstecher Berger für die gestochene Platte von Schottland noch 50 Rt. auszuzahlen.
Berlin, 22. März 1753
Angabe, egh.
I-XVI-225, Bl. 226

Nr. 443
Berliner Akademie der Wissenschaften an den Akziseinspektor J.P. Lohmeyer in Freeren:
Ersucht entsprechend dem Kalenderedikt um die Bestrafung des Buchbinders Wentzelius in Lingen, der fremde Kalender ungestempelt verkauft habe.
Berlin, 29. März 1753
Konzept von D. Köhler, mit einer Revisionsunterschrift von L. Euler.
I-VIII-247, Bl. 4, 7

Nr. 444

Rechnung des Buchbinders Brandenburg über das Einbinden einer Anzahl von Exemplaren der Abhandlung von L. Euler.

Berlin, 1. Apr. 1753

Behändigte Ausfertigung, egh.

I-XVI-225, Bl. 267

Nr. 444a

D. Köhler an L. Euler:

Teilt die Übersendung von zwei Konzepten zur Revision mit und fragt nach der richtigen Bezeichnung eines Jahrmarktsortes an.

Berlin, 2. Apr. 1753

Behändigte Reinschrift, egh., mit einem Vermerk von L. Euler über die Bezeichnung des Ortes.

I-VIII-94, Bl. 549

Nr. 444b

D. Köhler an den Königsberger Faktor K.P. Braun:

Teilt die Übersendung des Manuskripts für den Kalenderdruck auf das Jahr 1754 mit und gibt dazu einige Hinweise.

Berlin, 2. Apr. 1753

Konzept, egh., mit einem Revisionsvermerk von L. Euler.

I-VIII-94, Bl. 548

Nr. 445

J.G. Gleditsch an D. Köhler:

Nimmt Stellung zu einem strittigen Rechnungsvorgang und bittet darum, die Angelegenheit niederzuschlagen.

Berlin, 6. Apr. 1753

Behändigte Reinschrift, egh., mit einer Angabe von J.T. Eller vom 12.4., mitunterzeichnet von J.P. Heinius und L. Euler, die Angelegenheit niederzuschlagen.

I-XVI-225, Bl. 39

Nr. 446

Akademiepräsident P.-L.M. de Maupertuis an D. Köhler:

Trägt ihm auf, die von Friedrich II. gewährte Gehaltserhöhung von 200 Rt. für A.S. Marggraf ab dem nächsten Quartal auszuzahlen; teilt mit, daß mit königlicher Billigung während seiner Abwesenheit die Verwaltung der Akademie in den Händen von L. Euler liege, auf dessen

Anweisungen hin D. Köhler die täglichen Auszahlungen vorzunehmen habe.
Berlin, 24. Apr. 1753
Behändigte Reinschrift, Schreiberhand, frz.
I-XVI-225, Bl. 95, Abschrift: I-III-9, Bl. 83

Nr. 447
Akademiesekretar J.-H.S. Formey an D. Köhler:
Teilt u. a. mit, daß sich L. Euler der Angelegenheit des Kupferstechers N.F. Sauerbrey angenommen habe.
Berlin, 4. Mai 1753
Behändigte Reinschrift, egh., frz.
I-VII-37, Bl. 51-52

Nr. 448
L. Euler an D. Köhler:
Trägt ihm auf, ein Schreiben an das Preußische Generaldirektorium zu entwerfen, in dem um die akzise-, zoll- und transportfreie Lieferung der Baumaterialien für das chemische Laboratorium gebeten wird.
Berlin, 4. Mai 1753
Angabe, egh.
I-XIII-19, Bl. 39-40

Nr. 449
Berliner Akademie an das Preußische Generaldirektorium:
Berichtet, daß Akzisebeamte in Krefeld die Einfuhr ausländischer Kalender gegen ein Akzisegeld gestatten, was gegen das Kalenderedikt verstoße, und bittet um Anweisung an die Kriegs- und Domänenkammern in Kleve, Minden und Lingen, den Akzisebeamten zu untersagen, ausländische Kalender einführen zu lassen.
Berlin, 5. Mai 1753
Konzept von D. Köhler, mit einem Revisionsvermerk von L. Euler.
I-VIII-21, Bl. 272

Nr. 450
D. Köhler an [L. Euler]:
Übersendet eine Probe Papier für die Landkarten, das preisgünstig zu haben sei.
Berlin, 7. Mai 1753

Behändigte Reinschrift, egh., mit einer Angabe von L. Euler, daß das Papier gut sei und schnell in die Druckerei geliefert werden solle, daß aber zu den für den König und die Prinzen bestimmten etwa 12 Kartenexemplaren feineres Papier zu verwenden sei.
I-VII-39, Bl. 2

Nr. 451

Berliner Akademie der Wissenschaften an das Preußische Generaldirektorium:

Bittet um akzise-, zoll- und transportfreie Lieferung der Baumaterialien für das chemische Laboratorium.

Berlin, 7. Mai 1753

Konzept von D. Köhler, egh., mit einem Revisionsvermerk von L. Euler.

I-XIII-19, Bl. 37

Nr. 452

D. Köhler an L. Euler:

Teilt die Übersendung des Konzepts eines Schreibens der Berliner Akademie an das Preußische Generaldirektorium über die Lieferung von Baumaterialien für das chemische Laboratorium zur Revision mit und weist darauf hin, daß in der Aufstellung der Baumaterialien keine Mauer- und Dachsteine enthalten sind.

Berlin, 7. Mai 1753

Behändigte Reinschrift, egh., mit einem Vermerk von L. Euler, daß für Mauer- und Dachsteine keine Vergünstigungen gewährt werden.

I-XIII-19, Bl. 38

Nr. 453

Vorbericht von L. Euler zur ersten Auflage des Schulatlasses der Berliner Akademie.

Berlin, 13. Mai 1753

Druck, lat. und frz., mit egh. Ergänzungen und Änderungen von L. Euler für die zweite Auflage des Schulatlasses.

I-VII-37, Bl. 176-181

Nr. 454

Rechnung des Tischlermeisters M. Schumann über Arbeiten für die Akademie.

Berlin, 15. Mai 1753

Behändigte Ausfertigung, egh., mit einer Angabe von L. Euler für

D. Köhler, die Rechnung zu bezahlen.
I-XVI-225, Bl. 299

Nr. 455
Rechnungsbeleg von D. Köhler über den Kauf einer großen Geldkassette.
Berlin, 22. Mai 1753
Behändigte Reinschrift, egh., mit einem Vermerk von L. Euler, daß P.-L.M. de Maupertuis diesen Kauf bewilligt habe.
I-XVI-225, Bl. 340

Nr. 456
L. Euler an D. Köhler:
Trägt ihm auf, an den Buchdrucker G.L. Winter 36 Rt. für zwei Ballen Papier auszuzahlen, die für den von Präsident P.-L.M. de Maupertuis angeordneten Druck eines Werkes benötigt werden.
Berlin, 24. Mai 1753
Angabe, egh.
I-XVI-225, Bl. 252

Nr. 457
Rechnung des Buchdruckers J.G. Michaelis über den Druck von drei Foliobogen in französischer und lateinischer Sprache.
Berlin, 24. Mai 1753
Behändigte Ausfertigung, egh., mit einer Angabe von L. Euler an D. Köhler, die Rechnung zu bezahlen.
I-XVI-225, Bl. 232

Nr. 458-459
Rechnungen des Maurers G.F. Hendel über Arbeiten auf dem Dach der Akademiebibliothek.
Berlin, 27. Mai, 13. Juli 1753
Behändigte Ausfertigungen, egh., mit Angaben von L. Euler für D. Köhler, die Rechnungen zu bezahlen.
I-XVI-225, Bl. 301-302

Nr. 460
Abnahme der Kalenderhauptrechnung für das Jahr 1752 durch das Direktorium der Akademie.
Berlin, 30. Mai 1753
Behändigte Reinschrift von J.D. Blume, mitunterzeichnet von L. Euler.
I-VIII-306, Bl. 26

Nr. 461
Quittung über die Abnahme der Jahresrechnung der Akademie für das Jahr 1752.
Berlin, 30. Mai 1753
Behändigte Reinschrift, Schreiberhand, mitunterzeichnet von L. Euler
I-XVI-118, S. 43-44

Nr. 462-464
Rechnungen über Ausgaben für den Botanischen Garten.
Berlin, 1. Juni - 23. Nov. 1753
Behändigte Ausfertigungen, egh., mit Angaben von L. Euler für D. Köhler, die Rechnungen zu bezahlen.
I-XVI-225, Bl. 306, Bl. 311-312

Nr. 465
D. Köhler an L. Euler:
Schlägt vor, in den Genealogischen Kalendern auf das Jahr 1754 bei den Vertretern des preußischen Königshauses und den anderen regierenden Herrschern, deren Gemahlinnen und den Erbprinzen neben das Jahr der Geburt ihr jeweiliges Alter zu setzen.
Berlin, 2. Juni 1753
Behändigte Reinschrift, egh., mit einer Angabe von L. Euler, daß er nichts dagegen einzuwenden habe, obwohl er nicht einsehe, wozu die doppelte Altersangabe dienen soll.
I-VIII-178, Bl. 133

Nr. 466
L. Euler an D. Köhler:
Trägt ihm auf, J.C. Rhode für seine Arbeiten bei der Anfertigung der Landkarte von Thüringen 81 Rt. auszuzahlen.
Berlin, 9. Juni 1753
Angabe, egh.
I-XVI-225, Bl. 233

Nr. 467
Direktorium der Akademie der Wissenschaften an Friedrich II.:
Bittet um eine Order an das Preußische Generaldirektorium, die zum Bau des chemischen Laboratoriums benötigten Materialien der Akademie akzise-, zoll- und transportfrei anliefern zu lassen.
Berlin, 10. Juni 1753
Konzept von D. Köhler, egh., mit einem Revisionsvermerk von L. Euler vom 13.6.
I-XIII-19, Bl. 36

Nr. 468
Quittung von L. Euler über den Empfang des Quartalsgehaltes in Höhe von 450 Rt.
Berlin, 15. Juni 1753

Behändigte Reinschrift, egh.
I-XVI-225, Bl. 46

Nr. 469
Rechnung von L. Euler über von ihm getätigte Ausgaben und Einnahmen für die Akademie.
Berlin, 15. Juni 1753
Behändigte Reinschrift, egh.
I-XVI-225, Bl. 396

Nr. 470-474
Rechnungen des Gärtners J.I. Müller über Ausgaben für den Botanischen Garten.
Berlin, 16. Juni - 13. Dez. 1753
Behändigte Ausfertigungen, egh., mit Angaben von L. Euler für D. Köhler, die Rechnungen zu bezahlen.
I-XVI-225, Bl. 378, 380, 381, 383, 390

Nr. 475
L. Euler an D. Köhler:
Teilt mit, daß Akademiepräsident P.-L.M. de Maupertuis angeordnet habe, den Akademiekuratoren und -direktoren sowie J.C. Uhden und J.-H.S. Formey je ein Exemplar vom neuen Schulatlas zu überlassen.
Berlin, 23. Juni 1753
Behändigte Reinschrift, egh.
I-XVI-225, Bl. 24

Nr. 476
L. Euler an D. Köhler:
Teilt mit, daß Friedrich II. der Akademie die Baumaterialien für den Bau des chemischen Laboratoriums geschenkt habe; bittet ihn,bei J.T. Eller zu erfragen, ob Bauzeichnung und Anschlag für das chemische Laboratorium an die Kurmärkische Kriegs- und Domänenkammer einzuschicken seien, und die Kammer daran zu erinnern, daß der König den freien Transport dieser Baumaterialien gewährt habe.
Berlin, 25. Juni 1753
Angabe, egh.
I-XIII-19, Bl. 46, 49

Nr. 477
Rechnung des Kupferstechers F.H. Frisch über das Stechen der Kupferplatten für die Akademieabhandlungen in einem kleineren Format.
Berlin, 26. Juni 1753
Behändigte Ausfertigung, egh., mit einer Angabe von L. Euler für D. Köhler vom 26.6., die Rechnung zu bezahlen.
I-XVI-225, Bl. 257

Nr. 477a
L. Euler an D. Köhler:
Bittet ihn, sich am nächsten Tag um 9 Uhr auf dem Observatorium einzufinden, da der Hoffiskal Geisler das Archiv besichtigen will;

schlägt vor, bei dieser Gelegenheit, auch gleich den Transport des Archivs auf die neue Bibliothek vorzunehmen.
Berlin, 3. Juli 1753
Behändigte Reinschrift, egh.
I-III-80, Bl. 53, 56

Nr. 477b
D. Köhler an L. Euler:
Teilt mit, daß das Zusammentreffen mit dem Hoffiskal Geisler im Archiv nicht notwendig sei, da er diesem bereits die Akten zugeschickt und die übrigen Informationen für ihn schon zusammengestellt habe.
Berlin, 3. Juli 1753
Behändigte Reinschrift, egh.
I-III-80, Bl. 54-55

Nr. 478
Direktorium der Akademie der Wissenschaften an Friedrich II.:
Bittet um Erlaubnis, auf der Köpenicker Plantage ein Haus für den Seidenbau errichten zu dürfen, und um die zoll- und transportfreie Gewährung der dazu erforderlichen Baumaterialien.
Berlin, 6. Juli 1753
Konzept von L. Euler
I-X-8, Bl. 84

Nr. 479
L. Euler an D. Köhler:
Teilt ihm die Übersendung eines Konzepts für ein Schreiben an Friedrich II. wegen Errichtung eines Hauses in Köpenick für den Seidenbau mit und trägt ihm auf, davon eine Reinschrift zu verfertigen.
Berlin, 6. Juli 1753
Behändigte Reinschrift, egh.
I-X-8, Bl. 83, 110

Nr. 480
L. Euler an D. Köhler:
Trägt ihm auf, dem Buchdrucker G.L. Winter noch 18 Rt. für einen Ballen Papier auszuzahlen, der zu dem von Präsident P.-L.M. de Maupertuis verordneten Druck benötigt wird.
Berlin, 10. Juli 1753
Angabe, egh.
I-XVI-225, Bl. 253

Nr. 481
L. Euler an D. Köhler:
Trägt ihm auf, dem Buchdrucker G.L. Winter 60 Rt. als Vorschuß für den Druck eines Werkes auszuzahlen.
Berlin, 10. Juli 1753
Angabe, egh.
I-XVI-225, Bl. 254

Nr. 482
D. Köhler an L. Euler:

Fragt an, ob die Landkarte vom Stillen Ozean nunmehr für 2 Gr. zu verkaufen sei.
Berlin, 13. Juli 1753
Behändigte Reinschrift, egh., mit einer Angabe von L. Euler, diese Karte für 2 Gr. zu verkaufen.
I-XVI-225, Bl. 22

Nr. 483
Quittung des Papierhändlers J. Jasperd über die Bezahlung von zwei Ries Papier durch L. Euler.
Berlin, 13. Juli 1753
Behändigte Ausfertigung, egh., frz., mit einer Angabe von L. Euler für D. Köhler vom 6.9.1754, daß auf Anordnung von Präsident P.-L.M. de Maupertuis das für die Drucklegung des letzten Werkes angekaufte Papier aus der Akademiekasse zu bezahlen sei.
I-XVI-226, Bl. 176

Nr. 484
Rechnung des Maurermeisters C. Wendt über Maurerarbeiten für das chemische Laboratorium.
Berlin, 21. Juli 1753
Behändigte Ausfertigung, egh., mit einer Angabe von L. Euler für D. Köhler, die Rechnung zu bezahlen.
I-XVI-225, Bl. 271

Nr. 485-487
Rechnungen über Arbeiten für den Botanischen Garten.
Berlin, 22. Juli - 17. Nov. 1753
Behändigte Ausfertigungen, egh., mit Angaben von L. Euler für D. Köhler, die Rechnungen zu bezahlen.
I-XVI-225, Bl. 397-399

Nr. 488
Friedrich II. an L. Euler:
Übersendet das Gesuch des französischen Buchhändlers E. Bourdeaux auf Gewährung eines Privilegs für den Druck und Verkauf eines kleinen Kalenders und fordert L. Eulers Stellungnahme dazu an.
Potsdam, 24. Juli 1753
Behändigte Ausfertigung, Schreiberhand
I-VIII-247, Bl. 50

Nr. 489
L. Euler an Friedrich II.:
Berichtet, daß der Akademie durch Gewährung eines besonderen Kalenderprivilegs an den Buchhändler E. Bourdeaux großer finanzieller Schaden entstehen würde; bittet darum, das Gesuch des Buchhändlers abschlägig zu bescheiden.
Berlin, 25. Juli 1753
Konzept, egh.
I-VIII-247, Bl. 51

Nr. 490
Friedrich II. an L. Euler:
Teilt mit, daß er auf Grund des Berichts von L. Euler das Gesuch des Buchhändlers E. Bourdeaux auf Gewährung eines Privilegs für die Herausgabe eines kleinen Kalenders abgeschlagen habe.
Potsdam, 27. Juli 1753
Behändigte Ausfertigung, Schreiberhand
I-VIII-247, Bl. 49, 52

Nr. 491
Rechnung über den Transport von Holz für den Bau des chemischen Laboratoriums.
Berlin, 27. Juli 1753
Behändigte Ausfertigung, egh., mit einem Sichtvermerk von L. Euler.
I-XVI-225, Bl. 278

Nr. 492
L. Euler an D. Köhler:
Trägt ihm auf, der Kurmärkischen Kriegs- und Domänenkammer für die Baumaterialanweisungen 4 Rt. 10 Gr. zu zahlen.
Berlin, 27. Juli 1753
Angabe, egh.
I-XVI-225, Bl. 273

Nr. 493
D. Köhler an den Akademiejustitiar J.C. Uhden:
Teilt die Übersendung von Unterlagen über die Kalender des französischen Buchhändlers E. Bourdeaux im Auftrage von L. Euler mit.
Berlin, 30. Juli 1753
Behändigte Reinschrift, egh.
I-VIII-247, Bl. 47

Nr. 494
Vertrag zwischen der Berliner Akademie und dem Maurermeister G. Mann über den Bau eines Seidenhauses auf der Köpenicker Maulbeerplantage für 378 Rt. 13 Gr.
Berlin, 2. Aug. 1753
Behändigte Reinschrift von L. Euler.
I-XVI-226, Bl. 309

Nr. 495
D. Köhler an L. Euler:
Teilt mit, daß ihn der Buchhändler Spener wegen der Rückgabe der Landkarten vom Stillen Ozean erneut vertröstet habe; schlägt vor, diesem einen Termin für die Rückgabe der Karten zu setzen oder ihm die Landkarten zum Preis zu berechnen.
Berlin, 4. Aug. 1753
Behändigte Reinschrift, egh., mit einer Angabe von L. Euler, dem Buchhändler Spener die Karten zum vollen Preis zu berechnen und mit der Ankündigung sowie dem Verkauf des Schulatlasses nicht länger zu warten.
I-VII-37, Bl. 54

Nr. 496
Rechnung von Maurermeister C. Wendt über Maurerarbeiten am chemischen Laboratorium.
Berlin, 5. Aug. 1753
Behändigte Ausfertigung, egh., mit einem Vermerk von L. Euler über die sachliche Richtigkeit.
I-XVI-225, Bl. 277

Nr. 497
L. Euler an D. Köhler:
Teilt ihm den Text für ein Inserat über den Geographischen Schulatlas mit und trägt ihm auf, wegen der Veröffentlichung in den Zeitungen auch einige Exemplare des Atlasses an die Buchhandlung Haude und Spener zu schicken.
Berlin, [6.] Aug. 1753
Angabe, egh.
I-VII-37, Bl. 53

Nr. 498
Mitteilung eines Besichtigungstermins an die Akademie der Wissenschaften.
Berlin, 8. Aug. 1753
Behändigte Ausfertigung, egh., mit einem Sichtvermerk von L. Euler.
I-XVI-225, Bl. 279

Nr. 499
Rechnung des Brunnenmeisters M. Hellwig über Brunnenarbeiten für die Akademie.
Berlin, 8. Aug. 1753
Behändigte Ausfertigung, egh., mit einer Angabe von L. Euler für D. Köhler vom 14.11., die Rechnung zu bezahlen.
I-XVI-225, Bl. 283

Nr. 500-507
L. Euler an D. Köhler:
Trägt ihm auf, den Maurermeister C. Wendt für den Bau des chemischen Laboratoriums zu bezahlen.
Berlin, 8. Aug. - 1. Dez. 1753
Angaben, egh.
I-XVI-225, Bl. 290-297

Nr. 508
Rechnung von Akademieaufwärter Ende über den Ankauf von 2 Paar Wasserstiefeln für den Bau des chemischen Laboratoriums.
Berlin, 9. Aug. 1753
Behändigte Reinschrift, egh., mit einem Sichtvermerk von L. Euler.
I-XVI-225, Bl. 274

Nr. 509-510
L. Euler an D. Köhler:
Trägt ihm auf, den Maurermeister G. Mann für den Bau des Seidenhauses auf der Köpenicker Maulbeerplantage zu bezahlen.
Berlin, 23. Aug., 6. Okt. 1753
Angaben, egh.
I-XVI-225, Bl. 304-305

Nr. 511
Quittung von L. Euler über den Empfang des Quartalsgehaltes in Höhe von 450 Rt.
Berlin, 3. Sept. 1753
Behändigte Reinschrift, egh.
I-XVI-225, Bl. 47

Nr. 512
Mitteilung von L. Euler, daß er für die Akedemiekasse 2 Rt. 8 Gr. aus dem Verkauf von Büchern entgegengenommen habe.
Berlin, 4. Sept. 1753
Behändigte Reinschrift, egh.
I-XVI-225, Bl. 40

Nr. 513
Rechnung von L. Euler über Auslagen für die Akademie.
Berlin, 4. Sept. 1753
Behändigte Reinschrift, egh.
I-XVI-225, Bl. 328

Nr. 514
L. Euler an D. Köhler:
Trägt ihm auf, J.C. Rhode für seine Arbeit über die Geographie von Deutschland 40 Rt. auszuzahlen.
Berlin, 6. Sept. 1753
Angabe, egh.
I-XVI-225, Bl. 240

Nr. 515
Akademiesekretar J.-H.S. Formey an D. Köhler:
Teilt mit, daß er L. Euler den Bericht der Kriegs- und Domänenkammer in Minden über die ausländischen Kalender mitgeteilt habe; trägt ihm auf, die fragliche Kalenderangelegenheit zu untersuchen und darüber zu berichten.
Berlin, 6. Sept. 1753
Angabe, egh., frz.
I-VIII-21, Bl. 288

Nr. 516
Direktorium der Akademie an das Preußische Generaldirektorium:
Weist die Darstellung der Kriegs- und Domänenkammer in Minden über die Notwendigkeit der Einfuhr ausländischer Kalender als unwahr zurück und bittet erneut um strengste Einhaltung des Kalenderedikts.
Berlin, 12. Sept. 1753
Konzept von D. Köhler, mit einem Revisionsvermerk von L. Euler.
I-VIII-21, Bl. 286, 294

Nr. 517
Direktorium der Akademie an Friedrich II.:
Bittet darum, den Antrag des Domkapitels zu Minden, keine Stempelgelder mehr für die von diesem herausgegebenen Tafelkalender an die Akademie zu entrichten, abschlägig zu bescheiden, da er nicht dem Kalenderedikt entspreche und der Akademie Schaden zufügen würde.
Berlin, 12. Sept. 1753
Konzept von D. Köhler, mit einem Revisionsvermerk von L. Euler.
I-VIII-21, Bl. 255

Nr. 518
Rechnung über die Lieferung von Steinen und Kalk zum Bau des chemischen Laboratoriums.
Berlin, 12. Sept. 1753
Behändigte Ausfertigung, egh., mit einem Sichtvermerk von L. Euler.
I-XVI-226, Bl. 211

Nr. 519
Rechnung von J.B. Merian über die Anfertigung von Abschriften, darunter denen der Briefe von G.W. Leibniz an J. Hermann.
Berlin, vor dem 21. Sept. 1753
Behändigte Reinschrift, egh., frz., mit einem Vermerk von L. Euler, daß diese Ausgaben auf ausdrückliche Anordnung des Präsidenten P.-L.M. de Maupertuis gemacht wurden.
I-XVI-225, Bl. 255

Nr. 520
D. Köhler an das Direktorium der Akademie:
Bittet um Genehmigung des beiliegenden Titels zur Ediktensammlung und schlägt als Auflagenhöhe der Sammlung den Druck von 1700 Exemplaren vor.
Berlin, 27. Sept. 1753
Behändigte Reinschrift, egh., mit einer Angabe von L. Euler, mitunterzeichnet von J.P. Heinius und J.T. Eller, daß der Titel und die Auflagenhöhe genehmigt wurden.
I-IX-3, Bl. 94

Nr. 521
L. Euler an D. Köhler:
Trägt ihm auf, an G.F. Hendel $4\frac{1}{2}$ Rt. für die Aufsicht über das Dach des Akademiegebäudes auszuzahlen.
Berlin, 1. Okt. 1753
Angabe, egh.
I-XVI-225, Bl. 303

Nr. 522
D. Köhler an L. Euler:
Teilt die Übersendung der Zeichnungen und Verse zu den Genealogischen Kalendern auf das Jahr 1755 zur Revision mit und fragt an, welche Porträts in den Kalendern gebracht werden sollen.
Berlin, 4. Okt. 1753
Behändigte Reinschrift, egh., mit einem Revisionsvermerk von L. Euler und der Angabe, daß der Präsident P.-L.M. de Maupertuis wünsche, die Porträts des preußischen Prinzen Heinrich und seiner Gemahlin für die Kalender zu nehmen.
I-VIII-178, Bl. 205

Nr. 523
L. Euler an D. Köhler:
Beauftragt ihn, den Berliner Kalenderfaktor J.S. Pesenecker aufzufordern, den Buchbindern gegenüber korrekt aufzutreten und ihnen Kalender gegen Kaution zu überlassen.
Berlin, 12. Okt. 1753
Angabe, egh., Vermerk von D. Köhler, daß er die Stellungnahme von Pesenecker L. Euler übergeben habe.
I-VIII-6, Bl. 83

Nr. 524
L. Euler an D. Köhler:
Trägt ihm auf, dem Ingenieur Raillard für seine Aufsicht über den Bau des chemischen Laboratoriums 50 Rt. auszuzahlen.
Berlin, 16. Okt. 1753
Angabe, egh.
I-XVI-225, Bl. 280

Nr. 525
Buchbinder J. Pauli an L. Euler:
Beschwert sich über den Berliner Kalenderfaktor J.S. Pesenecker, der ihm als Unterfaktor nur noch Kalender gegen Kaution schicken wolle und ihm nur eine sehr geringe Provision für den Kalenderverkauf gewähre; bittet darum, daß er die Kalender direkt von der Akademie erhalte.
Stettin, 27. Okt. 1753
Behändigte Ausfertigung, egh.
I-VIII-6, Bl. 85-86

Nr. 526
L. Euler an D. Köhler:
Teilt mit, daß Akademiepräsident P.-L.M. de Maupertuis angeordnet habe, dem Akademiemitglied N. de Beguelin Bäume aus dem Botanischen Garten zum halben Preis zu überlassen.
Berlin, 29. Okt. 1753
Behändigte Reinschrift, egh.
I-XVI-225, Bl. 7

Nr. 527
D. Köhler an L. Euler:
Nimmt zum Schreiben des Buchbinders J. Pauli Stellung; verteidigt den Kalenderfaktor J.S. Pesenecker und rät ab, J. Pauli als Faktor der Akademie anzunehmen.
Berlin, 3. Nov. 1753
Behändigte Reinschrift, egh.
I-VIII-6, Bl. 84, 87

Nr. 528
Rechnung des Klempnermeisters George über Arbeiten beim Bau des chemischen Laboratoriums.
Berlin, 12. Nov. 1753
Behändigte Ausfertigung, egh., mit einer Angabe von L. Euler für D. Köhler, mitunterzeichnet von J.P. Heinius und J.T. Eller, die Rechnung sachlich richtigzustellen.
I-XVI-225, Bl. 281

Nr. 529
Rechnung des Steinmetzen J. Neuweiler über Arbeiten am neuen chemischen Laboratorium.
Berlin, 29. Nov. 1753
Behändigte Ausfertigung, egh., mit einer Angabe von L. Euler für D. Köhler vom 19.12., die Rechnung zu bezahlen.
I-XVI-225, Bl. 284

Nr. 530
Quittung von L. Euler über den Empfang des Quartalsgehaltes in Höhe von 450 Rt.
Berlin, 1. Dez. 1753
Behändigte Reinschrift, egh.
I-XVI-225, Bl. 48

Nr. 531
D. Köhler an das Direktorium der Akademie:
Teilt die Übersendung der Porträts und der Unterschriften für die Genealogischen Kalender zur Revision mit.
Berlin, 4. Dez. 1753

Behändigte Reinschrift, egh., mit Revisionsvermerken von J.T. Eller und L. Euler.
I-VIII-178, Bl. 210

Nr. 532
D. Köhler an L. Euler:
Schlägt vor, dem Buchhändler J.J. Korn keine Stempel für die alten Schreibdiarien zu schicken, da durch deren Verkauf die Schreibkalender einen geringeren Absatz haben.
Berlin, 7. Dez. 1753
Behändigte Reinschrift, egh., mit einer Angabe von L. Euler, dem Gesuch des Buchhändlers J.J. Korn nicht stattzugeben, wenn der Stempelbetrag je Schreibdiarium nicht mindestens ebensoviel ausmacht wie der Gewinn an einem verkauften Schreibkalender.
I-VIII-136, Bl. 113

Nr. 533
Rechnung über Tischlerarbeiten für das neue Laboratorium.
Berlin, 19. Dez. 1753
Behändigte Ausfertigung, egh., mit einer Angabe von L. Euler für D. Köhler vom 21.12., die Rechnung zu bezahlen.
I-XVI-225, Bl. 286

Nr. 534
Rechnung des Schlossermeisters Veith über Arbeiten für das Laboratorium.
Berlin, 19. Dez. 1753
Behändigte Ausfertigung, egh., mit einer Angabe von L. Euler für D. Köhler, die Rechnung zu bezahlen.
I-XVI-225, Bl. 288

Nr. 535
Rechnung über Tischlerarbeiten im Naturalienkabinett.
Berlin, 19. Dez. 1753
Behändigte Ausfertigung, egh., mit einer Angabe von L. Euler für D. Köhler, die Rechnung zu bezahlen.
I-XVI-225, Bl. 321

Nr. 536
Rechnung des Töpfermeisters C. Regelin über Arbeiten für das neue chemische Laboratorium.
Berlin, 20. Dez. 1753
Behändigte Ausfertigung, egh., mit einer Angabe von L. Euler für D. Köhler, die Rechnung zu bezahlen.
I-XVI-225, Bl. 285

Nr. 537
L. Euler an D. Köhler:
Trägt ihm auf, J.C. Rhode für seine Arbeit bei der Fertigstellung der Landkarte von Meißen und der Lausitz 44 Rt. 12 Gr. auszuzahlen.
Berlin, 20. Dez. 1753
Angabe, egh.
I-XVI-225, Bl. 243

Nr. 538
J.G. Gleditsch an D. Köhler:
Teilt mit, daß er die Rechnung über die Reparatur des Zaunes übersenden werde, sobald diese von L. Euler unterschrieben sei.
Berlin, nach dem 20. Dez. 1753
Behändigte Reinschrift, egh.
I-XIV-35, Bl. 137

Nr. 539
Rechnung des Klempnermeisters George über Arbeiten beim Bau des chemischen Laboratoriums.
Berlin, 21. Dez. 1753
Behändigte Ausfertigung, egh., mit einer Angabe von L. Euler für D. Köhler, die Rechnung zu bezahlen.
I-XVI-225, Bl. 282

Nr. 540
Rechnung des Glasermeisters Engel über Glaserarbeiten für das neue Laboratorium.
Berlin, 22. Dez. 1753
Behändigte Ausfertigung, egh., mit einer Angabe von L. Euler für D. Köhler, die Rechnung zu bezahlen.
I-XVI-225, Bl. 287

Nr. 541
Aufstellung von D. Köhler über die Verteilung von Schulkarten an die Kuratoren und Akademiemitglieder, darunter an L. Euler.
Berlin, 31. Dez. 1753
Reinschrift, egh.
I-XVI-225, Bl. 25

Nr. 542
Aufstellung von D. Köhler über die neuen Korrespondenten der Akademie für den Kalenderverkauf im Jahre 1754.
Berlin, 1753
Behändigte Reinschrift, egh., mit einem Sichtvermerk von L. Euler.
I-VIII-178, Bl. 151

Nr. 543
Eintragung in der Jahresrechnung der Akademie über die Zahlung einer Pension von jährlich 1800 Rt. an L. Euler, Direktor der mathematischen

Klasse.
Berlin, 1753
Reinschrift von D. Köhler.
I-XVI-119, S. 11

Nr. 544
Eintragung in der Jahresrechnung der Akademie über die Zahlung von 33 Rt. 14 Gr. und 4 Pf. an L. Euler für perspektivische Gläser und andere Auslagen.
Berlin, 1753
Reinschrift von D. Köhler.
I-XVI-119, S. 23

Nr. 545-559
Rechnungen des Zimmermeisters J.A. Hoeltzer über Zimmerarbeiten beim Bau des neuen chemischen Laboratoriums.
Berlin, 12. Jan. - 20. Apr. 1754
Behändigte Ausfertigungen, egh., mit Angaben von L. Euler für D. Köhler, die Rechnungen zu bezahlen.
I-XVI-226, Bl. 246-251, 253-256, 258-260, 262-263

Nr. 560
L. Euler an D. Köhler:
Trägt ihm auf, die Restsumme der Baukosten für das chemische Laboratorium an den Maurermeister C. Wendt auszuzahlen.
Berlin, 13. Jan. 1754
Angabe, egh.
I-XVI-226, Bl. 198

Nr. 561
Rechnung über den Transport von Bauholz in den Botanischen Garten.
Berlin, 14. Jan. 1754
Behändigte Ausfertigung, egh., mit einer Angabe von L. Euler für D. Köhler, die Rechnung zu bezahlen.
I-XVI-226, Bl. 409

Nr. 562
J.G. Gleditsch an L. Euler:
Fragt an, ob dem Landjäger F.W. Bock gegen Vorlage der Rechnung seine Auslagen sogleich aus der Kasse bezahlt werden können.
Berlin, 17. Jan. 1754
Behändigte Reinschrift, egh., mit dem Antwortvermerk von L. Euler, daß die Rechnung sofort zu bezahlen sei.
I-X-8, Bl. 87, 101

Nr. 563-565
Rechnungen über die Lieferung von Steinen für den Bau des chemischen Laboratoriums.
Berlin, 18. Jan. - 15. Juli 1754
Behändigte Ausfertigungen, egh., mit Angaben von L. Euler für D. Köhler, die Rechnungen zu bezahlen.
I-XVI-226, Bl. 243-245

Nr. 566
L. Euler an D. Köhler:
Trägt ihm auf, an C. Kirch eine Gratifikation von 50 Rt. auszuzahlen.
Berlin, 21. Jan. 1754
Angabe, egh.
I-XVI-225, Bl. 247

Nr. 567
L. Euler an D. Köhler:
Trägt ihm auf, die Erläuterung zum Seeatlas neu drucken zu lassen; teilt mit, daß der Postmeister in Glogau sich beklagt habe, keine Kalender erhalten zu haben.
Berlin, 21. Jan. 1754
Angabe, egh.
I-VIII-178, Bl. 174

Nr. 568
D. Köhler an L. Euler:
Berichtet, daß nach der Erläuterung zum Seeatlas keinerlei Nachfrage bestehe und daß die Beschwerde des Glogauer Postmeisters eine Verleumdung darstelle.
Berlin, 21. Jan. 1754
Behändigte Reinschrift, egh.
I-VIII-178, Bl. 175

Nr. 569
L. Euler an D. Köhler:
Teilt ihm mit, daß er sich wegen der Beschwerde des Postmeisters in Glogau wegen nicht erhaltener Kalender genauer erkundigen werde; trägt ihm auf, den Druck der Erläuterung zum Seeatlas vorerst auszusetzen, bis sich wieder eine größere Nachfrage einstelle und an C. Kirch eine vom Präsidenten P.-L.M. de Maupertuis genehmigte Gratifikation von 50 Rt. auszuzahlen.
Berlin, 21. Jan. 1754
Angabe, egh.
I-VIII-178, Bl. 176, 180

Nr. 570

D. Köhler an L. Euler:

Nimmt Stellung zu der angeblichen Beschwerde des Glogauer Postmeisters über nicht erhaltene Kalender.

Berlin, 24. Jan. 1754

Behändigte Reinschrift, egh.

I-VIII-178, Bl. 177

Nr. 571

Berliner Akademie der Wissenschaften an den Staatsminister J.E. von Massow in Breslau:

Bittet um eine Weisung an das Breslauer Oberzollamt, alle Kalender und andere gedruckte Sachen der Akademie zoll- und akzisefrei in Schlesien passieren zu lassen.

Berlin, 24. Jan. 1754

Konzept von D. Köhler, mit einem Revisionsvermerk von L. Euler.

I-VIII-136, Bl. 138

Nr. 572-574

Rechnungen des Maurermeisters C. Wendt über Arbeiten für das neue chemische Laboratorium.

Berlin, 25. Jan. - 9. Febr. 1754

Behändigte Ausfertigungen, egh., mit Angaben von L. Euler für D. Köhler, die Rechnungen zu bezahlen.

I-XVI-226, Bl. 221-223

Nr. 575

Rechnung über das von F.W. Bock für den Bau des Seidenhauses auf der Köpenicker Maulbeerplantage gelieferte Holz.

Berlin, 28. Jan. 1754

Behändigte Ausfertigung, egh., mit einer Angabe von L. Euler für D. Köhler, die Rechnung zu bezahlen.

I-XVI-226, Bl. 300

Nr. 576

D. Köhler an das Direktorium der Akademie:

Bittet um Genehmigung der Liste von Personen, die ein Exemplar der Ediktensammlung als Geschenk erhalten sollen.

Berlin, 6. Febr. 1754

Behändigte Reinschrift, egh., mit einer Angabe von L. Euler, mitunterzeichnet von J.P. Heinius und J.T. Eller, daß die Liste genehmigt sei.

I-IX-3, Bl. 128

Nr. 577

D. Köhler an das Direktorium der Akademie:

Fragt an, ob der Preis für einen Jahrgang der Ediktensammlung 8 Gr. betragen soll und ob er einen Raum auf dem Observatorium als Depot für die Ediktensammlungen erhalten könne.

Berlin, 6. Febr. 1754
Behändigte Reinschrift, egh., mit einer Angabe von L. Euler, mitunterzeichnet von J.P. Heinius und J.T. Eller, daß der Preis genehmigt sei und J. Kies einen entsprechenden Raum anweisen werde.
I-IX-3, Bl. 127

Nr. 578
D. Köhler an L. Euler:
Schlägt vor, in den Historischen Kalendern für das Jahr 1755 die Landkarte von Preußen zu bringen.
Berlin, 6. Febr. 1754
Behändigte Reinschrift, egh., mit einer Angabe von L. Euler, daß der Vorschlag gebilligt werde.
I-VIII-21, Bl. 407

Nr. 579
D. Köhler an L. Euler:
Teilt die Übersendung der Rechnung über die Ausgaben für die Landkartenherstellung zur Überprüfung mit.
Berlin, 6. Febr. 1754
Behändigte Reinschrift, egh., mit einem Vermerk von L. Euler, daß die Rechnung sachlich richtig sei.
I-XVI-225, Bl. 156

Nr. 580
D. Köhler an das Direktorium der Akademie:
Teilt mit, was G.A. von Gotter an der Ediktensammlung auszusetzen habe.
Berlin, 14. Febr. 1754
Behändigte Reinschrift, egh., mit einer Angabe von L. Euler, mitunterzeichnet von J.P. Heinius, J.T. Eller und dem Kurator S.E. von Redern, den Verkauf der Ediktensammlungen fortzusetzen.
I-IX-3, Bl. 135, 140

Nr. 581
Rechnung des Maurermeisters C. Wendt über Reparaturarbeiten am Wohnhaus von A.S. Marggraf.
Berlin, 16. Febr. 1754
Behändigte Ausfertigung, egh., mit einer Angabe vom L. Euler für D. Köhler, die Rechnung zu bezahlen.
I-XVI-226, Bl. 224

Nr. 582
L. Euler an D. Köhler:
Trägt ihm auf, dem Zimmermeister J.A. Hoeltzer die Bretter zur Reparatur der Fußböden im Wohnhaus von A.S. Marggraf zu bezahlen.
Berlin, 19. Febr. 1754
Angabe, egh.
I-XVI-226, Bl. 252

Nr. 583
D. Köhler an L. Euler:
Fragt an, ob die Setzer und Drucker der Buchdruckerei Birnstiel jeweils ein Exemplar der von ihnen gedruckten Adreßkalender erhalten können.
Berlin, 20. Febr. 1754
Behändigte Reinschrift, egh., mit einer Angabe von L. Euler, daß dies D. Köhler selbst entscheiden könne.
I-VIII-20, Bl. 44

Nr. 584-587
Rechnungen des Gärtners J.I. Müller über Ausgaben für den Botanischen Garten.
Berlin, 23. Febr. - 6. Apr. 1754
Behändigte Reinschriften, egh., mit Angaben und Sichtvermerken von L. Euler.
I-XVI-226, Bl. 410-413

Nr. 588-603
Rechnungen des Maurermeisters C. Wendt über Maurerarbeiten für das neue chemische Laboratorium.
Berlin, 23. Febr. - 24. Juli 1754
Behändigte Ausfertigungen, egh., mit Angaben von L. Euler für D. Köhler, die Rechnungen zu bezahlen.
I-XVI-226, Bl. 225-240

Nr. 604
Berliner Akademie der Wissenschaften an Friedrich II.:
Bittet um Gewährung der Zoll- und Akzisefreiheit für die nach Schlesien zu schickenden Kalender, Landkarten und Ediktensammlungen.
Berlin, 25. Febr. 1754
Konzept von L. Euler
I-VIII-136, Bl. 129

Nr. 605
D. Köhler an den Zollverwalter Sahlfeld in Breslau:
Teilt mit, daß nach der Rückkehr des Präsidenten P.-L.M. de Maupertuis die Akademie bei Friedrich II. um Gewährung der Zoll- und Akzisefreiheit für die nach Schlesien gelangenden Kalender nachsuchen werde; weist darauf hin, daß bisher der Zoll nicht nach dem Verkaufspreis berechnet worden sei; fragt an, wie hoch der Zoll bei der Berechnung nach dem Verkaufspreis sei; bittet um Aussetzung der Bezahlung der Zollgelder bis zur Rückkehr des Präsidenten.
Berlin, 25. Febr. 1754
Konzept von D. Köhler, mit einem Revisionsvermerk von L. Euler sowie der Aufforderung an D. Köhler, die von L. Euler verfaßte Vorstellung an Friedrich II. von den anderen Direktoren unterzeichnen zu lassen.

I-VIII-136, Bl. 133

Nr. 606
Quittung von L. Euler über den Empfang des Quartalsgehaltes in Höhe von 450 Rt.
Berlin, 9. März 1754
Behändigte Reinschrift, egh.
I-XVI-226, Bl. 70

Nr. 607
E.C. Kindermann an J.G. Gleditsch:
Teilt die Gründe mit, weshalb er auf die Pacht der Köpenicker Maulbeerplantage verzichte, und hofft, daß J.G. Gleditsch und L. Euler seinen Entschluß als begründet ansehen werden.
Berlin, 16. März 1754
Behändigte Ausfertigung, egh.
I-X-8, Bl. 103-104

Nr. 608
L. Euler an D. Köhler:
Trägt ihm auf, dem Zimmermeister J.A. Hoeltzer die noch fehlenden Bretter für einen Fußboden im Wohnhaus von A.S. Marggraf zu bezahlen.
Berlin, 16. März 1754
Angabe, egh.
I-XVI-226, Bl. 257

Nr. 609
D. Köhler an L. Euler:
Unterbreitet Vorschläge zur Berechnung der Unkosten für verschiedene Landkarten zum Schulatlas.
Berlin, 22. März 1754
Behändigte Reinschrift, egh., mit einer Angabe L. Eulers vom 4.4. über die Festsetzung der Unkostenhöhe für verschiedene Karten.
I-VII-37, Bl. 60

Nr. 610
D. Köhler an L. Euler:
Teilt eine Aufstellung über den Stecherlohn für die Schulkarten und die sich daraus ergebenden Unkosten pro Landkarte mit.
Berlin, 22. März 1754
Behändigte Reinschrift, egh., mit einer Angabe von L. Euler, daß die Unkosten pro Karte hinsichtlich des Stecherlohnes höher liegen als von D. Köhler berechnet und daher die gesamten Unkosten pro Karte auf 1 Gr. 3 Pf. festzusetzen seien.
I-VII-37, Bl. 61

Nr. 611
D. Köhler an L. Euler:
Übersendet in der Anlage seine Rechnungen über den Landkartenverkauf und hofft, daß seine vorgeschlagene Provision gebilligt werde.
Berlin, 22. März 1754
Behändigte Reinschrift, egh.
I-VII-37, Bl. 63

Nr. 612
L. Euler an D. Köhler:
Teilt das Ergebnis der Akademiesitzung über die Festsetzung der Preise für Landkarten und der Provision für D. Köhler mit.
Berlin, nicht vor dem 22. März 1754
Behändigte Reinschrift, egh.
I-VII-37, Bl. 63

Nr. 613
Rechnung des Töpfermeisters C. Regelin über Arbeiten für den Bau des neuen Laboratoriums.
Berlin, 27. März 1754
Behändigte Ausfertigung, egh., mit einer Angabe von L. Euler für D. Köhler, die Rechnung zu bezahlen.
I-XVI-226, Bl. 282

Nr. 614
Rechnung des Glasers Engel über Arbeiten am Wohnhaus von A.S. Marggraf.
Berlin, 8. Apr. 1754
Behändigte Ausfertigung, egh., mit einer Angabe von L. Euler für D. Köhler, die Rechnung zu bezahlen.
I-XVI-226, Bl. 261

Nr. 614a
D. Köhler an L. Euler:
Fragt an, wo die von dem Buchdrucker G.L. Winter für die Akademie gedruckten Schriften auf dem Observatorium zu deponieren seien.
Berlin, 9. Apr. 1754
Behändigte Reinschrift, egh., mit einer Angabe von L. Euler, diese Druckschriften bis zur Ankunft von P.-L.M. de Maupertuis in einem unteren Stockwerk des Observatoriums zu deponieren.
I-XVI-28, Bl. 109

Nr. 615
Rechnung des Buchdruckers G.L. Winter über den von Präsident P.-L.M. de Maupertuis angeordneten Druck der "Mémoires pour servir à l'histoire du jugement de l'Académie..."
Berlin, 11. Apr. 1754
Behändigte Ausfertigung, egh., mit einer Angabe von L. Euler für D. Köhler, die Rechnungssumme auszuzahlen.
I-XVI-226, Bl. 174

Nr. 616
L. Euler an D. Köhler:
Trägt ihm auf, die Kurswertänderung bei der Rückzahlung des von der Akademie an C.L. von Düringshoffen gewährten Darlehens zu bestimmen und eine neue Anlagemöglichkeit für dieses Kapital zu ermitteln.
Berlin, nicht nach dem 13. Apr. 1754
Angabe, egh.
I-XVI-28, Bl. 109

Nr. 617
Berliner Akademie der Wissenschaften an C.L. von Düringshoffen:
Weist auf die Bedingungen der Rückzahlung des von der Akademie gewährten Darlehens von 4100 Rt. hin.
Berlin, 13. Apr. 1754
Konzept von D. Köhler, mit einem Revisionsvermerk von L. Euler.
I-XVI-28, Bl. 107

Nr. 618
Rechnung über am Laboratorium und im Wohnhaus von A.S. Marggraf ausgeführte Tischlerarbeiten.
Berlin, 13. Apr. 1754
Behändigte Ausfertigung, egh., mit einer Angabe von L. Euler für D. Köhler, die Rechnung zu bezahlen.
I-XVI-226, Bl. 265

Nr. 619
L. Euler an D. Köhler:
Trägt ihm auf, dem Maurerpolier G.F. Hendel $4\frac{1}{2}$ Rt. für die Aufsicht über das Dach des Akademiegebäudes auszuzahlen.
Berlin, 13. Apr. 1754
Angabe, egh.
I-XVI-226, Bl. 285

Nr. 620
D. Köhler an L. Euler:
Übersendet in der Anlage zur Begutachtung eine in den Kalendern von 1755 abzudruckende Benachrichtigung über die von der Akademie herausgegebenen Ediktensammlungen sowie über die Schul- und Seekarten.
Berlin, 20. Apr. 1754
Behändigte Reinschrift, egh., mit einem Revisionsvermerk von L. Euler.
I-VII-37, Bl. 66

Nr. 621-622
L. Euler an D. Köhler:
Trägt ihm auf, die Arbeit des Maurermeisters G. Mann zur Errichtung eines Seidenhauses auf der Köpenicker Maulbeerplantage zu bezahlen.
Berlin, 20. Apr., 30. Aug. 1754
Angaben, egh.
I-XVI-226, Bl. 305-306

Nr. 623
Pachtvertrag zwischen der Berliner Akademie und C.C. Hundertmarck über die Köpenicker Maulbeerplantage.
Berlin, 23. Apr. 1754
Reinschrift von Schreiberhand, unterzeichnet von L. Euler und C.C. Hundertmarck.
I-X-8, Bl. 108-109

Nr. 624
L. Euler an D. Köhler:
Trägt ihm auf, J.C. Rhode für die Anfertigung der Landkarte von Anhalt 36 Rt. 21 Gr. auszuzahlen.
Berlin, 24. Apr. 1754
Angabe, egh.
I-XVI-226, Bl. 157

Nr. 625
D. Köhler an den Akademiejustitiar J.C. Uhden:
Teilt die Übersendung der Vorstellung der Berliner Akademie an das Preußische Generaldirektorium wegen des schlechten Kalenderverkaufs in Kleve und Westfalen mit dem darin enthaltenen und von L. Euler gebilligten Vorschlag, daß ein jeder Stadtbewohner einen Kalender kaufen soll, zur Revision mit.
Berlin, 24. Apr. 1754
Behändigte Reinschrift, egh.
I-VIII-21, Bl. 298

Nr. 626-627
Rechnungen des Schlossermeisters Veith über Arbeiten für das neue Laboratorium.
Berlin, 24. Apr., 28. Juni 1754
Behändigte Ausfertigungen, egh., mit Angaben von L. Euler für D. Köhler, die Rechnungen zu bezahlen.
I-XVI-226, Bl. 268-269, 274

Nr. 628
D. Köhler an L. Euler:
Teilt die Übersendung der von ihm verfaßten Vorstellung der Berliner Akademie an das Preußische Generaldirektorium wegen des schlechten Kalenderverkaufs in Kleve und Westfalen zur Revision mit.
Berlin, 25. Apr. 1754
Behändigte Reinschrift, egh., mit einem Revisionsvermerk von L. Euler.
I-VIII-21, Bl. 297

Nr. 629
D. Köhler an L. Euler:
Bittet um Revision der beiliegenden französischen Verse zu den Devisen für den Genealogischen Kalender auf das Jahr 1755.

Berlin, 25. Apr. 1754
Behändigte Reinschrift, egh., mit einem Revisionsvermerk von L. Euler.
I-VIII-178, Bl. 206

Nr. 630
Justitiar der Akademie J.C. Uhden an das Direktorium der Akademie:
Teilt die Übersendung des von ihm aufgesetzten Vereidigungstextes für den Gärtner des Botanischen Gartens und den Termin für die Vereidigung mit.
Berlin, 26. Apr. 1754
Behändigte Reinschrift, egh., mit einer Angabe von L. Euler für J.G. Gleditsch, den Text und Termin der Vereidigung dem Gärtner J.I. Müller mitzuteilen.
I-XIV-35, Bl. 140

Nr. 631-632
Rechnungen des Maurermeisters C. Wendt über Arbeiten im Botanischen Garten.
Berlin, 26. Apr., 5. Okt. 1754
Behändigte Ausfertigungen, egh., mit Angaben von L. Euler für D. Köhler, die Rechnungen zu bezahlen.
I-XVI-226, Bl. 414-415

Nr. 633
Rechnung des Malermeisters P.A. Wallner über Arbeiten für das neue Laboratorium und das Wohnhaus von A.S. Marggraf.
Berlin, 2. Mai 1754
Behändigte Ausfertigung, egh., mit einer Angabe von L. Euler für D. Köhler, die Rechnung zu bezahlen.
I-XVI-226, Bl. 284

Nr. 634
L. Euler an J.G. Gleditsch:
Teilt mit, daß sich der Gärtner J.I. Müller noch Bedenkzeit wegen der Ablegung des Eides ausgebeten habe, und bittet ihn, davon dem Justitiar der Akademie J.C. Uhden Mitteilung zu machen.
Berlin, 7. Mai 1754
Behändigte Reinschrift, egh.
I-XIV-35, Bl. 142, 147

Nr. 635
Justitiar der Akademie J.C. Uhden an J.G. Gleditsch:
Sendet das Schreiben von L. Euler an J.G. Gleditsch über das Aufschieben der Vereidigung des Gärtners J.I. Müller zurück und überläßt es der Akademie, den Vereidigungstermin zu bestimmen.
Berlin, 8. Mai 1754
Behändigte Reinschrift, egh.
I-XIV-35, Bl. 143

Nr. 636
Rechnung von J. Puhlmeyer über die Lieferung von Steinen zur Köpenicker Maulbeerplantage.
Berlin, 10. Mai 1754
Behändigte Ausfertigung, egh., mit einer Angabe von L. Euler für D. Köhler, die Rechnung zu bezahlen.
I-XVI-226, Bl. 311

Nr. 637
Rechnung des Klempnermeisters George über Arbeiten für den Bau des neuen Laboratoriums.
Berlin, 13. Mai 1754
Behändigte Ausfertigung, egh., mit einer Angabe von L. Euler für D. Köhler, die Rechnung zu bezahlen.
I-XVI-226, Bl. 283

Nr. 638
L. Euler an D. Köhler:
Trägt ihm auf, dem Kupferstecher N.F. Sauerbrey für die Fertigstellung der Karten von Meißen und der Lausitz noch 10 Rt. auszuzahlen.
Berlin, 20. Mai 1754
Angabe, egh.
I-XVI-226, Bl. 159

Nr. 639
Rechnung des Holzschneiders M. Lehmann über das Schneiden von Latten auf der Köpenicker Maulbeerplantage.
Köpenick, vor dem 27. Mai 1754
Behändigte Ausfertigung, egh., mit einer Angabe von L. Euler für D. Köhler, die Rechnung zu bezahlen.
I-XVI-226, Bl. 312

Nr. 640
Rechnung des Zimmermeisters T. Gerber über Arbeiten auf der Köpenicker Maulbeerplantage.
Köpenick, 28. Mai 1754
Behändigte Ausfertigung, egh., mit einer Angabe von L. Euler für D. Köhler, die Rechnung zu bezahlen.
I-XVI-226, Bl. 310

Nr. 641
Quittung über die Bezahlung der Kosten für den Transport von Brettern auf die Köpenicker Maulbeerplantage.
Berlin, 29. Mai 1754
Behändigte Ausfertigung, egh., mit einem Sichtvermerk von L. Euler.
I-XVI-226, Bl. 264

Nr. 642-644
Rechnungen des Gärtners J.I. Müller über Ausgaben für den Botanischen Garten.
Berlin, 6. Juni - 21. Dez. 1754
Behändigte Reinschriften, egh., mit Sichtvermerken von L. Euler.
I-XVI-226, Bl. 403, 405, 407

Nr. 645
Quittung von L. Euler über den Empfang des Quartalsgehaltes in Höhe von 450 Rt.
Berlin, 7. Juni 1754
Behändigte Reinschrift, egh.
I-XVI-226, Bl. 71

Nr. 646
Rechnung des Tischlermeisters S. Münch über Arbeiten bei der Innenausstattung des Seidenhauses auf der Köpenicker Maulbeerplantage.
Köpenick, 18. Juni 1754
Behändigte Ausfertigung, egh., mit einer Angabe von L. Euler für D. Köhler, die Rechnung zu bezahlen.
I-XVI-226, Bl. 313

Nr. 647
Rechnung des Schlossermeisters F. Happach über Arbeiten für das neue Seidenhaus auf der Köpenicker Maulbeerplantage.
Köpenick, 18. Juni 1754
Behändigte Ausfertigung, egh., mit einer Angabe von L. Euler für D. Köhler, die Rechnung zu bezahlen.
I-XVI-226, Bl. 314

Nr. 648
Rechnung über die Lieferung von Mauersteinen für den Botanischen Garten.
Berlin, 19. Juni 1754
Behändigte Ausfertigung, egh., mit einem Sichtvermerk von L. Euler.
I-XVI-226, Bl. 422

Nr. 649
Rechnung des Klempnermeisters George über Arbeiten für das neue Laboratorium.
Berlin, 24. Juni 1754
Behändigte Ausfertigung, egh., mit einer Angabe von L. Euler für D. Köhler, die Rechnung zu bezahlen.
I-XVI-226, Bl. 294

Nr. 650
Berliner Akademie der Wissenschaften an die Kurmärkische Kriegs- und Domänenkammer:
Ersucht um einen Passierschein für den zoll- und akzisefreien Transport der Kalender nach Schlesien.

Berlin, 26. Juni 1754
Konzept von D. Köhler, mit einem Revisions- und Fertigungsvermerk von L. Euler, mitunterzeichnet von J.P. Heinius und J.T. Eller.
I-VIII-136, Bl. 162

Nr. 651
L. Euler an D. Köhler:
Trägt ihm auf, die Schulkarten dem Bilderhändler J. Buchwiser für 1 Gr. 6 Pf. zum Verkauf zu überlassen.
Berlin, 1. Juli 1754
Angabe, egh.
I-XVI-227, Bl. 15

Nr. 652
Rechnung des Maurerpoliers G.F. Hendel über Arbeiten im Botanischen Garten.
Berlin, 1. Juli 1754
Behändigte Ausfertigung, egh., mit einem Sichtvermerk von L. Euler.
I-XVI-226, Bl. 416

Nr. 653
Abnahme der Kalenderhauptrechnung für das Jahr 1753 durch das Direktorium der Akademie.
Berlin, 1. Juli 1754
Behändigte Reinschrift von J.D. Blume, mitunterzeichnet von L. Euler.
I-VIII-307, Bl. 26

Nr. 654
Quittung über die Abnahme der Jahresrechnung der Akademie für das Jahr 1753.
Berlin, 1. Juli 1754
Behändigte Reinschrift, Schreiberhand, mitunterzeichnet von L. Euler.
I-XVI-119, S. 49-50

Nr. 655-656
Rechnungen des Maurers J.G. Scherzer über Arbeiten für das neue chemische Laboratorium.
Berlin, 6. Juli, 13. Juli 1754
Behändigte Ausfertigungen, egh., mit Angaben von L. Euler für D. Köhler, die Rechnungen zu bezahlen.
I-XVI-226, Bl. 241-242

Nr. 657-659
Rechnungen des Schlossermeisters A.L. Dormisch über Arbeiten für das neue Laboratorium.
Berlin, 11. Juli - 24. Nov. 1754
Behändigte Ausfertigungen, egh., mit Angaben von L. Euler für D. Köhler, die Rechnungen zu bezahlen.
I-XVI-226, Bl. 275-277

Nr. 660
Rechnung des Kupferschmieds I. Ravene über Arbeiten für das neue Laboratorium.
Berlin, 12. Juli 1754
Behändigte Ausfertigung, egh., mit einer Angabe von L. Euler für D. Köhler, die Rechnung zu bezahlen.
I-XVI-226, Bl. 278

Nr. 661-662
Rechnungen des Maurermeisters C. Wendt über Reparaturen am Akademiegebäude.
Berlin, 13. Juli, 20. Juli 1754
Behändigte Ausfertigungen, egh., mit Angaben von L. Euler für D. Köhler, die Rechnungen zu bezahlen.
I-XVI-226, Bl. 291-292

Nr. 663-664
Rechnungen des Tischlermeisters Sommer über Arbeiten für das neue Laboratorium.
Berlin, 13. Juli, 31. Juli 1754
Behändigte Ausfertigungen, egh., mit Angaben von L. Euler für D. Köhler, die Rechnungen zu bezahlen.
I-XVI-226, Bl. 266-267

Nr. 665
Rechnung über die Lieferung von Eisenteilen für die Roste und Öfen des neuen Laboratoriums.
Berlin, vor dem 14. Juli 1754
Behändigte Ausfertigung, egh.
I-XVI-226, Bl. 280

Nr. 666
L. Euler an D. Köhler:
Trägt ihm auf, dem Kupferstecher N.F. Sauerbrey für das farbige Ausmalen von 100 Landkarten 2 Rt. auszuzahlen.
Berlin, 15. Juli 1754
Angabe, egh.
I-XVI-226, Bl. 160

Nr. 667
Rechnung des Zimmermeisters A. Mühlbach über die Reparatur des Daches der Akademiebibliothek.
Berlin, 22. Juli 1754
Behändigte Ausfertigung, egh., Angabe von L. Euler für D. Köhler, die Rechnung zu bezahlen.
I-XVI-226, Bl. 293

Nr. 668-669
Rechnungen des Schlossermeisters A.L. Dormisch über Arbeiten am Akademiegebäude.
Berlin, 30. Juli, 24. Nov. 1754
Behändigte Ausfertigungen, egh., mit Angaben von L. Euler für D. Köhler, die Rechnungen zu bezahlen.
I-XVI-226, Bl. 297-298

Nr. 670
Anschlag zur Verpachtung der Maulbeerplantage der Akademie in Köpenick.
Berlin, nicht nach dem 5. Aug. 1754
Behändigte Reinschrift von L. Euler.
I-X-8, Bl. 116

Nr. 671
L. Euler an D. Köhler:
Trägt ihm auf, den beiliegenden Anschlag über die Verpachtung der Köpenicker Plantage in den Zeitungen und im Intelligenzblatt veröffentlichen zu lassen.
Berlin, 5. Aug. 1754
Angabe, egh.
I-X-8, Bl. 115, 182

Nr. 672
Quittung der Witwe von A. Grischow über den Empfang von 25 Rt. als halbjährige Hausmiete.
Berlin, 6. Aug. 1754
Behändigte Ausfertigung, egh., mit einem Vermerk von L. Euler über die sachliche Richtigkeit.
I-XVI-226, Bl. 173

Nr. 673
D. Köhler an L. Euler:
Teilt die Übersendung des Probeexemplars der Kupferstiche zum Französischen Kalender auf das Jahr 1755 zur Revision mit.
Berlin, 9. Aug. 1754
Behändigte Reinschrift, egh., mit einem Vermerk von L. Euler über erforderliche Verbesserungen in der französischen Schreibweise.
I-VIII-178, Bl. 204

Nr. 674
Rechnung des Tischlermeisters J.P. Tröger über Arbeiten im Botanischen Garten.
Charlottenburg, 10. Aug. 1754
Behändigte Ausfertigung, egh., mit einer Angabe von L. Euler für D. Köhler, die Rechnung zu bezahlen.
I-XVI-226, Bl. 420

Nr. 675
Berliner Akademie der Wissenschaften an das Preußische Generaldirektorium:
Teilt mit, daß sie die angeforderte Menge an Kalendern an den Faktor in Geldern schicken wird, und bittet um eine Anweisung an die Geldrische Kommission, dafür zu sorgen, daß die Kalender auch abgesetzt werden.
Berlin, 19. Aug. 1754
Konzept von D. Köhler, mit einer Revisionsunterschrift von L. Euler.
I-VIII-21, Bl. 388

Nr. 676
Rechnung von A.S. Marggraf über Auslagen für das Laboratorium.
Berlin, 24. Aug. 1754
Behändigte Reinschrift, egh., mit einer Angabe von L. Euler für D. Köhler, die Rechnung zu bezahlen.
I-XVI-226, Bl. 336

Nr. 677
Rechnung des Gärtners J.I. Müller über Ausgaben im Botanischen Garten.
Berlin, 26. Aug. 1754
Behändigte Reinschrift, egh., mit einem Sichtvermerk von L. Euler.
I-XVI-226, Bl. 426

Nr. 678
Rechnung des Maurermeisters G. Mann über Ausgaben für den Bau des Seidenhauses auf der Köpenicker Maulbeerplantage.
Berlin, August 1754
Behändigte Ausfertigung, egh., mit einer Angabe von L. Euler für D. Köhler, die Rechnung zu bezahlen.
I-XVI-226, Bl. 307

Nr. 679
Aufstellung von L. Euler über Geldauslagen für die Akademie.
Berlin, 5. Sept. 1754
Behändigte Reinschrift, egh., mit einem Vermerk von L. Euler über den Empfang des verauslagten Geldes.
I-XVI-226, Bl. 175

Nr. 680
Quittung von L. Euler über den Empfang des Quartalsgehaltes in Höhe von 450 Rt.
Berlin, 6. Sept. 1754
Behändigte Reinschrift, egh.
I-XVI-226, Bl. 72

Nr. 681
Rechnung des Töpfermeisters J.E. Voit über Arbeiten im Botanischen Garten.
Berlin, 7. Sept. 1754
Behändigte Ausfertigung, egh., mit einer Angabe von L. Euler für D. Köhler, die Rechnung zu bezahlen.
I-XVI-226, Bl. 423

Nr. 682
L. Euler an D. Köhler:
Teilt mit, daß der Bergrat J.G. Lehmann vorgeschlagen habe, einen Bergwerkskalender drucken zu lassen, der unter den vielen Bergleuten in Halle und Glogau sicherlich guten Absatz finden würde, daß der Bergrat J.G. Lehmann ihn (L. Euler) besuchen werde, um die Einrichtung eines solchen Kalenders zu besprechen; fragt an, ob und in welchem Jahr man einen solchen Kalender drucken lassen sollte.
Berlin, 21. Sept. 1754
Behändigte Reinschrift, egh.
I-VIII-15, Bl. 65, 71

Nr. 683
Preußisches Generaldirektorium an die Berliner Akademie der Wissenschaften:
Trägt ihr auf, dafür zu sorgen, daß die für Geldern bestimmte Kalendermenge rechtzeitig an den Faktor in Geldern gelange.
Berlin, 26. Sept. 1754
Behändigte Ausfertigung, Schreiberhand, mit einem Vermerk von D. Köhler, daß er entsprechend dem Auftrag von L. Euler am 26.10. an den Faktor in Geldern geschrieben habe.
I-VIII-21, Bl. 380

Nr. 684
L. Euler an D. Köhler:
Trägt ihm auf, dem Kupferstecher Berger für die Fertigstellung der Postlandkarte von Deutschland noch 43 Rt. 18 Gr. auszuzahlen.
Berlin, 28. Sept. 1754
Angabe, egh.
I-XVI-226, Bl. 162

Nr. 685-689
Rechnungen des Maurerpoliers G.F. Hendel über die Dachaufsicht und Reparaturen am Akademiegebäude.
Berlin, 28. Sept. - 21. Dez. 1754
Behändigte Ausfertigungen, egh., mit Angaben von L. Euler für D. Köhler, die Rechnungen zu bezahlen.
I-XVI-226, Bl. 286-290

Nr. 690
Protokoll von der Pachtversteigerung der Köpenicker Maulbeerplantage.
Berlin, 3. Okt. 1754
Reinschrift von D. Köhler, unterzeichnet von L. Euler und J.G. Gleditsch.
I-X-8, Bl. 118

Nr. 691-693
Rechnungen des Klempnermeisters George über Arbeiten für die Akademie.
Berlin, 4. Okt. - 23. Dez. 1754
Behändigte Ausfertigungen, egh., mit Angaben von J.T. Eller und L. Euler für D. Köhler, die Rechnungen zu bezahlen.
I-XVI-227, Bl. 215-217

Nr. 694
Direktorium der Berliner Akademie an den Pächter C.P. Katsch:
Teilt mit, daß es ihm die Köpenicker Maulbeerplantage wegen der gestellten Bedingungen nicht zur Pacht übergeben könne.
Berlin, vor dem 11. Okt. 1754
Konzept von L. Euler, mit einem Fertigungsbefehl von L. Euler, mitunterzeichnet von J.P. Heinius und J.T. Eller.
I-X-8, Bl. 183

Nr. 695
L. Euler an D. Köhler:
Teilt mit, daß C.P. Katsch die Köpenicker Maulbeerplantage zugesprochen haben möchte, da er bei der Pachtversteigerung das höchste Angebot gemacht habe; trägt ihm auf, beim Akademiejustitiar J.C. Uhden ein Gutachten darüber einzuholen, ob man C.P. Katsch die Plantage verweigern könne.
Berlin, 14. Okt. 1754
Angabe, egh.
I-X-8, Bl. 185

Nr. 696
D. Köhler an L. Euler:
Teilt mit, daß nach Meinung des Akademiejustitiars J.C. Uhden C.P. Katsch die Köpenicker Maulbeerplantage überlassen werden müsse, falls er die erforderliche Kaution stelle.
Berlin, 16. Okt. 1754
Behändigte Reinschrift, egh.
I-X-8, Bl. 184

Nr. 697
Kupferstecher N.F. Sauerbrey an den Präsidenten P.-L.M. de Maupertuis:
Bittet darum, ihm den Abdruck der Kalenderkarten zu übertragen, den er um 10 % billiger als bisher besorgen würde.
Berlin, 16. Okt. 1754

Behändigte Ausfertigung, egh., frz., mit einem Vermerk von L. Euler, daß der Präsident verlange, an N.F. Sauerbrey wegen dessen Notlage diese Arbeit zu übergeben.
I-VIII-178, Bl. 190

Nr. 698
Rechnung über Zimmerarbeiten im Botanischen Garten.
Charlottenburg, 18. Okt. 1754
Behändigte Ausfertigung, egh., mit einer Angabe von L. Euler für D. Köhler, die Rechnung zu bezahlen.
I-XVI-226, Bl. 419

Nr. 699
L. Euler an D. Köhler:
Teilt ihm mit, daß der Kupferstecher N.F. Sauerbrey dem Präsidenten P.-L.M. de Maupertuis das Angebot gemacht habe, die Kalenderkarten um 10 % billiger als der Kupferstecher J.D. Schleuen abzudrucken; trägt ihm auf, darüber ein Gutachten für die Beschlußfassung in der nächsten Akademiesitzung anzufertigen.
Berlin, 22. Okt. 1754
Angabe, egh.
I-VIII-178, Bl. 189

Nr. 700
D. Köhler an L. Euler:
Fragt an, ob er von der großen Landkarte von Deutschland 500 Exemplare zu dem vom Drucker angebotenen Preis abdrucken lassen soll.
Berlin, 23. Okt. 1754
Behändigte Reinschrift, egh., mit einer Angabe vom L. Euler, daß er den Preis als gerecht ansehe und 500 Exemplare nicht zu viel seien.
I-VII-37, Bl. 69

Nr. 701
L. Euler an D. Köhler:
Teilt mit, daß er auf Anordnunz des Präsidenten P.-L.M. de Maupertuis infolge des Weggangs von J. Kies das Observatorium übernehmen und ein Inventar der auf ihm befindlichen Instrumente anfertigen soll; verlangt die Aushändigung der schon vorhandenen Inventare und teilt den Termin für die Inventarisierung der Instrumente auf dem Observatorium mit.
Berlin, 23. Okt. 1754
Behändigte Reinschrift, egh.
I-XIV-27, Bl. 41

Nr. 702
Direktorium der Akademie an D. Köhler:
Trägt ihm auf, die für Geldern bestimmten Kalender rechtzeitig dorthin zu schicken.
Berlin, 24. Okt. 1754

Angabe von L. Euler, mitunterzeichnet von J.T. Eller.
I-VIII-21, Bl. 381

Nr. 703
Inventarverzeichnis der auf dem Observatorium befindlichen astronomischen Instrumente.
Berlin, 25. Okt. 1754
Reinschrift von J.D. Blume, mit einem Vermerk von L. Euler, daß J.D. Blume aus Versehen die französische Pendeluhr als instrument de passage aufgeführt habe.
I-XIV-27, Bl. 42, 44-47

Nr. 704
Justitiar der Akademie J.C. Uhden an L. Euler:
Teilt ihm die Übersendung des angefertigten Vertrages über die Verpachtung der Köpenicker Maulbeerplantage mit und gibt einige Erläuterungen dazu.
Berlin, 31. Okt. 1754
Behändigte Reinschrift, Schreiberhand
I-X-8, Bl. 124

Nr. 705
Aufstellung von D. Köhler über die laut den Rechnungsbelegen angeschafften astronomischen Instrumente.
Berlin, Oktober 1754
Behändigte Reinschrift, egh., mit Randbemerkungen von L. Euler über das Vorhandensein dieser Instrumente.
I-XIV-27, Bl. 43

Nr. 706
Rechnung des Glasermeisters A. Strilack über Arbeiten auf dem Observatorium.
Berlin, 2. Nov. 1754
Behändigte Ausfertigung, egh., mit einer Angabe von L. Euler für D. Köhler, die Rechnung zu bezahlen.
I-XVI-226, Bl. 299

Nr. 707
Justitiar der Akademie J.C. Uhden an das Direktorium der Akademie:
Überläßt es den Direktoren zu entscheiden, ob sie von dem Plantagenpächter C.P. Katsch eine Kaution oder einen Bürgen als Sicherheit annehmen wollen.
Berlin, 6. Nov. 1754
Behändigte Reinschrift, egh., mit einer Angabe von J.T. Eller vom 6.11., mitunterzeichnet von L. Euler und J.P. Heinius, daß C.P. Katsch den Namen des Bürgen angeben soll.
I-X-8, Bl. 126

Nr. 708
D. Köhler an L. Euler:
Teilt die Übersendung des Konzepts eines Schreibens der Berliner Akademie an die Geldrische Kommission über den Druck und Preis der Kalender in holländischer Sprache zur Revision mit.
Berlin, 7. Nov. 1754
Behändigte Reinschrift, egh., mit einem Revisionsvermerk von L. Euler.
I-VIII-21, Bl. 371

Nr. 709
Rechnung des Tischlermeisters C. Hübner über Arbeiten auf dem Observatorium.
Berlin, 9. Nov. 1754
Behändigte Ausfertigung, egh., mit einer Angabe von L. Euler für D. Köhler, die Rechnung zu bezahlen.
I-XVI-226, Bl. 295

Nr. 710
D. Köhler an L. Euler:
Fragt an, wie und zu welchem Preis die 500 gedruckten Exemplare der großen Landkarte von Deutschland farbig ausgemalt werden sollen, welcher Preis für den Verkauf festzusetzen sei und welche Landkarte und Kalender nach England zu schicken seien.
Berlin, 13. Nov. 1754
Behändigte Reinschrift, egh., mit einer Angabe von L. Euler, daß A.A. Rhode ein Modell für die farbige Gestaltung der Karten übergeben werde, der Preis für eine farbige Karte 1 Rt. betragen soll und daß nach England eine nicht farbig gestaltete Karte und ein lateinischer astronomischer Kalender geschickt werden sollen.
I-VII-37, Bl. 70

Nr. 711
Rechnung des Sattlermeisters C.F. Schader über Arbeiten an den Pferdegeschirren im Botanischen Garten.
Berlin, 2. Dez. 1754
Behändigte Ausfertigung, egh., mit einem Sichtvermerk von L. Euler.
I-XVI-226, Bl. 425

Nr. 712
Rechnung des Glasermeisters Engel über Arbeiten im Botanischen Garten.
Berlin, 2. Dez. 1754
Behändigte Ausfertigung, egh., mit einem Sichtvermerk von L. Euler.
I-XVI-226, Bl. 421

Nr. 713
L. Euler an D. Köhler:
Übersendet ihm die Korrektur einer Unterschrift für das Porträt des Markgrafen Karl von Brandenburg zum Genealogischen Kalender auf das Jahr 1756.
Berlin, vor dem 6. Dez. 1754
Behändigte Reinschrift, egh.
I-VIII-178, Bl. 229

Nr. 714
Quittung von L. Euler über den Empfang des Quartalsgehaltes in Höhe von 450 Rt.
Berlin, 11. Dez. 1754
Behändigte Reinschrift, egh.
I-XVI-226, Bl. 73

Nr. 715
Rechnung des Maurerpoliers G.F. Hendel über Reparaturen am Wohnhaus des Professors F.U.T. Aepinus.
Berlin, 12. Dez. 1754
Behändigte Ausfertigung, egh., mit einem Vermerk von L. Euler über die Billigung der Reparatur durch P.-L.M. de Maupertuis.
I-XVI-227, Bl. 225

Nr. 716
Berliner Akademie an die Klevische Kriegs- und Domänenkammer:
Teilt mit, daß an Kalendern für den Absatz im Gebiet von Kleve und Moers die gleiche Menge wie im Vorjahr gedruckt wurde, daß aber die Möglichkeit bestehe, bei Bedarf noch mehr Kalender nachdrucken zu lassen.
Berlin, 14. Dez. 1754
Konzept von D. Köhler, mit einem Revisionsvermerk von L. Euler.
I-VIII-21, Bl. 347, 350

Nr. 717
D. Köhler an L. Euler:
Teilt die Übersendung des Konzeptschreibens der Berliner Akademie an die Klevische Kriegs- und Domänenkammer wegen des Kalenderabsatzes zur Revision mit.
Berlin, 15. Dez. 1754
Behändigte Reinschrift, egh.
I-VIII-21, Bl. 352

Nr. 718
Rechnung von L. Euler über Ausgaben für den Aufenthalt von F.U.T. Aepinus in Berlin vom 22.11. - 13.12.1754.
Berlin, vor dem 19. Dez. 1754

Behändigte Reinschrift, egh., frz., mit einem Vermerk von L. Euler vom 19.12. über den Empfang des verauslagten Geldes.
I-XVI-226, Bl. 331

Nr. 719
Rechnung des Zimmermeisters M. Schumann über Reparaturen am Dach des Akademiegebäudes.
Berlin, 21. Dez. 1754
Behändigte Ausfertigung, egh., mit einer Angabe von L. Euler für D. Köhler, die Rechnung zu bezahlen.
I-XVI-226, Bl. 296

Nr. 720
Quittung über den Empfang einer von L. Euler bezahlten Miete für die Einquartierung von F.U.T. Aepinus.
Berlin, 27. Dez. 1754
Behändigte Ausfertigung, egh.
I-XVI-226, Bl. 332

Nr. 721
Bescheinigung von L. Euler, daß Präsident P.-L.M. de Maupertuis angeordnet habe, N. de Beguelin die Obstbäume aus dem Botanischen Garten zum halben Preis zu überlassen.
Berlin, 30. Dez. 1754
Behändigte Reinschrift, egh.
I-XVI-226, Bl. 5

Nr. 722
Aufstellung des Gärtners J.I. Müller über den Verkauf von Obstbäumen aus dem Botanischen Garten an Akademiemitglieder, darunter an L. Euler.
Berlin, 30. Dez. 1754
Behändigte Reinschrift, egh.
I-XVI-226, Bl. 6

Nr. 723
Aufstellung von D. Köhler über die von Präsident P.-L.M. de Maupertuis angeordnete Ablieferung eines Schulatlasses an L. Euler.
Berlin, 31. Dez. 1754
Reinschrift, egh.
I-XVI-226, Bl. 24

Nr. 724
Akademiepräsident P.-L.M. de Maupertuis an L. Euler:
Teilt mit, daß D. Köhler ihm eine Gratifikation von 200 Rt. für seinen Einsatz bei der Verwaltung der Akademie in den Jahren 1753 und 1754 auszahlen werde.
Berlin, 31. Dez. 1754

Behändigte Reinschrift, Schreiberhand, frz., mit einem Vermerk von L. Euler vom 31.12. über den Empfang der Gratifikation.
I-XVI-226, Bl. 167

Nr. 725
Akademiepräsident P.-L.M. de Maupertuis an D. Köhler:
Teilt mit, daß L. Euler 200 Rt., J.-H.S. Formey, J.G. Gleditsch, J.B. Merian und J.F. Meckel je 100 Rt. an Gratifikation erhalten sollen.
Berlin, 31. Dez. 1754
Behändigte Reinschrift, Schreiberhand, frz.
I-XVI-226, Bl. 166

Nr. 726
L. Euler an D. Köhler:
Trägt ihm auf, J.C. Rhode für seine Arbeiten bei der Landkartenherstellung noch 51 Rt. 12 Gr. auszuzahlen.
Berlin, 31. Dez. 1754
Angabe, egh.
I-XVI-226, Bl. 165

Nr. 727
Anschlag von J.G. Gleditsch zur Verpachtung der Maulbeerplantage in Köpenick.
Berlin, 1754
Behändigte Reinschrift, egh., mit Ergänzungen von L. Euler.
I-X-8, Bl. 117

Nr. 728
Eintragung in der Jahresrechnung der Akademie über die Zahlung einer Pension von jährlich 1800 Rt. an L. Euler, Direktor der mathematischen Klasse.
Berlin, 1754
Reinschrift von D. Köhler.
I-XVI-120, S. 13

Nr. 729
Eintragung in der Jahresrechnung der Akademie über die Zahlung einer Gratifikation an L. Euler in Höhe von 200 Rt.
Berlin, 1754
Reinschrift von D. Köhler.
I-XVI-120, S. 20

Nr. 730
Eintragung in der Jahresrechnung der Akademie über die Zahlung von 18 Rt. 7 Gr. an L. Euler für 2 Ries großes Medianpapier zu Streitschriften.
Berlin, 1754
Reinschrift von D. Köhler.
I-XVI-120, S. 21

Nr. 731
Eintragung in der Jahresrechnung der Akademie über die Zahlung von 36 Rt. 4 Gr. an L. Euler wegen einiger Auslagen für den Astronomen F.U.T. Aepinus.
Berlin, 1754
Reinschrift von D. Köhler
I-XVI-120, S. 26

Nr. 732
Aufstellung von D. Köhler über neue Korrespondenten der Akademie für den Kalenderverkauf im Jahre 1755.
Berlin, 1754
Behändigte Reinschrift, egh., mit einem Sichtvermerk von L. Euler.
I-VIII-178, Bl. 217

Nr. 733
J.G. Gleditsch an L. Euler:
Bittet um Aufklärung, ob C.P. Katsch seine Kaution bei der Akademiekasse hinterlegt habe und als Pächter der Köpenicker Plantage angenommen sei, da er C.C. Hundertmarck die Plantage schon zugesagt habe.
Berlin, 4. Jan. 1755
Behändigte Reinschrift, egh., mit einer Erläuterung von L. Euler, daß er C.P. Katsch wegen der Verpachtung der Plantage an J.G. Gleditsch und J.C. Uhden verwiesen und nichts mehr mit der Angelegenheit zu tun habe.
I-X-8, Bl. 132, 135

Nr. 734
Inventaraufstellung von A.S. Marggraf über die für das chemische Laboratorium angeschafften Instrumente.
Berlin, 5. Jan. 1755
Behändigte Reinschrift, egh., mit einer Angabe von L. Euler, die Aufstellung in der Registratur aufzubewahren.
I-XIII-20, Bl. 1

Nr. 735
L. Euler an D. Köhler:
Beauftragt ihn, einen Bericht in der Angelegenheit des Buchbinders J. Pauli für den Akademiepräsidenten P.-L.M. de Maupertuis anzufertigen.
Berlin, 30. Jan. 1755
Angabe, egh.
I-VIII-6, Bl. 89, 101

Nr. 736-737
L. Euler an D. Köhler:
Trägt ihm auf, den Ankauf von Holz für die Glashäuser des Botanischen Gartens zu bezahlen.

Berlin, 5. Febr., 22. Febr. 1755
Angaben, egh.
I-XVI-227, Bl. 308-309

Nr. 738
J.G. Gleditsch an L. Euler:
Teilt die Übersendung eines Aufsatzes des Gärtners J.I. Müller zur Einsichtnahme mit und führt aus, daß er dem Gärtner keine Schwierigkeiten bereiten wolle, allerdings von ihm erwarte, daß er nicht eigenmächtig handle.
Berlin, 8. Febr. 1755
Behändigte Reinschrift, egh.
I-XIV-35, Bl. 134

Nr. 739
A.A. Rhode an D. Köhler:
Teilt mit, daß er L. Euler verschiedene Modelle für die farbige Ausgestaltung der zu druckenden Landkarte mit den Postkursen vorgelegt habe; bittet um eine Entscheidung, wie die Karte farbig auszugestalten sei.
Berlin, 8. Febr. 1755
Behändigte Reinschrift, egh.
I-VII-37, Bl. 79

Nr. 740-743
Rechnungen über Reparaturen auf dem Observatorium.
Berlin, 10. Febr. - 23. Apr. 1755
Behändigte Ausfertigungen, egh., mit Angaben von L. Euler für D. Köhler, die Rechnungen zu bezahlen.
I-XVI-227, Bl. 218-219, 262-263

Nr. 744
L. Euler an D. Köhler:
Teilt mit, daß er an den französischen Versen für die Genealogischen Kalender nichts auszusetzen habe.
Berlin, 13. Febr. 1755
Behändigte Reinschrift, egh.
I-VIII-178, Bl. 225

Nr. 745
L. Euler an J.G. Gleditsch:
Teilt mit, daß er an den französischen Versen nichts auszusetzen habe.
Berlin, 13. Febr. 1755
Behändigte Reinschrift, egh.
I-XIV-35, Bl. 153, 160

Nr. 746-751
Rechnungen des Maurerpoliers G.F. Hendel über Schneeräumarbeiten vor dem Wohnhaus von A.S. Marggraf und über Reparaturen auf der Akademie-

bibliothek.
Berlin, 14. Febr. - 22. Nov. 1755
Behändigte Ausfertigungen, egh., mit Angaben von L. Euler für D. Köhler, die Rechnungen zu bezahlen.
I-XVI-227, Bl. 202-207

Nr. 752
Quittung von C.F. Ludolff über den Empfang von vier Rt. für den Kauf eines Thermometers.
Berlin, 17. Febr. 1755
Behändigte Reinschrift, egh., mit einem Vermerk von L. Euler, daß dieses Thermometer dem Geheimen Rat von Reinhard zum Geschenk gemacht wurde.
I-XVI-227, Bl. 261

Nr. 753
J.G. Gleditsch an D. Köhler:
Teilt ihm mit, daß nach Absprache mit L. Euler und J.T. Eller der Gärtner von der Kalendermakulatur jährlich zwei Ries für das Einpacken und Versenden von Sämereien erhalten soll.
Berlin, 22. Febr. 1755
Behändigte Reinschrift, egh., mit einem Vermerk von D. Köhler, daß er wegen der damit verbundenen Schwierigkeiten mit L. Euler gesprochen habe.
I-XIV-35, Bl. 150

Nr. 754
Quittung von L. Euler über den Empfang des Quartalsgehaltes in Höhe von 450 Rt.
Berlin, 24. Febr. 1755
Behändigte Reinschrift, egh.
I-XVI-227, Bl. 73

Nr. 755-762
L. Euler an D. Köhler:
Trägt ihm auf, die Kosten für die Anfertigung der Landkarten von Thüringen, Anhalt, zur Figur der Erde und von Deutschlang mit den Postkursen zu bezahlen.
Berlin, 2. März - 13. Okt. 1755
Angaben, egh.
I-XVI-227, Bl. 166, 168-170, 172, 179-181

Nr. 763
Rechnung der Buchhändler Haude und Spener über den Verkauf der Ephemeriden an die Akademie.
Berlin, 6. März 1755
Behändigte Ausfertigung, egh., mit einer Angabe von L. Euler für D. Köhler vom 7.6., die Rechnung zu bezahlen.

I-XVI-227, Bl. 187

Nr. 764-770
Rechnungen über Reparaturen an den Wohnhäusern der Professoren J. Kies, F.U.T. Aepinus und A.S. Marggraf.
Berlin, 24. März - 14. Juli 1755
Behändigte Ausfertigungen, egh., mit Angaben von L. Euler für D. Köhler, die Rechnungen zu bezahlen.
I-XVI-227, Bl. 221-222, 224, 226-227, 228-229.

Nr. 771-773
Rechnungen über Reparaturen am Akademiegebäude.
Berlin, 27. März, 29. März 1755
Behändigte Ausfertigungen, egh., mit Angaben von L. Euler für D. Köhler, die Rechnungen zu bezahlen.
Berlin, 27. März, 29. März 1755
I-XVI-227, Bl. 223, 225-226

Nr. 774
L. Euler an D. Köhler:
Trägt ihm auf, von dem von Friedrich Wilhelm I. am 9.11.1738 erlassenen Edikt über die Anschaffung der landesherrlichen Ediktensammlung durch die Ämter, Städte und Kreise eine Abschrift anfertigen zu lassen.
Berlin, vor April 1755
Angabe, egh., frz.
I-IX-1, Bl. 30

Nr. 775
Berliner Akademie der Wissenschaften an Friedrich II.:
Nimmt Bezug auf das von Friedrich Wilhelm I. am 9.11.1738 erlassene Edikt über die Anschaffung der landesherrlichen Ediktensammlung durch die Ämter, Städte und Kreise und bittet um erneute Bekanntgabe dieses Edikts.
Berlin, vor April 1755
Konzept von L. Euler, frz.
I-IX-1, Bl. 28, 31

Nr. 776
Quittung von L. Euler über den Empfang von 20 Rt., die er als Miete für die Unterkunft des Professors J.T. Mayer aus Göttingen von Weihnachten bis Ostern verauslagt hatte.
Berlin, 2. Apr. 1755
Behändigte Reinschrift, egh..
I-XVI-227, Bl. 264-265

Nr. 777
D. Köhler an L. Euler:
Fragt an, ob in den Historischen Kalendern auf das Jahr 1756 die Land-

karte von der Altmark und der Uckermark zusammen oder nur eine davon gebracht werden soll.
Berlin, 9. Apr. 1755
Behändigte Reinschrift, egh., mit einer Angabe von L. Euler, daß es besser wäre, nur eine Karte zu nehmen.
I-VIII-21, Bl. 415

Nr. 778-791
Rechnungen über Reparaturen im Botanischen Garten.
Berlin, 14. Apr. - 19. Dez. 1755
Behändigte Ausfertigungen, egh., mit Angaben von L. Euler für D. Köhler, die Rechnungen zu bezahlen.
I-XVI-227, Bl. 315-325, 327-329

Nr. 792-793
Rechnungen über einen neuen Brunnen und eine Seidenhaspel für die Köpenicker Maulbeerplantage.
Berlin, 17. Apr., 28. Juni 1755
Behändigte Ausfertigungen, egh., mit Angaben von L. Euler für D. Köhler, die Rechnungen zu bezahlen.
I-XVI-227, Bl. 237, 241

Nr. 794
Kostenanschlag für die Errichtung eines kleinen Hauses auf der Köpenicker Plantage.
Berlin, 19. Apr. 1755
Behändigte Ausfertigung, egh., mit einer Angabe von L. Euler, daß der letzte Teil des Anschlages genehmigt sei.
I-X-8, Bl. 147-148

Nr. 795
D. Köhler an L. Euler:
Berichtet, daß aus dem beiliegenden Schreiben des Bergrates von Dreyhaupt aus Halle sowie aus den Berichten der Faktoren aus Halle und Schlesien hervorgehe, daß mit einem günstigen Absatz eines Bergwerkskalenders nicht gerechnet werden könne; fragt an, ob dennoch ein Versuch zu unternehmen sei.
Berlin, 22. Apr. 1755
Behändigte Reinschrift, egh., mit einer Angabe von L. Euler, das Vorhaben wegen der Unkosten aufzugeben.
I-VIII-15, Bl. 67

Nr. 796
D. Köhler an L. Euler:
Fragt an, ob einige Landkarten mit den Postkursen auf Atlas gedruckt werden sollen.
Berlin, 25. Apr. 1755
Behändigte Reinschrift, mit einer Angabe von L. Euler, sechs oder neun

Stück auf Atlas zu drucken.
I-VII-37, Bl. 81

Nr. 797
L. Euler an D. Köhler:
Erteilt auf dessen Anfrage Auskunft über die Kosten für die Anfertigung von Akademiemedaillen.
Berlin, 30. Apr. 1755
Behändigte Reinschrift, egh.
I-V-28, Bl. 21

Nr. 798-799
Rechnungen über Anschaffungen für das Laboratorium.
Berlin, 1. Mai, 25. Juni 1755
Behändigte Reinschriften, egh., mit Angaben von L. Euler, J.P. Heinius und J.T. Eller für D. Köhler, die Rechnungen zu bezahlen.
I-XVI-227, Bl. 258, 260

Nr. 800
L. Euler an D. Köhler:
Teilt mit, daß der Buchbinder J. Pauli sich bei Friedrich II. beschwert habe, der einen Bericht der Akademie darüber verlange; übersendet ihm das von Friedrich II. an die Akademie übergebene Gesuch von J. Pauli und trägt ihm auf, den Bericht der Akademie zu entwerfen.
Berlin, 9. Mai 1755
Angabe, egh.
I-VIII-6, Bl. 93

Nr. 801
D. Köhler an L. Euler:
Übersendet in der Anlage den Entwurf des Berichts an Friedrich II. über die Beschwerde des Buchbinders J. Pauli.
Berlin, 9. Mai 1755
Behändigte Reinschrift, egh., mit einer Angabe L. Eulers vom 10.5., daß der Akademiepräsident P.-L.M. de Maupertuis den Bericht gebilligt habe und D. Köhler den Bericht von den Direktoren unterschreiben lassen soll.
I-VIII-6, Bl. 92

Nr. 802
L. Euler an D. Köhler:
Verlangt die Rückgabe des Gesuchs von J. Pauli, um es dem Bericht an Friedrich II. beizufügen.
Berlin, 9. Mai 1755
Behändigte Reinschrift, egh.
I-VIII-6, Bl. 94

Nr. 803
Pächter C.P. Katsch an J.G. Gleditsch:
Berichtet über die Schwierigkeiten bei der Fertigstellung der Wohn- und Arbeitsräume auf der Köpenicker Plantage; bittet darum, sich selbst die Handwerker besorgen zu dürfen, und lädt ihn, L. Euler und J.T. Eller zu einer Besichtigung der Plantage während der Feiertage ein.
Berlin, 17. Mai 1755
Behändigte Ausfertigung, egh.
I-X-8, Bl. 154-155

Nr. 804
J.G. Gleditsch an L. Euler:
Teilt ihm die Übersendung eines Schreibens des Pächters C.P. Katsch mit und bittet um Unterstützung des Pächters durch eine Anweisung an den Maurermeister G. Mann, die ihm aufgetragene Arbeit auf der Plantage ohne Verzug zu erledigen.
Berlin, 17. Mai 1755
Behändigte Reinschrift, egh.
I-X-8, Bl. 153, 156

Nr. 805
Quittung von L. Euler über den Empfang des Quartalsgehaltes in Höhe von 450 Rt.
Berlin, 21. Mai 1755
Behändigte Reinschrift, egh.
I-XVI-227, Bl. 74

Nr. 806-808
Rechnungen über Reparaturen am Laboratorium.
Berlin, 22. Mai - 19. Dez. 1755
Behändigte Ausfertigungen, egh., mit Angaben von L. Euler für D. Köhler, die Rechnungen zu bezahlen.
I-XVI-227, Bl. 231-233

Nr. 809-814
Rechnungen des Gärtners J.I. Müller über Ausgaben für den Botanischen Garten.
Berlin, 25. Mai - 13. Dez. 1755
Behändigte Reinschriften, egh., mit Sichtvermerken von L. Euler.
I-XVI-227, Bl. 302, 304, 306, 310-311, 330

Nr. 815
Rechnung des Uhrmachers I.G. Racine über die Reparaturen von Uhren der Akademie.
Berlin, 3. Juni 1755
Behändigte Ausfertigung, egh., mit einer Angabe von L. Euler für D. Köhler, die Rechnung zu bezahlen.

I-XVI-227, Bl. 270

Nr. 816
D. Köhler an das Direktorium der Akademie:
Teilt mit, daß der Buchbinder J.L. Pitzer in Soest für seine Tätigkeit als Kalenderfaktor keine gerichtliche Kaution stellen möchte; schlägt vor, wegen der geringen Einnahmen aus dem Kalenderverkauf in der dortigen Faktorei auf die gerichtliche Kaution zu verzichten.
Berlin, 6. Juni 1755
Behändigte Reinschrift, egh., mit einer Angabe von J.T. Eller vom 12.6., mitunterzeichnet von L. Euler, daß der Vorschlag genehmigt werde.
I-VIII-88, Bl. 85

Nr. 817
Berliner Akademie der Wissenschaften an die Kriegs- und Domänenkammer in Magdeburg:
Teilt auf deren Anfrage mit, daß die Ediktensammlungen beim Akademiefaktor M.C. Behle in Magdeburg für 8 Gr. je Jahrgang erworben werden können.
Berlin, 7. Juni 1755
Konzept von D. Köhler, egh., mit Revisionsunterschriften von L. Euler und J.T. Eller.
I-IX-3, Bl. 197

Nr. 818
D. Köhler an das Direktorium der Akademie:
Fragt wegen der Rückzahlung einer Obligation an.
Berlin, 10. Juni 1755
Behändigte Reinschrift, egh., mit einer Angabe von J.T. Eller vom 12.6., mitunterzeichnet von L. Euler, daß das Direktorium mit dem Vorschlag D. Köhlers einverstanden sei.
I-XVI-227, Bl. 2

Nr. 819-821
L. Euler an D. Köhler:
Trägt ihm auf, die Rechnungen über Baumaßnahmen und Anschaffungen für die Köpenicker Maulbeerplantage zu bezahlen.
Berlin, 11. Juni - 18. Nov. 1755
Angabe, egh.
I-XVI-227, Bl. 234-235, 240

Nr. 822
Rechnung des Mechanikers J.L. Koch über die Anfertigung von Objektivgläsern für L. Euler.
Berlin, 25. Juni 1755
Behändigte Ausfertigung, egh., mit einer Angabe von L. Euler für

D. Köhler, die Rechnung zu bezahlen.
I-XVI-227, Bl. 271

Nr. 823
Pächter C.P. Katsch an L. Euler:
Bittet um Auszahlung seiner Kaution, um den Seidenbau fortsetzen zu können, und um Beschaffung des Bauholzes für die Ställe.
Köpenick, 26. Juni 1755
Behändigte Ausfertigung, egh., mit einer Angabe von J.T. Eller, mitunterzeichnet von L. Euler und J.P. Heinius, das Schreiben an den Justitiar J.C. Uhden zur Meinungsäußerung zu übergeben.
I-X-8, Bl. 158-159

Nr. 824
Pächter C.P. Katsch an J.P. Heinius:
Teilt mit, daß er ein Schreiben an L. Euler mit der Bitte um Auszahlung seiner Kaution geschickt habe; bittet um eine Entscheidung in seiner Angelegenheit.
Köpenick, 28. Juni 1755
Behändigte Ausfertigung, egh., mit einer Angabe von L. Euler, daß der Justitiar J.C. Uhden die Sache begutachten und der Maurermeister G. Mann die Ställe und den Backofen herrichten werden.
I-X-8, Bl. 160-161

Nr. 825
Direktorium der Akademie an Friedrich II.:
Berichtet, daß die Akademie bei der Herausgabe des Schulatlasses große Unkosten gehabt habe und daher die von dem Kupferstecher N.F. Sauerbrey dem König vorgelegte Landkartenzeichnung aus finanziellen Gründen nicht herausgeben könne.
Berlin, 3. Juli 1755
Reinschrift, Schreiberhand, frz., unterzeichnet von P.-L.M. de Maupertuis, L. Euler, J.P. Heinius und J.T. Eller.
I-VII-37, Bl. 73

Nr. 826
D. Köhler an das Direktorium der Akademie:
Bittet um einen Termin für die Abnahme der Rechnungen aus dem Jahre 1754.
Berlin, 3. Juli 1755
Behändigte Reinschrift, egh., mit einer Angabe von J.T. Eller vom 10.7., mitunterzeichnet von L. Euler und J.P. Heinius, die Rechnungsabnahme am 12.7. im Sitzungsraum der Akademie vorzunehmen.
I-XVI-28, Bl. 199

Nr. 827
Abnahme der Kalenderhauptrechnung für das Jahr 1754 durch das Direktorium der Akademie.
Berlin, 12. Juli 1755
Behändigte Reinschrift von J.D. Blume, mitunterzeichnet von L. Euler.
I-VIII-308, Bl. 26

Nr. 828
Quittung über die Abnahme der Jahresrechnung der Akademie für das Jahr 1754.
Berlin, 12. Juli 1755
Behändigte Reinschrift, Schreiberhand, mitunterzeichnet von L. Euler.
I-XVI-120, S. 49-50

Nr. 829
Direktorium der Akademie an den Kupferstecher N.F. Sauerbrey:
Teilt ihm mit, daß die Akademie seinem Wunsche nach Herausgabe der von ihm gezeichneten Landkarten aus finanziellen Gründen nicht entsprechen könne, und rät ihm, den König mit seinen Vorstellungen nicht weiter zu behelligen.
Berlin, 14. Juli 1755
Konzept von D. Köhler mit Verbesserungen von L. Euler und J.T. Eller sowie einem Fertigungsbefehl von L. Euler.
I-VII-37, Bl. 72

Nr. 830
Pächter C.P. Katsch an das Direktorium der Akademie:
Bittet angesichts der großen Verluste, die er mit der Maulbeerplantage gehabt habe, um die pachtfreie Überlassung der Plantage für zwei Jahre und um Auszahlung seiner Kaution.
Köpenick, 6. Aug. 1755
Behändigte Ausfertigung, egh., mit einer Angabe von J.T. Eller für D. Köhler, mitunterzeichnet von L. Euler und J.P. Heinius, das Schreiben dem Justitiar J.C. Uhden zu übersenden.
I-X-8, Bl. 162-163, Abschrift: Bl. 164-166

Nr. 831
D. Köhler an L. Euler:
Bittet ihn, den Minister F.W. von Borcke zu bewegen, die Reskripte an die Provinzialregierungen wegen der Zuarbeit zum Provinzialadreßkalender zu unterzeichnen.
Berlin, 7. Aug. 1755
Behändigte Reinschrift, egh., mit einem Vermerk von L. Euler, daß er beiliegend die von F.W. von Borcke unterzeichnete Order übersende.
I-VIII-205, Bl. 159

Nr. 832
Quittung von L. Euler über den Empfang des Quartalsgehaltes in Höhe von 450 Rt.
Berlin, 12. Sept. 1755
Behändigte Reinschrift, egh.
I-XVI-227, Bl. 75

Nr. 833
Pächter C.P. Katsch an J.G. Gleditsch:
Teilt mit, daß er seine Pacht noch nicht bezahlen könne und in einem Schreiben L. Euler um Rückzahlung seiner Kaution gebeten habe; bittet ihn um Fürsprache bei den Direktoren in seiner Angelegenheit.
Berlin, 12. Sept. 1755
Behändigte Ausfertigung, egh.
I-X-8, Bl. 176-177

Nr. 834
J.G. Gleditsch an L. Euler:
Teilt mit, daß der Pächter C.P. Katsch wegen seiner vielen Schulden in Konkurs gehen müsse, und schlägt vor, sich von ihm zu trennen.
Berlin, 13. Sept. 1755
Behändigte Reinschrift, egh., mit einer Angabe von L. Euler für J.G. Gleditsch, zu der Vorstellung des C.P. Katsch ein Gutachten auszuarbeiten.
I-X-8, Bl. 178

Nr. 835
L. Euler an D. Köhler:
Teilt ihm die Übersendung von 185 farbigen Landkarten über die Figur der Erde mit und trägt ihm auf, diese Landkarten zu 4 Gr. das Stück verkaufen zu lassen.
Berlin, 13. Okt. 1755
Angabe, egh.
I-XVI-228, Bl. 42

Nr. 836
Akademiepräsident P.-L.M. de Maupertuis an L. Euler:
Teilt mit, daß Friedrich II. die Genehmigung erteilt habe, die in Berlin wohnenden Personen des Hofes in den Berliner Adreßkalender aufzunehmen.
Berlin, 20. Okt. 1755
Behändigte Reinschrift, Schreiberhand, frz.
I-VIII-189, Bl. 37, 47

Nr. 837
L. Euler an D. Köhler:
Teilt mit, daß der Akademiepräsident P.-L.M. de Maupertuis von Friedrich II. die Erlaubnis erhalten habe, daß die Akademie alle zum Hofe

gehörigen Personen, die ihren Wohnsitz in Berlin haben, in den Berliner Adreßkalender aufnehmen könne; trägt ihm auf, die dazu notwendigen Vorkehrungen zu treffen.
Berlin, 20. Okt. 1755
Angabe, egh.
I-VIII-189, Bl. 35, 49

Nr. 838
Akademiepräsident P.-L.M. de Maupertuis an L. Euler:
Teilt mit, daß er es für besser halte, wegen der Aufnahme der Hofpersonen in den Berliner Adreßkalender noch ein Jahr zu warten, bis er von Friedrich II. nähere Aufklärung darüber erhalten habe.
Berlin, 21. Okt. 1755
Behändigte Reinschrift von Schreiberhand, frz.
I-VIII-189, Bl. 39, 45

Nr. 839
D. Köhler an L. Euler:
Bittet um Revision des Anschreibens an die Hofmarschälle wegen der Personenangaben für den Berliner Adreßkalender und fragt an, an wen er sich wegen der Aufnahme der Mitglieder des königlichen Hofstaates in den Kalender wenden könne.
Berlin, 21. Okt. 1755
Behändigte Reinschrift, egh., mit einer Angabe von L. Euler vom 21.10., sich wegen der Angaben über die Mitglieder des königlichen Hofstaates an den Baron von Sweerts zu wenden und alle Unterlagen vor dem Druck an den Geheimrat Eichel zu schicken.
I-VIII-189, Bl. 36

Nr. 840
L. Euler an D. Köhler:
Teilt mit, daß der Präsident P.-L.M. de Maupertuis angeordnet habe, die Aufnahme der in Berlin wohnenden Personen des Hofes in den Berliner Adreßkalender des nächsten Jahres noch zu unterlassen.
Berlin, nicht vor dem 21. Okt. 1755
Behändigte Reinschrift, egh.
I-VIII-189, Bl. 38, 46

Nr. 841
D. Köhler an das Direktorium der Akademie:
Schlägt vor, die Stempel für die Polnischen Kalender im Preis zu senken, um deren Absatz in Schlesien zu vergrößern.
Berlin, 5. Nov. 1755
Behändigte Reinschrift, egh., mit einer Angabe von L. Euler, mitunterzeichnet von J.P. Heinius, nach diesem Vorschlag zu verfahren.
I-VIII-136, Bl. 199

Nr. 842
D. Köhler an L. Euler:
Fragt an, ob er das Stempelgeld für ausländische Genealogische Kalender auf 6 Gr. festsetzen könne.
Berlin, 10. Nov. 1755
Behändigte Reinschrift, egh., mit einer Angabe von L. Euler, daß der Stempel für solche Kalender 6 Gr. betragen soll.
I-VIII-19, Bl. 18

Nr. 843
L. Euler an D. Köhler:
Teilt die Anordnung des Präsidenten P.-L.M. de Maupertuis mit, den Großkanzler der Justiz P.J. de Jariges im Berliner Adreßkalender unter den Ehrenmitgliedern aufzuführen; sendet in der Anlage den Brief von H.G. Machnitzky zurück, der in der nächsten Sitzung zum auswärtigen Akademiemitglied vorgeschlagen werden soll.
Berlin, 12. Nov. 1755
Behändigte Reinschrift, egh.
I-VIII-189, Bl. 22, 32

Nr. 844-845
Rechnungen über Anschaffung und Verlegung von Tapeten im Sitzungssaal der Akademie.
Berlin, 12. Nov., 18. Nov. 1755
Behändigte Ausfertigungen, egh., mit Angaben von L. Euler für D. Köhler, die Rechnungen zu bezahlen.
I-XVI-227, Bl. 273-274

Nr. 846
Pächter C.P. Katsch an L. Euler:
Teilt mit, daß er zwar die Pacht von der Plantage aufgesagt habe, weil er zahlungsunfähig sei, daß er jedoch hoffe, nicht aus der Pacht gesetzt zu werden.
Köpenick, 19. Nov. 1755
Behändigte Ausfertigung, egh., mit einem Vermerk von L. Euler, daß J.G. Gleditsch aufgetragen worden sei, die Plantage an eine andere Person zu verpachten.
I-X-8, Bl. 187-188

Nr. 847
Rechnung des Töpfermeisters Würtenberger über Töpferarbeiten für die Akademie.
Berlin, 28. Nov. 1755
Behändigte Ausfertigung, egh., mit einer Angabe von L. Euler für D. Köhler, die Rechnung zu bezahlen.
I-XVI-227, Bl. 210

Nr. 848
D. Köhler an L. Euler:
Bittet um Revision der Zeichnungen und Verse zu den Genealogischen Kalendern auf das Jahr 1757 und fragt an, welche Porträts für diese Kalender zu nehmen seien.
Berlin, 15. Dez. 1755
Behändigte Reinschrift, egh., mit einem Revisionsvermerk und einer Angabe von L. Euler, daß die Porträts des preußischen Prinzen Ferdinand und seiner Gemahlin im Genealogischen Kalender zu bringen seien.
I-VIII-178, Bl. 253

Nr. 849
L. Euler an D. Köhler:
Teilt mit, daß der Präsident P.-L.M. de Maupertuis angeordnet habe, die Köpenicker Plantage neu zu verpachten, trägt ihm auf, die Pachtversteigerung der Plantage in den Intelligenzblättern anzukündigen.
Berlin, 15. Dez. 1755
Angabe, egh.
I-X-8, Bl. 202, 210

Nr. 850
D. Köhler an L. Euler:
Teilt die Übersendung des Inserattextes über die Pachtversteigerung der Köpenicker Maulbeerplantage zur Begutachtung mit und fragt an, ob der Pachtanschlag so bleiben soll und ob er mit dem Versteigerungstermin einverstanden sei.
Berlin, 16. Dez. 1755
Behändigte Reinschrift, egh., mit zwei Angaben von L. Euler, daß am Pachtanschlag nichts zu ändern sei, daß eine dreimalige Publikation des Inserats notwendig sei und daß der von ihm niedergeschriebene Text über die Herausgabe einer Landkarte von der Figur der Erde ebenfalls zu veröffentlichen sei.
I-X-8, Bl. 201

Nr. 851
Inserattext über die Pachtversteigerung der Köpenicker Maulbeerplantage.
Berlin, 16. Dez. 1755
Konzept von D. Köhler, mit einer Ergänzung von L. Euler.
I-X-8, Bl. 207

Nr. 852
Quittung von L. Euler über den Empfang des Quartalsgehaltes in Höhe von 450 Rt.
Berlin, 19. Dez. 1755
Behändigte Reinschrift, egh.
I-XVI-227, Bl. 76

Nr. 853
Quittung von L. Euler über den Empfang von vier Rt. für Auslagen zur Beschaffung der englischen Akademieabhandlungen.
Berlin, 19. Dez. 1755
Behändigte Reinschrift, egh.
I-XVI-227, Bl. 193

Nr. 854
Quittung über die Bezahlung von Obstbäumen für den Botanischen Garten.
Berlin, 19. Dez. 1755
Behändigte Ausfertigung, egh., mit einem Sichtvermerk von L. Euler.
I-XVI-227, Bl. 331

Nr. 855
Aufstellung von D. Köhler über neue Korrespondenten der Akademie für den Kalenderverkauf im Jahre 1756.
Berlin, 1755
Behändigte Reinschrift, egh., mit einem Sichtvermerk von L. Euler.
I-VIII-178, Bl. 245

Nr. 856
Eintragung in der Jahresrechnung der Akademie über die Zahlung einer Jahrespension von 1800 Rt. an L. Euler, Direktor der mathematischen Klasse.
Berlin, 1755
Reinschrift von D. Köhler.
I-XVI-121, S. 14

Nr. 857
Eintragung in der Jahresrechnung der Akademie über die Zahlung von 20 Rt. an L. Euler als Mietgeld für Prof. J.T. Mayer, der aus Göttingen nach Berlin kommen soll.
Berlin, 1755
Reinschrift von D. Köhler.
I-XVI-121, S. 25

Nr. 858
Französische Verse zu den einzelnen Monaten für den Genealogischen Kalender.
Berlin, [1755]
Behändigte Reinschrift, frz., mit einem Vermerk von L. Euler, daß die Verse gebilligt wurden.
I-VIII-178, Bl. 256

Nr. 859
L. Euler an D. Köhler:
Teilt mit, daß der Präsident P.-L.M. de Maupertuis angeordnet habe, das Porträt der jungen Prinzessin von Preußen für die Genealogischen Kalender auf das Jahr 1757 zu nehmen.

Berlin, 5. Jan 1756
Behändigte Reinschrift, egh.
I-VIII-178, Bl. 255

Nr. 860
D. Köhler an L. Euler:
Teilt mit, daß N.F. Sauerbrey für die farbige Ausgestaltung der nachgedruckten Landkarten mit den Postkursen mehr Lohn als beim ersten Mal verlange; fragt an. ob sich L. Euler noch erinnern könne, für welche Art von farbiger Ausgestaltung N.F. Sauerbrey beim ersten Mal bezahlt worden sei.
Berlin, 5. Jan. 1756
Behändigte Reinschrift, egh., mit einer Angabe von L. Euler, daß er sich nicht erinnere und mit Sauerbrey so gut wie möglich abzuschließen sei.
I-VII-37, Bl. 84

Nr. 861-862
Rechnungen über Ausgaben zur Landkartenanfertigung.
Berlin, 5. Jan., 2. Febr. 1756
Behändigte Ausfertigungen, egh., mit Angaben von L. Euler für D. Köhler, die Rechnungen zu bezahlen.
I-XVI-228, Bl. 191, 194

Nr. 863
L. Euler an D. Köhler:
Teilt mit, daß der Bogen über die Akademie für den Berliner Adreßkalender umzudrucken sei, wobei J.F. von Bielfeld unter den Ehrenmitgliedern ohne den Titel als Kurator und Geheimrat sowie G.A. von Gotter nicht als Ehrenmitglied, sondern als erster Kurator der Akademie aufzuführen seien.
Berlin, 8. Jan. 1756
Angabe, egh.
I-VIII-189, Bl. 26

Nr. 864-867
L. Euler an D. Köhler:
Trägt ihm auf, die Rechnungen für die Anfertigung der Landkarten von Nordamerika und Preußen zu bezahlen.
Berlin, 14. Jan. - 16. Nov. 1756
Angaben, egh.
I-XVI-228, Bl. 192, 199, 206, 215

Nr. 868
D. Köhler an L. Euler:
Berichtet über einen Druckfehler in der Ankündigung über die von der Akademie herausgegebene Landkarte von der Figur der Erde in der Vossischen Zeitung und schlägt einen Berichtigungstext an den Buchhändler

Voß vor.
Berlin, 17. Jan. 1756
Behändigte Reinschrift, egh., mit einer Angabe von L. Euler, daß die Berichtigung erforderlich sei.
I-VII-37, Bl. 86

Nr. 869
Berliner Akademie der Wissenschaften an das Collegium Medicum et Sanitatis in Glogau:
Ersucht darum, die an die Berliner Akademie zu zahlenden Examinations- und Approbationsgebühren in den hiesigen Münzsorten einzusenden.
Berlin, 19. Jan. 1756
Konzept von D. Köhler, mit der Revisionsunterschrift von L. Euler.
I-XI-3, Bl. 31

Nr. 870
L. Euler an D. Köhler:
Trägt ihm auf, dem Mechaniker A. Vennebruck für die Anfertigung eines optischen Instruments zu einer neuen Erfindung 21 Rt. auszuzahlen.
Berlin, 3. Febr. 1756
Angabe, egh.
I-XVI-228, Bl. 310

Nr. 871
D. Köhler an L. Euler:
Teilt mit, daß keine Seekarten mehr vorrätig seien, und schlägt den Nachdruck von 25 Seeatlanten vor.
Berlin, 6. Febr. 1756
Behändigte Reinschrift, egh., mit einer Angabe von L. Euler, daß die Karten farbig besser auszugestalten seien.
I-VII-37, Bl. 88

Nr. 872
D. Köhler an L. Euler:
Fragt an, ob in den Historischen Kalendern für das Jahr 1757 die Landkarte von der Uckermark oder die Karte von Nordamerika gebracht werden soll.
Berlin, 21. Febr. 1756
Behändigte Reinschrift, egh., mit einer Angabe von L. Euler, die Karte von Nordamerika zu nehmen.
I-VIII-21, Bl. 428

Nr. 873
D. Köhler an L. Euler:
Teilt den Kostenanschlag für die Anfertigung der großen Landkarte von Deutschland mit den Postkursen mit.
Berlin, 24. Febr. 1756
Behändigte Reinschrift, egh., mit einer Angabe von L. Euler, daß er

den Kostenanschlag billige.
I-VII-39, Bl. 4

Nr. 874
Rechnung des Mechanikers A. Vennebruck über die Anfertigung eines Mikroskops für die Akademie.
Berlin, 5. März 1756
Behändigte Ausfertigung, egh., mit einer Angabe von L. Euler für D. Köhler, die Rechnung zu bezahlen.
I-XVI-228, Bl. 311

Nr. 875
Quittung von L. Euler über den Empfang des Quartalsgehaltes in Höhe von 450 Rt.
Berlin, 11. März 1756
Behändigte Reinschrift, egh.
I-XVI-228, Bl. 88

Nr. 876-879
Rechnungen von J.G. Lehmann und A.S. Marggraf über die Anschaffung von Salzsole und Mutterlauge sowie über andere Ausgaben für das Laboratorium.
Berlin, 27. März - 15. Dezember 1756
Behändigte Reinschriften, egh., mit Angaben von L. Euler, J.T. Eller und J.P. Heinius für D. Köhler, die Rechnungen zu bezahlen.
I-XVI-228, Bl. 307-308, 312-313

Nr. 880
J.G. Gleditsch an L. Euler:
Fragt an, ob bei der neuen Verpachtung der Köpenicker Plantage Kaution im Pachtvertrag zu verlangen sei.
Berlin, 29. März 1756
Behändigte Reinschrift, egh., mit einer Angabe von L. Euler, daß Kaution zu fordern sei.
I-X-8, Bl. 229, 232

Nr. 881
L. Euler an D. Köhler:
Teilt mit, daß der Kurator G.A. von Gotter und der Präsident P.-L.M. de Maupertuis eine verbesserte Einrichtung der Postkalender verlangen, wozu vom Generalpostamt die nötigen Informationen geliefert werden sollen; trägt ihm auf, sich darüber beim Kurator näher zu erkundigen.
Berlin, 1. Apr. 1756
Angabe, egh.
I-VIII-21, Bl. 429

Nr. 882
Pachtvertrag zwischen der Berliner Akademie der Wissenschaften und J.F. Cramer über die Köpenicker Maulbeerplantage.

Berlin und Köpenick, 2. und 3. Apr. 1756
Reinschrift, Schreiberhand, unterzeichnet seitens der Akademie von L. Euler und J.P. Heinius.
I-X-8, Bl. 240-243

Nr. 883 - 907
Rechnungen über Ausgaben für den Botanischen Garten.
Berlin, 12. Apr. - 20. Dez. 1756
Behändigte Ausfertigungen, egh., mit Angaben von L. Euler, J.T. Eller und J.P. Heinius für D. Köhler, die Rechnungen zu bezahlen.
I-XVI-228, Bl. 359, 361, 363, 365-366, 368-370, 373-375, 377-381, 383-391

Nr. 908-914
Rechnungen über Arbeiten im Laboratorium und am Wohnhaus von A.S. Marggraf.
Berlin, 17. Apr. - 12. Dez. 1756
Behändigte Ausfertigungen, egh., mit Angaben von L. Euler, J.T. Eller und J.P. Heinius für D. Köhler, die Rechnungen zu bezahlen.
I-XVI-228, Bl. 250-252, 256-257, 260-261

Nr. 915
Aufstellung von J.G. Gleditsch über die in den Akten des Berliner Generalfiskalgerichtes befindlichen Schriftstücke, die den Botanischen Garten betreffen und zum Teil von L. Euler mitunterzeichnet sind.
Berlin, 25. Apr. 1756
Behändigte Reinschrift, egh.
I-XIV-35, Bl. 171-173

Nr. 916
Rechnung des Malers J.M. Falbe über eine Zeichnung für die Akademie.
Berlin, 27. Apr. 1756
Behändigte Ausfertigung, egh., mit einer Angabe von L. Euler und J.T. Eller für D. Köhler, die Rechnung zu bezahlen.
I-XVI-228, Bl. 342

Nr. 917
Direktorium der Akademie an D. Köhler:
Trägt ihm auf, die Ausfertigung des Privilegs über die Herausgabe des Codex Fridericianus zu bezahlen.
Berlin, 29. Apr. 1756
Angabe von L. Euler, mitunterzeichnet von J.T. Eller.
I-XVI-234, Bl. 290

Nr. 918-924
Rechnungen über Ausgaben für die Köpenicker Maulbeerplantage.
Berlin, 30. Apr. - 10. Dez. 1756
Behändigte Ausfertigungen, egh., mit Angaben von L. Euler, J.T. Eller und J.P. Heinius für D. Köhler, die Rechnungen zu bezahlen.

I-XVI-228, Bl. 278, 283-287, 294

Nr. 925
Berliner Akademie der Wissenschaften an das Preußische Generaldirektorium:
Nimmt Stellung zu dem Vorschlag, den Kupferstecher Seuter aus Augsburg für die Landkartenherstellung nach Berlin zu ziehen; führt aus, daß Seuter nur andere Landkarten kopiere und es in Berlin ausreichend Kupferstecher gebe, die sich auf das Stechen von Landkarten verstehen; weist darauf hin, daß die von der Akademie herausgegebenen Karten vorwiegend für den Gebrauch in den Schulen bestimmt seien und man sich bemühen werde, noch bessere Landkarten herzustellen.
Berlin, April 1756
Konzept von L. Euler, frz.
I-VII-35, Bl. 46

Nr. 926
L. Euler an D. Köhler:
Trägt ihm auf, eine Berechnung über die Kosten für den Druck und Vertrieb sowie über den Gewinn für die Akademie von 3000 Exemplaren des neuen Codicis Fridericiani vorzunehmen.
Berlin, [April] 1756
Angabe, egh.
I-IX-4, Bl. 3

Nr. 927
L. Euler an D. Köhler:
Trägt ihm auf, an der Beratung über den Druck des neuen Codicis Fridericiani teilzunehmen, in der mit dem Buchdrucker G.J. Decker über den abzuschließenden Vertrag verhandelt werden soll.
Berlin, 11. Mai 1756
Angabe, egh.
I-IX-4, Bl. 6, 8

Nr. 928
D. Köhler an das Direktorium der Akademie:
Schlägt vor, ab kommendem Jahr die Stempel für die holländischen Kalender wieder auf den früheren Stand herabzusetzen, um die Einnahmen zu erhöhen.
Berlin, 13. Mai 1756
Behändigte Reinschrift, egh., mit einer Angabe von J.T. Eller, mitunterzeichnet von L. Euler und J.P. Heinius, daß in der Sitzung am 13.5. dieser Vorschlag gebilligt wurde.
I-VIII-19, Bl. 19

Nr. 928a
D. Köhler an das Direktorium der Akademie:
Schlägt vor, F.A. Heinius in Geldern eine Gratifikation von 10 Rt. für seine Bemühungen um den Kalendervertrieb im Herzogtum Geldern auszuzahlen.
Berlin, 13. Mai 1756

Behändigte Reinschrift, egh., mit einem Billigungsvermerk von J.T. Eller vom 13.5., mitunterzeichnet von L. Euler und J.P. Heinius.
I-VIII-338, Bl. 332

Nr. 929-931
Rechnungen über Ausgaben für die Akademiebibliothek.
Berlin, 13. Mai - 23. Sept. 1756
Behändigte Reinschriften von S. Pelloutier, frz. und dt., mit Angaben von L. Euler, J.T. Eller und J.P. Heinius für D. Köhler, die Rechnungen zu bezahlen.
I-XVI-228, Bl. 240, 242, 244

Nr. 932
L. Euler an D. Köhler:
Trägt ihm auf, dem ehemaligen Pächter der Köpenicker Maulbeerplantage 10 Rt. von seiner Kaution zurückzuzahlen.
Berlin, 14. Mai 1756
Angabe, egh.
I-XVI-228, Bl. 276

Nr. 933
Quittung von L. Euler über den Empfang des Quartalsgehaltes von 450 Rt.
Berlin, 11. Juni 1756
Behändigte Reinschrift, egh.
I-XVI-228, Bl. 89

Nr. 934
J.G. Gleditsch an das Direktorium der Akademie:
Nimmt Stellung zu den Forderungen des Pächters C.P. Katsch an die Akademie sowie zu der von diesem aufgestellten Behauptung, daß die dem Pachtvertrag nicht entsprechenden Veränderungen auf der Plantage auf Geheiß von L. Euler und von ihm vorgenommen worden seien.
Berlin, 18. Juni 1756
Behändigte Reinschrift, egh.
I-X-8, Bl. 266-267

Nr. 935
Buchdrucker G.J. Decker an die Berliner Akademie:
Unterbreitet sein Angebot für den Druck des Corpus Juris Fridericiani.
Berlin, 21. Juni 1756
Behändigte Ausfertigung, mit einem Vermerk von L. Euler, daß sich der Buchdrucker Decker auch anbiete, den Bogen für vier Rt. zu drucken.
I-IX-4, Bl. 9

Nr. 936
L. Euler an den Buchdrucker C.F. Henning:
Fragt an, zu welchem Preis dieser 3000 Exemplare des Codicis Fridericiani drucken und wieviel Druckbogen er pro Woche liefern könne.
Berlin, 26. Juni 1756
Behändigte Ausfertigung, egh., mit einer urschriftlichen Rückant-

wort von C.F. Henning vom 26.6.
I-IX-5, Bl. 14, 16

Nr. 937
Berliner Akademie der Wissenschaften an Friedrich II.:
Bittet darum, das Judenreglement von 1750 in die Ediktensammlung mit aufnehmen zu dürfen und deswegen die königliche Order an das Preußische Generaldirektorium ergehen zu lassen, dieses Reglement der Akademie mitzuteilen.
Berlin, 8. Juli 1756
Konzept von D. Köhler, mit Revisionsunterschriften von L. Euler, J.P. Heinius und J.T. Eller.
I-IX-3, Bl. 82a

Nr. 938
D. Köhler an das Direktorium der Akademie:
Teilt mit, daß der Kalenderfaktor J.D. Sievert in Lipstadt mit seiner Kalenderrechnung stark im Rückstand sei, und schlägt vor, ihn durch den Magistrat von Lipstadt zur Zahlung auffordern zu lassen.
Berlin, 12. Juli 1756
Behändigte Reinschrift, egh., mit einer Angabe von J.T. Eller vom 15.7., mitunterzeichnet von L. Euler und J.P. Heinius, wegen dieser Sache an den Magistrat in Lipstadt zu schreiben.
I-VIII-86, Bl. 130

Nr. 939
D. Köhler an das Direktorium der Akademie:
Fragt an, ob einige schon gedruckte Verordnungen nicht in den Ergänzungsband der Ediktensammlung aufgenommen zu werden brauchen.
Berlin, 14. Juli 1756
Behändigte Reinschrift, egh., mit einer Angabe von L. Euler, mitunterzeichnet von J.P. Heinius und J.T. Eller, diese Verordnungen nicht mit aufzunehmen.
I-IX-3, Bl. 287

Nr. 940
C.P. Katsch an das Direktorium der Akademie:
Bittet um Untersuchung der von ihm auf der Köpenicker Maulbeerplantage vorgenommenen Meliorationen und um einmalige Rückzahlung seiner vollständigen Kautionssumme.
Berlin, 15. Juli 1756
Behändigte Ausfertigung, egh., mit einer Angabe von J.T. Eller vom 15.7., mitunterzeichnet von L. Euler und J.P. Heinius, für J.G. Gleditsch, die Erläuterungen zu den Forderungen des C.P. Katsch zu geben.
I-X-8, Bl. 268-269

Nr. 941
Votum des Akademiegeographen A.A. Rhode über die angeblich fehlerhafte Angabe der Längengrade in der Landkarte vom Stillen Ozean:
Weist darauf hin, daß eine ausführliche Erklärung über die Anfertigung der Karte vom Stillen Ozean in dem Vorwort von L. Euler zum Schulatlas gegeben werde.
Berlin, 17. Juli 1756
Behändigte Reinschrift, egh.
I-VII-35, Bl. 51a

Nr. 942
Abnahme der Kalenderhauptrechnung für das Jahr 1755 durch das Direktorium der Akademie.
Berlin, 22. Juli 1756
Behändigte Reinschrift von J.D. Blume, mitunterzeichnet von L. Euler.
I-VIII-309, Bl. 26

Nr. 943
Quittung über die Abnahme der Jahresrechnung der Akademie für das Jahr 1755.
Berlin, 22. Juli 1756
Behändigte Reinschrift, Schreiberhand, mitunterzeichnet von L. Euler.
I-XVI-121, S. 47-48

Nr. 944
Erklärung von C.P. Katsch über seine Maßnahmen zur Einhaltung der Pachtbedingungen, in der er u. a. L. Euler als Zeugen seiner Ausführungen anführt.
Berlin, 22. Juli 1756
Behändigte Ausfertigung, egh.
I-X-8, Bl. 270-274

Nr. 945
Direktorium der Akademie an den Generalfiskal und Justitiar der Akademie J.C. Uhden:
Bittet darum, gegen den Kupferstecher N.F. Sauerbrey wegen des Verkaufs ungestempelter Landkarten eine Untersuchung anzustellen.
Berlin, 23. Juli 1756
Konzept von D. Köhler, mit Revisionsunterschriften von L. Euler, J.P. Heinius und J.T. Eller.
I-VII-35, Bl. 49

Nr. 946
L. Euler an D. Köhler:
Teilt mit, daß der Präsident P.-L.M. de Maupertuis angeordnet habe, in die Genealogischen Kalender auf das Jahr 1758 das Porträt der preußischen Prinzessin Louise aufzunehmen.
Berlin, 30. Juli 1756

Angabe, egh.
I-VIII-178, Bl. 294

Nr. 947
D. Köhler an L. Euler:
Schlägt vor, nach dem beiliegenden Projekt einen Vertrag mit A.F. Terstegen als Kalenderfaktor der Akademie im Herzogtum Geldern abzuschließen.
Berlin, 16. Aug. 1756
Behändigte Reinschrift, egh., mit einem Revisionsvermerk von L. Euler, daß er an dem Projekt nichts auszusetzen habe.
I-VIII-127, Bl. 35

Nr. 948
L. Euler an D. Köhler:
Ordnet an, die Landkarte von den englischen und französischen Kolonien in Nordamerika für 12 Gr. das Exemplar zu verkaufen.
Berlin, 17. Aug. 1756
Angabe, egh.
I-VII-37, Bl. 89

Nr. 949
D. Köhler an L. Euler:
Berichtet, daß in der in den Kalendern für 1757 abgedruckten Ankündigung der Preis für die Landkarten von den englischen und französischen Kolonien in Nordamerika bereits mit 16 Gr. angegeben sei.
Berlin, 17. Aug. 1756
Behändigte Reinschrift, egh., mit einer Angabe von L. Euler, daß es bei dem Preis von 16 Gr. bleiben solle.
I-VII-37, Bl. 89

Nr. 950
L. Euler an D. Köhler:
Teilt die Übersendung der Nachricht aus dem Generaldirektorium wegen des Judenreglements mit und trägt ihm auf, eine Kopie der königlichen Konzession wegen der Aufnahme des Hofstaates in den Berliner Adreßkalender an den Hofmarschall von Beeß zu schicken.
Berlin, 19. Aug. 1756
Angabe, egh.
I-VIII-189, Bl. 41

Nr. 951
A.A. Rhode an D. Köhler:
Übersendet ihm den Text für ein Zeitungsinserat über die neue Landkarte von Nordamerika, bittet um Hinzusetzung des Preises der Landkarte und bietet sich an, den Inserattext L. Euler vorbeizubringen.
Berlin, 22. Aug. 1756
Behändigte Reinschrift, egh.

I-VII-37, Bl. 97-98

Nr. 952
D. Köhler an L. Euler:
Übersendet zur Begutachtung in der Anlage den Inserattext von A.A. Rhode über die Landkarte von Nordamerika und teilt mit, daß er sich um die Veröffentlichung des Inserats in den Zeitungen kümmern werde.
Berlin, nicht vor dem 22. Aug. 1756
Behändigte Reinschrift, egh., mit zwei Angaben von L. Euler, daß er damit einverstanden sei.
I-VII-37, Bl. 97-98

Nr. 953
D. Köhler an L. Euler:
Fragt an, ob er von der fertiggestellten Landkarte von Nordamerika wie bisher den Kuratoren und Direktoren je ein Exemplar gratis zustellen solle.
Berlin, 23. Aug. 1756
Behändigte Reinschrift, egh., mit einer Angabe von L. Euler, daß dies grundsätzlich geregelt sei und keiner Anfrage weiter bedürfe.
I-VII-37, Bl. 94

Nr. 954
D. Köhler an L. Euler:
Übersendet die bei ihm befindlichen Unterlagen über die Aufnahme des Hofstaates in den Berliner Adreßkalender und teilt mit, daß die diesbezügliche königliche Konzession nicht in seinem Besitz sei.
Berlin, 23. Aug. 1756
Behändigte Reinschrift, egh., mit einer Angabe von L. Euler, eine Kopie des beigelegten Briefes von P.-L.M. de Maupertuis an den Oberhofmarschall von Beeß zu schicken.
I-VIII-189, Bl. 40

Nr. 955
Vertrag zwischen dem Direktorium der Akademie und dem Buchdrucker G.J. Decker über den Druck des ersten Teils des Corpus Juris Fridericiani.
Berlin, 28. Aug. 1756
Behändigte Ausfertigung von G.J. Decker, mit einem Vermerk von L. Euler, mitunterzeichnet von J.P. Heinius und J.T. Eller, daß das Direktorium diesen Vertrag gebilligt habe.
I-IX-4, Bl. 12

Nr. 956
Berliner Akademie der Wissenschaften an die Hofmarschälle Friedrich II.:
Ersucht darum, ein Verzeichnis der Personen des Hofstaates mit ihren Wohnanschriften zwecks Aufnahme in den Berliner Adreßkalender an die Akademie zu schicken.
Berlin, 30. Aug. 1756

Konzept von D. Köhler, mit einer Revisionsunterschrift von L. Euler.
I-VIII-189, Bl. 42, 43

Nr. 957
D. Köhler an das Direktorium der Akademie:
Fragt an, wie er mit den Edikten vor 1751 verfahren soll und wie die Akademie wieder in den Besitz des an den verstorbenen Buchhändler Spener gegebenen Vorschusses gelangen könne.
Berlin, 1. Sept. 1756
Behändigte Reinschrift, egh., mit einer Angabe von J.T. Eller vom 21.9., mitunterzeichnet von L. Euler und J.P. Heinius, so zu verfahren, daß die Akademie keinen Nachteil erleide, und wegen des Vorschusses an die Witwe Spener zu schreiben.
I-IX-3, Bl. 76

Nr. 958
Quittung von L. Euler über den Empfang des Quartalsgehaltes von 450 Rt.
Berlin, 15. Sept. 1756
Behändigte Reinschrift, egh.
I-XVI-228, Bl. 90

Nr. 958a
L. Euler an D. Köhler (?):
Teilt mit, daß P.-L.M. de Maupertuis mit der Erhöhung der Besoldung für den Aufwärter F. Ende und mit der Auszahlung einer Gratifikation von 50 Rt. oder auch mehr an C. Kirch einverstanden sei.
Berlin, 23. Sept. 1756
Behändigte Reinschrift, egh.
I-III-81, Bl. 70

Nr. 959
Beschluß der Akademiedirektoren L. Euler, J.P. Heinius und J.T. Eller, dem Akademieaufwärter Ende die Aufsicht über alle Akademiegebäude für 25 Rt. zu übertragen.
Berlin, 1. Okt. 1756
Beschlußprotokoll von J.T. Eller.
I-XVI-228, Bl. 185

Nr. 960
D. Köhler an L. Euler:
Fragt an, ob mit dem Druck der Ediktensammlung schon begonnen werden könne, obwohl ein Zensor das Manuskript noch nicht durchgesehen habe.
Berlin, 2. Okt. 1756
Behändigte Reinschrift, egh., mit einer Angabe von L. Euler vom 4.10., den Druck der Ediktensammlung vorzunehmen.
I-IX-3, Bl. 34

Nr. 961
Quittung des Akademieaufwärters Ende über den Empfang von 4 Rt. 12 Gr.

für die Aufsicht über die Akademieräume.
Berlin, 20. Okt. 1756
Behändigte Reinschrift, egh., mit einem Vermerk über die sachliche Richtigkeit von L. Euler, J.T. Eller und J.P. Heinius.
I-XVI-228, Bl. 262

Nr. 962
L. Euler an D. Köhler:
Teilt die Übersendung des Verzeichnisses über den Hofstaat des preußischen Prinzen Heinrich mit und trägt ihm auf, wegen der übrigen Personen des Hofstaates noch einige Anschreiben zu verfassen.
Berlin, 29. Okt. 1756
Angabe, egh.
I-VIII-189, Bl. 52

Nr. 963
D. Köhler an das Direktorium der Akademie:
Fragt an, ob für das Anfertigen des Registers zur Ediktensammlung 40 Rt. bezahlt werden können.
Berlin, 29. Okt. 1756
Behändigte Reinschrift, egh., mit einer Angabe von L. Euler, mitunterzeichnet von J.T. Eller, daß ein Register nicht notwendig sei.
I-IX-3, Bl. 6, 18

Nr. 964-965
Rechnungen über Ausgaben für die Köpenicker Maulbeerplantage.
Köpenick, 2. Nov., 26. Nov. 1756
Behändigte Ausfertigungen, egh., mit Angaben von L. Euler und J.T. Eller für D. Köhler, die Rechnungen zu bezahlen.
I-XVI-231, Bl. 244, 246

Nr. 966
Quittung von C.P. Katsch über den Empfang einer Geldsumme von der Akademie durch J.G. Gledtisch.
Berlin, 4. Nov. 1756
Behändigte Ausfertigung, egh., mit einer Angabe von J.T. Eller vom 11.11., mitunterzeichnet von L. Euler und J.P. Heinius, daß die Zahlung der Summe vom Direktorium gebilligt wurde.
I-X-8, Bl. 282

Nr. 967
D. Köhler an das Direktorium der Akademie:
Weist auf die Notwendigkeit einer Einleitung und eines Registers für die Ediktensammlung hin.
Berlin, 9. Nov. 1756
Behändigte Reinschrift, egh., mit einer Angabe von J.T. Eller, mitunterzeichnet von L. Euler und J.P. Heinius, daß der Akademiejustitiar J.C. Uhden eine geeignete Person für die Anfertigung der Einleitung

und des Registers vorschlagen werde.
I-IX-3, Bl. 295-296, 298

Nr. 968
D. Köhler an L. Euler:
Fragt an, ob Kalender für den Präsidenten P.-L.M. de Maupertuis gebunden werden sollen, und teilt mit, daß das Porto für solche Dinge in Frankreich sehr hoch sei.
Berlin, 12. Nov. 1756
Behändigte Reinschrift, egh., mit einer Angabe von L. Euler, die Kalender der Frau des Präsidenten zu übergeben.
I-VIII-20, Bl. 47

Nr. 969
Berliner Akademie der Wissenschaften an den Hallenser Kriegs- und Steuerrat Lamprecht:
Bittet, die von ihr verlegten Landkarten wie bisher akzisefrei an den Akademiefaktor in Halle passieren zu lassen.
Berlin, 12. Nov. 1756
Konzept von D. Köhler, mit einem Sichtvermerk von L. Euler.
I-I-28, Bl. 34

Nr. 970
D. Köhler an L. Euler:
Bittet um eine Entscheidung wegen der Einleitung zur Ediktensammlung.
Berlin, 16. Nov. 1756
Behändigte Reinschrift, egh., mit einer Angabe von L. Euler, daß er nichts weiter dazu sagen könne und daß künftig solche Anfragen nicht mehr an ihn, sondern an J.T. Eller oder das Direktorium insgesamt zu richten seien.
I-IX-3, Bl. 10

Nr. 971
Akademiejustitiar J.C. Uhden an D. Köhler:
Weist auf die Notwendigkeit eines Registers für die Ediktensammlung hin und nimmt zur Anfertigung einer Einleitung für diese Stellung.
Berlin, 16. Nov. 1756
Behändigte Reinschrift, mit einer Angabe von J.T. Eller vom 25.11., mitunterzeichnet von L. Euler und J.P. Heinius, auf die Einleitung zu verzichten.
I-IX-3, Bl. 14

Nr. 972
D. Köhler an das Direktorium der Akademie:
Schlägt vor, das Verzeichnis über den königlichen Hofstaat für den Berliner Adreßkalender drucken zu lassen und dann an Friedrich II. zur Genehmigung einzuschicken.
Berlin, 24. Nov. 1756

Behändigte Reinschrift, egh., mit einer Angabe von J.T. Eller vom 25.9., mitunterzeichnet von L. Euler und J.P. Heinius, das bereits genehmigte Verzeichnis nicht mehr an Friedrich II. zu schicken.
I-VIII-189, Bl. 61

Nr. 972a
C. Kirch an die Berliner Akademie der Wissenschaften:
Bittet angesichts der teuren Zeiten um die Erhöhung ihrer Gratifikation auf 100 Rt.
Berlin, 24. Nov. 1756
Behändigte Reinschrift, egh., mit einem Vermerk von L. Euler, daß das Direktorium eine Gratifikation von 100 Rt. für 1756 angewiesen habe.
I-III-10, Bl. 8-9

Nr. 973
Beschluß der Direktoren L. Euler, J.P. Heinius und J.T. Eller über die Zuerkennung einer Gratifikation von 100 Rt. für C. Kirch.
Berlin, 25. Nov. 1756
Beschlußprotokoll von L. Euler.
I-XVI-228, Bl. 236

Nr. 974
L. Euler an D. Köhler:
Teilt mit, daß ein Buchhändler in Holland einige Dutzend französische Genealogische Kalender in Kommission übernehmen wolle.
Berlin, 26. Nov. 1756
Behändigte Reinschrift, egh.
I-VIII-178, Bl. 250

Nr. 975
Rechnung über Glaserarbeiten auf dem Observatorium.
Berlin, 26. Nov. 1756
Behändigte Ausfertigung, egh., mit einer Angabe von L. Euler und J.P. Heinius für D. Köhler, die Rechnung zu bezahlen.
I-XVI-228, Bl. 263

Nr. 976
Rechnung des Akademieaufwärters Ende über angeschaffte Leuchter für die Akademieräume.
Berlin, 2. Dez. 1756
Behändigte Reinschrift, egh., mit einer Angabe von L. Euler, J.T. Eller und J.P. Heinius für D. Köhler, die Rechnung zu bezahlen.
I-XVI-228, Bl. 306

Nr. 977
Rechnung von A.S. Marggraf über das von ihm ausgelegte Servisgeld für das der Akademie gehörende Haus.
Berlin, 2. Dez. 1756
Behändigte Reinschrift, egh., mit einer Angabe von L. Euler und J.P. Heinius für D. Köhler, die Rechnung zu bezahlen.

I-XVI-228, Bl. 338

Nr. 978
L. Euler an D. Köhler:
Übersendet das Gesuch des Berliner Kalenderfaktors J.S. Pesenecker wegen einer Kautionsangelegenheit zur Überprüfung und trägt ihm auf, die erbetene Bescheinigung aufzusetzen, wenn keine Bedenken vorliegen.
Berlin, 3. Dez. 1756
Angabe, egh.
I-VIII-6, Bl. 104, 107

Nr. 979
Direktorium der Akademie an den Kalenderfaktor J.S. Pesenecker:
Bescheinigt ihm, daß sein Haus nahe der Petrikirche nicht zu der der Akademie gestellten Kaution gehöre.
Berlin, 6. Dez. 1756
Konzept von D. Köhler, egh., mit den Revisionsunterschriften von L. Euler, J.P. Heinius und J.T. Eller.
I-VIII-6, Bl. 102

Nr. 980
Quittung von L. Euler über den Empfang des Quartalsgehaltes von 450 Rt.
Berlin, 6. Dez. 1756
Behändigte Reinschrift, egh.
I-XVI-228, Bl. 91

Nr. 981
Rechnung von L. Euler über von ihm ausgelegte Frachtkosten für den Transport von Mineralien aus dem Harz, die J.G. Lehmann für das Laboratorium und das Mineralienkabinett besorgt hat.
Berlin, 6. Dez. 1756
Behändigte Reinschrift, egh., mit einem Vermerk von L. Euler über den Empfang der verauslagten Summe.
I-XVI-228, Bl. 304

Nr. 982
Eintragung in der Jahresrechnung der Akademie über die Zahlung einer Jahrespension von 1800 Rt. an L. Euler, Direktor der mathematischen Klasse.
Berlin, 1756
Reinschrift von D. Köhler.
I-XVI-122, S. 13

Nr. 983
L. Euler an D. Köhler:
Trägt ihm auf, die vom Hofmarschall von Beeß mitgeteilten Veränderungen im Berliner Adreßkalender vorzunehmen.
Berlin, 5. Jan. 1757
Angabe, egh.
I-VIII-189, Bl. 53, 63

Nr. 984
Rechnung von S. Pelloutier über Ausgaben für die Akademiebibliothek.
Berlin, 6. Jan. 1757
Behändigte Reinschrift, egh., frz. mit einer Angabe von J.T. Eller für D. Köhler, mitunterzeichnet von L. Euler und J.P. Heinius, die Rechnung zu bezahlen.
I-XVI-229, Bl. 307

Nr. 985
Rechnung des Mechanikers F. Elckner über die Anfertigung von Instrumenten für das Observatorium.
Berlin, 26. Jan. 1757
Behändigte Ausfertigung, egh., mit einem Vermerk von L. Euler, daß P.-L.M. de Maupertuis die Anfertigung dieser Instrumente angeordnet habe.
I-XVI-229, Bl. 297

Nr. 986
L. Euler an J.T. Eller:
Teilt ihm den Vorschlag der Papierhändlerin Schütz mit, die Papierballen für den Druck des Corpus Juris Fridericiani auf ihre Gefahr hin bis zum Druck aufzubewahren und für die Bezahlung eines Vorschusses von 1000 Rt. ihr Haus als Kaution zu stellen.
Berlin, 31. Jan. 1757
Behändigte Reinschrift, egh.
I-IX-4, Bl. 15-16

Nr. 987
Direktorium der Akademie an D. Köhler:
Trägt ihm auf, die von der Papierhändlerin Schütz angebotene Kaution auf ihre Richtigkeit zu untersuchen.
Berlin, nicht vor dem 31. Jan. 1757
Angabe von L. Euler, mitunterzeichnet von J.T. Eller.
I-IX-4, Bl. 15

Nr. 988
D. Köhler an L. Euler:
Bittet um Revision der beiliegenden französischen Verse zu den Genealogischen Kalendern auf das Jahr 1758 und um Mitteilung, wie die wichtigsten Provinzen beim Monat Januar zu plazieren seien.
Berlin, 1. Febr. 1757
Behändigte Reinschrift, egh., mit einer Angabe von L. Euler, daß auf dem Globus auf dem hellsten Viertel Europa erscheinen müsse.
I-VIII-178, Bl. 304

Nr. 989
Kammerherr C.H. von Ammon an die Berliner Akademie der Wissenschaften:
Beschwert sich, daß er im Berliner Adreßkalender nicht in der Liste

der Kammerherren aufgeführt werden soll; bittet um den Neudruck des Blattes mit der Liste der Kammerherren.
Berlin, 2. Febr. 1757
Behändigte Ausfertigung, egh., mit einer Angabe von L. Euler für D. Köhler, mitunterzeichnet von J.T. Eller, die verlangte Änderung vorzunehmen, wenn sich diese nicht auf die anderen Druckbögen auswirke.
I-VIII-189, Bl. 28

Nr. 990
D. Köhler an das Direktorium der Akademie:
Teilt die Übersendung von Kautionsunterlagen der Papierhändlerin Schütz mit und schlägt vor, das bisher gefertigte Papier zu behalten.
Berlin, 4. Febr. 1757
Behändigte Reinschrift, egh., mit einer Angabe von L. Euler, mitunterzeichnet von J.T. Eller, noch 72 Papierballen zu übernehmen und zu bezahlen, mit den weiteren Lieferungen jedoch bis zum Druckbogen zu warten.
I-IX-4, Bl. 14

Nr. 991
J.G. Gleditsch an das Direktorium der Akademie:
Teilt mit, daß er die Pferde schon verkauft habe und das Brennholz angeliefert worden sei; bittet darum, D. Köhler aufzutragen, kein Geld mehr an den Gärtner zur Unterhaltung der Pferde und des Knechtes auszuzahlen sowie die Holzfuhrleute zu bezahlen.
Berlin, 22. Febr. 1757
Behändigte Reinschrift, egh., mit einer Angabe von J.T. Eller vom 24.2., mitunterzeichnet von L. Euler und J.P. Heinius, daß dies geschehen soll.
I-XIV-36, Bl. 2

Nr. 992
Quittung von L. Euler über den Empfang des Quartalsgehaltes in Höhe von 450 Rt.
Berlin, 2. März 1757
Behändigte Reinschrift, egh.
I-XVI-229, Bl. 127

Nr. 993
J.G. Gleditsch an das Direktorium der Akademie:
Ersucht um Bezahlung des Transports von Brennholz in den Botanischen Garten durch zwei Bauern aus Wilmersdorf.
Berlin, 2. März 1757
Behändigte Reinschrift, egh., mit einer Angabe von J.T. Eller für D. Köhler, mitunterzeichnet von L. Euler, die Bezahlung vorzunehmen.
I-XVI-229, Bl. 345

Nr. 994
L. Euler an D. Köhler:
Trägt ihm auf, J.C. Rhode für seine Arbeit bei der Herstellung der Landkarten von Nordamerika und Preußen sowie der Verbesserung des Postkalenders 26 Rt. 18 Gr. auszuzahlen.
Berlin, 3. März 1757
Angabe, egh.
I-XVI-229, Bl. 226

Nr. 995
D. Köhler an L. Euler:
Fragt an, ob in den Historischen Kalendern für das Jahr 1758 die Landkarte vom Kurfürstentum Sachsen gebracht werden soll.
Berlin, 10. März 1757
Behändigte Reinschrift, egh., mit einer Angabe von L. Euler, daß dieser Vorschlag gebilligt werde.
I-VIII-21, Bl. 443

Nr. 996
Rechnung über den Verkauf eines Buches für die Bibliothek.
Berlin, 17. März 1757
Behändigte Ausfertigung, egh., mit einer Angabe von J. T. Eller für D. Köhler, mitunterzeichnet von L. Euler und J.P. Heinius, die Rechnung zu bezahlen.
I-XVI-229, Bl. 280

Nr. 997
L. Euler an D. Köhler:
Teilt ihm die Abschrift des Auszugs eines Schreibens von P.-L.M. de Maupertuis an L. Euler vom 7.3.1757 mit, in dem auf L. Eulers Befürwortung J.G. Lehmann eine Gratifikation von 100 Dukanten gewährt wird, und ersucht ihn, die Auszahlung dieser Summe anzuweisen.
Berlin, 25. März 1757
Behändigte Reinschrift, egh., frz., dt., mit einer Angabe von J.T. Eller für D. Köhler vom 25.3., mitunterzeichnet von L. Euler, die Summe von 290 Rt. an J.G. Lehmann auszuzahlen.
I-XVI-229, Bl. 276

Nr. 998
Rechnung über Handwerkerarbeiten auf dem Observatorium.
Berlin, 6. Apr. 1757
Behändigte Ausfertigung, egh., mit einer Angabe von J.T. Eller für D. Köhler, mitunterzeichnet von L. Euler und J.P. Heinius, die Rechnung zu bezahlen.
I-XVI-229, Bl. 286

Nr. 999
D. Köhler an das Direktorium der Akademie:
Fragt an, ob trotz der Besetzung von Kleve und Westfalen durch französische Truppen die Kalender auf das Jahr 1758 für diese Provinzen gedruckt werden sollen.
Berlin, 20. Apr. 1757
Behändigte Reinschrift, egh., mit einer Angabe von J.T. Eller vom 20.4., mitunterzeichnet von L. Euler und J.P. Heinius, die Kalender weiter zu drucken.
I-VIII-21, Bl. 444

Nr. 1000
D. Köhler an das Direktorium der Akademie:
Fragt an, was angesichts der Gefahr des Eindringens feindlicher Soldaten in Berlin mit dem Geld in der Akademiekasse geschehen soll; schlägt vor, 4000 Rt. als Darlehen auszugeben.
Berlin, 20. Apr. 1757
Behändigte Reinschrift, egh., mit zwei Angaben von J.T. Eller vom 20.4. und 5.7., mitunterzeichnet von L. Euler und J.P. Heinius, daß bei drohender Gefahr eines feindlichen Angriffs nähere Anweisung wegen der Kasse erteilt werde und daß der Vorschlag über Ausgabe von Darlehen gebilligt werde.
I-XVI-28, Bl. 206

Nr. 1001-1009
Rechnungen über Ausgaben für den Botanischen Garten.
Berlin, 28. Apr. - 13. Dez. 1757
Behändigte Ausfertigungen, egh., mit Angaben von L. Euler, J.T. Eller und J.P. Heinius für D. Köhler, die Rechnungen zu bezahlen.
I-XVI-229, Bl. 3, 336, 338, 340, 342, 346-349

Nr. 1010-1012
Rechnungen über Handwerksarbeiten für das Laboratorium.
Berlin, 12. Mai - 25. Okt. 1757
Behändigte Ausfertigungen, egh., mit Angaben von L. Euler, J.T. Eller und J.P. Heinius für D. Köhler, die Rechnungen zu bezahlen.
I-XVI-229, Bl. 287-288, 291

Nr. 1013-1017
Rechnungen über Ausgaben für das Laboratorium.
Berlin, 12. Mai - 13. Nov. 1757
Behändigte Ausfertigungen, egh., mit Angaben von L. Euler, J.T. Eller und J.P. Heinius für D. Köhler, die Rechnungen zu bezahlen.
I-XVI-229, Bl. 313-315, 317-318

Nr. 1018-1023
Rechnungen des Mechanikers J.H. Ring über die Anfertigung eines Mikroskops, eines Teleskops, eines Fernrohrs und von Einzelteilen dazu.
Berlin, 14. Mai - 7. Nov. 1757
Behändigte Ausfertigungen, egh., mit Angaben von L. Euler für D. Köhler, die Rechnungen zu bezahlen.
I-XVI-229, Bl. 298-302, 304

Nr. 1024
D. Köhler an L. Euler:
Fragt an, ob die Astronomischen Kalender auf das Jahr 1758 nicht mehr gedruckt werden sollen.
Berlin, 24. Mai 1757
Behändigte Reinschrift, egh., mit einer Angabe von L. Euler, für das künftige Jahr keine Astronomischen Kalender drucken zu lassen.
I-VIII-21, Bl. 445

Nr. 1025
Quittung von L. Euler über den Empfang des Quartalsgehaltes in Höhe von 450 Rt.
Berlin, 3. Juni 1757
Behändigte Reinschrift, egh.
I-XVI-229, Bl. 128

Nr. 1026
Rechnung von L. Euler über die Beschaffung eines in Amerika gefundenen Metalls und von zwei Bänden der englischen Akademiegeschichte aus England.
Berlin, 3. Juni 1757
Behändigte Reinschrift, egh.
I-XVI-229, Bl. 310

Nr. 1027
D. Köhler an L. Euler:
Bittet um Revision der beiliegenden Zeichnungen zu den Genealogischen Kalendern auf das Jahr 1759.
Berlin, 4. Juni 1757
Behändigte Reinschrift, egh., mit einem Revisionsvermerk von L. Euler.
I-VIII-179, Bl. 14

Nr. 1028
D. Köhler an [L. Euler]:
Berichtet, daß N.F. Sauerbrey die Schulkarten nur dann sorgfältiger ausmalen wolle, wenn ihm eine Zulage gewährt werde; schlägt vor, ihm für jede Karte 1 Pf. mehr zu zahlen.
Berlin, 6. Juni 1757
Behändigte Reinschrift, egh., mit einer Angabe von L. Euler, mitun-

terzeichnet von J.P. Heinius und J.T. Eller, daß so verfahren werden soll.
I-VII-37, Bl. 101

Nr. 1029
D. Köhler an L. Euler:
Teilt mit, daß er von J.G. Gleditsch noch nicht den ökonomischen Aufsatz für den Haushaltungskalender auf das Jahr 1758 erhalten habe; bietet sich an, selbst eine Abhandlung über den Seidenbau für den Kalender zu verfassen.
Berlin, 16. Juni 1757
Behändigte Reinschrift, egh., mit einer Angabe von L. Euler vom 16.6., daß er damit einverstanden sei.
I-VIII-21, Bl. 446

Nr. 1030
D. Köhler an das Direktorium der Akademie:
Bittet um Mitteilung eines Termins zur Abnahme der Akademierechnung aus dem Jahr 1756.
Berlin, 30. Juni 1757
Behändigte Reinschrift, egh., mit einer Angabe von J.T. Eller, mitunterzeichnet von L. Euler und J.P. Heinius, die Rechnungsabnahme am 5.7. durchzuführen.
I-XVI-28, Bl. 204

Nr. 1031
Akademiesekretar J.-H.S. Formey an das Direktorium der Akademie:
Teilt Termin und Ort für die Rechnungsabnahme der Kalenderhauptrechnung der Akademie mit.
Berlin, 2. Juli 1757
Behändigte Reinschrift, egh., frz., mit einem Vermerk von L. Euler, daß er daran teilnehmen werde.
I-XVI-28, Bl. 203

Nr. 1032
Abnahme der Kalenderhauptrechnung für das Jahr 1756 durch das Direktorium der Akademie.
Berlin, 5. Juli 1757
Behändigte Reinschrift von J.D. Blume, mitunterzeichnet von L. Euler.
I-VIII-310, Bl. 26

Nr. 1033
Quittung über die Abnahme der Jahresrechnung der Akademie für das Jahr 1756.
Berlin, 5. Juli 1757
Behändigte Reinschrift, Schreiberhand, mitunterzeichnet von L. Euler.
I-XVI-122, S. 45-46

Nr. 1034
L. Euler an D. Köhler:
Trägt ihm auf, 50 Landkarten von Deutschland mit den Postkursen an den Geographen des Prinzen von Wales, T. Jeffrys, über Hamburg nach London zu schicken.
Berlin, 5. Juli 1757
Angabe, egh.
I-VII-37, Bl. 103

Nr. 1035
D. Köhler an [L. Euler]:
Schlägt vor, die Kupferplatte für die Brucknersche Landkarte, nach der seit Jahren keine Nachfrage bestehe, zu verkaufen.
Berlin, 5. Juli 1757
Behändigte Reinschrift, egh., mit einer Angabe von L. Euler, mitunterzeichnet von J.P. Heinius und J.T. Eller, daß dies gebilligt werde.
I-VII-37, Bl. 102

Nr. 1036
D. Köhler an L. Euler:
Bittet um Revision der französischen Schrift zu den Genealogischen Kalendern auf das Jahr 1758.
Berlin, 26. Juli 1757
Behändigte Reinschrift, egh., mit einem Revisionsvermerk von L. Euler.
I-VIII-178, Bl. 306, 310

Nr. 1037
Berliner Akademie der Wissenschaften an die Kriegs- und Domänenkammer in Magdeburg:
Teilt mit, daß die gemeldete Änderung wegen der Jahrmärkte zu Gerbstädt erst bei den Kalendern auf das Jahr 1759 berücksichtigt werden könne.
Berlin, 27. Juli 1757
Konzept von D. Köhler, mit Revisionsunterschriften von L. Euler, J.P. Heinius und J.T. Eller.
I-VIII-152, Bl. 243

Nr. 1038
L. Euler an D. Köhler:
Trägt ihm auf, ein Antwortschreiben an die Kurmärkische Kriegs- und Domänenkammer über den Maulbeersamen von der Köpenicker Plantage zu entwerfen und ihm das Inventar vom Observatorium für den Astronomen J.J. Huber auszuhändigen.
Berlin, 6. Aug. 1757
Angabe, egh.
I-X-8, Bl. 290, 291

Nr. 1039
L. Euler an D. Köhler:
Trägt ihm auf, einen Überschlag über die zur Verfügung stehenden Gelder für Vorauszahlungen der Gehaltsquartale anzufertigen.
Berlin, 22. Aug. 1757
Angabe, egh.
I-XVI-28, Bl. 207, 212

Nr. 1040-1041
Rechnungen über Reparaturen am Wohnhaus von A.S. Marggraf.
Berlin, 27. Aug., 22. Sept. 1757
Behändigte Ausfertigungen, egh., mit Angaben von L. Euler, J.T. Eller und J.P. Heinius für D. Köhler, die Rechnungen zu bezahlen.
I-XVI-229, Bl. 289-290

Nr. 1042
Inventarverzeichnis der auf dem Observatorium befindlichen astronomischen Instrumente, von denen einige nach der Vorschrift von L. Euler angefertigt wurden.
Berlin, 1. Sept. 1757
Reinschrift von J.D. Blume.
I-XIV-27, Bl. 53-57, revidierte Reinschrift vom 15.2.1768: Bl. 59-63

Nr. 1043
Quittung von L. Euler über den Empfang des Quartalsgehaltes in Höhe von 450 Rt.
Berlin, 2. Sept. 1757
Behändigte Reinschrift, egh.
I-XVI-229, Bl. 129

Nr. 1044
D. Köhler an das Direktorium der Akademie:
Teilt die Übersendung der von ihm entworfenen Resolution auf eine Anfrage des Kalenderfaktors J.S. Pesenecker wegen des Kalenderversands in Kriegszeiten zur Revision mit.
Berlin, 20. Sept. 1757
Behändigte Reinschrift, egh., mit Revisionsvermerken von L. Euler und J.T. Eller.
I-VIII-6, Bl. 111

Nr. 1045
Direktorium der Akademie an den Kalenderfaktor J.S. Pesenecker:
Teilt ihm mit, daß die Kalender nach wie vor verschickt werden sollen, er für durch die Kriegswirren eingetretene Verluste nicht aufzukommen brauche und daß die Unterfaktoren den Erlös aus dem Kalenderverkauf abschlagsweise nach Berlin senden sollen.

Berlin, 20. Sept. 1757
Konzept von D. Köhler, egh., mit Revisionsunterschriften von L. Euler und J.T. Eller.
I-VIII-6, Bl. 110

Nr. 1046
N.F. Sauerbrey an das Direktorium der Akademie:
Bittet um die Bezahlung der von ihm angefertigten drei Kupferplatten mit Zeichnungen für mathematische Abhandlungen.
Berlin, 21. Sept. 1757
Behändigte Ausfertigung, egh., mit einer Angabe von J.T. Eller vom 22.9. für D. Köhler, mitunterzeichnet von L. Euler, die Rechnung zu bezahlen.
I-XVI-229, Bl. 304

Nr. 1047
D. Köhler an L. Euler:
Fragt an, ob und wohin er wegen der Gefahr eines feindlichen Überfalls die Akademiekasse abliefern solle.
Berlin, 15. Okt. 1757
Behändigte Reinschrift, egh., mit einer Angabe von L. Euler, die Akademiekasse nicht an einen anderen Ort zu bringen.
I-XVI-28, Bl. 205

Nr. 1048
J.G. Lehmann an das Direktorium der Akademie:
Bittet um Rückerstattung der bei der Vornahme von chemischen Experimenten angefallenen Unkosten.
Berlin, 3. Nov. 1757
Behändigte Reinschrift, egh., mit einer Angabe von L. Euler und J.P. Heinius für D. Köhler, die Rechnung zu bezahlen.
I-XVI-229, Bl. 319

Nr. 1049
L. Euler an D. Köhler:
Trägt ihm auf, die gleiche Anzahl an Kalendern wie letztes Jahr über Hamburg nach England zu senden, eine Landkarte mit den Postkursen auf Atlas an den Generalpostmeister G.A. von Gotter und eine gleiche oder einige andere Landkarten auf Papier an den Postsekretär Bertram zu schicken.
Berlin, 4. Nov. 1757
Angabe, egh.
I-VIII-178, Bl. 284

Nr. 1050
D. Köhler an L. Euler:
Teilt die Übersendung eines Briefes aus London mit einer Kalenderanforderung und das von ihm verfaßte Antwortkonzept zur Revision mit.
Berlin, 29. Nov. 1757
Behändigte Reinschrift, egh., mit einer Angabe von L. Euler für J.-H.S. Formey, den Antwortbrief von D. Köhler ins Französische zu übersetzen.
I-VIII-178, Bl. 285

Nr. 1051
D. Köhler an L. Euler:
Berichtet über die von der kaiserlichen Administration angeordnete Stempelung der Kalender in der Provinz Kleve und teilt die Übersendung des Konzepts einer Vorstellung gegen diese Maßnahme an die Kriegs- und Domänenkammer in Kleve zur Revision mit.
Berlin, 6. Dez. 1757
Behändigte Reinschrift, egh., mit einer Angabe von L. Euler, nur an den Faktor zu schreiben, da sich die Akademie nicht mit der Kriegs- und Domänenkammer einlassen könne, solange dieselbe der österreichischen Regierung unterstehe.
I-VIII-83, Bl. 218

Nr. 1052
D. Köhler an L. Euler:
Unterbreitet Vorschläge, welche Porträts zu den Genealogischen Kalendern auf das Jahr 1759 genommen werden könnten.
Berlin, 6. Dez. 1757
Behändigte Reinschrift, egh., mit einer Angabe von L. Euler, die Porträts des Markgrafen und der Markgräfin von Schwedt zu nehmen.
I-VIII-179, Bl. 13

Nr. 1053
Quittung von L. Euler über den Empfang des Quartalsgehaltes in Höhe von 450 Rt.
Berlin, 6. Dez. 1757
Behändigte Reinschrift, egh.
I-XVI-229, Bl. 130

Nr. 1054
Direktorium der Akademie an D. Köhler:
Trägt ihm auf, J.G. Lehmann zur Fortsetzung seiner chemischen Arbeiten für die Akademie 50 Rt. auszuzahlen.
Berlin, 13. Dez. 1757
Angabe von L. Euler, mitunterzeichnet von J.T. Eller.
I-XVI-229, Bl. 320

Nr. 1055
Aktennotiz von L. Euler über einige den Botanischen Garten, die Köpenicker Plantage und die verpachteten Wiesen betreffende Dinge, an die J.G. Gleditsch zu erinnern sei.
Berlin, 1757
Reinschrift, egh.
I-XIV-36, Bl. 6

Nr. 1056
Eintragung in der Jahresrechnung der Akademie über die Zahlung einer Jahrespension von 1800 Rt. an L. Euler, Direktor der mathematischen Klasse.
Berlin, 1757
Reinschrift von D. Köhler.
I-XVI-123, S. 15

Nr. 1057
Aufstellung des Akademiebibliothekars J.B. Merian über die Einnahmen und Ausgaben im Zusammenhang mit einer Verkaufsaktion von Akademiebüchern.
Berlin, [1757]
Behändigte Reinschrift, egh., frz., mit einem Vermerk von L. Euler, daß die Rechnung sachlich richtig aufgestellt sei.
I-XII-2, Bl. 477

Nr. 1058
L. Euler an D. Köhler:
Trägt ihm auf, C. Kirch eine Gratifikation von 100 Rt. auszuzahlen.
Berlin, 4. Jan. 1758
Angabe, egh.
I-XVI-229, Bl. 277

Nr. 1059-1060
Rechnungen über die Anschaffung und das Einbinden von Büchern für die Akademiebibliothek.
Berlin, 11. Jan., 12. Apr. 1758
Behändigte Ausfertigungen, egh., mit Angaben von L. Euler und J.T. Eller für D. Köhler, die Rechnungen zu bezahlen.
I-XVI-230, Bl. 230, 234

Nr. 1061-1067
Rechnungen über Handwerksarbeiten im Botanischen Garten.
Berlin, 13. Jan. - 18. Dez. 1758
Behändigte Ausfertigungen, egh., mit Angaben von L. Euler und J.T. Eller für D. Köhler, die Rechnungen zu bezahlen.
I-XVI-230, Bl. 298-304

Nr. 1068
Akademiepräsident P.-L.M. de Maupertuis an L. Euler:
Teilt mit, daß L. Euler in allem, was er für die Akademie tue, nicht seine Einwilligung einzuholen brauche, daß er die kleine finanzielle Unterstützung, die L. Euler J.G. Lehmann gewährt habe, begrüße und ihm rate, die Geldsumme nach Möglichkeit zu erhöhen.
Toulouse, 18. Jan. 1758
Teilabschrift von L. Euler, frz.
I-III-11, Bl. 9

Nr. 1069
D. Köhler an L. Euler:
Fragt an, ob er mit den Unterschriften unter den Porträts zu den Genealogischen Kalendern auf das Jahr 1759 einverstanden sei.
Berlin, 26. Jan. 1758
Behändigte Reinschrift, egh., mit Verbesserungen von L. Euler.
I-VIII-179, Bl. 10

Nr. 1070
Direktorium der Akademie an D. Köhler:
Weist an, daß wegen der durch die Kriegszeiten geschmälerten Einkünfte der Akademie die Zahlung der Gnadenpension an den Mechaniker J.L. Koch vorläufig ausgesetzt werden soll.
Berlin, 2. Febr. 1758
Angabe von L. Euler, mitunterzeichnet von J.T. Eller.
I-III-11, Bl. 6

Nr. 1071-1077
Rechnungen des Gärtners J.I. Müller über Ausgaben für den Botanischen Garten.
Berlin, 4. Febr. - 13. Dez. 1758
Behändigte Reinschriften, egh., mit Angaben von L. Euler und J.T. Eller für D. Köhler, die Rechnungen zu bezahlen.
I-XVI-230, Bl. 285, 287, 289, 291, 293, 296-297

Nr. 1078
Quittung von L. Euler über den Empfang des Quartalsgehaltes in Höhe von 450 Rt.
Berlin, 11. Febr. 1758
Behändigte Reinschrift, egh.
I-XVI-230, Bl. 94

Nr. 1079-1083
Rechnungen des Mechanikers J.H. Ring über die Anfertigung von astronomischen Instrumenten.
Berlin, 25. Febr. - 22. Dez. 1758
Behändigte Ausfertigungen, egh., mit Angaben von L. Euler für

D. Köhler, die Rechnungen zu bezahlen.
I-XVI-230, Bl. 258, 260-261, 263-264

Nr. 1084
D. Köhler an das Direktorium der Akademie:
Schlägt vor, angesichts der Besetzung ostpreußischer Gebiete durch russische Truppen das Kalenderedikt und die Herausgeberschaft in den Kalendern für Preußen auf das Jahr 1759 wegzulassen, um die russische Verwaltung nicht auf den Gedanken zu bringen, die Kalendergelder als königliche Kassengelder anzusehen.
Berlin, 8. März 1758
Behändigte Reinschrift, egh., mit einer Angabe von J.T. Eller, mitunterzeichnet von L. Euler, daß dies gebilligt werde.
I-VIII-96, Bl. 54

Nr. 1085
D. Köhler an das Direktorium der Akademie:
Fragt nach dem Verbleib seiner Mitteilung über die Übergabe der Berliner Kalenderfaktorei an den Schwiegersohn J.S. Peseneckers, J.C. Krahmer, an.
Berlin, 9. März 1758
Behändigte Reinschrift, egh., mit einem Vermerk von J. T. Eller vom 9.3., mitunterzeichnet von L. Euler, daß die Mitteilung im Akademiesaal reponiert sei.
I-VIII-6, Bl. 113

Nr. 1086
D. Köhler an das Direktorium der Akademie:
Fragt an, welche Landkarte für die Historischen Kalender auf das Jahr 1759 zu nehmen sei.
Berlin, 9. März 1758
Behändigte Reinschrift, egh., mit einer Angabe von L. Euler, mitunterzeichnet von J.T. Eller, eine Karte aus dem Schulatlas dafür zu nehmen.
I-VIII-21, Bl. 461

Nr. 1087
L. Euler an D. Köhler:
Trägt ihm auf, dem Rektor G.G. Küster, der die Verbesserung des Kurfürstlichen Kalenders übernommen habe, ein Exemplar der größeren Ausgabe zu übersenden; teilt mit, daß wegen der Landkarte für die Historischen Kalender auf das Jahr 1759 noch nichts beschlossen wurde.
Berlin, 12. März 1758
Angabe, egh.
I-VIII-21, Bl. 460, 469

Nr. 1088
D. Köhler an das Direktorium der Akademie:
Fragt an, welche Landkarte für die Historischen Kalender auf 1759 genommen werden soll.
Berlin, 14. März 1758
Behändigte Reinschrift, egh., mit einer Angabe von L. Euler, mitunterzeichnet von J.T. Eller, die Karte von Franken und ein Stück von Schwaben aus dem Schulatlas zu nehmen.
I-VIII-21, Bl. 458

Nr. 1089-1094
Rechnungen über Ausgaben für das Laboratorium der Akademie.
Berlin, 16. März - 6. Dez. 1758
Behändigte Ausfertigungen, egh., mit Angaben von L. Euler, J.T. Eller und J.P. Heinius für D. Köhler, die Rechnungen zu bezahlen.
I-XVI-230, Bl. 247, 249-253

Nr. 1095
Direktorium der Akademie an D. Köhler:
Trägt ihm auf, entsprechend einem Beschluß des Direktoriums J.G. Lehmann eine Gratifikation von 100 Rt. auszuzahlen.
Berlin, 6. Apr. 1758
Angabe von L. Euler, mitunterzeichnet von J.T. Eller.
I-XVI-230, Bl. 227

Nr. 1096
D. Köhler an L. Euler:
Weist darauf hin, daß wegen der Verstöße gegen das Kalenderedikt durch Verkauf fremder Kalender viele Anschreiben an die Kriegs- und Domänenkammern, Regierungen und Fiskale geschickt wurden, ohne daß damit etwas erreicht werden konnte.
Berlin, 25. Apr. 1758
Behändigte Reinschrift, egh., mit einer Angabe von L. Euler, daß D. Köhler dem Direktorium eine Vorstellung gegen den Kalendermißbrauch vorlegen soll und daß er selbst verschiedene Verbesserungen und Zusätze zum Genealogischen Kalender zusammengetragen habe.
I-VIII-248, Bl. 14

Nr. 1097
Berliner Akademie der Wissenschaften an den Kriegs- und Domänenrat Mauve in Tecklenburg:
Ersucht ihn, die Strafgelder wegen des Verkaufs fremder Kalender einzuziehen.
Berlin, 26. Apr. 1758
Konzept von D. Köhler, mit Revisionsunterschriften von L. Euler und J.T. Eller.
I-VIII-248, Bl. 10

Nr. 1098
Berliner Akademie der Wissenschaften an den Generalfiskal J.C. Uhden:
Teilt ihm mit, daß die Akademie wegen der noch nicht eingezogenen Strafgelder für den Verkauf fremder Kalender an den Kriegs- und Domänenrat Mauve in Tecklenburg geschrieben habe.
Berlin, 26. Apr. 1758
Konzept von D. Köhler, mit Revisionsunterschriften von L. Euler und J.T. Eller.
I-VIII-248, Bl. 12

Nr. 1099
Direktorium der Akademie an D. Köhler:
Trägt ihm auf, für das Wohnhaus der Akademie die Brandschatzungssteuer zu entrichten.
Berlin, 28. Apr. 1758
Angabe von J.T. Eller, mitunterzeichnet von L. Euler.
I-XVI-230, Bl. 271

Nr. 1100
Buchhändler P.H. Hutter an die Berliner Akademie:
Übersendet einige der von ihm verlegten Landkarten, schlägt ein Tauschgeschäft in Sachen Landkarten vor und bittet für die von ihm an die Akademie aufgegebenen 4 Louisdors um Übersendung einiger Post-Karten und Landkarten von Deutschland sowie von zwei Seeatlanten.
Frankfurt am Main, 5. Mai 1758
Behändigte Ausfertigung, egh., mit einem Vermerk von D. Köhler, daß er von L. Euler die 4 Louisdors sowie 19 Gr. für die übersandten Landkarten aus Frankfurt am Main erhalten habe.
I-VII-37, Bl. 110-113

Nr. 1101-1103
Rechnungen über Handwerksarbeiten im Akademiesaal, am Dach des Wohnhauses von A.S. Marggraf, über der Bibliothek und im Laboratorium.
Berlin, 17. Mai - 23. Nov. 1758
Behändigte Ausfertigungen, egh., mit Angaben von L. Euler, J.T. Eller und J.P. Heinius für D. Köhler, die Rechnungen zu bezahlen.
I-XVI-230, Bl. 238, 246, 248

Nr. 1104
D. Köhler an L. Euler:
Teilt mit, daß sich die Akademie auf einen gegenseitigen Verkauf oder Tausch von Landkarten mit dem Buchhändler P.H. Hutter nicht einlassen könne, da die Akademie bereits einen Kommissionshändler in Frankfurt am Main mit Karten beliefere; fragt an, ob L. Euler die von dem Buchhändler mitgeschickten Karten behalten wolle oder ob diese zurückgeschickt werden sollen.
Berlin, 18. Mai 1758

Behändigte Reinschrift, egh., mit einer Angabe von L. Euler, daß der Buchhändler P.H. Hutter die verlangten Landkarten erhalten solle, L. Euler die von diesem mitgeschickten Landkarten für den angegebenen Preis behalten wolle und dem Buchhändler mitzuteilen sei, daß man sich auf einen Landkartentausch nicht einlassen könne.
I-VII-37, Bl. 114

Nr. 1105
D. Köhler an L. Euler:
Übersendet den Brief des englischen Landkartenverlegers J. Rocque, in dem dieser einen Landkartentausch vorschlägt, und fragt an, ob er ihm Landkarten der Akademie in Kommission überschicken solle.
Berlin, 18. Mai 1758
Behändigte Reinschrift, egh., mit einer Angabe von L. Euler, J. Rocque mitzuteilen, daß die Verfassung der Akademie keinen Handel durch Tausch bei den Landkarten zulasse, daß sein Korrespondent Wettstein in London noch verkäufliche Exemplare des Schulatlasses besitze und daß unter der Bezeichnung Atlas d' Allemagne sicherlich die seit dem Schulatlas herausgegebenen Karten von Thüringen, Anhalt usw. gemeint seien.
I-VII-37, Bl. 116

Nr. 1106
Quittung von L. Euler über den Empfang des Quartalsgehaltes in Höhe von 450 Rt.
Berlin, 19. Mai 1758
Behändigte Reinschrift, egh.
I-XVI-230, Bl. 95

Nr. 1107
D. Köhler an den Londoner Verleger J. Rocque:
Teilt ihm mit, daß die Verfassung der Akademie keinen Tauschhandel mit Landkarten zulasse, daß er ihm aber Landkarten auf Kommissionsbasis nach London überschicken werde und daß von den Schulatlanten L. Euler im Jahre 1756 einige Exemplare an seinen Londoner Korrespondenten Wettstein gesandt habe, die noch zu kaufen seien.
Berlin, 23. Mai 1758
Konzept von D. Köhler, egh.
I-VII-37, Bl. 120, französische Übersetzung des Konzepts: Bl. 117

Nr. 1108
D. Köhler an L. Euler:
Teilt mit, daß der Buchhändler P.H. Hutter aus Frankfurt am Main seine an die Akademie geschickten Landkarten nicht bezahlt haben möchte, weshalb er die von L. Euler dafür bezahlten 19 Gr. zurücksende; fragt an, was er dem Buchhändler Hutter wegen der drei Bücher antworten solle.

Berlin, 13. Juni 1758
Behändigte Reinschrift, egh., mit einer Angabe von L. Euler, daß von den drei nachgefragten Büchern sich nur das Kräuterbuch in der Bibliothek befinde.
I-VII-37, Bl. 127

Nr. 1109
L. Euler an D. Köhler:
Trägt ihm auf, dem Gärtner des Botanischen Gartens, J.I. Müller, gegen Kassenscheine die Quartalspension von 25 Rt. vorzuschießen.
Berlin, 24. Juni 1758
Angabe, egh.
I-XVI-235, Bl. 81

Nr. 1110
D. Köhler an das Direktorium der Akademie:
Fragt an, ob die Akademie von ihrem als Darlehen ausgegebenen Kapital ebenfalls eine Abgabe von 1 Prozent entrichten soll.
Berlin, 28. Juni 1758
Behändigte Reinschrift, egh., mit einer Angabe von L. Euler, festzustellen, ob der Besitzer des Akademiedarlehens zu den verschuldeten Hausbesitzern gehöre.
I-XVI-230, Bl. 4

Nr. 1111
D. Köhler an L. Euler:
Bittet um Revision der französischen Devisen zu den Genealogischen Kalendern auf die Jahre 1759 und 1760 und um eine Anweisung von 8 Rt. für das Nachstechen der Kupferplatte mit den Devisen.
Berlin, 3. Juli 1758
Behändigte Reinschrift, egh., mit einem Revisionsvermerk von L. Euler und einer Angabe, daß die 8 Rt. für das Nachstechen der Platte gebilligt werden.
I-VIII-178, Bl. 318

Nr. 1112
D. Köhler an L. Euler:
Bittet um Revision der beiliegenden Zeichnungen zu den Devisen und der Verse zu den Genealogischen Kalendern auf das Jahr 1760.
Berlin, 12. Sept. 1758
Behändigte Reinschrift, egh., mit einem Revisionsvermerk von L. Euler.
I-VIII-179, Bl. 23

Nr. 1113
Abnahme der Kalenderhauptrechnung für das Jahr 1757 durch das Direktorium der Akademie.
Berlin, 12. Sept. 1758

Behändigte Reinschrift von J.D. Blume, mitunterzeichnet von L. Euler.
I-VIII-311, Bl. 26

Nr. 1114
Quittung über die Abnahme der Jahresrechnung der Akademie für das Jahr 1757.
Berlin, 12. Sept. 1758
Behändigte Reinschrift, Schreiberhand, mitunterzeichnet von L. Euler.
I-XVI-123, S. 45-46

Nr. 1115
Rechnung von L. Euler über nach England geschickte Landkarten und über den Bezug von Maulbeersamen.
Berlin, vor dem 13. Sept. 1758
Behändigte Reinschrift, egh.
I-XVI-230, Bl. 305

Nr. 1116
Direktorium der Akademie an D. Köhler:
Trägt ihm unter Hinweis auf den Auszug eines Schreibens des Präsidenten P.-L.M. de Maupertuis vom 2.9.1758 auf, J.B. Merian gegen dessen Kassenscheine die entsprechende Bargeldsumme aus der Akademiekasse auszuzahlen.
Berlin, 14. Sept. 1758
Angabe von L. Euler, frz., dt., mitunterzeichnet von J.T. Eller und J.P. Heinius.
I-XVI-235, Bl. 84

Nr. 1117
Quittung von L. Euler über den Empfang des Quartalsgehaltes in Höhe von 450 Rt.
Berlin, 15. Sept. 1758
Behändigte Reinschrift, egh.
I-XVI-230, Bl. 96

Nr. 1118
Rechnung von L. Euler über die nach England geschickten Kalender und Landkarten sowie über Ausgaben für das Briefporto.
Berlin, 15. Sept. 1758
Behändigte Reinschrift, egh.
I-XVI-230, Bl. 265

Nr. 1119
Abrechnung von L. Euler über die nach England geschickten Kalender aus den Jahren 1757 und 1758.
Berlin, September 1758
Behändigte Reinschrift, egh.
I-VIII-340, Bl. 221

Nr. 1120
J.G. Lehmann an das Direktorium der Akademie:
Bittet um eine finanzielle Unterstützung zur Fortsetzung seiner chemischen Experimente.
Berlin, 2. Okt. 1758
Behändigte Reinschrift, egh., mit einer Angabe von J.T. Eller vom 12.10., mitunterzeichnet von L. Euler, J.G. Lehmann 100 Rt. auszuzahlen.
I-XVI-230, Bl. 228

Nr. 1121
D. Köhler an L. Euler:
Fragt an, ob dem Gärtner des Botanischen Gartens, J.I. Müller, auch die folgenden Gehaltsquartale aus der Akademiekasse vorzuschießen seien.
Berlin, 11. Okt. 1758
Behändigte Reinschrift, egh., mit einer Angabe von L. Euler, J.I.Müller gegen dessen Kassenscheine auch die übrigen Gehaltsquartale vorzuschießen.
I-XVI-235, Bl. 82

Nr. 1122
Direktorium der Akademie an D. Köhler:
Trägt ihm auf, an den Mechaniker J.H. Ring 11 Rt. für ein Fernrohr zu bezahlen.
Berlin, 26. Okt. 1758
Angabe von L. Euler, mitunterzeichnet von J.T. Eller und J.P. Heinius.
I-XVI-230, Bl. 262

Nr. 1123
Direktorium der Akademie an D. Köhler:
Teilt mit, daß der Präsident P.-L.M. de Maupertuis angeordnet habe, die frei gewordene Bibliothekarsstelle mit der Pension von 100 Rt. J.B. Merian zu übertragen; weist an, die Pension nach Ablauf des Gnadenjahres an J.B. Merian auszuzahlen.
Berlin, 2. Nov. 1758
Angabe von L. Euler, mitunterzeichnet von J.T. Eller und J.P. Heinius.
I-III-11, Bl. 7

Nr. 1124
Quittung von L. Euler über den Empfang des Quartalsgehaltes in Höhe von 450 Rt.
Berlin, 12. Dez. 1758
Behändigte Reinschrift, egh.
I-XVI-230, Bl. 97

Nr. 1125
Rechnung von L. Euler über von ihm verkaufte Landkarten von Deutschland.
Berlin, 12. Dez. 1758
Behändigte Reinschrift, egh.
I-XVI-230, Bl. 45

Nr. 1126
Rechnung von L. Euler über Transportkosten für wissenschaftliche Literatur und über Ausgaben für Briefporto.
Berlin, vor dem 13. Dez. 1758
Behändigte Reinschrift, egh.
I-XVI-230, Bl. 266

Nr. 1127
L. Euler an D. Köhler:
Trägt ihm auf, noch 12 Landkarten mit den Postkursen auf Leinwand drucken zu lassen, nach denen bei hochstehenden Personen eine große Nachfrage bestehe; teilt mit, daß sich ein Leinwandhändler bei D. Köhler melden werde, um ihm die zum Druck benötigte Leinwand zu verkaufen.
Berlin, 21. Dez. 1758
Angabe, egh.
I-VII-37, Bl. 142

Nr. 1128
Rechnung des Gärtners J.I. Müller über Einnahmen aus dem Botanischen Garten durch den Verkauf von Bäumen.
Berlin, 30. Dez. 1758
Behändigte Reinschrift, egh., mit einem Vermerk von L. Euler, daß N. de Beguelin die Bäume auf Anordnung von P.-L.M. de Maupertuis für den halben Preis überlassen wurden.
I-XVI-230, Bl. 7

Nr. 1129
Eintragung in der Jahresrechnung der Akademie über die Zahlung einer Jahrespension von 1800 Rt. an L. Euler, Direktor der mathematischen Klasse.
Berlin, 1758
Reinschrift von D. Köhler.
I-XVI-124, S. 13

Nr. 1130
Aufstellung von L. Euler über Lebensdaten von Vertretern einiger Adelsgeschlechter aus Frankreich und Kurland für den Genealogischen Kalender auf das Jahr 1759.
Berlin, [1758]

Behändigte Reinschrift, egh., frz.
I-VIII-178, Bl. 314

Nr. 1131
D. Köhler an das Direktorium der Akademie:
Unterbreitet Vorschläge für die Gewährung von Akademiedarlehen.
Berlin, 9. Jan. 1759
Behändigte Reinschrift, egh., mit einem Votum von L. Euler, daß über die Güte der vorgeschlagenen Kautionen der Akademiejustitiar J.C. Uhden seine Meinung äußern solle.
I-XVI-28, Bl. 208

Nr. 1132
Direktorium der Akademie an D. Köhler:
Trägt ihm auf, C. Kirch eine Gratifikation von 100 Rt. auszuzahlen.
Berlin, 11. Jan. 1759
Angabe von L. Euler, mitunterzeichnet von J.T. Eller und J.P. Heinius.
I-XVI-231, Bl. 219

Nr. 1133
D. Köhler an L. Euler:
Fragt an, welche Landkarte für die Historischen und Genealogischen Kalender auf das Jahr 1760 gestochen werden soll.
Berlin, 20. Jan. 1759
Behändigte Reinschrift, egh., mit einer Angabe von L. Euler, eine Karte von Ungarn oder Italien stechen zu lassen.
I-VIII-21, Bl. 475

Nr. 1134
D. Köhler an L. Euler:
Teilt mit, daß der Kupferstecher J.D. Schleuen künftig keine Landkarten mit den Postkursen auf Leinwand mehr drucken wolle, übersendet zehn Post-Karten auf Leinwand und fragt an, ob die Post-Karten auf Leinwand zum bisherigen Preis verkauft werden sollen.
Berlin, 20. Jan.1759
Behändigte Reinschrift, egh., mit einer Angabe von L. Euler, daß diejenigen, die solche Landkarten bereits angefordert haben, noch den alten Preis bezahlen sollen, künftig jedoch der Preis neu festgesetzt werden müsse und daß D. Köhler ihm die beiden Landkarten für den Geheimrat Buchholz und den Legationssekretär Sternickel übergeben möge.
I-VII-37, Bl. 141

Nr. 1135
D. Köhler an L. Euler:
Schlägt vor, für die Genealogischen Kalender auf das Jahr 1760 das Porträt des Markgrafen Heinrich von Brandenburg zu nehmen; bittet ihn, ein gutes Gemälde des Markgrafen zu besorgen.

Berlin, 20. Jan. 1759
Behändigte Reinschrift, egh., mit einem Vermerk von L. Euler, daß er das Gemälde besorgen werde.
I-VIII-179, Bl. 22

Nr. 1136
J.T. Eller an L. Euler und J.P. Heinius:
Schlägt vor, daß J.G. Sulzer für das ihm von der Akademie zu gewährende Darlehen sein Haus und Garten gerichtlich verschreiben müsse.
Berlin, 22. Jan. 1759
Behändigte Reinschrift, egh., mit zustimmenden Voten von L. Euler und J.P. Heinius.
I-XVI-28, Bl. 225

Nr. 1137
Rechnung des Gärtners J.I. Müller über Ausgaben für den Botanischen Garten.
Berlin, 31. Jan. 1759
Behändigte Reinschrift, egh., mit einer Angabe von J.T. Eller für D. Köhler vom 1.2., mitunterzeichnet von L. Euler und J.P. Heinius, die Rechnung zu bezahlen.
I-XVI-230, Bl. 295

Nr. 1138
D. Köhler an das Direktorium der Akademie:
Berichtet, daß der Buchbinder Heintze aus Schweidnitz durch das Bombardement der Stadt alle seine Kalender verloren habe, und fragt an, ob dem Buchbinder die Bezahlung der Kalender erlassen werden kann.
Berlin, 1. Febr. 1759
Behändigte Reinschrift, egh., mit einer Angabe von J.T. Eller vom 2.2., mitunterzeichnet von L. Euler, dem Buchbinder die Bezahlung der Kalender zu erlassen.
I-VIII-340, Bl. 329

Nr. 1139
L. Euler an D. Köhler:
Teilt mit, daß der Markgraf Heinrich von Brandenburg sein Porträt und das von seiner ältesten Tochter Charlotte für die Genealogischen Kalender auf das Jahr 1760 liefern wolle; trägt ihm auf, alles weitere zu besorgen.
Berlin, 2. Febr. 1759
Angabe, egh.
I-VIII-179, Bl. 9, 21

Nr. 1140
D. Köhler an L. Euler:
Übersendet einige aus Königsberg erhaltene Schreiben wegen der Preußischen Kalender auf das Jahr 1760 sowie das Antwortkonzept.
Berlin, 22. Febr. 1759
Behändigte Reinschrift, egh.
I-VIII-96, Bl. 77

Nr. 1141
D. Köhler an den Buchdrucker D.C. Kanter:
Teilt mit, daß der Druck der Kalendertitel für die Preußischen Kalender auf das Jahr 1760 in Berlin erfolgen müsse.
Berlin, 23. Febr. 1759
Konzept, egh., mit einem Revisionsvermerk von L. Euler, mitunterzeichnet von J.T. Eller und J.P. Heinius, daß es ratsam wäre, nur das Manuskript für die Preußischen Kalender nach Königsberg zu schicken und den Druck der Kalender dort besorgen zu lassen, damit die ganze Sache angesichts der russischen Besetzung als Privatgeschäft angesehen werden könne.
I-VIII-96, Bl. 76

Nr. 1142
J.T. Eller an L. Euler:
Teilt ihm die Übersendung einer Vorstellung von J. P. Süßmilch über die Verpachtung der Köpenicker Maulbeerplantage mit und schlägt vor, gemeinsam mit J.G. Gleditsch darüber zu beraten.
Berlin, 23. Febr. 1759
Behändigte Reinschrift, egh., mit einer Stellungnahme von L. Euler zur Verpachtung der Plantage.
I-X-8, Bl. 292, 296

Nr. 1143
J.G. Lehmann an das Direktorium der Akademie:
Fragt an, ob er über alle Ausgaben zu den chemischen Versuchen für seine Abhandlungen Rechnungen ausfertigen soll, was sehr schwierig sei; schlägt vor, seine Abhandlungen als Beleg aufzufassen.
Berlin, 1. März 1759
Behändigte Reinschrift, egh., mit Angaben von L. Euler und J.T. Eller für D. Köhler, daß J.G. Lehmann seine Ausgaben nicht zu spezifizieren brauche und ihm für seine bisherigen Ausarbeitungen 100 Rt. auszuzahlen seien.
I-XVI-231, Bl. 220

Nr. 1144-1153
Rechnungen des Mechanikers J.H. Ring über die Anfertigung von Perspektivgläsern und die Reparatur von Barometern.
Berlin, 6. März - 22. Dez. 1759

Behändigte Ausfertigungen, egh., mit Angaben von L. Euler für D. Köhler, die Rechnungen zu bezahlen.
I-XVI-231, Bl. 252-259, 261-262

Nr. 1154
Quittung von L. Euler über den Empfang des Quartalsgehaltes in Höhe von 450 Rt.
Berlin, 10. März 1759
Behändigte Reinschrift, egh.
I-XVI-231, Bl. 88

Nr. 1155
Rechnung von J.G. Lehmann über Ausgaben für chemische Experimente.
Berlin, vor dem 12. März 1759
Behändigte Reinschrift, egh., mit einer Angabe von L. Euler und J.T. Eller, die Rechnung zu bezahlen.
I-XVI-31, Bl. 263

Nr. 1156-1165
Rechnungen über Ausgaben für den Botanischen Garten.
Berlin, 15. März - 20. Dez. 1759
Behändigte Ausfertigungen, egh., mit Angaben von L. Euler, J.T. Eller und J.P. Heinius für D. Köhler, die Rechnungen zu bezahlen.
I-XVI-231, Bl. 285, 287, 289, 291, 293-296, 298-299

Nr. 1166
J.G. Gleditsch an D. Köhler:
Übersendet die Pachtgelder von der Plantage in Köpenick und den Wiesen am Botanischen Garten, teilt mit, daß die Pferde auf Anraten von L. Euler verkauft worden seien, und bittet um eine Quittung für die übergebenen Pachtgelder.
Berlin, 16. März 1759
Behändigte Reinschrift, egh.
I-XVI-231, Bl. 2, Abschrift: I-XIV-36, Bl. 11, 14

Nr. 1167
D. Köhler an J.G. Gleditsch:
Quittiert über empfangene Pachtgelder von der Plantage in Köpenick und den zum Botanischen Garten gehörigen Wiesen.
Berlin, 16. März 1759
Behändigte Reinschrift, egh., abgezeichnet von L. Euler, J.P. Heinius und J.T. Eller.
I-XIV-36, Bl. 12-13

Nr. 1168
D. Köhler an das Direktorium der Akademie:
Fragt an, ob anstelle des aus Altersgründen ausscheidenden Faktors M.C. Behle in Magdeburg der Buchbinder C. Sieg zu den gleichen Bedin-

gungen Kalenderfaktor in Magdeburg werden könne.
Berlin, 27. März 1759
Behändigte Reinschrift, mit einer Angabe von L. Euler und J.T. Eller, daß sie dem Vorschlag zustimmen.
I-VIII-122, Bl. 167

Nr. 1169
Pachtvertrag zwischen der Berliner Akademie der Wissenschaften und P. Janick über die Köpenicker Maulbeerplantage.
Berlin, Köpenick, 2. und 3. Apr. 1759
Reinschrift, Schreiberhand, unterzeichnet seitens der Akademie von L. Euler und J.T. Eller.
I-X-8, Bl. 297-299

Nr. 1170
Inventar von der Köpenicker Maulbeerplantage.
Köpenick, 4. Apr. 1759
Reinschrift, Schreiberhand, unterzeichnet seitens der Akademie von L. Euler und J.G. Gleditsch.
I-X-8, Bl. 300-302

Nr. 1171
Protokoll von der Übergabe der Köpenicker Maulbeerplantage an den Pächter Paul Janick.
Köpenick, 4. Apr. 1759
Reinschrift, Schreiberhand, unterzeichnet seitens der Akademie von L. Euler und J.G. Gleditsch.
I-X-8, Bl. 304

Nr. 1172
Rechnung über den Verkauf von Chemikalien für das Laboratorium.
Berlin, vor dem 9. Apr. 1759
Behändigte Ausfertigung, egh., mit einer Angabe von J.T. Eller für D. Köhler vom 8.4., mitunterzeichnet von L. Euler, die Rechnung zu bezahlen.
I-XVI-231, Bl. 264

Nr. 1173
J.G. Gleditsch an das Direktorium der Akademie:
Teilt die Übersendung des Entwurfs für einen neuen Pachtvertrag mit P. Janick über die Köpenicker Maulbeerplantage mit, den er im Auftrage von L. Euler angefertigt habe.
Berlin, 4. Mai 1759
Behändigte Reinschrift, egh.
I-X-8, Bl. 339-340

Nr. 1174
Rechnung des Kupferstechers Berger über Abdrucke von Kupferplatten.
Berlin, 26. Mai 1759

Behändigte Ausfertigung, egh., mit einer Angabe von L. Euler für D. Köhler, die Rechnung zu bezahlen.
I-XVI-231, Bl. 266

Nr. 1175
Rechnung von J.A. Euler über Ausgaben in Vorbereitung auf die letzte Kometenbeobachtung.
Berlin, vor dem 12. Juni 1759
Behändigte Reinschrift, egh., mit einer Angabe von L. Euler für D. Köhler, die Rechnung zu bezahlen.
I-XVI-231, Bl. 265

Nr. 1176
Quittung von L. Euler über den Empfang des Quartalsgehaltes in Höhe von 450 Rt.
Berlin, 12. Juni 1759
Behändigte Reinschrift, egh.
I-XVI-231, Bl. 89

Nr. 1177-1179
Rechnungen über Handwerksarbeiten für das Laboratorium der Akademie.
Berlin, 19. Juni - 29. Aug. 1759
Behändigte Ausfertigungen, egh., mit Angaben von L. Euler, J.T. Eller und J.P. Heinius für D. Köhler, die Rechnungen zu bezahlen.
I-XVI-231, Bl. 234-235a

Nr. 1180
L. Euler an D. Köhler:
Teilt mit, daß er von der Landkarte mit den Postkursen auf Leinwand vier Stück für je 2 $\frac{1}{2}$ Rt. absetzen könne, und fordert sechs Exemplare dieser Landkarte an.
Berlin, 23. Juni 1759
Behändigte Reinschrift, egh.
I-VII-37, Bl. 147, 151

Nr. 1181
D. Köhler an L. Euler:
Bittet um einen Termin für die Abnahme der Akademierechnung aus dem Jahre 1758.
Berlin, 4. Juli 1759
Behändigte Reinschrift, egh., mit einer Angabe von J.T. Eller vom 12.7., die Rechnungsabnahme vom 16.7. vorzunehmen.
I-XVI-28, Bl. 216, 236

Nr. 1182
D. Köhler an das Direktorium der Akademie:
Teilt mit, daß nach dem Tode des Kalenderfaktors J.C. Krahmer dessen Schwager, G. Pesenecker, um die Stelle des Kalenderfaktors nachgesucht habe.
Berlin, 5. Juli 1759
Behändigte Reinschrift, egh., mit einer Angabe vom J.T. Eller, mitunterzeichnet von L. Euler und J.P. Heinius, daß das Direktorium am 16.7. beschlossen habe, G. Pesenecker als Kalenderfaktor anzustellen.
I-VIII-6, Bl. 121

Nr. 1183
Auszug aus dem Protokoll über die Übergabe der Akademierechnungen, in dem festgelegt ist, J.G. Gleditsch sein nächstes Gehalt erst dann auszuzahlen, wenn er alle Rechnungen und Aktenschriftstücke abgeliefert habe.
Berlin, 16. Juli 1759
Abschrift von J.-H.S. Formey, abschriftlich unterzeichnet von L. Euler, J.P. Heinius und J.T. Eller.
I-X-8, Bl. 316

Nr. 1184
Abnahme der Kalenderhauptrechnung für das Jahr 1758 durch das Direktorium der Akademie.
Berlin, 16. Juli 1759
Behändigte Reinschrift von J.D. Blume, mitunterzeichnet von L. Euler.
I-VIII-312, Bl. 25

Nr. 1185
Quittung über die Abnahme der Jahresrechnung der Akademie für das Jahr 1758.
Berlin, 16. Juli 1759
Behändigte Reinschrift, Schreiberhand, mitunterzeichnet von L. Euler.
I-XVI-124, S. 43-44

Nr. 1186
D. Köhler an L. Euler:
Bittet um Korrektur der französischen Schrift zu den Porträts, Titeln und Devisen der Genealogischen Kalender auf das Jahr 1760 und fragt an, wieviel gesonderte Abdrucke für den preußischen Prinzen und Markgrafen von Brandenburg Heinrich gemacht werden sollen.
Berlin, 28. Juli 1759
Behändigte Reinschrift, egh., mit einem Revisionsvermerk und einer Angabe von L. Euler, 24 Abdrucke für den Prinzen Heinrich anfertigen zu lassen.
I-VIII-179, Bl. 17

Nr. 1187
D. Köhler an L. Euler:
Bittet um Revision der beiliegenden Devisen zu den Genealogischen Kalendern auf das Jahr 1761.
Berlin, 31. Juli 1759
Behändigte Reinschrift, egh., mit einem Revisionsvermerk von L. Euler.
I-VIII-179, Bl. 85

Nr. 1188
D. Köhler an das Direktorium der Akademie:
Fragt an, ob die Akademiekasse angesichts der in der Nähe befindlichen feindlichen Truppen aus seinem Haus zu bringen sei.
Berlin, 31. Juli 1759
Behändigte Reinschrift, egh., mit einer Angabe von L. Euler, daß dies nicht erforderlich sei.
I-XVI-28, Bl. 217

Nr. 1189
L. Euler an D. Köhler:
Schlägt vor, angesichts der Kriegszeiten ein bis zwei Gehaltsquartale aus der Akademiekasse vorauszuzahlen; trägt ihm auf, dazu die Stellungnahme von J.T. Eller einzuholen.
Berlin, 14. Aug. 1759
Angabe, egh., mit Voten von J.T. Eller und J.P. Heinius zu L. Eulers Vorschlag.
I-XVI-28, Bl. 218, 235

Nr. 1190
J.G. Lehmann an das Direktorium der Akademie:
Bittet um finanzielle Unterstützung seiner wissenschaftlichen Untersuchungen.
Berlin, 14. Aug. 1759
Behändigte Reinschrift, egh., mit einem Votum von L. Euler, J.G. Lehmann mit 100 Rt. zu unterstützen.
I-XVI-231, Bl. 222

Nr. 1191
Quittung von L. Euler über den Empfang von 450 Rt. Gehalt für das dritte Quartal.
Berlin, 18. Aug. 1759
Behändigte Reinschrift, egh.
I-XVI-231, Bl. 90

Nr. 1192
Quittung von L. Euler über den Empfang von 450 Rt. Gehalt für das vierte Quartal.
Berlin, 18. Aug. 1759

Behändigte Reinschrift, egh.
I-XVI-231, Bl. 91

Nr. 1193
J.G. Gleditsch an das Direktorium der Akademie:
Berichtet, daß er alle der Akademie gehörenden Schriftstücke abgeliefert habe, daß mit Billigung von L. Euler der Pächterin der Köpenicker Plantage die Pacht vom letzten Jahr erlassen wurde, daß er mit Billigung von L. Euler die beiden Pferde des Botanischen Gartens für 16 Rt. verkauft und mit dem Geld kleinere Ausgaben für die Köpenicker Plantage bestritten habe, für die er aber keine Rechnungsbelege mehr vorweisen könne; teilt die Übersendung von 6 Pfund Maulbeersamen als Pachtgeld mit; benennt L. Euler als Zeugen für die Richtigkeit seiner Ausführungen und bittet um Anweisung an die Kasse, ihm seine Besoldung nicht länger vorzuenthalten.
Berlin, 21. Aug. 1759
Behändigte Reinschrift, egh., mit einer Angabe von L. Euler für D. Köhler, daß nach dieser Erklärung die Besoldung an J.G. Gleditsch auszuzahlen sei.
I-X-8, Bl. 311, 313-314

Nr. 1194
Rechnung über Tischlerarbeiten im Mineralienkabinett.
Berlin, 19. Sept. 1759
Behändigte Ausfertigung, egh., mit einer Angabe von L. Euler, J.T. Eller und J.P. Heinius für D. Köhler, die Rechnung zu bezahlen.
I-XVI-231, Bl. 236

Nr. 1195
Rechnung des Mechanikers J.H. Ring über die Anfertigung von vier Perspektivgläsern.
Berlin, 20. Sept. 1759
Behändigte Ausfertigung, egh., mit einer Angabe von L. Euler für D. Köhler, mitunterzeichnet von J.T. Eller und J.P. Heinius, die Rechnung für diese Perspektivgläser, die von L. Euler am 14.9. an Friedrich II. als Geschenk überschickt wurden, zu bezahlen.
I-XVI-231, Bl. 260

Nr. 1196
Rechnung von A.S. Marggraf über den Kauf von Kohlen für das Laboratorium.
Berlin, 20. Sept. 1759
Behändigte Reinschrift, egh., mit einer Angabe von J.T. Eller für D. Köhler, mitunterzeichnet von L. Euler und J.P. Heinius, die Rechnung zu bezahlen.
I-XVI-231, Bl. 268

Nr. 1197
J.G. Gleditsch an D. Köhler:
Erbittet auf Verlangen von L. Euler den noch unvollzogenen Vertrag über die Verpachtung der Köpenicker Maulbeerplantage zurück.
Berlin, 3. Okt. 1759
Behändigte Reinschrift, egh.
I-X-8, Bl. 307

Nr. 1198
D. Köhler an J.G. Gleditsch:
Teilt u. a. mit, daß ihm niemand zumuten könne, Maulbeersamen statt Geld in die Kasse zu legen.
Berlin, 3. Okt. 1759
Behändigte Reinschrift, egh., mit einer Angabe von L. Euler, mitunterzeichnet von J.T. Eller, daß das Direktorium zwar beschlossen hätte, statt dem Pachtgeld von der Köpenicker Plantage Maulbeersamen anzunehmen, daß aber dieser Samen nicht Bestandteil der Besoldung von J.G. Gleditsch sein könne.
I-X-8, Bl. 310, 315

Nr. 1199
Berliner Akademie der Wissenschaften an den Generalleutnant und Kommandanten von Rochow:
Ersucht um Freigabe eines Kahns für den Transport der Kalender auf dem Wasserweg nach Breslau.
Berlin, 12. Okt. 1759
Konzept von D. Köhler, mit Revisionsunterschriften von L. Euler, J.P. Heinius und J.T. Eller.
I-VIII-136, Bl. 372

Nr. 1200
Quittung von J.G. Gleditsch über den Empfang von 30 Rt. anstelle der 6 Pfund Maulbeersamen, die L. Euler in Verwahrung genommen habe.
Berlin, 13. Okt. 1759
Behändigte Reinschrift, egh.
I-X-8, Bl. 308

Nr. 1201
D. Köhler an L. Euler:
Erinnert daran, daß die Direktoren in der bevorstehenden Sitzung über den Transport der Kalender nach Schlesien beratschlagen müßten; fragt an, ob L. Euler einen Brief mit der Kalendersendung nach London mitzuschicken habe.
Berlin, 18. Okt. 1759
Behändigte Reinschrift, egh.
I-VIII-136, Bl. 371

Nr. 1202
D. Köhler an L. Euler:
Schlägt vor, für die Genealogischen Kalender auf das Jahr 1761 das Porträt des Prinzen Ferdinand von Braunschweig zu nehmen.
Berlin, 12. Dez. 1759
Behändigte Reinschrift, egh., mit einer Angabe von L. Euler, das vorgeschlagene Porträt zu nehmen.
I-VIII-179, Bl. 84

Nr. 1203
Rechnung von Akademieaufwärter Ende über Reparaturen an den Akademiegebäuden.
Berlin, 12. Dez. 1759
Behändigte Reinschrift, egh., mit einer Angabe von L. Euler für D. Köhler, mitunterzeichnet von J.T. Eller und J.P. Heinius, die Rechnung zu bezahlen.
I-XVI-231, Bl. 237

Nr. 1204
Rechnung von L. Euler über die von ihm verkauften sowie an das Königshaus verschenkten Landkarten von Deutschland.
Berlin, 19. Dez. 1759
Behändigte Reinschrift, egh.
I-XVI-231, Bl. 47-48

Nr. 1205
Rechnung von J.B. Merian über Ausgaben für die Akademiebibliothek.
Berlin, 20. Dez. 1759
Behändigte Reinschrift, egh., mit einer Angabe von L. Euler, die Rechnung zu bezahlen.
I-XVI-231, Bl. 271

Nr. 1206
Direktorium der Akademie an D. Köhler:
Teilt mit, daß der Pächter der Köpenicker Maulbeerplantage Krahmer für seine rückständige Pachtzahlung aus dem Jahre 1757 6 Pfund Maulbeersamen übergeben habe und daß ihm die Pacht für 1758 infolge des durch den strengen Winter entstandenen Schadens an den Maulbeerbäumen erlassen wurde.
Berlin, 30. Dez. 1759
Behändigte Reinschrift, Schreiberhand, mitunterzeichnet von L. Euler.
I-XVI-231, Bl. 5

Nr. 1207
Direktorium der Akademie an D. Köhler:
Teilt mit, daß J.G. Gleditsch den Erlös aus dem Verkauf der Pferde des Botanischen Gartens im Jahre 1756 für die Bezahlung einiger Rech-

nungen verwendet habe, von denen keine Quittungen mehr vorhanden seien.
Berlin, 30. Dez. 1759
Behändigte Reinschrift, Schreiberhand, mitunterzeichnet von L. Euler.
I-XVI-231, Bl. 8

Nr. 1208
Legende von L. Euler zum Porträt des Prinzen Ferdinand von Braunschweig für die Genealogischen Kalender auf das Jahr 1761.
Berlin, Dezember 1759
Behändigte Reinschrift, egh., frz.
I-VIII-179, Bl. 83

Nr. 1209
D. Köhler an L. Euler:
Fragt an, ob der Provinzialadreßkalender für das Jahr 1760 trotz der Kriegszeiten neu aufgelegt werden soll.
Berlin, 1759
Behändigte Reinschrift, egh., mit einer Angabe von L. Euler, den Kalender bis zum Kriegsende auszusetzen.
I-VIII-205, Bl. 117

Nr. 1210
Eintragung in der Jahresrechnung der Akademie über die Zahlung einer Jahrespension von 1800 Rt. an L. Euler, Direktor der mathematischen Klasse.
Berlin, 1759
Reinschrift von D. Köhler
I-XVI-125, S. 13

Nr. 1211
Direktorium der Akademie an D. Köhler:
Trägt ihm auf, C. Kirch eine Gratifikation von 100 Rt. für das Jahr 1759 auszuzahlen.
Berlin, 10. Jan. 1760
Angabe von L. Euler, mitunterzeichnet von J.T. Eller und J.P. Heinius.
I-XVI-232, Bl. 207

Nr. 1212-1215
Rechnungen von A.S. Marggraf über Ausgaben für das Laboratorium.
Berlin, 12. Jan. - 4. Sept. 1760
Behändigte Reinschriften, egh., mit Angaben von L. Euler, J.T. Eller und J.P. Heinius für D. Köhler, die Rechnungen zu bezahlen.
I-XVI-232, Bl. 246-248, 255

Nr. 1216
D. Köhler an das Direktorium der Akademie:
Teilt mit, daß J.C. Paschen nach dem Tode von J.D. Nehls dessen Faktorei in Minden übernehmen wolle.

Berlin, 30. Jan. 1760
Behändigte Reinschrift, egh., mit einer Angabe von L. Euler, mitunterzeichnet von J.P. Heinius und J.T. Eller, daß dieser Vorschlag gebilligt werde.
I-VIII-119, Bl. 363

Nr. 1217
J.G. Sulzer an das Direktorium der Akademie:
Bittet um einen Zahlungsaufschub für die Rückzahlung der aus der Akademiekasse entliehenen 1000 Rt.
Berlin, 31. Jan. 1760
Behändigte Reinschrift, egh., mit einer Angabe von J.T. Eller vom 31.1., mitunterzeichnet von L. Euler und J.P. Heinius, daß diese Bitte gewährt werde.
I-XVI-28, Bl. 221

Nr. 1218
Rechnung über das Einbinden von Büchern für die Akademiebibliothek.
Berlin, 7. Febr. 1760
Behändigte Ausfertigung, egh., mit einer Angabe von L. Euler und J.T. Eller vom 7.2. für D. Köhler, die Rechnung zu bezahlen.
I-XVI-231, Bl. 230

Nr. 1219
Aufstellung von J.G. Gleditsch über Ausgaben für die Köpenicker Maulbeerplantage.
Berlin, 9. Febr. 1760
Behändigte Reinschrift, egh., mit einer Angabe von J.T. Eller für D. Köhler vom 20.12., mitunterzeichnet von L. Euler, die Ausgaben aus der Akademiekasse zu bezahlen.
I-XVI-231, Bl. 245

Nr. 1220
Direktorium der Akademie an D. Köhler:
Trägt ihm auf, J.G. Lehmann für seine chemischen und metallurgischen Vorlesungen 150 Rt. auszuzahlen.
Berlin, 14. Febr. 1760
Angabe von J.T. Eller, mitunterzeichnet von L. Euler.
I-XVI-232, Bl. 210

Nr. 1221
Direktorium der Akademie an D. Köhler:
Trägt ihm auf, K.P. Brandes für die bei seinen chemischen Experimenten entstandenen Unkosten 100 Rt. auszuzahlen.
Berlin, 14. Febr. 1760
Angabe von J.T. Eller, mitunterzeichnet von L. Euler.
I-XVI-232, Bl. 212

Nr. 1222
Rechnung von Haude und Spener über den Verkauf der Geschichte der Akademie in mehreren Bänden an die Akademie.
Berlin, 16. Febr. 1760
Behändigte Ausfertigung, egh., mit einer Angabe von L. Euler, daß diese Bände, die der königlichen Familie geschenkt wurden, aus der Akademiekasse zu bezahlen seien.
I-XVI-231, Bl. 227

Nr. 1223
Quittung von L. Euler über den Empfang des Quartalsgehaltes in Höhe von 450 Rt.
Berlin, 29. Febr. 1760
Behändigte Reinschrift, egh.
I-XVI-232, Bl. 91

Nr. 1224
Quittung von L. Euler über die Bezahlung eines ihm gelieferten Fuders Holz.
Berlin, 29. Febr. 1760
Behändigte Reinschrift, egh.
I-XVI-232, Bl. 56

Nr. 1225-1231
Rechnungen des Gärtners J.I. Müller über Ausgaben für den Botanischen Garten.
Berlin, 2. März - 13. Dez. 1760
Behändigte Reinschriften, egh., mit Angaben von L. Euler für D. Köhler, die Rechnungen zu bezahlen.
I-XVI-232, Bl. 279, 281, 283, 285, 288, 290-291

Nr. 1232
Gärtner J.I. Müller an das Direktorium der Akademie:
Bittet um eine finanzielle Beihilfe angesichts der teuren Zeiten.
Berlin, 3. März 1760
Behändigte Reinschrift, egh., mit einer Angabe von L. Euler für D. Köhler, mitunterzeichnet von J.T. Eller und J.P. Heinius, J.I. Müller eine Gratifikation von 12 Rt. auszuzahlen.
I-XVI-232, Bl. 287

Nr. 1233
D. Köhler an L. Euler:
Teilt mit, daß die gedruckten Vorberichte zu den Schulatlanten zur Neige gehen und eine Neuauflage erforderlich sei; fragt wegen einiger Änderungen im Vorbericht an, u. a., ob der Vorbericht außer in Latein und Französisch auch in deutscher Sprache gedruckt werden könne, was den Absatz der Karten vergrößern würde.
Berlin, 26. März 1760

Behändigte Reinschrift, egh., mit egh. Entscheidungsvermerken von L. Euler auf die Anfragen und der Aufforderung, ihm ein Gesamtexemplar des bisherigen Schulatlasses zu übersenden.
I-VII-37, Bl. 154

Nr. 1234
D. Köhler an L. Euler:
Fragt an, welche Landkarte für die Historischen Kalender auf das Jahr 1761 genommen werden soll.
Berlin, 5. Apr. 1760
Behändigte Reinschrift, egh., mit einer Angabe von L. Euler vom 15.4., die Karte von Hessen - Kassel zu nehmen.
I-VIII-21, Bl. 500

Nr. 1235
Rechnung über Bücher für die Akademiebibliothek.
Berlin, 20. Apr. 1760
Behändigte Ausfertigung, egh., mit einer Angabe von J.T. Eller für D. Köhler, mitunterzeichnet von L. Euler und J.P. Heinius, die Rechnung zu bezahlen.
I-XVI-232, Bl. 227

Nr. 1236
Kalkulator Pittelko an das Direktorium der Akademie:
Bittet um Erhöhung seines Jahresgehaltes als Kalkulator der Akademie.
Berlin, 21. Apr. 1760
Behändigte Reinschrift, egh., mit einer Angabe von L. Euler für D. Köhler, mitunterzeichnet von J.T. Eller und J.P. Heinius, daß dem Antrag wegen der durch den Krieg erlittenen Verluste an Einnahmen vorerst nicht stattgegeben werde.
I-XVI-28, Bl. 227

Nr. 1237
D. Köhler an das Direktorium der Akademie:
Berichtet, daß dem Buchbinder Reiche aus Glogau durch einen Brand alle seine Kalender verbrannt seien, und fragt an, ob ihm die Bezahlung der Kalender erlassen werden kann.
Berlin, 21. Apr. 1760
Behändigte Reinschrift, egh., mit einer Angabe von L. Euler, mitunterzeichnet von J.T. Eller und J.P. Heinius, dem Buchbinder die Kalenderschuld zu erlassen.
I-VIII-342, Bl. 327

Nr. 1238-1241
Rechnungen über Handwerksarbeiten auf der Köpenicker Maulbeerplantage.
Köpenick, 25. Apr. - 18. Juni 1760
Behändigte Ausfertigungen, egh., mit Angaben von L. Euler, J.T. Eller

und J.P. Heinius für D. Köhler, die Rechnungen zu bezahlen.
I-XVI-232, Bl. 232, 234-236

Nr. 1242
D. Köhler an das Direktorium der Akademie:
Schlägt vor, für den Abdruck der Verse zu den deutschen Genealogischen Kalendern noch eine Kupferplatte stechen zu lassen.
Berlin, 30. Apr. 1760
Behändigte Reinschrift, egh., mit einer Angabe von J.T. Eller, mitunterzeichnet von L. Euler und J.P. Heinius, daß dem Vorschlag für dieses Jahr zugestimmt werde.
I-VIII-179, Bl. 54

Nr. 1243
D. Köhler an das Direktorium der Akademie:
Fragt an, ob der Kalenderfaktor J.G. Ahlemann in Herrnstadt eine Unterstützung von 10 Rt. erhalten soll.
Berlin, 30. Apr. 1760
Behändigte Reinschrift, egh., mit einer Angabe von J.T. Eller vom 8.5., mitunterzeichnet von L. Euler und J.P. Heinius, die vorgeschlagene Unterstützung an J.G. Ahlemann auszuzahlen.
I-XVI-232, Bl. 220

Nr. 1244
L. Euler an D. Köhler:
Teilt ihm die Übersendung des Vorberichtes zum Schulatlas in deutscher Übersetzung mit, dem er ein alphabetisches Länderregister zu den einzelnen Karten beigefügt habe.
Berlin, 1. Mai 1760
Behändigte Reinschrift, egh.
I-VII-37, Bl. 153

Nr. 1245
D. Köhler an L. Euler:
Fragt wegen einiger Änderungen im zu druckenden Vorbericht des Schulatlasses an.
Berlin, 2. Mai 1760
Behändigte Reinschrift, egh., mit Entscheidungsvermerken von L. Euler.
I-VII-37, Bl. 152

Nr. 1246
Postmeister S. Textor an D. Köhler:
Teilt mit, daß er durch die Kriegshandlungen seinen Wohnsitz nach Köben verlegen mußte und fast alles verloren habe; teilt die Übersendung seiner Kalenderabrechnung für das Jahr 1760 mit.
Köben, 3. Mai 1760
Behändigte Ausfertigung, egh., mit einer Angabe von L. Euler für

D. Köhler, mitunterzeichnet vom Kurator S.E. von Redern und J.P. Heinius, dem Postmeister ein Gratial von 10 Rt. zukommen zu lassen.
I-XVI-233, Bl. 262

Nr. 1247-1254
Rechnungen über Handwerksarbeiten im Botanischen Garten.
Berlin, 3. Mai - 19. Dez. 1760
Behändigte Ausfertigungen, egh., mit Angaben von L. Euler, J.T. Eller, J.P. Heinius und A.S. Marggraf für D. Köhler, die Rechnungen zu bezahlen.
I-XVI-232, Bl. 292-299

Nr. 1255
D. Köhler an das Direktorium der Akademie:
Teilt mit, daß die vom Pergamentmacher geforderte Zulage für das Pergament zu den Genealogischen Kalendern gerechtfertigt sei.
Berlin, 6. Mai 1760
Behändigte Reinschrift, egh., mit einer Angabe von J.T. Eller vom 8.5., mitunterzeichnet von L. Euler und J.P. Heinius, einen Überschlag über die dadurch entstehenden Mehrkosten pro Jahr anzufertigen.
I-VIII-179, Bl. 55

Nr. 1256
D. Köhler an L. Euler:
Teilt die Übersendung eines Antwortkonzepts wegen der Zulage für den Druck der Kalender in Lipstadt zur Revision mit und fragt an, ob in dem beiliegenden Titelblatt zum Französischen Kalender und dem Porträt etwas an der Schrift zu ändern sei.
Berlin, 13. Mai 1760
Behändigte Reinschrift, egh., mit einem Revisionsvermerk von L. Euler.
I-VIII-85, Bl. 69

Nr. 1257
D. Köhler an den Advokaten Fliedner in Lipstadt:
Teilt mit, daß angesichts der Kriegsereignisse eine befristete Zulage von je 1 Rt. für den Ballen Papier und dessen Druck für den Kalenderdruck in Lipstadt gewährt werde.
Berlin, 17. Mai 1760
Konzept, egh., mit einem Revisionsvermerk von L. Euler.
I-VIII-85, Bl. 68

Nr. 1258
Vorbericht von L. Euler zur zweiten Auflage des aus 44 Landkarten bestehenden Geographischen Atlasses, den die Berliner Akademie zum Gebrauch in den Schulen herausgab.
Berlin, 31. Mai 1760

Behändigte Reinschrift, egh.
I-VII-37, Bl. 158-163, Druckkorrekturabzug des Vorberichtes von L. Euler in dt., frz. und lat. Sprache zum Schulatlas von 1760 mit egh. Fehlerberichtigung und Abzeichnung durch L. Euler: Bl. 164-169, 2. Korrekturabzug des Vorberichtes mit Fehlerberichtigung durch D. Köhler: Bl. 170-175

Nr. 1259
Rechnung von J.A. Euler über Ausgaben für Reparaturen.
Berlin, vor dem 3. Juni 1760
Behändigte Reinschrift, egh., mit einem Sichtvermerk von L. Euler.
I-XVI-232, Bl. 242

Nr. 1260
Quittung von L. Euler über den Empfang des Quartalsgehaltes in Höhe von 450 Rt.
Berlin, 3. Juni 1760
Behändigte Reinschrift, egh.
I-XVI-232, Bl. 92

Nr. 1261
D. Köhler an L. Euler:
Bittet um Revision der Devisen zu den Genealogischen Kalendern auf das Jahr 1762.
Berlin, 11. Juni 1760
Behändigte Reinschrift, egh., mit einem Revisionsvermerk von L. Euler.
I-VIII-179, Bl. 117

Nr. 1262
Rechnung des Porträtmalers G. Hempel über die Anfertigung einer großen Porträtkopie des Akademiepräsidenten P.-L.M. de Maupertuis.
Berlin, 11. Juni 1760
Behändigte Ausfertigung, egh., mit einer Angabe von J.T. Eller für D. Köhler vom 20.7., mitunterzeichnet von L. Euler und J.P. Heinius, die Rechnung zu bezahlen.
I-XVI-232, Bl. 244

Nr. 1263
Direktorium der Akademie an D. Köhler:
Trägt ihm auf, der Witwe J.M. Graben zum Stein auf deren Gesuch hin eine Unterstützung von 4 Rt. auszuzahlen.
Berlin, 12. Juni 1760
Angabe von J.T. Eller, mitunterzeichnet von L. Euler und J.P. Heinius.
I-XVI-232, Bl. 222

Nr. 1264-1266
Rechnungen von J.G. Lehmann über Ausgaben für seine chemischen Experimente.

Berlin, 12. Juni - 11. Dez. 1760
Behändigte Reinschriften, egh., mit Angaben von L. Euler, J.T. Eller und J.P. Heinius für D. Köhler, die Rechnungen zu bezahlen.
I-XVI-232, Bl. 258-260

Nr. 1267
Rechnung über Verzierung eines Bilderrahmens mit Gold.
Berlin, 15. Juni 1760
Behändigte Ausfertigung, egh., mit einer Angabe vom L. Euler für D. Köhler, mitunterzeichnet von J.T. Eller und J.P. Heinius, die Rechnung zu bezahlen.
I-XVI-232, Bl. 245

Nr. 1268
D. Köhler an das Direktorium der Akademie:
Teilt mit, daß der Oberprediger S. Buchholtz aus Lichen die von der Akademie für seine Preisschrift erhaltene goldene Medaille wieder verkaufen möchte; fragt an, ob die Akademie sie zurückkaufen solle.
Berlin, 17. Juli 1760
Behändigte Reinschrift, egh., mit einer Angabe von L. Euler, mitunterzeichnet von J.P. Heinius, daß Buchholtz die Medaille frei verkaufen könne.
I-XVI-28, Bl. 241

Nr. 1269
Kalenderfaktor J.L. Pitzer an die Berliner Akademie:
Bittet darum, daß die Zahlung der rückständigen Kalendergelder aus dem Nachlaß seines verstorbenen Bruders erfolgen könne oder daß er einen Zahlungsaufschub mit den vorgeschlagenen Zahlungsterminen erhalte.
Soest, 5. Aug. 1760
Behändigte Ausfertigung, Schreiberhand, mit einer Angabe von L. Euler für D. Köhler, mitunterzeichnet von A.S. Marggraf, J.P. Heinius und dem Kurator S.E. von Redern, daß die beiden angegebenen Zahlungstermine bewilligt werden.
I-VIII-88, Bl. 111-112

Nr. 1270
Abrechnung von L. Euler über die nach England geschickten Kalender.
Berlin, 5. Aug. 1760
Behändigte Reinschrift, egh.
I-VIII-342, Bl. 120

Nr. 1271
Kupferstecher N.F. Sauerbrey an das Direktorium der Akademie:
Bittet angesichts der teuren Zeiten um eine Zulage von 16 Gr. für die farbige Ausgestaltung von je 100 Landkarten.
Berlin, 14. Aug. 1760

Behändigte Ausfertigung, egh., mit einer Angabe von J.T. Eller für D. Köhler, mitunterzeichnet von L. Euler und J.P. Heinius, daß so verfahren werden soll.
I-VII-39, Bl. 3

Nr. 1272
D. Köhler an L. Euler:
Bittet um Revision der französischen Devisen zu den Genealogischen Kalendern auf das Jahr 1761 und der Zeichnungen zu den Devisen auf das Jahr 1762.
Berlin, 16. Aug. 1760
Behändigte Reinschrift, egh., mit einem Revisionsvermerk von L. Euler.
I-VIII-179, Bl. 61

Nr. 1273
Rechnung über Glaserarbeiten für die Akademie.
Berlin, 30. Aug. 1760
Behändigte Ausfertigung, egh., mit einer Angabe von L. Euler für D. Köhler, mitunterzeichnet von J.P. Heinius und A.S. Marggraf, die Rechnung zu bezahlen.
I-XVI-232, Bl. 278

Nr. 1274
Quittung von L. Euler über den Empfang des Quartalsgehaltes in Höhe von 450 Rt.
Berlin, 6. Sept. 1760
Behändigte Reinschrift, egh.
I-XVI-232, Bl. 93

Nr. 1275
D. Köhler an das Direktorium der Akademie:
Fragt an, ob man einigen nach Breslau fahrenden Schiffern die für Schlesien bestimmten Kalender auf das Jahr 1761 mitgeben solle.
Berlin, 6. Sept. 1760
Behändigte Reinschrift, egh., mit einem Votum von L. Euler, daß man mit der Verschickung der Kalender vielleicht noch einen Monat warten sollte und die Entscheidung darüber bei J.T. Eller liege.
I-VIII-136, Bl. 429

Nr. 1276
D. Köhler an J.T. Eller:
Bittet um einen Termin für die Abnahme der Akademierechnung aus dem Jahre 1759.
Berlin, 11. Sept. 1760
Behändigte Reinschrift, egh., mit einer Angabe von J.T. Eller vom 11.9., mitunterzeichnet von L. Euler, dem Kurator S.E. von Redern und J.C. Uhden, die Rechnungsabnahme am 15.9. vorzunehmen.
I-XVI-28, Bl. 240

Nr. 1277
Direktorium der Akademie an D. Köhler:
Trägt ihm auf, J.G. Gleditsch für seine Stelle als Botaniker beim Collegio Medico-Chirurgico jährlich eine Pension von 100 Rt. auszuzahlen.
Berlin, 13. Sept. 1760
Angabe von L. Euler, mitunterzeichnet von J.T. Eller und J.P. Heinius.
I-XVI-232, Bl. 75

Nr. 1278
Abnahme der Kalenderhauptrechnung für das Jahr 1759 durch das Direktorium der Akademie.
Berlin, 15. Sept. 1760
Behändigte Reinschrift von J.D. Blume, mitunterzeichnet von L. Euler.
I-VIII-313, Bl. 25

Nr. 1279
Quittung über die Abnahme der Jahresrechnung der Akademie für das Jahr 1759.
Berlin, 15. Sept. 1760
Behändigte Reinschrift, Schreiberhand, mitunterzeichnet von L. Euler.
I-XVI-125, S. 43-44

Nr. 1280
Kurator S.E. von Redern an den Akademiejustitiar J.C. Uhden:
Unterbreitet das Angebot, ein Kapital von 20.000 Rt. aus der Akademiekasse auf zwei Jahre als Darlehen gegen $3\frac{1}{2}$ Prozent Zinsen zu übernehmen, und bittet um Mitteilung seines Angebots an L. Euler und J.P. Heinius.
Berlin, 18. Sept. 1760
Behändigte Reinschrift, egh.
I-XVI-28, Bl. 318

Nr. 1281
Rechnung über den Druck des Vorlesungskatalogs für das Collegium Medico-Chirurgicum.
Berlin, 18. Sept. 1760
Behändigte Ausfertigung, egh., mit einer Angabe von L. Euler für D. Köhler, die Rechnung zu bezahlen.
I-XVI-232, Bl. 277

Nr. 1282
Direktorium der Akademie an D. Köhler:
Trägt ihm auf, dem Mechaniker J.H. Ring für die Anfertigung verschiedener Ferngläser eine Gratifikation von 100 Rt. auszuzahlen.
Berlin, 20. Sept. 1760
Angabe von S.E. von Redern, mitunterzeichnet von L. Euler, dem Marquis d' Argens, J.P. Heinius und A.S. Marggraf.
I-XVI-232, Bl. 213

Nr. 1283
J.G. Gleditsch an das Direktorium der Akademie:
Ersucht um Auszahlung der rückständigen Pension für seine Tätigkeit als Professor der Botanik und Medizin am Collegio Medico-Chirurgico in den Jahren 1756 bis 1760.
Berlin, 25. Sept. 1760
Behändigte Reinschrift, egh., mit einer Angabe von L. Euler für D. Köhler, mitunterzeichnet von den übrigen Direktoren, J.G. Gleditsch die rückständige Besoldung auszuzahlen.
I-XVI-232, Bl. 76

Nr. 1284
L. Euler an den Akademiejustitiar J.C. Uhden:
Ersucht ihn, einen Entwurf von der Obligation über 20.000 Rt. an den Kurator S.E. von Redern aufsetzen zu lassen.
Berlin, 27. Sept. 1760
Behändigte Reinschrift, egh.
I-XVI-28, Bl. 320

Nr. 1285
D. Köhler an L. Euler:
Übersendet ein Schreiben von J.C. Uhden über die von diesem erbetenen Angaben zur Ausfertigung der Obligation; teilt mit, daß er J.C. Uhden ein Obligationsformular und die aktuellen Wechselkurse übersenden werde.
Berlin, 28. Sept. 1760
Behändigte Reinschrift, egh., mit einer Angabe von L. Euler, die Obligation über 20.000 Rt. in Friedrichsd'or unverzüglich ausfertigen zu lassen und die Abschrift eines Schreibens an die Kammer wegen der Viehhütung durch den Pächter der Köpenicker Plantage ausfindig zu machen.
I-XVI-28, Bl. 321-323

Nr. 1286
L. Euler an D. Köhler:
Teilt die ermittelten Geldwechselkurse mit und trägt ihm auf, in die Obligation aufnehmen zu lassen, daß die Rückzahlung des Darlehens in Friedrichs'or oder in anderen Münzsorten, die nach dem holländischen Wechselkurs den gleichen Geldwert in Holländischen Talern haben wie die 20.000 Rt. der Obligation, erfolgen soll.
Berlin, 29. Sept. 1760
Angabe, egh.
I-XVI-28, Bl. 324

Nr. 1287
D. Köhler an das Direktorium der Akademie:
Fragt an, ob er das Wechselkursgeld für ein von der Akademie an den

Kurator S.E. von Redern ausgegebenes Darlehen bezahlen soll.
Berlin, 2. Okt. 1760
Behändigte Reinschrift, egh., mit einer Angabe von L. Euler, mitunterzeichnet von J.P. Heinius, A.S. Marggraf und dem Marquis d'Argens, das Wechselkursgeld zu bezahlen.
I-XVI-232, Bl. 175

Nr. 1288
J.G. Gleditsch an das Direktorium der Akademie:
Berichtet über die Verwüstung der Köpenicker Plantage durch Soldaten und schlägt vor, die Kurmärkische Kriegs- und Domänenkammer um die Lieferung von Holz für die Einzäunung der Plantage zu bitten.
Berlin, 3. Okt. 1760
Behändigte Reinschrift, egh., mit einer Angabe von L. Euler für D. Köhler, mitunterzeichnet von A.S. Marggraf, wegen des Holzes an die Kurmärkische Kriegs- und Domänenkammer zu schreiben und dem Pächter P. Janick die Zahlung der Pacht für ein halbes Jahr zu erlassen.
I-X-8, Bl. 322

Nr. 1289
D. Köhler an L. Euler:
Fragt an, wer die Reinschrift der Obligation für den Kurator S.E. von Redern ausfertigen soll.
Berlin, 4. Okt. 1760
Behändigte Reinschrift, egh., mit einer Angabe von L. Euler, J.D. Blume die Reinschrift ausfertigen zu lassen.
I-XVI-28, Bl. 338

Nr. 1290
D. Köhler an das Direktorium der Akademie:
Fragt an, was mit den 100 Rt. Gnadenpension geschehen solle, die die Erben des verstorbenen M.M. Ludolff nicht abgefordert haben.
Berlin, 7. Okt. 1760
Behändigte Reinschrift, egh., mit einer Angabe von L. Euler, mitunterzeichnet von A.S. Marggraf und J.P. Heinius, diese 100 Rt. in der Kasse zu belassen.
I-XVI-232, Bl. 78

Nr. 1291
L. Euler an D. Köhler:
Trägt ihm auf, dem Gärtner J.I. Müller eine Unterstützung von 25 Rt. auszuzahlen.
Berlin, 15. Okt. 1760
Angabe, egh.
I-XVI-232, Bl. 289

Nr. 1292
J.G. Lehmann an das Direktorium der Akademie:
Bittet um eine finanzielle Unterstützung aus der Akademiekasse.
Berlin, 16. Okt. 1760
Behändigte Reinschrift, egh., mit einer Angabe von A.S. Marggraf für D. Köhler vom 16.10., mitunterzeichnet von L. Euler und J.P. Heinius, J.G. Lehmann eine Unterstützung von 150 Rt. auszuzahlen.
I-XVI-232, Bl. 211

Nr. 1293
Rechnung von L. Euler über Ausgaben im Zusammenhang mit dem Vordringen russischer Truppen nach Berlin.
Berlin, 16. Okt. 1760
Behändigte Reinschrift, egh.
I-XVI-232, Bl. 243

Nr. 1294
Direktorium der Akademie an D. Köhler:
Trägt ihm auf, C. Kirch eine Gratifikation von 100 Rt. für das Jahr 1760 auszuzahlen.
Berlin, 23. Okt. 1760
Angabe von L. Euler, mitunterzeichnet von J.P. Heinius und A.S. Marggraf.
I-XVI-232, Bl. 208

Nr. 1295
L. Euler an D. Köhler:
Trägt ihm auf, den bei den Akten befindlichen Zessionsrezeß dem Kurator S.E. von Redern zu übergeben.
Berlin, 31. Okt. 1760
Angabe, egh.
I-XVI-28, Bl. 339, 347

Nr. 1296-1298
Rechnungen des Kastellans der Anatomie, C.F. Vetter, über die Lieferung von Leichnamen für die Anatomie.
Berlin, 31. Okt. - 31. Dez. 1760
Behändigte Ausfertigungen, egh., mit Angaben von L. Euler für D. Köhler, mitunterzeichnet von A.S. Marggraf, die Rechnungen zu bezahlen.
I-XVI-232, Bl. 269-271

Nr. 1299
F.L.L. von Aderkas an L. Euler:
Bittet darum, daß im Genealogischen Kalender in dem Artikel über Anhalt - Köthen bei der Prinzessin Maria von Anhalt - Köthen hinzugefügt werde: Canonissin zu Gandersheim.
Wernigerode, 2. Nov. 1760

Behändigte Ausfertigung, egh., frz.
I-VIII-179, Bl. 102-103

Nr. 1300
D. Köhler an L. Euler:
Fragt an, ob Vaillant aus London nicht mehr als 19 Genealogische Kalender zurückgeschickt habe und ob für 1761 die gleiche Anzahl Kalender wie bisher nach London gesandt werden soll.
Berlin, 10. Nov. 1760
Behändigte Reinschrift, egh., mit einer Angabe von L. Euler, daß er nur 19 Kalender ohne Begleitschreiben aus London zurückerhalten habe, daß die gleiche Anzahl Kalender wie im letzten Jahr nach London zu schicken sei und daß er wegen der Medaillen in der Akademiesitzung einen Antrag einbringen werde.
I-VIII-342, Bl. 121

Nr. 1301
Rechnung über Schlosserarbeiten im Laboratorium.
Berlin, 12. Nov. 1760
Behändigte Ausfertigung, egh., mit einer Angabe von L. Euler für D. Köhler, mitunterzeichnet von J.P. Heinius und A.S. Marggraf, die Rechnung zu bezahlen.
I-XVI-232, Bl. 230

Nr. 1302
Rechnung über Chemikalien für das Laboratorium.
Berlin, vor dem 14. Nov. 1760
Behändigte Ausfertigung, egh., mit einer Angabe von L. Euler für D. Köhler, mitunterzeichnet von J.P. Heinius, die Rechnung zu bezahlen.
I-XVI-232, Bl. 261

Nr. 1303
D. Köhler an L. Euler:
Fragt an, welches Porträt zum Genealogischen Kalender auf das Jahr 1762 zu nehmen sei.
Berlin, 21. Nov. 1760
Behändigte Reinschrift, egh., mit einer Angabe von L. Euler, das Porträt des Erbprinzen Karl von Braunschweig zu nehmen und wegen eines Porträts des Königs von England in Augsburg nachfragen zu lassen.
I-VIII-179, Bl. 114, 133

Nr. 1304
L. Euler an D. Köhler:
Teilt mit, daß der englische Gesandte Michels ein Porträt des englischen Königs für den Genealogischen Kalender auf das Jahr 1762 oder 1763 beschaffen werde.
Berlin, 25. Nov. 1760

Behändigte Reinschrift, egh.
I-VIII-179, Bl. 116

Nr. 1305
Direktorium der Akademie an D. Köhler:
Weist ihn an, den Stempel zum Prägen der kleinen Medaillen an J.G. Sulzer zu übergeben.
Berlin, 27. Nov. 1760
Angabe von L. Euler, mitunterzeichnet von A.S. Marggraf und J.P. Heinius.
I-IV-40, Bl. 2

Nr. 1306
Direktorium der Akademie an die Witwe von J.T. Eller:
Bedankt sich für das von dem verstorbenen J.T. Eller der Akademie vermachte Legat; teilt mit, daß die Akademie ihr auf ein Jahr das Gehalt ihres verstorbenen Mannes als Gnadenjahr gewähre; ersucht sie, alle sich auf die Akademie und das Collegium Medico-Chirurgicum beziehenden Dokumente und Abhandlungen dem Akademiesekretar zu übergeben.
Berlin, 1. Dez. 1760
Konzept, Schreiberhand, mit einem Revisionsvermerk von L. Euler und A.S. Marggraf.
I-XVI-28, Bl. 302

Nr. 1307
Direktorium der Akademie an D. Köhler:
Trägt ihm auf, der Witwe des verstorbenen J.T. Eller noch ein Jahr lang dessen Pension auszuzahlen.
Berlin, 1. Dez. 1760
Angabe, Schreiberhand, unterzeichnet von L. Euler, J.P. Heinius und A.S. Marggraf.
I-XVI-232, Bl. 65

Nr. 1308
J.G. Lehmann an L. Euler:
Berichtet, daß er das Schreiben der Akademiedirektoren an die Witwe von J.T. Eller habe überbringen lassen, welche den Direktoren dafür danke und sie wissen lasse, daß Prof. K.P. Brandes ihr alles übrige besorgen würde.
Berlin, 4. Dez. 1760
Behändigte Reinschrift, egh.
I-VI-5, Bl. 2

Nr. 1309
L. Euler an D. Köhler:
Trägt ihm auf, zusammen mit dem Kurator S.E. von Redern die Obligation zu dem diesem von der Akademie gewährten Darlehen ausfertigen zu lassen und in Verwahrung zu nehmen.
Berlin, 8. Dez. 1760
Angabe, egh.
I-XVI-232, Bl. 178

Nr. 1310
D. Köhler an das Direktorium der Akademie:
Berichtet, daß der Postmeister Bion aus Landshut durch die Plünderung der Stadt alle seine Kalender verloren habe, und fragt an, ob dem Postmeister die Bezahlung der Kalender erlassen werden kann.
Berlin, 9. Dez. 1760
Behändigte Reinschrift, egh., mit einer Angabe von L. Euler, mitunterzeichnet von J.P. Heinius und A.S. Marggraf, dem Postmeister die Bezahlung seiner Schulden vorerst zu erlassen.
I-VIII-342, Bl. 112

Nr. 1311
Rechnung des Buchbinders E.L. Discher über die Anfertigung eines Foliobandes.
Berlin, vor dem 15. Dez. 1760
Behändigte Ausfertigung, egh., mit einem Vermerk von L. Euler, daß dieses Buch als Protokollband über die Akademiesitzungen benötigt werde.
I-XVI-232, Bl. 229

Nr. 1312
Quittung von L. Euler über den Empfang des Quartalsgehaltes in Höhe von 450 Rt.
Berlin, 15. Dez. 1760
Behändigte Reinschrift, egh.
I-XVI-232, Bl. 94

Nr. 1313
Rechnung über die Lieferung von Dachsteinen für das Akademiegebäude.
Berlin, 16. Dez. 1760
Behändigte Ausfertigung, egh., mit einer Angabe von L. Euler für D. Köhler, mitunterzeichnet von J.P. Heinius und A.S. Marggraf, die Rechnung zu bezahlen.
I-XVI-232, Bl. 231

Nr. 1314
Buchbinder E.L. Discher an L. Euler:
Beschwert sich über G. Pesenecker, der ihm Kalender nur gegen Barzahlung zum Verkauf überlassen wolle.
Berlin, 18. Dez. 1760
Behändigte Ausfertigung, egh., mit einer Angabe von L. Euler an D. Köhler, die Beschwerde zu untersuchen.
I-VIII-6, Bl. 129-131

Nr. 1315
Direktorium der Akademie an D. Köhler:
Trägt ihm auf, die Kassenscheine und dazugehörigen Papiere des verstorbenen J.T. Eller aufzubewahren und eine Erläuterung über das Glogauer Collegium Medicum zu geben.
Berlin, 18. Dez. 1760
Angabe von L. Euler, mitunterzeichnet von A.S. Marggraf und J.P. Heinius.
I-XVI-28, Bl. 286

Nr. 1316
Rechnung über die Anfertigung von 100 Jetons.
Berlin, 23. Dez. 1760
Behändigte Ausfertigung, egh., mit einer Angabe von L. Euler für D. Köhler vom 26.12., die Rechnung zu bezahlen.
I-XVI-232, Bl. 214

Nr. 1317
Rechnung über den Verkauf von Zeitungen an die Akademie.
Berlin, vor dem 30. Dez. 1760
Behändigte Ausfertigung, egh., mit einer Angabe von L. Euler für D. Köhler, mitunterzeichnet von J.P. Heinius und A.S. Marggraf, die Rechnung erst zu bezahlen, wenn die Zeitungen an die Bibliothek abgeliefert sind.
I-XVI-232, Bl. 241

Nr. 1318
L. Euler an D. Köhler:
Teilt mit, daß er von J.G. Sulzer den Prägestempel und 100 Medaillen zum Preis von 100 Rt. erhalten habe.
Berlin, 30. Dez. 1760
Behändigte Reinschrift, egh.
I-IV-40, Bl. 3, 5

Nr. 1319
L. Euler an D. Köhler:
Trägt ihm auf, die Beschwerde des Buchbinders E.L. Discher wegen des Kalenderverkaufs zu untersuchen und dafür zu sorgen, daß solche Klagen hinfällig werden.

Berlin, 31. Dez. 1760
Angabe, egh.
I-VIII-6, Bl. 128, 132

Nr. 1320
Direktorium der Akademie an D. Köhler:
Teilt mit, daß das Direktorium beschlossen habe, nach dem Beispiel der Pariser Akademie in den Akademiesitzungen Jetons an die Mitglieder auszuteilen; ordnet an, 200 Jetons prägen zu lassen.
Berlin, 1760
Angabe von L. Euler, mitunterzeichnet von dem Marquis d'Argens, J.P. Heinius und A.S. Marggraf.
I-IV-40, Bl. 1

Nr. 1321
Eintragung in der Jahresrechnung der Akademie über die Zahlung einer Jahrespension von 1800 Rt. an L. Euler, Direktor der mathematischen Klasse.
Berlin, 1760
Reinschrift von D. Köhler.
I-XVI-126, S. 13

Nr. 1322
Totengräber Schünemann an das Direktorium der Akademie:
Bittet um Auszahlung von 5 Rt., die ihm bisher jährlich für die Lieferung von Leichnamen zur Anatomie gewährt wurden.
Berlin, 3. Jan. 1761
Behändigte Ausfertigung, Schreiberhand, mit einer Angabe von L. Euler für D. Köhler, die Rechnung zu bezahlen.
I-XVI-233, Bl. 314

Nr. 1323
D. Köhler an L. Euler:
Fragt an, ob auch nach dem Tode von J.T. Eller einige Genealogische Kalender an die Diener des königlichen Hofstaates verschenkt werden sollen.
Berlin, 5. Januar 1761
Behändigte Reinschrift, egh., mit einer Angabe von L. Euler, es bei der alten Regelung zu belassen.
I-VIII-20, Bl. 52

Nr. 1324
D. Köhler an L. Euler:
Fragt an, ob die Erinnerungen von J.C. Uhden bei der Ausfertigung der Obligation für den Kurator S.E. von Redern berücksichtigt wurden.
Berlin, 8. Jan. 1761

Behändigte Reinschrift, egh., mit einem Votum von L. Euler, daß die Erinnerungen von J.C. Uhden in die Obligation aufgenommen wurden.
I-XVI-28, Bl. 351

Nr. 1325
Quittung von J.-H.S. Formey über den Empfang von 100 Jetons.
Berlin, 8. Jan. 1761
Behändigte Reinschrift, egh., frz., mit einer Angabe von L. Euler für D. Köhler, diese Quittung der Rechnung beizufügen.
I-XVI-232, Bl. 215

Nr. 1326-1339
Rechnungen über Ausgaben für den Botanischen Garten.
Berlin, 12. Jan. - 13. Dez. 1761
Behändigte Ausfertigungen, egh., mit Angaben von L. Euler für D. Köhler, mitunterzeichnet von J.P. Heinius, A.S. Marggraf und dem Kurator S.E. von Redern, die Rechnungen zu bezahlen.
I-XVI-233, Bl. 319, 321, 323, 326, 328-337

Nr. 1340
Direktorium der Akademie an die Kaiserlich-Russische Regierung im Königreich Preußen:
Weist darauf hin, daß die Berliner Akademie nicht aus einem bestimmten Geldfonds, sondern mit dem Gewinn aus dem Kalendervertrieb finanziert werde; führt aus, daß die Berliner Akademie in einer sehr engen Verbindung zur kaiserlichen Akademie in Petersburg stehe und einige ihrer Mitglieder in den Diensten der Petersburger Akademie stehen; bittet darum, daß der Berliner Akademie der Kalendervertrieb in Preußen weiterhin gestattet werde.
Berlin, 22. Jan. 1761
Konzept von L. Euler, mit einem Vermerk von L. Euler, daß dieses Schreiben als Instruktion an die preußischen Kalenderfaktoren zu schicken sei.
I-VIII-96, Bl. 122; Reinkonzept von J.D. Blume mit den Revisionsunterschriften von L. Euler, J.P. Heinius, A.S. Marggraf und J.-H.S. Formey: Bl. 124

Nr. 1341-1342
Rechnungen von A.S. Marggraf über Ausgaben für das Laboratorium und das Akademiewohnhaus.
Behändigte Reinschriften, egh., mit Angaben von L. Euler und dem Kurator S.E. von Redern für D. Köhler, die Rechnungen zu bezahlen.
I-XVI-233, Bl. 227, 286

Nr. 1343
Rechnung von Haude und Spener über den Verkauf von Büchern an die Akademiebibliothek.
Berlin, 28. Jan. 1761
Behändigte Ausfertigung, egh., mit einer Angabe von L. Euler für D. Köhler, mitunterzeichnet von J.P. Heinius und A.S. Marggraf, die Rechnung zu bezahlen.
I-XVI-233, Bl. 265

Nr. 1344
Rechnung von Z. Barbiez über die Anfertigung von vier Medaillen aus Silber.
Berlin, 15. Febr. 1761
Behändigte Ausfertigung, egh., mit einer Angabe von L. Euler für D. Köhler vom 26.2., mitunterzeichnet vom Kurator S.E. von Redern und A.S. Marggraf, die Rechnung zu bezahlen.
I-XVI-233, Bl. 254

Nr. 1345
Quittung von L. Euler über den Empfang des Quartalsgehaltes in Höhe von 450 Rt.
Berlin, 18. Febr. 1761
Behändigte Reinschrift, egh.
I-XVI-233, Bl. 101

Nr. 1346
Rechnung von J.B. Merian über Ausgaben für die Akademiebibliothek.
Berlin, 18. Febr. 1761
Behändigte Reinschrift, egh., mit einer Angabe von L. Euler für D. Köhler, mitunterzeichnet von J.P. Heinius und A.S. Marggraf, die Rechnung zu bezahlen.
I-XVI-233, Bl. 303

Nr. 1347
Direktorium der Akademie an D. Köhler:
Trägt ihm auf, an J.G. Lehmann eine Gratifikation von 150 Rt. auszuzahlen.
Berlin, 19. Febr. 1761
Angabe von L. Euler, mitunterzeichnet vom Kurator S.E. von Redern, J.P. Heinius und A.S. Marggraf.
I-XVI-233, Bl. 251

Nr. 1348-1354
Rechnungen über die Lieferung von Leichnamen für die Anatomie.
Berlin, 29. Febr. - 30. Dez. 1761
Behändigte Ausfertigungen, egh., mit Angaben von L. Euler und A.S. Marggraf für D. Köhler, die Rechnungen zu bezahlen.
I-XVI-233, Bl. 304-310

Nr. 1355
Kupferstecher N.F. Sauerbrey an das Direktorium der Akademie:
Bittet um Gewährung der ihm im Vorjahr für das Landkartenausmalen erteilten Zulage für nunmehr alle Arten von Arbeiten.
Berlin, 13. März 1761
Behändigte Ausfertigung, egh., mit einer Angabe von L. Euler für D. Köhler, mitunterzeichnet von A.S. Marggraf, daß die Zulage generell gewährt werde.
I-VII-39, Bl. 5

Nr. 1356
Rechnung über den Druck des Anhangs zum Codex Fridericianus.
Berlin, 17. März 1761
Behändigte Ausfertigung, egh., mit einer Angabe von L. Euler für D. Köhler, mitunterzeichnet von A.S. Marggraf, die Rechnung zu bezahlen.
I-XVI-233, Bl. 250

Nr. 1357
Berliner Akademie der Wissenschaften an die Kurmärkische Kriegs- und Domänenkammer:
Ersucht die Kriegs- und Domänenkammer erneut, der Akademie das benötigte Holz für die von Soldaten zerstörte Einzäunung der Köpenicker Plantage und des Botanischen Gartens zu liefern.
Berlin, 18. März 1761
Konzept von J.D. Blume, mit einem Revisionsvermerk von L. Euler.
I-X-8, Bl. 325, 328

Nr. 1358-1364
L. Euler an D. Köhler:
Trägt ihm auf, die Kosten für die Anfertigung der vier Landkarten von Hessen aus der Akademiekasse zu bezahlen.
Berlin, 18. März - 5. Sept. 1761
Angaben, egh.
I-XVI-233, Bl. 194, 204, 210, 212, 215-216, 225

Nr. 1365-1366
Rechnungen des Mechanikers J.H. Ring über die Anfertigung von Ferngläsern.
Berlin, 21. März, 1. Apr. 1761
Behändigte Ausfertigungen, egh., mit Angaben von L. Euler für D. Köhler, die Rechnungen zu bezahlen.
I-XVI-233, Bl. 293-294

Nr. 1367
Direktorium der Akademie an D. Köhler:
Teilt mit, daß dem Kupferstecher N.F. Sauerbrey eine Zulage für das farbige Ausmalen aller Landkarten gewährt wurde, daß der Preis für die kleinen Karten auf 3 Gr. erhöht werden müsse, und fordert D. Köhler auf, Vorschläge zur Erhöhung des Kalenderpreises zu unterbreiten.
Berlin, 2. Apr. 1761
Angabe von L. Euler, mitunterzeichnet von A.S. Marggraf.
I-VII-37, Bl. 187

Nr. 1368
D. Köhler an das Direktorium der Akademie:
Fragt an, welche Landkarte für die Historischen und Genealogischen Kalender auf das Jahr 1762 genommen werden soll.
Berlin, 8. Apr. 1761
Behändigte Reinschrift, egh., mit einer Angabe von L. Euler, mitunterzeichnet von A.S. Marggraf und dem Kurator S.E. von Redern, die Karte von Ungarn zu nehmen, falls diese noch nicht gebracht worden sei.
I-VIII-21, Bl. 501

Nr. 1369
D. Köhler an L. Euler (?):
Teilt mit, daß er demnächst seine Vorstellungen über die Erhöhung der Kalender- und Landkartenpreise einreichen werde.
Berlin, 8. Apr. 1761
Behändigte Reinschrift, egh.
I-VII-37, Bl. 186

Nr. 1370
Direktorium der Akademie an D. Köhler:
Trägt ihm auf, auf die Vorstellung der Buchdrucker zu antworten, daß auf den Druck der Kalender schon eine Zulage gewährt wurde und eine weitere Zulage ein Ansteigen der Kalenderpreise erforderlich machen würde, wozu D. Köhler entsprechende Vorschläge unterbreiten solle.
Berlin, vor dem 13. Apr. 1761
Angabe von L. Euler, mitunterzeichnet von A.S. Marggraf, J.P. Heinus und dem Kurator S.E. von Redern.
I-VIII-21, Bl. 505

Nr. 1371
D. Köhler an das Direktorium der Akademie:
Teilt seine Meinung über die Erhöhung der Kalenderpreise und der Zulagen für die Buchdrucker und Buchbinder auf 1762 und die folgenden Jahre mit.
Berlin, 13. Apr. 1761
Behändigte Reinschrift, egh., mit Randbemerkungen von L. Euler und der Angabe von L. Euler, mitunterzeichnet von A.S. Marggraf, J.P. Heinius

und dem Kurator S.E. von Redern, daß die angesetzten Preise gebilligt werden.
I-VIII-21, Bl. 503-504, 507

Nr. 1372
D. Köhler an das Direktorium der Akademie:
Schlägt vor, mit der Erhöhung des Preises für die Schulkarten noch zu warten, bis die Faktoren ihre Rechnungen eingeschickt haben, die Preiserhöhung auf 6 Pf. zu begrenzen und bei den großen Landkarten keine Preiserhöhung vorzunehmen.
Berlin, 13. Apr. 1761
Behändigte Reinschrift, egh., mit Angaben von L. Euler, mitunterzeichnet vom Kurator S.E. von Redern, A.S. Marggraf und J.P. Heinius, daß die Preiserhöhung für die Schulkarten erst im nächsten Jahr vorzunehmen sei, daß das Direktorium mit einer Preiserhöhung von 6 Pf. einverstanden sei, daß für die großen Landkarten keine Preiserhöhung erforderlich sei und daß die neuen Landkarten von Hessen fertiggestellt und für einen Preis von 8 Gr. anzukündigen seien.
I-VII-37, Bl. 185

Nr. 1373
D. Köhler an L. Euler:
Bittet um Mitteilung der Legende zum Porträt des Erbprinzen Karl von Braunschweig für den Genealogischen Kalender auf das Jahr 1762.
Berlin, 18. Apr. 1761
Behändigte Reinschrift, egh., mit einer Porträtlegende von L. Euler.
I-VII-179, Bl. 115

Nr. 1374
D. Köhler an L. Euler:
Fragt an, ob nur bei den Genealogischen Kalendern eine Preiserhöhung vorzunehmen sei.
Berlin, 18. Apr. 1761
Behändigte Reinschrift, egh., mit einer Angabe von L. Euler, bei den anderen Kalendern keine Preiserhöhung vorzunehmen.
I-VIII-21, Bl. 502

Nr. 1375
L. Euler an D. Köhler:
Trägt ihm auf, alle Unterlagen über die Obligation des Kurators S.E. von Redern für eine Sitzung am nächsten Donnerstag um 15 Uhr vor der ordentlichen Akademiesitzung vorzulegen und J.C. Uhden zu dieser Sitzung einzuladen.
Berlin, 18. Apr. 1761
Angabe, egh.
I-XVI-28, Bl. 317

Nr. 1376
Buchbinder E.L. Discher an die Berliner Akademie:
Unterbreitet sein Preisangebot für das Einbinden der Genealogischen Kalender auf das Jahr 1762.
Berlin, vor dem 23. Apr. 1761
Behändigte Ausfertigung, egh., mit einer Angabe von L. Euler, mitunterzeichnet von A.S. Marggraf, J.P. Heinius und dem Kurator S.E. von Redern, daß D. Köhler über das Angebot einen Bericht erstatten solle.
I-VIII-179, Bl. 93

Nr. 1377
D. Köhler an das Direktorium der Akademie:
Schlägt vor, dem Buchbinder E.L. Discher nur die Genealogischen Kalender mit der Geschichte der Kurfürsten zum Einbinden zu geben.
Berlin, 22. Apr. 1761
Behändigte Reinschrift, egh., mit einer Angabe von L. Euler, mitunterzeichnet von A.S. Marggraf, J.P. Heinius und dem Kurator S.E. von Redern, daß dieser Vorschlag gebilligt werde.
I-VIII-179, Bl. 90

Nr. 1378
Quittung von L. Euler über den Empfang des Quartalsgehaltes in Höhe von 450 Rt.
Berlin, 7. Mai 1761
Behändigte Reinschrift, egh.
I-XVI-233, Bl. 102

Nr. 1379
Rechnung über das Einbinden von Büchern aus der Akademiebibliothek.
Berlin, 20. Mai 1761
Behändigte Ausfertigung, egh., mit einer Angabe von L. Euler für D. Köhler, mitunterzeichnet von J. P. Heinius und A.S. Marggraf, die Rechnung zu bezahlen.
I-XVI-233, Bl. 270

Nr. 1380
Rechnung über den Kauf von Chemikalien für das Laboratorium.
Berlin, vor dem 22. Mai 1761
Behändigte Ausfertigung, egh., mit einer Angabe von L. Euler für D. Köhler, mitunterzeichnet von J.P. Heinius und A.S. Marggraf, die Rechnung zu bezahlen.
I-XVI-233, Bl. 292

Nr. 1381
D. Köhler an L. Euler:
Bittet um Revision der Entwürfe zu den Devisen des Genealogischen Kalenders auf das Jahr 1763

Berlin, 2. Juni 1761
Behändigte Reinschrift, egh., mit einem Revisionsvermerk von L. Euler und J.P. Heinius vom 8.6.
I-VIII-179, Bl. 183

Nr. 1382
Rechnung über Tapezierarbeit für die Akademie.
Berlin, 4. Juni 1761
Behändigte Ausfertigung, egh., mit einer Angabe von L. Euler für D. Köhler, mitunterzeichnet vom Kurator S.E. von Redern, J.P. Heinius und A.S. Marggraf, die Rechnung zu bezahlen.
I-XVI-234, Bl. 276

Nr. 1383
Direktorium der Akademie an D. Köhler:
Trägt ihm auf, an J.G. Lehmann für die der Akademie geleisteten wichtigen Dienste eine Gratifikation von 300 Rt. auszuzahlen.
Berlin, 11. Juni 1761
Angabe von L. Euler, mitunterzeichnet vom Kurator S.E. von Redern, J.P. Heinius und A.S. Marggraf.
I-XVI-233, Bl. 252

Nr. 1384
D. Köhler an den Justitiar der Akademie J.C. Uhden:
Bittet ihn, wegen der rückständigen Zahlungen des Buchbinders J.L. Pitzer an den Großrichter Roskampf in Soest zu schreiben.
Berlin, 22. Juni 1761
Behändigte Reinschrift, egh., mit einer Angabe von L. Euler, mitunterzeichnet von A.S. Marggraf und J.P. Heinius, daß J.L. Pitzer zunächst die versprochenen 125 Rt. an die Akademie zu überschicken habe.
I-VIII-88, Bl. 94

Nr. 1385-1387
Rechnungen über Ausgaben für die Anatomie.
Berlin, 9. Juli - 27. Aug. 1761
Behändigte Ausfertigungen, egh., mit Angaben von L. Euler für D. Köhler, mitunterzeichnet von A.S. Marggraf, die Rechnungen zu bezahlen.
I-XVI-233, Bl. 315, 316, 318

Nr. 1388
Rechnung von L. Euler über den Kauf der Geschichte der Pariser Akademie der Wissenschaften, eines Bandes mit Abhandlungen der Akademie sowie eines Werkes über Optik von P. Bouguer für die Akademiebibliothek.
Berlin, vor dem 17. Juli 1761

Behändigte Reinschrift, egh.
I-XVI-233, Nr. 267

Nr. 1389
D. Köhler an das Direktorium der Akademie:
Fragt an, ob die von dem Pergamentmacher C. Becherer geforderten Zulagen für die Pergamentherstellung zu den Genealogischen Kalendern gewährt werden sollen.
Berlin, 16. Juli 1761
Behändigte Reinschrift, egh., mit einer Angabe von L. Euler, mitunterzeichnet von A.S. Marggraf, J.P. Heinius und dem Kurator S.E. von Redern, daß die Zulagen zu gewähren seien.
I-VIII-179, Bl. 97

Nr. 1390
D. Köhler an das Direktorium der Akademie:
Bittet um einen Termin für die Abnahme der Akademierechnung aus dem Jahre 1760.
Berlin, 23. Juli 1761
Behändigte Reinschrift, egh., mit Vermerken von L. Euler, J.P. Heinius und A.S. Marggraf.
I-XVI-28, Bl. 247

Nr. 1391
D. Köhler an L. Euler:
Übersendet aus Hamburg erhaltene Papiersorten für die Landkartenherstellung zur Ansicht und schlägt deren Kauf vor; hält es für notwendig, den Kupferstecher Berger zur Verfertigung der Landkarten anzuschreiben.
Berlin, 25. Juli 1761
Behändigte Reinschrift, egh., mit einer Angabe von L. Euler, das besagte Papier zur Landkartenherstellung beim Hamburger Kommissionshändler Petit, dem Vetter von L. Euler, zu bestellen und diesem ein Kompliment zu machen.
I-VII-37, Bl. 193

Nr. 1392
G.C. Silberschlag an L. Euler:
Berichtet über seine astronomischen Beobachtungen, insbesondere über den Venusdurchgang durch die Sonne, und die dabei verwendeten Instrumente; erbittet das Urteil von L. Euler über seine Beobachtungsmethode und die damit erzielten Ergebnisse.
Bergen, 25. Juli 1761
Behändigte Ausfertigung, egh., lat.
I-V-5b, Bl. 18-21

Nr. 1393-1394
Rechnungen von A.S. Marggraf über Ausgaben für das Laboratorium.
Berlin, 30. Juli, 5. Nov. 1761
Behändigte Reinschriften, egh., mit Angaben von L. Euler für D. Köhler, mitunterzeichnet vom Kurator S.E. von Redern, J.P. Heinius und A.S. Marggraf, die Rechnungen zu bezahlen.
I-XVI-233, Bl. 289, 291

Nr. 1395
Akademiesekretar J.-H.S. Formey an das Direktorium der Akademie:
Teilt Termin und Ort für die Abnahme der Akademierechnung aus dem Jahre 1760 mit.
Berlin, 4. Aug. 1761
Behändigte Reinschrift, egh., frz., mit einem Vermerk von L. Euler, daß er teilnehmen werde.
I-XVI-28, Bl. 246

Nr. 1396
Abnahme der Kalenderhauptrechnung für das Jahr 1760 durch das Direktorium der Akademie.
Berlin, 6. Aug. 1761
Behändigte Reinschrift von J.D. Blume, mitunterzeichnet von L. Euler.
I-VIII-314, Bl. 25

Nr. 1397
Quittung über die Abnahme der Jahresrechnung der Akademie für das Jahr 1760.
Berlin, 6. Aug. 1761
Behändigte Reinschrift, Schreiberhand, mitunterzeichnet von L. Euler.
I-XVI-126, S. 43-44

Nr. 1398
Kommissionshändler Petit et Dumoutier an D. Köhler:
Teilt mit, daß er das bestellte Papier per Frachtwagen abgesandt hätte; bestellt französische und deutsche Kalender und erstattet an L. Euler seine Empfehlung und Gruß.
Hamburg, 11. Aug. 1761
Behändigte Ausfertigung, egh.
I-VII-37, Bl. 194

Nr. 1399
D. Köhler an das Direktorium der Akademie:
Teilt die Forderungen des Kupferstechers J.D. Schleuen nach Zulagen wegen der Preiserhöhungen mit und fragt an, ob er solche Forderungen nach Zulagen jedesmal dem Direktorium anzeigen soll.
Berlin, 12. Aug. 1761
Behändigte Reinschrift, egh., mit zwei Angaben von L. Euler, mitunterzeichnet von A. S. Marggraf, J.P. Heinius und dem Kurator S.E. von

Redern, daß die geforderten Zulagen gebilligt seien und künftig mehrere Forderungen zusammen angezeigt werden sollen.
I-VIII-21, Bl. 509

Nr. 1400
D. Köhler an das Direktorium der Akademie:
Schlägt die Bewilligung einer von den preußischen Kalenderfaktoren geforderten Zulage vor.
Berlin, 19. Aug. 1761
Behändigte Reinschrift, egh., mit einer Angabe von L. Euler, mitunterzeichnet von A.S. Marggraf, J.P. Heinius und dem Kurator S.E. von Redern, die Zulage zu gewähren.
I-VIII-96, Bl. 149

Nr. 1401
Direktorium der Akademie an D. Köhler:
Trägt ihm auf, eine Besichtigungsfahrt in den Botanischen Garten zu bezahlen.
Berlin, 27. Aug. 1761
Angabe von L. Euler, mitunterzeichnet von J.P. Heinius, A.S. Marggraf und dem Kurator S.E. von Redern.
I-XVI-233, Bl. 338

Nr. 1402
D. Köhler an das Direktorium der Akademie:
Bittet um Genehmigung einiger Zulagen für die Kalenderherstellung auf das Jahr 1762.
Berlin, August 1761
Behändigte Reinschrift, egh., mit einer Angabe von L. Euler, mitunterzeichnet von A.S. Marggraf, J.P. Heinius und dem Kurator S.E. von Redern, daß die Zulagen genehmigt seien.
I-VIII-21, Bl. 512

Nr. 1403
D. Köhler an L. Euler:
Übersendet den Text für die Ankündigung einer neuen Landkarte von Niederhessen, Waldeck und Eichsfeld durch die Zeitungen.
Berlin, August 1761
Behändigte Reinschrift, egh., mit einer Angabe von L. Euler, daß er den Text gut finde.
I-VII-37, Bl. 196

Nr. 1404
D. Köhler an L. Euler:
Bittet um Revision des Probedrucks eines Porträts zu den Genealogischen Kalendern auf das Jahr 1762.
Berlin, 1. Sept. 1761
Behändigte Reinschrift, egh., mit einem Revisionsvermerk von L. Euler.
I-VIII-179, Bl. 113

Nr. 1405-1406
Direktorium der Akademie an D. Köhler
Trägt ihm auf, dem Gärtner des Botanischen Gartens, J.I. Müller, für die Speisung des Gesellen und Jungen eine wöchentliche Zulage von 16 Gr. auszuzahlen.
Berlin, 3. Sept. 1761
Angaben von L. Euler, mitunterzeichnet von J.P. Heinius, A.S. Marggraf und dem Kurator S.E. von Redern.
I-XVI-233, Bl. 325

Nr. 1407
Rechnung des Akademieaufwärters F. Ende über Reparaturen auf dem Observatorium.
Berlin, vor dem 6. Sept. 1761
Behändigte Reinschrift, egh., mit einer Angabe von L. Euler für D. Köhler, mitunterzeichnet vom Kurator S.E. von Redern, J.P. Heinius und A.S. Marggraf, die Rechnung zu bezahlen.
I-XVI-233, Bl. 271

Nr. 1408
Rechnung über den Druck der Ediktensammlung.
Berlin, 7. Sept. 1761
Behändigte Ausfertigung, egh., mit einer Angabe von L. Euler für D. Köhler, mitunterzeichnet vom Kurator S.E. von Redern, J.P. Heinius und A.S. Marggraf, die Rechnung zu bezahlen.
I-XVI-233, Bl. 243

Nr. 1409
Rechnung über Reparatur des Akademiewohnhauses.
Berlin, 7. Sept. 1761
Behändigte Ausfertigung, egh., mit einer Angabe von L. Euler für D. Köhler, mitunterzeichnet vom Kurator S.E. von Redern und J.P. Heinius, die Rechnung zu bezahlen.
I-XVI-233, Bl. 282

Nr. 1410
Quittung von L. Euler über den Empfang des Quartalsgehaltes in Höhe von 450 Rt.
Berlin, 9. Sept. 1761
Behändigte Reinschrift, egh.
I-XVI-233, Bl. 103

Nr. 1411
Berliner Akademie der Wissenschaften an den Magistrat von Zielentzig:
Teilt ihr Befremden über das Vorgehen des Magistrats mit, die Akademie öffentlich durch den Intelligenzzettel zu beschuldigen, zum wiederholten Male falsche Angaben über einen Jahrmarkt in Zielentzig in

den Kalendern zu machen; fordert den Magistrat auf, mit dem Preußischen Generaldirektorium wegen der Festsetzung des Jahrmarkts Verbindung aufzunehmen, da die Akademie von dieser Behörde die Angaben über die Jahrmärkte erhalte.
Berlin, 16. Sept. 1761
Konzept von D. Köhler, mit einem Revisionsvermerk und Fertigungsbefehl von L. Euler, mitunterzeichnet von A.S. Marggraf, J.P. Heinius und dem Kurator S.E. von Redern.
I-VIII-152, Bl. 293

Nr. 1412
Direktorium der Akademie an D. Köhler:
Trägt ihm auf, die für die Akademie angefertigten 389 Jetons zu bezahlen.
Berlin, 1. Okt. 1761
Angabe von L. Euler, mitunterzeichnet vom Kurator S.E. von Redern, J.P. Heinius und A.S. Marggraf.
I-XVI-233, Bl. 260

Nr. 1413
Rechnung des Kastellans der Anatomie, C.F. Vetter, über die Anschaffung von Holz und Licht für das Collegium Medico-Chirurgicum.
Berlin, 3. Okt. 1761
Behändigte Ausfertigung, egh., mit einer Angabe von L. Euler für D. Köhler, mitunterzeichnet von A.S. Marggraf, die Rechnung zu bezahlen.
I-XVI-234, Bl. 299

Nr. 1414
D. Köhler an das Direktorium der Akademie:
Teilt mit, daß der Pächter P. Janick von der Köpenicker Maulbeerplantage mit seinen Pachtzahlungen in Rückstand geraten sei.
Berlin, 8. Okt. 1761
Behändigte Reinschrift, egh., mit einer Angabe von L. Euler, mitunterzeichnet von dem Kurator S.E. von Redern, J.P. Heinius und A.S. Marggraf, dem Pächter ein halbes Jahr Pacht zu erlassen.
I-XVI-233, Bl. 2, Abschrift: I-X-8, Bl. 329

Nr. 1415
Berliner Buchdrucker an D. Köhler:
Weisen auf die Preiserhöhungen bei Druckpapier hin und bitten um Zulagen für den Kalenderdruck.
Berlin, 15. Okt. 1761
Behändigte Ausfertigung, egh., mit einer Angabe von L. Euler, mitunterzeichnet von A.S. Marggraf und dem Kurator S.E. von Redern, daß für die schon gedruckten Kalender keine Zulage zu gewähren sei, für den

künftigen Kalenderdruck eine Zulage gewährt werden könne und die Buchdrucker sich bei der Beschaffung des Druckpapiers große Mühe geben sollen.
I-VIII-21, Bl. 526-527

Nr. 1416
Rechnung über den Druck des Vorlesungskatalogs für das Collegium Medico-Chirurgicum.
Berlin, 15. Okt. 1761
Behändigte Ausfertigung, egh., mit einer Angabe von L. Euler für D. Köhler, die Rechnung zu bezahlen.
I-XVI-233, Bl. 317

Nr. 1417
Direktorium der Akademie an D. Köhler:
Ordnet an, daß die vom Medaillenpräger D. Itzig geleistete Arbeit mit den besten Geldsorten bezahlt werden soll.
Berlin, 22. Okt. 1761
Angabe von L. Euler, mitunterzeichnet von A.S. Marggraf, J.P. Heinius und dem Kurator S.E. von Redern.
I-IV-40, Bl. 4

Nr. 1418
Direktorium der Akademie an D. Köhler:
Trägt ihm auf, dem Kastellan der Anatomie, C.F. Vetter, wegen der Preisverteuerungen eine Zulage von 30 Rt. auszuzahlen.
Berlin, 22. Okt. 1761
Angabe von L. Euler, mitunterzeichnet von J.P. Heinius, A.S. Marggraf und dem Kurator S.E. von Redern.
I-XVI-233, Bl. 313

Nr. 1419
Aktenvermerk von D. Köhler über die Rückgabe des Konzepts der Obligation für den Kurator S.E. von Redern durch L. Euler.
Berlin, 7. Nov. 1761
Reinschrift, egh.
I-XVI-28, Bl. 314

Nr. 1420
D. Köhler an das Direktorium der Akademie:
Unterbreitet Vorschläge, wie den Forderungen der Buchdrucker nach Zulagen stattgegeben werden könnte.
Berlin, 18. Nov. 1761
Behändigte Reinschrift, egh., mit einer Angabe von L. Euler, mitunterzeichnet von A.S. Marggraf und J.P. Heinius, daß die Vorschläge gebilligt werden.
I-VIII-21, Bl. 523

Nr. 1421
L. Euler an D. Köhler:
Trägt ihm auf, die Buchdrucker unter der Hand zu benachrichtigen, mit den Papiermachern Verträge über das zu liefernde Papier abzuschließen.
Berlin, 24. Nov. 1761
Angabe, egh.
I-VIII-21, Bl. 524, 529

Nr. 1422
A.A. Rhode an das Direktorium der Akademie:
Bittet um Auszahlung von 40 Rt. für die Anfertigung zweier Landkarten von Vorpommern.
Berlin, 1. Dez. 1761
Behändigte Ausfertigung, egh., mit einer Angabe von L. Euler für D. Köhler, mitunterzeichnet vom Kurator S.E. von Redern, J.P. Heinius und A.S. Marggraf, diese Summe auszuzahlen.
I-XVI-233, Bl. 233

Nr. 1423
Quittung von L. Euler über den Empfang des Quartalsgehaltes in Höhe von 450 Rt.
Berlin, 3. Dez. 1761
Behändigte Reinschrift, egh.
I-XVI-233, Bl. 104

Nr. 1424
Rechnung über Reparaturen auf der Bibliothek.
Berlin, 6. Dez. 1761
Behändigte Ausfertigung, egh., mit einer Angabe von L. Euler für D. Köhler, mitunterzeichnet vom Kurator S.E. von Redern, J.P. Heinius und A.S. Marggraf, die Rechnung zu bezahlen.
I-XVI-233, Bl. 276

Nr. 1425
Direktorium der Akademie an D. Köhler:
Fordert einen Bericht über das Gesuch des Kalenderfaktors G. Pesenecker an, diesem 20 Rt. als Ausgleich für stark angestiegene Frachtkosten auszuzahlen.
Berlin, nach dem 5. Dez. 1761
Angabe von L. Euler, mitunterzeichnet von A.S. Marggraf, J.P. Heinius und dem Kurator S.E. von Redern.
I-VIII-6, Bl. 135

Nr. 1426
D. Köhler an das Direktorium der Akademie:
Berichtet, daß dem Kalenderfaktor G. Pesenecker infolge der erhöhten Frachtgebühren tatsächlich Mehrkosten entstanden seien.
Berlin, nach dem 5. Dez. 1761

Behändigte Reinschrift, egh., mit einer Angabe von L. Euler, mitunterzeichnet von dem Kurator S.E. von Redern, die Zahlung von 20 Rt. an G. Pesenecker vorzunehmen.
I-VIII-6, Bl. 135

Nr. 1427
Direktorium der Akademie an D. Köhler:
Trägt ihm auf, an C. Kirch eine Gratifikation von 100 Rt. auszuzahlen.
Berlin, 10. Dez. 1761
Angabe von L. Euler, mitunterzeichnet vom Kurator S.E. von Redern, J.P. Heinius und A.S. Marggraf.
I-XVI-233, Bl. 253

Nr. 1428
Eintragung in der Jahresrechnung der Akademie über die Zahlung einer Jahrespension von 1800 Rt. an L. Euler, Direktor der mathematischen Klasse.
Berlin, 1761
Reinschrift von D. Köhler.
I-XVI-127, S. 13

Nr. 1429
Eintragung in der Jahresrechnung der Akademie über die Zahlung von 40 Rt. an L. Euler für empfangene Bücher aus Paris.
Berlin, 1761
Reinschrift von D. Köhler.
I-XVI-127, S. 23

Nr. 1430
Witwe des Totengräbers Schünemann an das Direktorium der Akademie:
Bittet um Auszahlung von 5 Rt. für die Lieferung von Leichnamen zur Anatomie.
Berlin, 2. Jan. 1762
Behändigte Ausfertigung, Schreiberhand, mit einer Angabe von L. Euler für D. Köhler, die Rechnung zu bezahlen.
I-XVI-234, Bl. 301

Nr. 1431
L. Euler an D. Köhler:
Trägt ihm auf, vor dem Abdruck weiterer Exemplare der großen Post-Karte von Deutschland dem Geographen der Akademie A.A. Rhode ein noch nicht farbig ausgemaltes Kartenexemplar zuzustellen, damit dieser noch einige fehlende Orte auf der Karte einzeichnen könne, die dann auf der Platte einzustechen seien.
Berlin, 4. Jan. 1762
Angabe, egh.
I-VII-37, Bl. 208

Nr. 1432-1440
Rechnungen über Ausgaben für die Anfertigung von Landkarten.
Berlin, 6. Jan. - 2. Sept. 1762
Behändigte Ausfertigungen, egh., mit Angaben von L. Euler für D. Köhler, mitunterzeichnet von J.P. Heinius und A.S. Marggraf, die Rechnungen zu bezahlen.
I-XVI-234, Bl. 203-204, 218-219, 221, 226, 227-228, 231

Nr. 1441-1445
Rechnungen über Ausgaben für das Laboratorium.
Berlin, 6. Jan. - 3. Dez. 1762
Behändigte Ausfertigungen, egh., mit Angaben von L. Euler für D. Köhler, mitunterzeichnet vom Kurator S.E. von Redern, J.P. Heinius und A.S. Marggraf, die Rechnungen zu bezahlen.
I-XVI-234, Bl. 265-267, 271-272

Nr. 1446
J. du Fresne de Francheville an das Direktorium der Akademie:
Bittet um Gewährung einer Gratifikation, da er seit 20 Jahren die Verse für die französischen Genealogischen Kalender verfasse.
Berlin, 7. Jan. 1762
Behändigte Reinschrift, egh., frz., mit einer Angabe von L. Euler für D. Köhler, mitunterzeichnet von A.S. Marggraf, J.P. Heinius und dem Kurator S.E. von Redern, nachzusehen, ob die Pension für de Francheville nicht für die Anfertigung der Verse gewährt worden sei.
I-VIII-179, Bl. 142

Nr. 1447
Direktorium der Akademie an D. Köhler:
Trägt ihm auf, für die Anfertigung von 250 Jetons 500 Rt. an das Münzkontor auszuzahlen.
Berlin, 7. Jan. 1762
Angabe vom Kurator S.E. von Redern, mitunterzeichnet von L. Euler, J.P. Heinius und A.S. Marggraf.
I-XVI-234, Bl. 247

Nr. 1448
Bericht des Plantageninspektors Thym über die Qualität des zum Verkauf angebotenen Maulbeersamens.
Berlin, 19. Jan. 1762
Behändigte Ausfertigung, Abschrift, mit einer Angabe von L. Euler für D. Köhler, mitunterzeichnet vom Kurator S.E. von Redern, J.P. Heinius und A.S. Marggraf, den Maulbeersamen aus der Jahresrechnung der Akademie herauszunehmen und künftig keinen mehr als Zahlungsmittel anzunehmen.
I-XVI-234, Bl. 2

Nr. 1449
D. Köhler an das Direktorium der Akademie:
Zeigt an, daß das Österreichische Feldkriegskommissariat den Verkauf von Akademiekalendern in den von den österreichischen Truppen besetzten schlesischen Landesteilen untersagt habe.
Berlin, 20. Jan. 1762
Behändigte Reinschrift, egh., mit einer Angabe von L. Euler, mitunterzeichnet von A.S. Marggraf und dem Kurator S.E. von Redern, unter den gegebenen Umständen nichts in dieser Sache zu unternehmen.
I-VIII-136, Bl. 477

Nr. 1450-1460
Rechnungen über Ausgaben für den Botanischen Garten.
Berlin, 23. Jan. - 20. Dez. 1762
Behändigte Ausfertigungen, egh., mit Angaben von L. Euler für D. Köhler, mitunterzeichnet von A.S. Marggraf, die Rechnungen zu bezahlen.
I-XVI-234, Bl. 306, 308, 310, 312, 314-320

Nr. 1461
D. Köhler an das Direktorium der Akademie:
Fragt an, welche Landkarte für die Historischen und Genealogischen Kalender auf das Jahr 1763 zu nehmen sei.
Berlin, 30. Jan. 1762
Behändigte Reinschrift, egh., mit einer Angabe von L. Euler vom 4.2., mitunterzeichnet von A.S. Marggraf und dem Kurator S.E. von Redern, die Karte von Schleswig-Holstein zu nehmen.
I-VIII-21, Bl. 531

Nr. 1462
L. Euler an D. Köhler:
Trägt ihm auf, dem Kupferstecher Berger die Anfertigung der vier Landkarten von Hessen zu bezahlen.
Berlin, 30. Jan. 1762
Angabe, egh.
I-XVI-234, Bl. 202

Nr. 1463-1469
Rechnungen über die Lieferung von Leichnamen zur Anatomie.
Berlin, 30. Jan. - 31. Dezember 1762
Behändigte Ausfertigungen, egh., mit Angaben von L. Euler für D. Köhler, mitunterzeichnet von A.S. Marggraf, die Rechnungen zu bezahlen.
I-XVI-234, Bl. 291-297

Nr. 1470
D. Köhler an das Direktorium der Akademie:
Fragt an, ob er das eingenommene Geld in schlechten Münzsorten noch behalten solle.
Berlin, 4. Febr. 1762

Behändigte Reinschrift, egh., mit einer Angabe von L. Euler, mitunterzeichnet vom Kurator S.E. von Redern, J.P. Heinius und A.S. Marggraf, daß das Geld noch einige Zeit zu behalten sei.
I-XVI-28, Bl. 248

Nr. 1471
Direktorium der Akademie an D. Köhler:
Trägt ihm auf, die Fertigstellung der vier Landkarten von Hessen durch die Zeitungen ankündigen zu lassen, wobei als Preis je Karte 8 Gr. in Brandenburgischem bzw. 12 Gr. in Sächsischem Geld anzugeben sei.
Berlin, 11. Febr. 1762
Angabe von L. Euler, mitunterzeichnet von A.S. Marggraf, J.P. Heinius und dem Kurator S.E. von Redern.
I-VII-37, Bl. 204

Nr. 1472
Direktorium der Akademie an D. Köhler:
Trägt ihm auf dessen Vorstellung auf, in der Ankündigung über die Landkarten von Hessen den Preis je Karte wegen der erhöhten Kosten auf 12 Gr. in gangbarer Münzsorte festzulegen.
Berlin, nach dem 16. Febr. 1762
Angabe von L. Euler, mitunterzeichnet vom Kurator S.E. von Redern, A.S. Marggraf und J.P. Heinius.
I-VII-37, Bl. 204

Nr. 1473
Direktorium der Akademie an D. Köhler:
Erklärt sich mit dessen Vorschlag, die schlesische Faktorei neu zu besetzen, einverstanden und trägt ihm auf, keinen Schaden für die Akademie zuzulassen.
Berlin, 25. Febr. 1762
Angabe von L. Euler, mitunterzeichnet von A.S. Marggraf, J.P. Heinius und dem Kurator S.E. von Redern.
I-VIII-136, Bl. 490

Nr. 1474
Entscheidung des Direktoriums, den Druck des jüdischen Kalenders dem Buchdrucker D. Franckel zu überlassen.
Berlin, 25. Febr. 1762
Beschlußprotokoll von L. Euler, mitunterzeichnet von A.S. Marggraf, J.P. Heinius und dem Kurator S.E. von Redern.
I-VIII-221, Bl. 16

Nr. 1475
D. Köhler an das Direktorium der Akademie:
Fragt an, ob der Druck des jüdischen Kalenders dem Moses Marcus unter

der Bedingung gelassen werden sollte, daß dieser neue Druckbuchstaben anschaffe.
Berlin, 2. März 1762
Behändigte Reinschrift, egh., mit einer Angabe von L. Euler, mitunterzeichnet von A.S. Marggraf, J.P. Heinius und dem Kurator S.E. von Redern, dem Antrag von Moses Marcus auf Druck des jüdischen Kalenders stattzugeben, wenn dazu neue Druckbuchstaben verwendet werden.
I-VIII-221, Bl. 21

Nr. 1476
Quittung von L. Euler über den Empfang des Quartalsgehaltes in Höhe von 450 Rt.
Berlin, 5. März 1762
Behändigte Reinschrift, egh.
I-XVI-234, Bl. 90

Nr. 1477
Rechnung von J.A. Euler über Ausgaben für das Observatorium.
Berlin, 5. März 1762
Behändigte Reinschrift, egh., mit einer Angabe von L. Euler für D. Köhler, die Rechnung zu bezahlen.
I-XVI-234, Bl. 277

Nr. 1478
L. Euler an das Direktorium der Akademie:
Schlägt vor, die Gehälter bei der Akademie zukünftig in Brandenburgischem Geld auszuzahlen und D. Köhler entsprechend zu beauftragen.
Berlin, 6. März 1762
Behändigte Reinschrift, egh.
I-XVI-28, Bl. 249

Nr. 1479
Direktorium der Akademie an D. Köhler:
Trägt ihm auf, entsprechend dem Beschluß des Direktoriums künftig alle Besoldungen in Brandenburgischer Münzsorte auszuzahlen.
Berlin, 7. März 1762
Angabe von Schreiberhand, mitunterzeichnet von L. Euler.
I-XVI-28, Bl. 252

Nr. 1480-1483
Rechnungen über den Kauf und das Einbinden von Büchern für die Akademiebibliothek.
Berlin, 7. März - 16. Nov. 1762
Behändigte Ausfertigungen, mit Angaben von L. Euler für D. Köhler, mitunterzeichnet vom Kurator S.E. von Redern, J.P. Heinius und A.S. Marggraf, die Rechnungen zu bezahlen.
I-XVI-234, Bl. 250-252

Nr. 1484
D. Köhler an A.S. Marggraf:
Teilt mit, daß die Jahresgehälter der Direktoren bei 200 Rt. liegen würden.
Berlin, 10. März 1762
Behändigte Reinschrift, egh., mit einer Angabe von L. Euler für D. Köhler, mitunterzeichnet vom Kurator S.E. von Redern und J.P. Heinius, A. S. Marggraf nach Ablauf des Gnadenjahres für die Witwe von J.T. Eller eine Pension von 200 Rt. als Direktor der physikalischen Klasse auszuzahlen.
I-XVI-234, Bl. 70

Nr. 1485
D. Köhler an das Direktorium der Akademie:
Teilt mit, daß er die Quittungen für die Besoldungen in Brandenburgischer Münzsorte habe ausfertigen lassen und daß von dem Magdeburger Kalenderfaktor neben Sächsischen auch Bernburger Geldstücke eingeschickt worden seien.
Berlin, 11. März 1762
Behändigte Reinschrift, egh., mit einer Angabe von L. Euler, mitunterzeichnet von J.P. Heinius, A.S. Marggraf und dem Kurator S.E. von Redern, die Faktoren anzuweisen, künftig ihre Abrechnung in Sächsischem Geld einzuschicken.
I-XVI-28, Bl. 253

Nr. 1486
D. Köhler an das Direktorium der Akademie:
Bittet um eine Zulage für J.V. Krause, der die satirischen und moralischen Verse in den Kalendern besorgt.
Berlin, 11. März 1762
Behändigte Reinschrift, egh., mit einer Angabe von L. Euler, mitunterzeichnet von A.S. Marggraf, J.P. Heinius und dem Kurator S.E. von Redern, J.V. Krause eine Zulage von insgesamt 3 Rt. 6 Gr. zu gewähren.
I-VIII-21, Bl. 532

Nr. 1487
L. Euler an D. Köhler:
Trägt ihm auf, dem Gärtner des Botanischen Gartens, J.I. Müller, das Kostgeld für den Gesellen und Jungen angesichts der hohen Lebensmittelpreise in Brandenburgischem Geld oder mit dem festgesetzten Agio auszuzahlen.
Berlin, 23. März 1762
Angabe, egh.
I-XVI-234, Bl. 194, Abschrift: I-XVI-28, Bl. 250

Nr. 1488
Quittung von L. Euler über den Empfang von 184 Rt. 12 Gr. als Agio für die in Sächsischer Münze ausgezahlte Quartalspension.
Berlin, 23. März 1762
Behändigte Reinschrift, Schreiberhand, unterzeichnet von L. Euler.
I-XVI-234, Bl. 173

Nr. 1489
D. Köhler an L. Euler:
Teilt die Übersendung des neuen Adreßkalenders mit und weist auf die verschiedenen Geldsorten hin, mit denen die Kalender bezahlt werden.
Berlin, 26. März 1762
Behändigte Reinschrift, egh., mit einer Angabe von L. Euler, an die Erhöhung der Kalenderpreise zu denken und auf einen sorgfältigen Druck und saubere Kupferstiche zu achten.
I-VIII-21, Bl. 542

Nr. 1490
D. Köhler an L. Euler:
Schlägt vor, eine Devise im Genealogischen Kalender auf das Jahr 1763 durch eine andere zu ersetzen.
Berlin, 10. Apr. 1762
Behändigte Reinschrift, egh., mit einer Angabe von L. Euler, daß der Vorschlag angenommen sei.
I-VIII-179, Bl. 169

Nr. 1491
Rechnung über die Reparatur der Uhren auf der Anatomie.
Berlin, 15. Apr. 1762
Behändigte Ausfertigung, egh., mit einer Angabe von L. Euler für D. Köhler, die Rechnung zu bezahlen.
I-XVI-234, Bl. 302

Nr. 1492
D. Köhler an das Direktorium der Akademie:
Teilt die Übersendung einer Vorstellung von Berliner Buchdruckern mit und bittet, deren Forderung nach Erhöhung des Druckerlohnes angesichts der Teuerung nachzukommen.
Berlin, 17. Apr. 1762
Behändigte Reinschrift, egh., mit einer Angabe von L. Euler vom 2.4., mitunterzeichnet von A.S. Marggraf, den Buchdruckern die vorgeschlagene Zulage zu gewähren.
I-VIII-21, Bl. 536

Nr. 1493-1495
Rechnungen über Reparaturen am Wohnhaus und Laboratorium von A.S. Marggraf.
Berlin, 17. Apr. - 11. Sept. 1762

Behändigte Ausfertigungen, mit Angaben von L. Euler für D. Köhler, mitunterzeichnet von J.P. Heinius und A.S. Marggraf, die Rechnungen zu bezahlen.
I-XVI-234, Bl. 253-255

Nr. 1496
D. Köhler an das Direktorium der Akademie:
Berichtet, daß die Leinwand für die Landkarten mit den Postkursen teurer geworden sei und man daher die Post-Karten künftig für 3 Rt. je Exemplar werde verkaufen müssen.
Berlin, 21. Apr. 1762
Behändigte Reinschrift, egh., mit einer Angabe von L. Euler vom 22.4., mitunterzeichnet von A.S. Marggraf, daß dies gebilligt werde.
I-VII-39, Bl. 7

Nr. 1497
Direktorium der Akademie an D. Köhler:
Teilt mit, daß die vorgeschlagene Erhöhung des Kalenderpreises näher erwogen werden müsse und daß im Französischen Kalender einige grobe Fehler enthalten seien.
Berlin, 22. Apr. 1762
Angabe von L. Euler, mitunterzeichnet von A.S. Marggraf.
I-VIII-21, Bl. 543

Nr. 1498
Direktorium der Akademie an D. Köhler:
Trägt ihm auf, die Bezahlung der Kalenderarbeit von C. Kirch nach dem augenblicklichen Geldkurs vorzunehmen.
Berlin, 22. Apr. 1762
Angabe von L. Euler, mitunterzeichnet von A.S. Marggraf.
I-XVI-234, Bl. 133, Abschrift: I-XVI-28, Bl. 250

Nr. 1499
Direktorium der Akademie an D. Köhler:
Teilt mit, daß sein Vorschlag über die Erhöhung der Kalenderpreise gebilligt werde, daß aber die Genealogischen Kalender auch um 50 % zu erhöhen seien; nimmt Stellung zu einer Kapitalanlage durch den Grafen von Röder.
Berlin, 6. Mai 1762
drei Angaben, unterzeichnet von L. Euler, A.S. Marggraf und J.P. Heinius, eine Angabe von L. Euler.
I-VIII-21, Bl. 541

Nr. 1500
Quittung von L. Euler über den Empfang des Quartalsgehaltes in Höhe von 450 Rt.
Berlin, 3. Juni 1762
Behändigte Reinschrift, egh.
I-XVI-234, Bl. 91

Nr. 1501
D. Köhler an L. Euler:
Fragt an, ob L. Euler mit dem Münzhändler Ephraim wegen des Umtausches der Bernburger und Schwedischen Geldstücke gesprochen habe.
Berlin, 10. Juni 1762
Behändigte Reinschrift, egh., mit einem Vermerk von L. Euler, daß er deswegen am morgischen Tag Nachricht erhalten werde.
I-XVI-28, Bl. 274

Nr. 1502
J.H. von Justi an L. Euler:
Beschwert sich über das ungebührliche Benehmen des Gärtners J.I. Müller gegenüber seinem Fuhrmann und seiner Magd.
Berlin, 15. Juni 1762
Behändigte Ausfertigung, egh.
I-XIV-36, Bl. 21, 35

Nr. 1503
Rechnung des Kastellans der Anatomie, C.F. Vetter, über die Anschaffung von Holz und Licht für das Collegium Medico-Chirurgicum.
Berlin, 15. Juni 1762
Behändigte Ausfertigung, egh., mit einer Angabe von L. Euler für D. Köhler, mitunterzeichnet von A.S. Marggraf, die Rechnung zu bezahlen.
I-XVI-234, Bl. 298

Nr. 1504
Direktorium der Akademie an D. Köhler:
Trägt ihm auf, alle Unterlagen über die durch Verschulden der Post verlorengegangenen Kalender an den Akademiejustitiar J.C. Uhden zu übergeben.
Berlin, 1. Juli 1762
Angabe von L. Euler, mitunterzeichnet von A.S. Marggraf.
I-VIII-119, Bl. 441

Nr. 1505
J.G. Gleditsch an L. Euler:
Berichtet über die von ihm vorgenommene Befragung des Gärtners J.I. Müller zur Beschwerde von J.H. von Justi.
Berlin, 1. Juli 1762
Behändigte Reinschrift, egh.
I-XIV-36, Bl. 23

Nr. 1506
Justitiar der Akademie J.C. Uhden an L. Euler:
Sendet ihm das Schreiben von J.H. von Justi und den Bericht von J.G. Gleditsch über die Befragung des Gärtners zum Beschwerdevorfall zu-

rück und überläßt es L. Euler, eine entsprechende Antwort zu verfassen.
Berlin, 5. Juli 1762
Behändigte Reinschrift, egh.
I-XIV-36, Bl. 22

Nr. 1507
Auszug aus einem Schreiben des Justitiars J.C. Uhden an L. Euler:
Teilt seine Auffassung mit, daß ohne Genehmigung des Königs die Köpenicker Plantage nicht gegen einen jährlichen Grundzins erb- und eigentümlich überlassen werden könne.
Berlin, 5. Juli 1762
Abschrift von D. Köhler.
I-X-8, Bl. 337

Nr. 1508
Berliner Akademie der Wissenschaften an das Generalpostamt:
Teilt mit, daß ihr durch die Postämter in Lingen und Lipstadt mehrere Pakete mit Kalendern verlorengegangen seien; ersucht darum, der Akademie den erlittenen Schaden zu ersetzen.
Berlin, 6. Juli 1762
Konzept von D. Köhler, mit einem Fertigungsbefehl von L. Euler.
I-VIII-119, Bl. 439

Nr. 1509
D. Köhler an die Münzhändler Ephraim und Itzig:
Bezieht sich auf eine Mitteilung von L. Euler und fragt an, wann er die in der Akademiekasse vorhandenen Bernburger, Mecklenburger und Schwedischen Geldstücke in Sächsische Eingroschenstücke umwechseln könne.
Berlin, 6. Juli 1762
Konzept, egh.
I-XVI-28, Bl. 273

Nr. 1510
D. Köhler an das Direktorium der Akademie:
Fragt an, ob die Zulage für den Druck des jüdischen Kalenders auf das Jahr 1763 auf 10 Rt. zu erhöhen sei.
Berlin, 8. Juli 1762
Behändigte Reinschrift, egh., mit einer Angabe von L. Euler, mitunterzeichnet von A.S. Marggraf, J.P. Heinius und dem Kurator S.E. von Redern, es bei der Zulage von 5 Rt. bewenden zu lassen.
I-VIII-221, Bl. 25

Nr. 1511
Rechnung des Kastellans der Anatomie, C.F. Vetter, über Ausgaben für die Anatomie.
Berlin, 13. Juli 1762
Behändigte Ausfertigung, egh., mit zwei Angaben von L. Euler für D. Köhler, mitunterzeichnet vom Kurator S.E. von Redern, J.P. Heinius und A.S. Marggraf, die Rechnung sachlich richtig bescheinigen zu lassen und sie dann zu bezahlen.
I-XVI-234, Bl. 300

Nr. 1512
D. Köhler an das Direktorium der Akademie:
Fragt an, ob er das Geld der neuen aber schlechten Münzsorte August d'or noch zurückhalten oder einwechseln soll.
Berlin, 14. Juli 1762
Behändigte Reinschrift, egh., mit einer Angabe von L. Euler, mitunterzeichnet vom Kurator S.E. von Redern, J.P. Heinius und A.S. Marggraf, die August d'or noch einige Zeit zurückzuhalten.
I-XVI-234, Bl. 283

Nr. 1513
Direktorium der Akademie an D. Köhler:
Teilt als Termin zur Abnahme der Rechnung für das Jahr 1761 den 21. Juli mit.
Berlin, 15. Juli 1762
Behändigte Reinschrift von L. Euler, mitunterzeichnet von A.S. Marggraf und dem Kurator S.E. von Redern.
I-XVI-28, Bl. 270

Nr. 1514
Abnahme der Kalenderhauptrechnung für das Jahr 1761 durch das Direktorium der Akademie.
Berlin, 21. Juli 1762
Behändigte Reinschrift von J.D. Blume, mitunterzeichnet von L. Euler.
I-VIII-315, Bl. 24

Nr. 1515
Quittung über die Abnahme der Jahresrechnung der Akademie für das Jahr 1761.
Berlin, 21. Juli 1762
Behändigte Reinschrift, Schreiberhand, mitunterzeichnet von L. Euler.
I-XVI-127, S. 43-44

Nr. 1516
Rechnung über Glaserarbeiten auf der Anatomie.
Berlin, 21. Juli 1762
Behändigte Ausfertigung, egh., mit einer Angabe von L. Euler für D.

Köhler, mitunterzeichnet von A.S. Marggraf, die Rechnung zu bezahlen.
I-XVI-234. Bl. 303

Nr. 1517
L. Euler an D. Köhler:
Trägt ihm auf, das Gesuch des Magdeburger Buchhändlers D.C. Hechtel auf Herausgabe eines Magdeburger Provinzialkalenders in einem Schreiben der Akademie an den Staatsminister K.L. von Danckelmann abschlägig zu bescheiden.
Berlin, vor dem 7. Aug. 1762
Angabe, egh.
I-VIII-205, Bl. 165

Nr. 1518
Berliner Akademie der Wissenschaften an den Staatsminister K.L. von Danckelmann:
Ersucht ihn, den Antrag des Magdeburger Buchhändlers D.C. Hechtel auf Herausgabe eines Magdeburger Provinzialadreßkalenders abzuweisen, da allein die Akademie das Kalenderprivileg besitze und nach Beendigung des Krieges auch einen neuen Provinzialadreßkalender herausgeben werde.
Berlin, 7. Aug. 1762
Konzept von D. Köhler, mit einem Revisionsvermerk und Fertigungsbefehl von L. Euler.
I-VIII-205, Bl. 164

Nr. 1519
D. Köhler an das Direktorium der Akademie:
Fragt an, ob er wegen der nicht zurückgekommenen Genealogischen Kalender aus Rostock etwas unternehmen soll.
Berlin, 10. Aug. 1762
Behändigte Reinschrift, egh., mit einer Angabe von L. Euler, mitunterzeichnet von A.S. Marggraf, in der Angelegenheit nichts zu unternehmen.
I-VIII-179, Bl. 149

Nr. 1520
L. Euler an D. Köhler:
Trägt ihm auf, dem Kupferstecher Berger für die Anfertigung der zweiten Landkarte vom Globus 50 Rt. auszuzahlen.
Berlin, 17. Aug. 1762
Angabe, egh.
I-XVI-234, Bl. 229

Nr. 1521
D. Köhler an das Direktorium der Akademie:
Schlägt vor, daß das Breslauer Collegium Medicum et Sanitatis die

Examinations- und Approbationsgebühren in Sächsischen 1/3 Münzen einschicken soll.
Berlin, 4. Sept. 1762
Behändigte Reinschrift, egh., mit einer Angabe von L. Euler, mitunterzeichnet von A.S. Marggraf, daß der Vorschlag genehmigt werde.
I-XI-3, Bl. 113

Nr. 1522
Quittung von L. Euler über den Empfang des Quartalsgehaltes in Höhe von 450 Rt.
Berlin, 14. Sept. 1762
Behändigte Reinschrift, egh.
I-XVI-234, Bl. 92

Nr. 1523
Direktorium der Akademie an D. Köhler:
Trägt ihm auf, für den Ankauf eines Objektivglases aus dem Nachlaß von P.-L.M. de Maupertuis 14 Rt. auszuzahlen.
Berlin, 16. Sept. 1762
Angabe von L. Euler, mitunterzeichnet von J.P. Heinius und A.S. Marggraf.
I-XVI-234, Bl. 278

Nr. 1524
J.B. Merian an das Direktorium der Akademie:
Bezieht sich auf eine Entscheidung des Präsidenten P.-L.M. de Maupertuis hinsichtlich der Annahme von Kassenscheinen für Pensionen durch die Akademiekasse und bittet um Anweisung an D. Köhler, ihm gegen Kassenscheine seine Pension auszuzahlen.
Berlin, 20. Sept. 1762
Behändigte Reinschrift, egh., frz., mit einer Angabe von L. Euler für D. Köhler, mitunterzeichnet von J.P. Heinius und A.S. Marggraf, die Kassenscheine von J.B. Merian gegen Bargeld anzunehmen.
I-XVI-235, Bl. 85

Nr. 1525
D. Köhler an das Direktorium der Akademie:
Fragt an, in welcher Münzsorte die Kassenscheine von J.B. Merian auszuzahlen seien.
Berlin, 22. Sept. 1762
Behändigte Reinschrift, egh., mit einer Angabe von L. Euler, mitunterzeichnet von J.P. Heinius und A.S. Marggraf, die Auszahlung in solchen Münzsorten vorzunehmen, die auch die königlichen Kassen verwenden.
I-XVI-235, Bl. 86

Nr. 1526
Kopist Castagnier an das Direktorium der Akademie:
Bittet um die Erlaubnis, für ein Jahr in Frankfurt an der Oder die Jurisprudenz studieren zu dürfen, und um die Gewährung eines halbjährigen Vorschusses seines Jahresgehalts.
Berlin, 22. Sept. 1762
Behändigte Reinschrift, egh., frz., mit einer Angabe von L. Euler für D. Köhler, mitunterzeichnet von A.S. Marggraf und J.P. Heinius, daß dem Gesuch stattgegeben werde.
I-XVI-28, Bl. 275

Nr. 1527
D. Köhler an das Direktorium der Akademie:
Fragt an, ob die Kalender auf dem Landweg nach Schlesien geschickt werden sollen, nachdem man keinen Lastkahn für den Transport auf dem Wasserwege bekommen habe.
Berlin, 28. Sept. 1762
Behändigte Reinschrift, egh., mit einer Angabe von L. Euler, mitunterzeichnet von A.S. Marggraf und J.P. Heinius, daß mit einem Fuhrmann ein Vertrag über den Transport der Kalender auf dem Landwege abzuschließen sei.
I-VIII-137, Bl. 42

Nr. 1528
D. Köhler an das Direktorium der Akademie:
Schlägt vor, dem Buchhändler J.G. Breitkopf in Leipzig eine Beihilfe zu zahlen, damit dieser die verkauften Kalender und Landkarten in Sächsischen Groschen und nicht in August d'or abrechne, die in Berlin niemand haben will.
Berlin, 29. Sept. 1762
Behändigte Reinschrift, egh., mit einer Angabe von L. Euler, mitunterzeichnet von A.S. Marggraf und J.P. Heinius, die Beihilfe zu gewähren und allen Faktoren mitzuteilen, daß sich die Kalenderpreise auf Sächsische Acht- und Eingroschenstücke beziehen.
I-VIII-21, Bl. 546

Nr. 1529
D. Köhler an L. Euler:
Fragt an, ob ein in Berlin weilender Fuhrmann aus Breslau die schlesischen Kalender schon mitnehmen soll.
Berlin, nach dem 28. Sept. 1762
Behändigte Reinschrift, egh., mit einer Angabe von L. Euler, den Transport der Kalender durch den Fuhrmann besorgen zu lassen.
I-VIII-137, Bl. 43

Nr. 1530
D. Köhler an das Direktorium der Akademie:
Schlägt vor, durch die Zeitungen bekannt zu machen, daß beim Verkauf der Kalender kein anderes Geld als Sächsische Acht- und Eingroschenstücke angenommen werden sollen.
Berlin, 6. Okt. 1762
Behändigte Reinschrift, egh., mit einer Angabe von L. Euler vom 7.10., für den Justitiar J.C. Uhden, zu dieser Frage ein Gutachten zu erstellen.
I-VIII-21, Bl. 549

Nr. 1531-1532
Rechnungen über den Druck des Vorlesungskatalogs für das Collegium Medico-Chirurgicum und der Gesetze für die Zuhörer von öffentlichen Vorlesungen.
Berlin, 6. Okt., 20. Okt. 1762
Behändigte Ausfertigungen, egh., mit Angaben von L. Euler für D. Köhler, die Rechnungen zu bezahlen.
I-XVI-234, Bl. 304-305

Nr. 1533
D. Köhler an das Direktorium der Akademie:
Fragt an, ob die beiliegende Bekanntmachung über das Verbot, die Kalender von 1763 höher als zum angesetzten Preis zu verkaufen, in den Intelligenzzetteln veröffentlicht werden könne.
Berlin, 25. Okt. 1762
Behändigte Reinschrift, egh., mit einer Angabe von L. Euler, mitunterzeichnet von A.S. Marggraf und J.P. Heinius, die Bekanntmachung drucken zu lassen.
I-VIII-21, Bl. 552

Nr. 1534
L. Euler an D. Köhler:
Trägt ihm auf, dem Kupferstecher Berger für die Anfertigung der Landkarte von Pommern einen Vorschuß von 30 Rt. auszuzahlen.
Berlin, 25. Okt. 1762
Angabe, egh.
I-XVI-235, Bl. 225

Nr. 1535
D. Köhler an das Direktorium der Akademie:
Schlägt vor, die Genealogischen Kalender in Preußen auf das Jahr 1763 zum gleichen Preis wie im Jahre 1762 zu verkaufen.
Berlin, 28. Okt. 1762
Behändigte Reinschrift, egh., mit einer Angabe von L. Euler, mitunterzeichnet von A.S. Marggraf und J.P. Heinius, daß in Preußen nach besonderen Geldsorten gerechnet werde und daher durch Befragung eines

Bankiers der Kalenderpreis in Preußischem Geld festzusetzen sei.
I-VIII-21, Bl. 559

Nr. 1536
D. Köhler an L. Euler:
Schlägt vor, den Preis für den Französischen Duodezkalender um 1 Gr. auf 3 Gr. zu erhöhen.
Berlin, 3. Nov. 1762
Behändigte Reinschrift, egh., mit einer Angabe von L. Euler, diese Preiserhöhung vorzunehmen.
I-VIII-21, Bl. 560

Nr. 1537
Berliner Akademie der Wissenschaften an das Preußische Armendirektorium:
Teilt auf dessen Vorstellung mit, daß die Akademie noch nie 5 Rt. für die Übergabe eines Leichnams aus dem Armenhaus an das Theatrum anatomicum gezahlt, sondern stets nur 1 Rt. 4 Gr. pro Leichnam an den Kastellan der Anatomie entrichtet habe.
Berlin, 8. Nov. 1762
Konzept von D. Köhler, mit einer Ergänzung und einem Fertigungsbefehl von L. Euler.
I-XIV-4, Bl. 24

Nr. 1538
Rechnung über Reparaturen auf dem Observatorium.
Berlin, 9. Nov. 1762
Behändigte Ausfertigung, egh., mit einer Angabe von L. Euler für D. Köhler, mitunterzeichnet von J.P. Heinius und A.S. Marggraf, die Rechnung zu bezahlen.
I-XVI-234, Bl. 261

Nr. 1539
Direktorium der Akademie an D. Köhler:
Trägt ihm auf, zu den beiliegenden Vorstellungen der Buchbindergewerke von Berlin und Brandenburg über die Kalenderpreise einen Bericht anzufertigen.
Berlin, 18. Nov. 1762
Angabe von L. Euler, mitunterzeichnet von A.S. Marggraf und J.P. Heinius.
I-VIII-21, Bl. 566

Nr. 1540
D. Köhler an L. Euler:
Teilt die Übersendung des Antwortkonzepts an die Berliner Buchbinder zur Revision mit.
Berlin, 22. Nov. 1762

Behändigte Reinschrift, egh., mit einer Angabe von L. Euler, daß die Buchbinder besonders über den niedrigen Preis des Französischen Kalenders klagen und zu untersuchen sei, ob bei der Preisfestsetzung für diese Kalender ein Versehen vorliege.
I-VIII-21, Bl. 562

Nr. 1541
Berliner Akademie der Wissenschaften an das Berliner Buchbindergewerk:
Erteilt auf die Vorstellung der Berliner Buchbinder, die Kalender teurer als zum festgesetzten Preis verkaufen zu wollen, einen abschlägigen Bescheid.
Berlin, 22. Nov. 1762
Konzept von D. Köhler, mit Revisionsunterschriften von L. Euler, A.S. Marggraf und J.P. Heinius.
I-VIII-21, Bl. 561

Nr. 1542
Direktorium der Akademie an D. Köhler:
Trägt ihm auf, die Erhöhung des Preises für den Französischen Duodezkalender öffentlich bekannt zu machen.
Berlin, 2. Dez. 1762
Angabe von L. Euler, mitunterzeichnet von A.S. Marggraf und J.P. Heinius.
I-VIII-21, Bl. 569

Nr. 1543
Direktorium der Akademie an D. Köhler:
Trägt ihm auf, an C. Kirch die Gratifikation von 100 Rt. schon jetzt auszuzahlen.
Berlin, 2. Dez. 1762
Angabe von L. Euler, mitunterzeichnet von J.P. Heinius und A.S. Marggraf.
I-XVI-234, Bl. 248

Nr. 1544
L. Euler an D. Köhler:
Teilt mit, daß er das vom Observatorium abgetragene Holz für 6 Rt. kaufen wolle.
Berlin, 2. Dez. 1762
Behändigte Reinschrift, egh.
I-XVI-234, Bl. 64

Nr. 1545
Quittung von L. Euler über den Empfang des Quartalsgehaltes in Höhe von 450 Rt.
Berlin, 8. Dez. 1762

Behändigte Reinschrift, egh.
I-XVI-234, Bl. 93

Nr. 1546
Direktorium der Akademie an D. Köhler:
Trägt ihm auf, an die Akademiemitglieder für ihre Teilnahme an den Akademiesitzungen mit dem Akademiesiegel bedruckte Landkarten als Jetons auszuteilen und bei Ablieferung dieser Jetons den Gegenwert von 1 Rt. auszuzahlen.
Berlin, 9. Dez. 1762
Angabe von L. Euler, mitunterzeichnet von J.P. Heinius und A.S. Marggraf.
I-XVI-235, Bl. 266, Abschrift: I-VII-40, Bl. 7

Nr. 1547
D. Köhler an das Direktorium der Akademie:
Fragt an, ob er die neuen August d'or, die als Zahlungsmittel nicht gangbar geworden sind, einwechseln könne.
Berlin, 9. Dez. 1762
Behändigte Reinschrift, egh., mit einer Angabe von L. Euler, mitunterzeichnet von J.P. Heinius und A.S. Marggraf, die August d'or einzuwechseln.
I-XVI-234, Bl. 283

Nr. 1548
D. Köhler an das Direktorium der Akademie:
Fragt an, ob das vom Kalenderfaktor T. Wagner aus Breslau überschickte Geld in Bernburger Münze anzunehmen sei.
Berlin, 9. Dez. 1762
Behändigte Reinschrift, egh., mit einer Angabe von L. Euler, mitunterzeichnet von J.P. Heinius und A.S. Marggraf, dieses Geld anzunehmen.
I-XVI-234, Bl. 284

Nr. 1549
Direktorium der Akademie an D. Köhler:
Übersendet ihm die von J.T. Eller der Akademie vermachten Kassenscheine zur Aufbewahrung und trägt ihm auf, eine Erläuterung wegen des Glogauer Collegii medici zu geben.
Berlin, 18. Dez. 1762
Angabe von L. Euler, mitunterzeichnet von A.S. Marggraf und J.P. Heinius.
I-XVI-28, Bl. 286, 299

Nr. 1550
Marquis d'Argens an die Akademiedirektoren:
Teilt mit, daß Friedrich II. mit den Ersparnissen in der Akademiekasse und der Tätigkeit der Direktoren sehr zufrieden sei und ihnen auftra-

ge, die Auszahlung der Jetons wie bisher fortzusetzen.
Leipzig, 27. Dez. 1762
Behändigte Ausfertigung, egh., frz.
I-IV-40, Bl. 8, 15

Nr. 1551
D. Köhler an L. Euler:
Bittet um Revision der französischen Verse zum Genealogischen Kalender auf das Jahr 1763.
Berlin, 1762
Behändigte Reinschrift, egh., mit einem Revisionsvermerk von L. Euler.
I-VIII-179, Bl. 181

Nr. 1552
Eintragung in der Jahresrechnung der Akademie über die Zahlung einer Jahrespension von 1800 Rt. an L. Euler, Direktor der mathematischen Klasse.
Berlin, 1762
Reinschrift von D. Köhler
I-XVI-128, S. 13

Nr. 1553
Witwe des Totengräbers Schünemann an das Direktorium der Akademie:
Bittet um Gewährung von 5 Rt. für ihre Arbeit bei der Lieferung von Leichnamen zur Anatomie.
Berlin, 2. Jan. 1763
Behändigte Ausfertigung, Schreiberhand, mit einer Angabe von L. Euler für D. Köhler, mitunterzeichnet von J.P. Heinius und A.S. Marggraf, die Rechnung zu bezahlen.
I-XVI-235, Bl. 311

Nr. 1554
Direktorium der Akademie an D. Köhler:
Teilt die Übersendung des Briefes von Marquis d'Argens vom 27.12.1762 mit und trägt ihm auf, sich nach den darin enthaltenen Festlegungen zu richten.
Berlin, 6. Jan. 1763
Abschrift von D. Köhler, abschriftlich unterzeichnet von L. Euler, J.P. Heinius und A.S. Marggraf.
I-IV-40, Bl. 9

Nr. 1555
Direktorium der Akademie an D. Köhler:
Teilt seinen Beschluß mit, zur Beförderung des Verkaufs der Ediktensammlung den Präsidenten aller preußischen Regierungen ein Exemplar der Ediktensammlung von 1762 als Geschenk zu überreichen.
Berlin, 6. Jan. 1763

Teilabschrift von D. Köhler, abschriftlich unterzeichnet von L. Euler, A.S. Marggraf und J.P. Heinius.
I-IX-6, Bl. 2

Nr. 1556
D. Köhler an das Direktorium der Akademie:
Fragt an, welche Landkarte für die Historischen und Genealogischen Kalender auf das Jahr 1764 zu nehmen sei.
Berlin, 15. Jan. 1763
Behändigte Reinschrift, egh., mit einer Angabe von L. Euler, mitunterzeichnet von A.S. Marggraf, die Karte von Mecklenburg zu nehmen.
I-VIII-21, Bl. 579

Nr. 1557
D. Köhler an das Direktorium der Akademie:
Schlägt vor, die von dem Kalenderfaktor G. Pesenecker erbetenen 30 Rt. Beihilfe für die erhöhten Kalenderfrachtkosten zu gewähren.
Berlin, 20. Jan. 1763
Behändigte Reinschrift, egh., mit einer Angabe von L. Euler, mitunterzeichnet von A.S. Marggraf, die 30 Rt. zu gewähren.
I-VIII-6, Bl. 139

Nr. 1558
L. Euler an D. Köhler:
Trägt ihm auf, den Verfasser der Geschichte Holsteins im Historischen Kalender zu befragen, aus welchem Buch er die Angaben genommen habe, die zur Klage des dänischen Gesandten führten.
Berlin, 21. Jan. 1763
Angabe, egh.
I-VIII-21, Bl. 582

Nr. 1559
L. Euler an D. Köhler:
Trägt ihm auf, dem Kupferstecher Berger für die Fertigstellung der Landkarte von Pommern noch 20 Rt. auszuzahlen.
Berlin, 26. Jan. 1763
Angabe, egh.
I-XVI-235, Bl. 226

Nr. 1560-1565
Rechnungen über die Lieferung von Leichnamen zur Anatomie.
Berlin, 31. Jan. - 31. Dez. 1763
Behändigte Ausfertigungen, egh., mit Angaben von L. Euler für D. Köhler, mitunterzeichnet von A.S. Marggraf, die Rechnungen zu bezahlen.
I-XVI-235, Bl. 303-308

Nr. 1566
Berliner Akademie der Wissenschaften an den Magistrat zu Stargard:
Ersucht den Magistrat, die auf dem Ackerhof des verstorbenen Kalen-

derfaktors der Akademie Falck liegende Kaution löschen zu lassen.
Berlin, 2. Febr. 1763
Konzept von D. Köhler, mit Revisionsunterschriften von L. Euler, A.S. Marggraf und J.P. Heinius.
I-VIII-2, Bl. 84

Nr. 1567
Rektor J.J. Wippel an D. Köhler:
Teilt auf Verlangen von L. Euler mit, aus welchen Büchern er die geographisch-historische Beschreibung von Schleswig-Holstein für den Historischen Kalender auf dieses Jahr entnommen habe.
Berlin, 9. Febr. 1763
Behändigte Ausfertigung, egh.
I-VIII-21, Bl. 580, 594

Nr. 1568
Direktorium der Akademie an D. Köhler:
Trägt ihm auf zu berichten, warum der Berliner Buchbinder J.H. Jahn noch nicht für das Einbinden der Genealogischen Kalender bezahlt worden sei.
Berlin, 10. Febr. 1763
Angabe von L. Euler, mitunterzeichnet von A.S. Marggraf und J.P. Heinius.
I-VIII-179, Bl. 200, 209

Nr. 1569
Berliner Akademie der Wissenschaften an den Berliner Buchbinder J.H. Jahn:
Verweist auf den großen Schaden, den die Akademie durch die nicht rechtzeitige Lieferung der eingebundenen Kalender erleide; teilt mit, daß sie ihm den Buchbinderlohn erst bezahlen werde, wenn sie vom Magistrat Nachricht erhalte, daß sein Verhalten bestraft worden sei.
Berlin, 17. Febr. 1763
Konzept von D. Köhler, mit einem Revisionsvermerk von L. Euler, mitunterzeichnet von A.S. Marggraf.
I-VIII-179, Bl. 202

Nr. 1570
Berliner Akademie der Wissenschaften an die Kriegs- und Domänenkammer in Stettin:
Führt auf dessen Vorstellung aus, daß die Akademie keine Sächsischen Zweigroschenstücke aus dem Kalenderverkauf in Zahlung nehmen könne, weil diese Münzsorte von den Buchdruckern und Buchbindern nicht angenommen werde.
Berlin, 17. Febr. 1763
Konzept von D. Köhler, mit einem Revisionsvermerk von L. Euler und

A.S. Marggraf.
I-XVI-28, Bl. 380

Nr. 1571
D. Köhler an das Direktorium der Akademie:
Fragt an, ob er die in der Akademiekasse vorhandenen und ständig im Kurs fallenden Sächsischen Eindrittel- und Eingroschenstücke einwechseln solle.
Berlin, 17. Febr. 1763
Behändigte Reinschrift, egh., mit einer Angabe von L. Euler, mitunterzeichnet von A.S. Marggraf, vorerst nur die Sächsischen Eingroschenstücke in Eindrittelstücke zu verwechseln.
I-XVI-28, Bl. 378

Nr. 1572
D. Köhler an das Direktorium der Akademie:
Teilt mit, daß das von J.T. Eller der Akademie vermachte Legat zum Teil in solchen Münzsorten an die Akademie gelangen werde, die sich nicht zu Ausgaben verwenden lassen; fragt an, ob diese Münzsorten einzuwechseln seien, obwohl sich der Geldwechselkurs fast täglich ändere.
Berlin, 17. Febr. 1763
Behändigte Reinschrift, egh., mit einer Angabe von L. Euler, mitunterzeichnet von A.S. Marggraf, das Einwechseln der Münzsorten noch aufzuschieben.
I-XVI-28, Bl. 379

Nr. 1573
D. Köhler an das Direktorium der Akademie:
Fragt an, ob die Akademie sich bei der Einlösung der von J.B. Merian empfangenen Kassenscheine mit den im Augenblick gängigen schlechten Münzsorten begnügen wolle.
Berlin, 22. Febr. 1763
Behändigte Reinschrift, egh., mit einer Angabe von L. Euler, mitunterzeichnet vom Kurator S.E. von Redern und A.S. Marggraf, die Einlösung der Kassenscheine in den jetzt gängigen Münzsorten vorzunehmen.
I-XVI-235, Bl. 87

Nr. 1574
D. Köhler an das Direktorium der Akademie:
Fragt an, ob die gegen Kassenscheine eingetauschten Münzsorten für die Akademiekasse angenommen werden sollen.
Berlin, 23. Febr. 1763
Behändigte Reinschrift, egh., mit einer Angabe von L. Euler, mitunterzeichnet vom Kurator S.E. von Redern und A.S. Marggraf, daß die für

Kassenscheine ausgezahlten Münzsorten akzeptiert werden müssen.
I-XVI-235, Bl. 80

Nr. 1575
Quittung von L. Euler über den Empfang des Quartalsgehaltes in Höhe von 450 Rt.
Berlin, 28. Febr. 1763
Behändigte Reinschrift, egh.
I-XVI-235, Bl. 118

Nr. 1576-1602
Rechnungen über Ausgaben für den Botanischen Garten.
Berlin, 28. Febr. - 23. Dez. 1763
Behändigte Ausfertigungen, egh., mit Sichtvermerken und Angaben von L. Euler für D. Köhler, mitunterzeichnet von A.S. Marggraf, J.P. Heinius und dem Kurator S.E. von Redern, die Rechnungen zu bezahlen.
I-XVI-235, Bl. 316, 318, 320, 322, 324-347

Nr. 1603
Stellungnahme von L. Euler zur Weiterzahlung der während des Krieges ausgesetzten Pension an den Mechaniker J.L. Koch.
Berlin, 3. März 1763
Behändigte Reinschrift, egh.
I-XVI-28, Bl. 385

Nr. 1604
Direktorium der Akademie an D. Köhler:
Weist an, dem Mechaniker J.L. Koch wieder seine alte Pension auszuzahlen.
Berlin, 3. März 1763
Angabe von L. Euler, mitunterzeichnet von A.S. Marggraf, J.P. Heinius und dem Kurator S.E. von Redern.
I-III-11, Bl. 14

Nr. 1605
D. Köhler an das Direktorium der Akademie:
Fragt an, ob der ehemalige Kalenderfaktor T. Wagner 100 Rt. seiner Geldschulden in Bernburger Drittelstücken bezahlen könne.
Berlin, 8. März 1763
Behändigte Reinschrift, egh., mit einer Angabe von L. Euler, mitunterzeichnet von A.S. Marggraf und J.P. Heinius, dem Wunsche T. Wagners Rechnung zu tragen.
I-VIII-136, Bl. 530

Nr. 1606-1607
Rechnungen über Ausgaben für die Akademiebibliothek.
Berlin, 9. März, 12. März 1763

Behändigte Ausfertigungen, egh., mit Angaben von L. Euler für D. Köhler, mitunterzeichnet von J.P. Heinius und A.S. Marggraf, die Rechnungen zu bezahlen.
I-XVI-235, Bl. 281-282

Nr. 1608
D. Köhler an das Direktorium der Akademie:
Fragt an, ob er nicht aus dem Verkaufserlös der Landkarten von Hessen und der künftig herauskommenden Landkarten für seine Bemühungen den 12. Teil erhalten könne.
Berlin, 15. März 1763
Behändigte Reinschrift, egh., mit einer Angabe von L. Euler, mitunterzeichnet von A.S. Marggraf und J.P. Heinius, daß es bei der alten Regelung bleiben solle, da mit einem neuen Präsidenten demnächst die Akademie vermutlich ganz neu eingerichtet werde.
I-VII-37, Bl. 210

Nr. 1609
D. Köhler an das Direktorium der Akademie:
Fragt an, ob dem Buchdrucker Moses Marcus für den Druck des jüdischen Kalenders auf das Jahr 1764 eine Zulage von 10 Rt. zu gewähren sei.
Berlin, 16. März 1763
Behändigte Reinschrift, egh., mit einer Angabe von L. Euler, mitunterzeichnet von A.S. Marggraf und J.P. Heinius, diese Zulage zu gewähren.
I-VIII-221, Bl. 22

Nr. 1610
D. Köhler an L. Euler:
Übersendet den Kosten- und Gewinnanschlag für die vier Landkarten von Hessen.
Berlin, 26. März 1763
Behändigte Reinschrift, egh., mit einer Angabe von L. Euler, daß er den Anschlag billige.
I-VII-37, Bl. 211

Nr. 1611
Rechnung des Berliner Buchbinders J.H. Jahn über die von ihm eingebundenen Genealogischen Kalender.
Berlin, März 1763
Behändigte Ausfertigung, egh., mit einer Angabe von L. Euler für D. Köhler, mitunterzeichnet von A.S. Marggraf und J.P. Heinius, die Rechnung nunmehr zu bezahlen.
I-VIII-179, Bl. 201

Nr. 1612

D. Köhler an das Direktorium der Akademie:
Bittet um Genehmigung der Entwürfe zu den Devisen des Genealogischen Kalenders auf das Jahr 1765.
Berlin, 6. Apr. 1763
Behändigte Reinschrift, egh., mit einer Angabe von L. Euler vom 14.4., mitunterzeichnet von A.S. Marggraf und dem Kurator S.E. von Redern, daß einige Verse der Akademie nicht zur Ehre gereichen und zu ersetzen seien.
I-VIII-179, Bl. 266

Nr. 1613

J.G. Gleditsch an das Direktorium der Akademie:
Berichtet über den schlechten Zustand des Botanischen Gartens und bittet um Maßnahmen zu seiner Wiederinstandsetzung.
Berlin, 15. Apr. 1763
Abschrift von J.G. Gleditsch vom 9.6.1763, mit einer Stellungnahme von L. Euler für A.S. Marggraf.
I-XIV-36, Bl. 36-39

Nr. 1614

Rechnung über Ausgaben für die Beleuchtung der Akademie.
Berlin, 16. Apr. 1763
Behändigte Reinschrift, egh., mit einer Angabe von L. Euler für D. Köhler, mitunterzeichnet vom Kurator S.E. von Redern und A.S. Marggraf, die Rechnung zu bezahlen.
I-XVI-235, Bl. 300

Nr. 1615

Buchhändler J.J. Kanter an die Berliner Akademie der Wissenschaften:
Bittet um Ernennung zum Buchhändler der Berliner Akademie der Wissenschaften in Königsberg.
Berlin, 18. Apr. 1763
Behändigte Ausfertigung, egh., mit einer Angabe von L. Euler für D. Köhler, mitunterzeichnet von A.S. Marggraf, J.P. Heinius und dem Kurator S.E. von Redern, diesen Titel zu bewilligen.
I-IX-7, Bl. 2, 4

Nr. 1616

D. Köhler an das Direktorium der Akademie:
Fragt an, ob die beiden Hemisphärenkarten nach den neuesten Entdeckungen zur See und zu Lande für 12 Gr. das Stück in Brandenburgischem Geld verkauft werden sollen.
Berlin, 21. Apr. 1763
Behändigte Reinschrift, egh., mit einer Angabe von L. Euler, mitunterzeichnet vom Kurator S.E. von Redern und A.S. Marggraf, daß der Preis jeder Landkarte in der Ankündigung auf 12 Gr. in Brandenburgischem

Geld festzusetzen sei und daß künftig auch die Preise für alle anderen Karten und für die Kalender in dieser Münzsorte anzugeben seien.
I-VII-37, Bl. 213

Nr. 1617
L. Euler an D. Köhler:
Teilt mit, daß der Kurator S.E. von Redern das von der Akademie erhaltene Darlehen aufgekündigt habe und am 24. August an die Akademiekasse zurückzahlen werde.
Berlin, 28. Apr. 1763
Behändigte Reinschrift, egh.
I-XVI-28, Bl. 354, 373

Nr. 1618-1621
Rechnungen über Ausgaben für die Herstellung von Landkarten.
Berlin, 28. Apr. - 28. Sept. 1763
Behändigte Ausfertigungen, egh., mit Angaben von L. Euler für D. Köhler, mitunterzeichnet vom Kurator S.E. von Redern, J.P. Heinius und A.S. Marggraf, die Rechnungen zu bezahlen.
I-XVI-235, Bl.227, 233, 237, 249

Nr. 1622-1626
Rechnungen über Ausgaben für das Laboratorium.
Berlin, Apr. - 22. Dez. 1763
Behändigte Ausfertigungen, egh., mit Angaben von L. Euler für D. Köhler, mitunterzeichnet von J.P. Heinius und A.S. Marggraf, die Rechnungen zu bezahlen.
I-XVI-235, Bl. 291-293, 296-297

Nr. 1627
D. Köhler an das Direktorium der Akademie:
Schlägt im Zusammenhang mit der Einführung einer neuen Brandenburgischen Münzsorte neue Preise für einige Kalender und Landkarten vor.
Berlin, 4. Mai 1763
Behändigte Reinschrift, egh., mit einer Angabe von L. Euler, mitunterzeichnet von A.S. Marggraf und J.P. Heinius, daß bis auf den Französischen Duodezkalender und die Schulkarten die vorgeschlagenen Preise gebilligt werden.
I-VIII-21, Bl. 584

Nr. 1628
L. Euler an die Direktoren J.P. Heinius und A.S. Marggraf:
Schlägt ihnen vor, dem spanischen Mechaniker R. Pacecco eine kleine finanzielle Unterstützung zu gewähren.
Berlin, 11. Mai 1763
Behändigte Reinschrift, egh., frz.
I-XVI-235, Bl. 278

Nr. 1629
J.-H.S. Formey an L. Euler:
Fragt an, ob er wie J.P. Heinius und A.S. Marggraf damit einverstanden sei, dem spanischen Mechaniker R. Pacecco eine Gratifikation von 20 Rt. zukommen zu lassen.
Berlin, 13. Mai 1763
Behändigte Reinschrift, egh., frz., mit einem zustimmenden Votum von L. Euler.
I-XVI-235, Bl. 276

Nr. 1630
Bestallung des Buchhändlers J.J. Kanter zum Buchhändler der Berliner Akademie der Wissenschaften in Königsberg.
Berlin, 18. Mai 1763
Konzept von D. Köhler, mit den Revisionsunterschriften von L. Euler, A.S. Marggraf und J.P. Heinius.
I-IX-7, Bl. 1

Nr. 1631
Quittung von L. Euler über den Empfang des Quartalsgehaltes in Höhe von 450 Rt.
Berlin, 28. Mai 1763
Behändigte Reinschrift, egh.
I-XVI-235, Bl. 119

Nr. 1632
D. Köhler an das Direktorium der Akademie:
Unterbreitet einen Vorschlag, in welchen Münzsorten die Kalender im Jahre 1764 zu verkaufen seien.
Berlin, 30. Mai 1763
Behändigte Reinschrift, egh., mit einer Angabe von L. Euler, mitunterzeichnet von A.S. Marggraf und J.P. Heinius, nach diesem Vorschlag den gesamten Kalenderverkauf einzurichten.
I-VIII-21, Bl. 588

Nr. 1633
D. Köhler an das Direktorium der Akademie:
Fragt an, in welchen Münzsorten die Akademiebesoldungen auszuzahlen seien.
Berlin, 30. Mai 1763
Behändigte Reinschrift, egh., mit einer Angabe von L. Euler, mitunterzeichnet von A.S. Marggraf und J.P. Heinius, daß darüber noch nichts festgelegt werden könne, da der Unterschied zwischen den Münzsorten noch nicht genau festgesetzt sei.
I-XVI-28, Bl. 387

Nr. 1634
Direktorium der Akademie an D. Köhler:
Trägt ihm auf, dem spanischen Mechaniker R. Pacecco für das Anfertigen eines mechanischen Instruments noch 10 Rt. auszuzahlen.
Berlin, 9. Juni 1763
Angabe von L. Euler, mitunterzeichnet von J.P. Heinius und A.S. Marggraf.
I-XVI-235, Bl. 279

Nr. 1635-1636
Rechnungen über Ausgaben für die Anatomie.
Berlin, 11. Juni, 25. Juni 1763
Behändigte Ausfertigungen, egh., mit Angaben von L. Euler für D. Köhler, mitunterzeichnet von A.S. Marggraf, die Rechnungen zu bezahlen.
I-XVI-235, Bl. 313-314

Nr. 1637
D. Köhler an das Direktorium der Akademie:
Berichtet, daß der Kupferstecher N.F. Sauerbrey höhere Lohnforderungen für das farbige Ausmalen der Landkarten gefordert habe, und unterbreitet Preisvorschläge für das farbige Ausmalen der verschiedenen Landkarten.
Berlin, 15. Juni 1763
Behändigte Reinschrift, egh., mit einer Angabe von L. Euler, mitunterzeichnet von A.S. Marggraf und J.P. Heinius, daß man Leute finden müsse, die für die angegebenen Preise die Landkarten farbig ausmalen würden.
I-VII-39, Bl. 8

Nr. 1638
J.G. Gleditsch an den Direktor der physikalischen Klasse A.S. Marggraf:
Berichtet über den schlechten Zustand des Botanischen Gartens, weshalb er an König Friedrich II. geschrieben habe; schlägt Maßnahmen zur Instandsetzung des Gartens vor.
Berlin, 17. Juni 1763
Behändigte Reinschrift, egh., mit Randbemerkungen von L. Euler.
I-XIV-36, Bl. 27-32

Nr. 1639
L. Euler an D. Köhler:
Trägt ihm auf, dem Arzt G.U. Beltz aus Neustadt-Eberswalde für dessen Abhandlung zur Preisaufgabe der Akademie statt der Preismedaille 50 Dukaten auszuzahlen.
Berlin, nach dem 19. Juni 1763
Angabe, egh.
I-XVI-235, Bl. 259b

Nr. 1640
A.S. Marggraf an J.P. Heinius:
Teilt ihm die Übersendung des Berichts von J.G. Gleditsch über den Zustand des Botanischen Gartens mit den dazu gemachten Bemerkungen von L. Euler mit, der auf der nächsten Zusammenkunft erörtert werden soll.
Berlin, 22. Juni 1763
Behändigte Reinschrift, egh.
I-XIV-36, Bl. 26, 33

Nr. 1641
Kupferstecher N.F. Sauerbrey an das Direktorium der Akademie:
Bezieht sich auf die von der Akademie festgesetzten neuen Preise für das farbige Ausmalen der Landkarten und bittet darum, daß ihm angesichts der schwierigen Zeiten auch nach der Geldkursveränderung der alte Lohn weiter gezahlt werde.
Berlin, 23. Juni 1763
Behändigte Ausfertigung, egh., mit einer abschriftlichen Resolution von L. Euler für N.F. Sauerbrey, mitunterzeichnet von J.P. Heinius und A.S. Marggraf, daß die neuen Preise der Geldkursveränderung voll entsprechen und keine neue Erhöhung zugestanden werden könne.
I-VII-39, Bl. 10-11

Nr. 1642
Direktorium der Akademie an den Kupferstecher N.F. Sauerbrey:
Teilt ihm auf dessen Vorstellung mit, daß die Veränderung in der Bezahlung des farbigen Ausmalens der Landkarten völlig dem neuen Geldkurs entspreche.
Berlin, 23. Juni 1763
Abschrift von D. Köhler, mit dem Vermerk, daß die behändigte Ausfertigung des Schreibens an N.F. Sauerbrey egh. von L. Euler verfaßt wurde.
I-VII-39, Bl. 10

Nr. 1643
Berliner Akademie der Wissenschaften an Friedrich II.:
Teilt mit, daß der Geldfonds der Akademie für die Errichtung einer Mauer um den Botanischen Garten nicht ausreiche und man sich deshalb mit einer Holzwand begnügen müsse; schlägt vor, mit dem vorhandenen Fonds ein neues Wohnhaus für den Chemiker und Astronomen errichten zu lassen, da das alte Haus völlig baufällig sei; bittet um Wiederherstellung des Privilegs auf Lieferung von Stalldung für den Botanischen Garten.
Berlin, 23. Juni 1763
Konzept von L. Euler
I-XIV-50, Bl. 2

Nr. 1644
L. Euler an D. Köhler:
Trägt ihm auf, für den russischen Gesandten V.S. Dolgorukij einen Adreßkalender zu besorgen; verweist auf einige Fehler in den Postkursen der Genealogischen Kalender.
Berlin, 26. Juni 1763
Angabe, egh.
I-VIII-179, Bl. 235

Nr. 1645
Direktorium der Akademie an D. Köhler:
Trägt ihm auf, die Aktenunterlagen über das Legat von J.T. Eller zwecks Anlage dieses Kapitals zu übersenden.
Berlin, 27. Juni 1763
Angabe von L. Euler, mitunterzeichnet von A.S. Marggraf und J.P. Heinius.
I-XVI-28, Bl. 285, 300

Nr. 1646
D. Köhler an das Direktorium der Akademie:
Teilt die Übersendung der Aktenunterlagen über das Legat von J.T. Eller mit und äußert Zweifel an einer zinsgünstigen Anlage dieses Kapitals.
Berlin, 28. Juni 1763
Behändigte Reinschrift, egh., mit einer Angabe von L. Euler, mitunterzeichnet von A.S. Marggraf und J.P. Heinius, das Geld in neue Friedrichsd'or einzuwechseln und danach für dessen Anlage zu sorgen.
I-XVI-28, Bl. 282

Nr. 1647
J.G. Gleditsch an D. Köhler:
Teilt mit, daß er keine genauen Kenntnisse über den Zustand der Köpenicker Plantage und den Stand der Pachtzahlung habe, da die besondere Inspektion über diese Plantage L. Euler obliege und er diesem nur zur Hand gegangen sei.
Berlin, 8. Juli 1763
Behändigte Reinschrift, egh.
I-X-8, Bl. 336

Nr. 1648
Berliner Akademie der Wissenschaften an Friedrich II.:
Führt aus, daß die Errichtung einer Mauer um den Botanischen Garten und von Gewächshäusern den Geldfonds der Akademie übersteigen würde; schlägt vor, stattdessen ein dringend benötigtes neues Wohnhaus für den Chemiker und Astronomen erbauen zu lassen.
Berlin, 11. Juli 1763

Konzept von L. Euler, mit Voten und Gegenvoten von J.P. Heinius und L. Euler.
I-XIV-50, Bl. 11-12

Nr. 1649
Berliner Akademie der Wissenschaften an Friedrich II.:
Teilt die Übersendung des Kostenanschlages für die Errichtung der Mauer um den Botanischen Garten mit und bittet um dessen Genehmigung.
Berlin, 20. Juli 1763
Konzept von L. Euler, mit einem Vermerk von L. Euler für J.P. Heinius, das Konzept im Falle seines Einverständnisses an D. Köhler zur Ausfertigung zu schicken.
I-XIV-50, Bl. 15

Nr. 1650
Direktorium der Akademie an D. Köhler:
Ordnet an, daß die Jetons zu je 1 Rt. in Neubrandenburgischem Geld ausgezahlt werden sollen.
Berlin, 21. Juli 1763
Angabe von L. Euler, mitunterzeichnet von A.S. Marggraf, J.P. Heinius und dem Kurator S.E. von Redern.
I-IV-40, Bl. 10

Nr. 1651
D. Köhler an das Direktorium der Akademie:
Bittet um einen Termin zur Abnahme der Kalenderhauptrechnung für das Jahr 1762.
Berlin, 22. Juli 1763
Behändigte Reinschrift, egh., mit zwei Vermerken von L. Euler, daß er dazu an jedem beliebigen Tag bereit sei.
I-XVI-28, Bl. 389

Nr. 1652
Quittung über die Abnahme der Jahresrechnung der Akademie für das Jahr 1762.
Berlin, 28. Juli 1763
Behändigte Reinschrift, Schreiberhand, mitunterzeichnet von L. Euler.
I-XVI-128, S. 41-42

Nr. 1653
L. Euler an den Buchhändler C.F. Voss:
Teilt mit, daß die Akademie darauf bestehen müsse, jährlich zwei Jahrgänge der Akademieabhandlungen drucken zu lassen, wobei ihr von jedem Band 35 Freiexemplare zu übergeben seien.
Berlin, 28. Juli 1763
Konzept, egh.
I-VII-3, Bl. 33

Nr. 1654
Buchhändler C.F. Voss an L. Euler:
Teilt mit, daß er dem Druck der Akademieabhandlungen durch die Buchhandlung Haude und Spener nicht im Wege stehen möchte, und bittet die Akademie um einen Verlagsabschluß mit dieser Buchhandlung.
Berlin, 30. Juli 1763
Behändigte Ausfertigung, egh.
I-VII-3, Bl. 34

Nr. 1655
D. Köhler an den Sekretär Heinius in Geldern:
Teilt mit, daß die Akademie den Vorschlag, anstelle des verstorbenen A.F. Terstegen den Kanzleiboten J. Geilenberg zu den gleichen Bedingungen als Kalenderfaktor im Herzogtum Geldern anzunehmen, billige.
Berlin, 12. Aug. 1763
Konzept von D. Köhler, mit Revisionsvermerken von L. Euler, A.S. Marggraf und J.P. Heinius.
I-VIII-127, Bl. 58

Nr. 1656
Berliner Akademie der Wissenschaften an die Königliche Kommission zu Geldern:
Ersucht darum, daß die durch die Kriegszeit in Vergessenheit geratenen Verordnungen wegen des Kalenderwesens und die Anstellung von J. Geilenberg als Kalenderfaktor öffentlich bekanntgemacht werden.
Berlin, 22. Aug. 1763
Konzept von D. Köhler, mit Revisionsvermerken von L. Euler, J.P. Heinius und A.S. Marggraf.
I-VIII-127, Bl. 60

Nr. 1657
D. Köhler an das Direktorium der Akademie:
Schlägt vor, die Bekanntmachung über die Münzsorten,mit denen die Kalender im Jahre 1764 gekauft werden sollen, nicht in den Zeitungen, sondern separat drucken zu lassen und dann den Faktoren zuzuschicken.
Berlin, 24. Aug. 1763
Behändigte Reinschrift, egh., mit einer Angabe von L. Euler, mitunterzeichnet von A.S. Marggraf, J.P. Heinius und dem Kurator S.E. von Redern, daß dieser Vorschlag gebilligt werde.
I-VIII-21, Bl. 596, 606

Nr. 1658
D. Köhler an das Direktorium der Akademie:
Teilt mit, daß ein Drittel der von dem Kupferstecher Berger gelieferten Devisen zum Genealogischen Kalender auf das Jahr 1764 von schlechter Qualität sei.

Berlin, 31. Aug. 1763
Behändigte Reinschrift, egh., mit einer Angabe von L. Euler, mitunterzeichnet von A.S. Marggraf, J.P. Heinius und dem Kurator S.E. von Redern, daß die schlechten Abdrucke nicht abgenommen werden dürfen und an ihrer Stelle bessere zu liefern seien.
I-VIII-179, Bl. 226

Nr. 1659
D. Köhler an L. Euler:
Übersendet den Text für die Ankündigung der Landkarten von den beiden Hemisphären nach den neuesten Entdeckungen zur See und zu Lande und von Vorpommern durch die Zeitungen.
Berlin, August 1763
Behändigte Reinschrift, egh., mit einer Angabe von L. Euler, daß er den Text billige.
I-VII-37, Bl. 218

Nr. 1660
Direktorium der Akademie an D. Köhler:
Trägt ihm auf, die Rückgabe des dem Kurator S.E. von Redern gewährten Darlehens in Empfang zu nehmen.
Berlin, 8. Sept. 1763
Angabe von L. Euler, mitunterzeichnet von A.S. Marggraf, J.P. Heinius und dem Kurator S.E. von Redern.
I-XVI-28, Bl. 353, 374

Nr. 1661
Quittung von L. Euler über den Empfang des Quartalsgehaltes in Höhe von 450 Rt.
Berlin, 10. Sept. 1763
Behändigte Reinschrift, egh.
I-XVI-235, Bl. 120

Nr. 1662
D. Köhler an das Direktorium der Akademie:
Bittet um die Erlaubnis, sich ein Siegel der Akademie für seine Korrespondenz mit den Faktoren stechen zu lassen.
Berlin, 13. Sept. 1763
Behändigte Reinschrift, egh., mit einer Angabe von L. Euler, mitunterzeichnet von A.S. Marggraf und J.P. Heinius, daß dies geschehen könne.
I-VIII-21, Bl. 598

Nr. 1663
Direktorium der Akademie an D. Köhler:
Trägt ihm auf, die von dem Kurator S.E. von Redern zurückzuzahlenden 20.000 Rt. in Friedrichsd'or nicht mit dem vorhandenen Kassenbestand

zu vermischen, in den Provinzialadreßkalender auch die Magistrate der großen Städte und in den Berliner Adreßkalender die Namen der Hauptkaufleute beim bevorstehenden Druck aufzunehmen.
Berlin, 15. Sept. 1763
Angabe von L. Euler, mitunterzeichnet von A.S. Marggraf und J.P. Heinius.
I-XVI-28, Bl. 355

Nr. 1664
Direktorium der Akademie an D. Köhler:
Trägt ihm auf, den Kupferstecher Berger das Nachstechen der Platte mit den Devisen zu dem Genealogischen Kalender auf das Jahr 1764 zu bezahlen.
Berlin, 22. Sept. 1763
Angebe von L. Euler, mitunterzeichnet von A.S. Marggraf und J.P. Heinius.
I-VIII-179, Bl. 227, 228

Nr. 1665
D. Köhler an das Direktorium der Akademie:
Berichtet, daß der Kupferstecher Berger für das Nachstechen der Platte mit den Devisen für den Genealogischen Kalender eine ihm nicht zukommende zusätzliche Bezahlung verlange.
Berlin, 27. Sept. 1763
Behändigte Reinschrift, egh., mit einer Angabe von L. Euler, mitunterzeichnet von A.S. Marggraf, J.P. Heinius und dem Kurator S.E. von Redern, daß dem Kupferstecher nicht zugemutet werden könne, diese Platte umsonst nachzustechen.
I-VIII-179, Bl. 223

Nr. 1666
Kupferstecher Berger an D. Köhler:
Verlangt für das Nachstechen der Kupferplatte mit den Devisen für den Genealogischen Kalender die ihm von L. Euler zugesicherte Bezahlung.
Berlin, 28. Sept. 1763
Behändigte Ausfertigung, egh.
I-VIII-179, Bl. 225

Nr. 1667
Pächter P. Janick an das Direktorium der Akademie:
Berichtet über die großen Verluste, die er bei der Unterhaltung der Köpenicker Plantage erlitten habe; bietet sich an, die rückständige Pacht ratenweise zu bezahlen und einen jährlichen Grundzins von 35 Rt. zu entrichten, wenn ihm die Maulbeerplantage erb- und eigentümlich übertragen werde.
Köpenick, 28. Sept. 1763

Behändigte Ausfertigung, Schreiberhand, mit einer Angabe von L. Euler für D. Köhler, mitunterzeichnet von A.S. Marggraf, J.P. Heinius und dem Kurator S.E. von Redern, diesen Vorschlag dem Justitiar J.C. Uhden zur Begutachtung mitzuteilen.
I-X-8, Bl. 334-335

Nr. 1668
D. Köhler an das Direktorium der Akademie:
Fragt an, ob er die Zinsen für ein dem Bäcker Toppert gewährtes Darlehen der Akademie in der neuen Münzsorte annehmen soll.
Berlin, 28. Sept. 1763
Behändigte Reinschrift, egh., mit einer Angabe von L. Euler, mitunterzeichnet von A.S. Marggraf, J.P. Heinius und dem Kurator S.E. von Redern, daß D. Köhler deswegen Absprache mit J.C. Uhden halten solle.
I-XVI_28, Bl. 391

Nr. 1669
Stellungnahme des Justitiars J.C. Uhden zur Frage der Erbverpachtung der Köpenicker Maulbeerplantage.
Berlin, 9. Okt. 1763
Behändigte Reinschrift, egh., mit einer Angabe von L. Euler, mitunterzeichnet von A.S. Marggraf, J.P. Heinius und dem Kurator S.E. von Redern, dem Pächter P. Janick die Plantage auf 12 Jahre gegen einen jährlichen Pachtzins von 35 Rt. anzubieten, ohne daß die Akademie für die Reparatur der Gebäude und Zäune aufkommen muß.
I-X-8, Bl. 335

Nr. 1670
D. Köhler an das Direktorium der Akademie:
Schlägt vor, den Berliner Buchdruckern die geforderte Zulage für den Kalenderdruck auf das Jahr 1764 zu bewilligen.
Berlin, 12. Okt. 1763
Behändigte Reinschrift, egh., mit einer Angabe von L. Euler, mitunterzeichnet von A.S. Marggraf, J.P. Heinius und dem Kurator S.E. von Redern, den Buchdruckern die Zulage zu gewähren.
I-VIII-21, Bl. 607

Nr. 1671
D. Köhler an das Direktorium der Akademie:
Schlägt vor, dem Kalenderfaktor C. Bredow eine Gratifikation von 12 Rt. wegen seiner durch den Krieg erlittenen Verluste zukommen zu lassen.
Berlin, 12. Okt. 1763
Behändigte Reinschrift, egh., mit einer Angabe von L. Euler, mitunterzeichnet von A.S. Marggraf, J.P. Heinius und dem Kurator S.E. von Redern, diese Summe dem Faktor C. Bredow zu gewähren.
I-VIII-83, Bl. 288

Nr. 1672
J.G. Gleditsch an das Direktorium der Akademie:
Übersendet für das Archiv der Akademie eine Abschrift des Behördendekrets der Kurmärkischen Kriegs- und Domänenkammer über die kostenlose Lieferung von Brennholz für die Gewächshäuser des Botanischen Gartens.
Berlin, 13. Okt. 1763
Behändigte Reinschrift, egh., mit einer Angabe von L. Euler, den Vorgang zu den Akten zu nehmen.
I-XIV-36, Bl. 41-42

Nr. 1673
Direktorium der Akademie an J.D. Blume:
Trägt ihm auf, das Antwortkonzept an das Preußische Generaldirektorium aufzusetzen, in dem dem Buchdrucker G.J. Decker, der um den Titel eines Hofbuchdruckers nachgesucht habe, eine gute Arbeit zu bescheinigen sei.
Berlin, 20. Okt. 1763
Angabe von L. Euler, mitunterzeichnet von A.S. Marggraf und dem Kurator S.E. von Redern.
I-III-90, Bl. 2

Nr. 1674
Rechnung über den Druck des Vorlesungsverzeichnisses für das Collegium Medico-Chirurgicum.
Berlin, 22. Okt. 1763
Behändigte Ausfertigung, egh., mit einer Angabe von L. Euler für D. Köhler, die Rechnung zu bezahlen.
I-XVI-235, Bl. 315

Nr. 1675
Direktorium der Akademie an D. Köhler:
Trägt ihm auf, mit dem Kupferstecher J.D. Schleuen einen Vertrag über das Stechen von vier Landkarten von Mecklenburg für einen Preis von möglichst unter 60 Rt. pro Platte abzuschließen und in den Adreßkalender von 1764 den beiliegenden Artikel über das Französische Konsistorium aufzunehmen.
Berlin, 27. Okt. 1763
Angabe von L. Euler, mitunterzeichnet von A.S. Marggraf und J.P. Heinius.
I-VII-37, Bl. 220, 222

Nr. 1676
Beschlußniederschrift des Direktoriums der Akademie über die Übertragung eines Darlehens an den preußischen Generalleutenant J.A. von Bülow.
Berlin, 29. Okt. 1763

Abschrift, abschriftlich unterzeichnet von L. Euler, J.P. Heinius, A.S. Marggraf und J.C. Uhden.
I-XVI-28, Bl. 313

Nr. 1677-1678
Rechnungen über Reparaturarbeiten an der Wohnung von A.S. Marggraf.
Berlin, 2. Nov. 1763
Behändigte Ausfertigungen, egh., mit Angaben von L. Euler für D. Köhler, mitunterzeichnet von J.P. Heinius und A.S. Marggraf, die Rechnungen zu bezahlen.
I-XVI-235, Bl. 283-284

Nr. 1679
D. Köhler an das Direktorium der Akademie:
Übersendet die Forderung des Kupferstechers J.D. Schleuen, für jede Kupferstichplatte zu den vier Karten von Mecklenburg einen Lohn von 84 Rt. zu erhalten.
Berlin, [5.] Nov. 1763
Urschriftlich behändigte Ausfertigung, mit einer Angabe von L. Euler, mitunterzeichnet vom Kurator S.E. von Redern und A.S. Marggraf, daß der verlangte Preis gebilligt werde.
I-VII-37, Bl. 219

Nr. 1680
Rechnung über Reparaturarbeiten am Akademiegebäude.
Berlin, 16. Nov. 1763
Behändigte Ausfertigung, egh., mit einer Angabe von L. Euler für D. Köhler, mitunterzeichnet von J.P. Heinius und A.S. Marggraf, die Rechnung zu bezahlen.
I-XVI-235, Bl. 285

Nr. 1681
D. Köhler an das Direktorium der Akademie:
Schlägt vor, dem Kalenderfaktor G. Pesenecker auf dessen Gesuch nur 40 Rt. Beihilfe für die erhöhten Kalenderfrachtkosten zu zahlen.
Berlin, 8. Dez. 1763
Behändigte Reinschrift, egh., mit einer Angabe von L. Euler, mitunterzeichnet von A.S. Marggraf und J.P. Heinius, die 40 Rt. zu gewähren.
I-VIII-6, Bl. 142

Nr. 1682
Direktorium der Akademie an D. Köhler:
Trägt ihm auf, C. Kirch eine Gratifikation von 100 Rt. für ihre Kalenderarbeit auszuzahlen.
Berlin, 8. Dez. 1763
Angabe von L. Euler, mitunterzeichnet von J.P. Heinius und A.S. Marggraf.
I-XVI-235, Bl. 264

Nr. 1683
De Büchten an die Berliner Akademie der Wissenschaften:
Teilt mit, daß er den Entdeckungen eines L. Euler, eines J.A. von Segner und eines P.-L.M. de Maupertuis seine Erfindung über die Umwandlung von Kurven in Geraden hinzufügen möchte, die er als Abhandlung der Akademie übersende.
Peitze, 13. Dez. 1763
Behändigte Ausfertigung, egh., frz.
I-V-5b, Bl. 17, 24

Nr. 1684
Quittung von L. Euler über den Empfang des Quartalsgehaltes in Höhe von 450 Rt.
Berlin, 16. Dez. 1763
Behändigte Reinschrift, egh.
I-XVI-235, Bl. 121

Nr. 1685
Berliner Akademie der Wissenschaften an den Generalfiskal J.F.B.L. d'Anières:
Berichtet auf eine Anfrage, daß die Verordnung über die Münzsorten, in denen die Kalender zu verkaufen seien, an die Faktoren erlassen wurde, um die Münzspekulation zu verhindern; erklärt sich bereit, den Faktoren nochmals einzuschärfen, die Kalender nur in den festgelegten Münzsorten zu verkaufen.
Berlin, 16. Dez. 1763
Konzept von L. Euler
I-VIII-21, Bl. 610

Nr. 1686
L. Euler an D. Köhler:
Trägt ihm auf, sich mit dem Etat der Akademie in der Wohnung des Marquis d'Argens zur Versammlung der Direktoren einzufinden.
Berlin, 22. Dez. 1763
Behändigte Reinschrift, egh.
I-III-11, Bl. 18

Nr. 1687
Direktorium der Akademie an Friedrich II.:
Berichtet, daß der Bestand an freien Pensionen 1.900 Rt. betrage und die Akademie während des Siebenjährigen Krieges etwa 25.000 Rt. gespart habe; zählt diejenigen Mitglieder jeder Klasse auf, die seit langem keine oder nur eine sehr kleine Pension beziehen.
Berlin, 22. Dez. 1763
Behändigte Ausfertigung, egh. von L. Euler, frz., mitunterzeichnet von A.S. Marggraf, J.P. Heinius und dem Marquis d'Argens sowie mit

der egh. Entscheidung Friedrich II. über die Gewährung von Pensionen.
I-III-11, Bl. 15, Konzept von L. Euler: Bl. 17

Nr. 1688
Direktorium der Akademie an D. Köhler:
Trägt ihm auf, den Pachtvertrag mit P. Janick unverzüglich ausfertigen zu lassen.
Berlin, vor dem 24. Dez. 1763
Angabe von L. Euler, mitunterzeichnet von A.S. Marggraf, J.P. Heinius und dem Kurator S.E. von Redern.
I-X-8, Bl. 353

Nr. 1689
Pachtvertrag zwischen der Berliner Akademie der Wissenschaften und P. Janick über die Maulbeerplantage bei Köpenick.
Berlin, 24. Dez. 1763
Reinschrift von J.D. Blume, seitens der Akademie unterzeichnet von L. Euler, A.S. Marggraf und J.P Heinius.
I-X-8, Bl. 344-347, Konzept des Vertrages von J.G. Gleditsch mit einem Fertigungsbefehl von L. Euler, mitunterzeichnet von A.S. Marggraf und J.P. Heinius: Bl. 350-351

Nr. 1690
J.P. Heinius an L. Euler:
Bittet ihn, das Antwortschreiben an den Generalfiskal J.F.B.L. d'Anières zu entwerfen.
Berlin, 31. Dez. 1763
Behändigte Reinschrift, egh.
I-VIII-21, Bl. 634

Nr. 1691
L. Euler an D. Köhler:
Stellt fest, daß der Kupferstecher J.E. Gericke bisher schlechte Arbeit geleistet habe und daß bei den Porträts der gekrönten Häupter auf einen guten Stich geachtet werden müsse; teilt mit, daß der Kupferstecher Meil gute Arbeit leisten würde.
Berlin, 1763
Behändigte Reinschrift, egh.
I-VIII-179, Bl. 265

Nr. 1692
L. Euler an D. Köhler:
Teilt mit, daß nach Aussage des Marquis d'Argens Friedrich II. selbst über das zurückzuzahlende Darlehen von 20.000 Rt. zum Nutzen der Akademie verfügen wolle und eine Mitteilung darüber an den Kurator S.E. von Redern wünsche.
Berlin, 1763

Angabe, egh.
I-XVI-28, Bl. 357

Nr. 1693
Eintragung in der Jahresrechnung der Akademie über die Zahlung einer Jahrespension von 1800 Rt. an L. Euler.
Berlin, 1763
Reinschrift von D. Köhler
I-XVI-129, S. 13

Nr. 1694
De Büchten an L. Euler:
Wundert sich, daß L. Euler seit 7 Jahren noch keinen richtigen Gegenbeweis gegen seine Erfindung geliefert habe; teilt mit, daß er schon mit 22 Jahren herausgefunden habe, daß sich der Durchmesser eines Zirkels zu seinem Ummesser wie $1:2+\sqrt{2}$ verhalte.
Peitze, 1. Jan. 1764
Behändigte Ausfertigung, egh.
I-V-5b, Bl. 16, 25

Nr. 1695-1696
Rechnungen des Mechanikers J.H. Ring über Arbeiten für die Akademie.
Berlin, 2. Jan., 25. Nov. 1764
Behändigte Ausfertigungen, egh., mit Angaben von L. Euler für D. Köhler, mitunterzeichnet von J.P. Heinius und A.S. Marggraf, die Rechnungen zu bezahlen.
I-XVI-236, Bl. 296-297

Nr. 1697
Totengräber Brohse an das Direktorium der Akademie:
Bittet um Auszahlung eines Gratials für die Lieferung von Leichnamen zur Anatomie.
Berlin, 3. Jan. 1764
Behändigte Ausfertigung, Schreiberhand, mit einer Angabe von L. Euler für D. Köhler vom 12.1., mitunterzeichnet von A.S. Marggraf, dem Totengräber die gleiche Summe wie im Vorjahr auszuzahlen.
I-XVI-236, Bl. 320

Nr. 1698-1702
Rechnungen über die Lieferung von Leichnamen zur Anatomie.
Berlin, 3. Jan. - 1. Dez. 1764
Behändigte Ausfertigungen, egh., mit Angaben von L. Euler für D. Köhler, mitunterzeichnet von A.S. Marggraf, die Rechnungen zu bezahlen.
I-XVI-236, Bl. 312-316

Nr. 1703
Direktorium der Akademie an D. Köhler:
Teilt mit, daß am 13.10.1763 dem Pächter P. Janick angeboten wurde,

ihm die Plantage auf 12 Jahre gegen eine jährliche Pacht von 35 Rt. zu überlassen; trägt ihm auf, einen Pachtvertrag mit P. Janick aufzusetzen.
Berlin, 5. Jan. 1764
Angabe von L. Euler, mitunterzeichnet von A.S. Marggraf.
I-X-8, Bl. 331-332

Nr. 1704
Marquis d'Argens an den Sekretar J.-H.S. Formey und die Akademiedirektoren:
Sendet den Bericht der Direktoren an Friedrich II. mit dessen Entscheidung zurück, teilt mit, daß der König Pensionen an J.A. Euler, J.(III.) Bernoulli, J.F. Meckel und J.G. Sulzer gewährt und 15.000 Taler für die Instandsetzung der Mauer des Botanischen Gartens und den Bau des Wohnhauses für den Chemiker und Astronomen der Akademie bestimmt habe.
Berlin, 8. Jan. 1764
Behändigte Reinschrift, egh., frz.
I-III-11, Bl. 19

Nr. 1705-1708
Rechnungen über Ausgaben für das Laboratorium.
Berlin, 8. Jan. - 12. Mai 1764
Behändigte Ausfertigungen, egh., mit Angaben von L. Euler für D. Köhler, mitunterzeichnet vom Kurator S.E. von Redern, J.P. Heinius und A.S. Marggraf, die Rechnungen zu bezahlen.
I-XVI-236, Bl. 284-285, 287-288

Nr. 1709
Berliner Akademie der Wissenschaften an den Generalfiskal J.F.B.L. d'Anières:
Teilt auf dessen Schreiben mit, daß es für die Akademiefinanzen von großem Nachteil wäre, wenn die den Kalenderfaktoren erteilte Instruktion über die beim Verkauf der Kalender anzuwendenden Münzsorten zum jetzigen Zeitpunkt aufgehoben werden würde, wo schon der größte Teil der Kalender verkauft sei.
Berlin, 9. Jan. 1764
Konzept von L. Euler, mit einem Fertigungsbefehl von L. Euler vom 9.1.
I-VIII-21, Bl. 633

Nr. 1710-1715
Rechnungen über Ausgaben für die Landkartenherstellung.
Berlin, 10. Jan. - 16. Aug. 1764
Behändigte Ausfertigungen, egh., mit Angaben von L. Euler für D. Köhler, mitunterzeichnet vom Kurator S.E. von Redern, J.P. Heinius und

A.S. Marggraf, die Rechnungen zu bezahlen.
I-XVI-236, Bl. 227-228, 232, 234, 236, 241

Nr. 1716
Punktation zum neuen Pachtvertrag mit P. Janick über die Köpenicker Maulbeerplantage.
Berlin, 14. Jan. 1764
Konzept von D. Köhler, mit einem Fertigungsbefehl von L. Euler.
I-X-8, Bl. 354

Nr. 1717
D. Köhler an das Direktorium der Akademie:
Schlägt vor, in den Historisch-Geographischen Kalender auf das Jahr 1765 die Landkarte von Polen aufzunehmen.
Berlin, 17. Jan. 1764
Behändigte Reinschrift, egh., mit einer Angabe von L. Euler, mitunterzeichnet von A.S. Marggraf und J.P. Heinius, daß der Vorschlag gebilligt werde.
I-VIII-21, Bl. 636

Nr. 1718
D. Köhler an das Direktorium der Akademie:
Unterbreitet Vorschläge, welche Porträts für den Genealogischen Kalender auf das Jahr 1765 genommen werden könnten.
Berlin, 17. Jan. 1764
Behändigte Reinschrift, egh., mit einer Angabe von L. Euler vom 26.1., mitunterzeichnet von J.P. Heinius, die Porträts des Erbprinzen Karl von Braunschweig und seiner Gemahlin zu nehmen.
I-VIII-179, Bl. 258

Nr. 1719
Rechnung des Tischlermeisters Sommer über Arbeiten zur Vorbereitung der außerordentlichen Versammlung der Akademie am 31.12.1763.
Berlin, 19. Jan. 1764
Behändigte Ausfertigung, egh., mit einer Angabe von L. Euler für den Akademieaufwärter Ende, die Rechnung zu überprüfen.
I-XVI-236, Bl. 299

Nr. 1720
Direktorium der Akademie an D. Köhler:
Ordnet an, die durch Friedrich II. festgesetzte Pension an den Generalfiskal J.F.B.L. d'Anières auszuzahlen.
Berlin, 26. Jan. 1764
Angabe von L. Euler, mitunterzeichnet von J.P. Heinius.
I-III-11, Bl. 26

Nr. 1721
D. Köhler an L. Euler:
Teilt den Text für ein Inserat über die Verpachtung von zwei Wiesen mit.
Berlin, Januar 1764
Behändigte Reinschrift, egh., mit einer Angabe von L. Euler, daß er den Text billige.
I-XIV-36, Bl. 45

Nr. 1722-1725
Rechnungen über Bücheranschaffungen für die Bibliothek.
Berlin, Januar - Dezember 1764
Behändigte Ausfertigungen, egh., frz. und dt., mit Angaben von L. Euler für D. Köhler, mitunterzeichnet von J.P. Heinius und A.S. Marggraf, die Rechnungen zu bezahlen.
I-XVI-236, Bl. 265-267a

Nr. 1726
Direktorium der Akademie an D. Köhler:
Trägt ihm auf, für den künftigen Genealogischen Kalender die Porträts der königlichen Prinzessinnen Philippine und Louise zu nehmen.
Berlin, 3. Febr. 1764
Angabe von L. Euler, mitunterzeichnet von A.S. Marggraf und J.P. Heinius.
I-VIII-179, Bl. 257

Nr. 1727
Rechnung des Akademieaufwärters Ende über Ausgaben im Zusammenhang mit der außerordentlichen Versammlung der Akademie am 31.12.1763 zu Ehren des türkischen Gesandten Resmi Ahmed Efendi.
Berlin, 7. Febr. 1764
Behändigte Reinschrift, egh., mit einer Angabe von L. Euler für D. Köhler, mitunterzeichnet von A.S. Marggraf, die Rechnung zu bezahlen.
I-XVI-236, Bl. 298

Nr. 1728
D. Köhler an das Direktorium der Akademie:
Fragt an, in welcher Münzsorte die Akademiebesoldungen für die nächsten beiden Quartale auszuzahlen seien.
Berlin, 8. Febr. 1764
Behändigte Reinschrift, egh., mit einer Angabe von L. Euler, mitunterzeichnet von A.S. Marggraf und J.P. Heinius, die Besoldungen im nächsten Quartal in Brandenburgischen Acht- und Viergroschenstücken auszuzahlen.
I-XVI-28, Bl. 394

Nr. 1729

Direktorium der Akademie an D. Köhler:
Übersendet ihm die Anweisung Friedrich II. über die Gewährung von Pensionen und der Geldsumme für den Bau der Mauer um den Botanischen Garten sowie des Wohnhauses für den Chemiker und Astronomen der Akademie; ordnet an, mit der Auszahlung der Pensionen im nächsten Quartal zu beginnen.
Berlin, 9. Febr. 1764
Angabe von L. Euler, mitunterzeichnet von A.S. Marggraf.
I-III-11, Bl. 21

Nr. 1730
Rechnung über Reparaturarbeiten am Wohnhaus von A.S. Marggraf.
Berlin, 13. Febr. 1764
Behändigte Ausfertigung, egh., mit einer Angabe von L. Euler für D. Köhler, mitunterzeichnet von J.P. Heinius und A.S. Marggraf, die Rechnung zu bezahlen.
I-XVI-236, Bl. 272

Nr. 1731
Direktorium der Akademie an den Generalmajor Grafen von Lottum:
Teilt mit, daß die Akademie ihm die beiden Wiesen auf sechs Jahre gegen eine jährliche Pachtsumme von 18 Rt. verpachte.
Berlin, 15. Febr. 1764
Abschrift von D. Köhler, unterzeichnet von L. Euler, A.S. Marggraf und J.P. Heinius.
I-XIV-36, Bl. 50

Nr. 1732
D. Köhler an das Direktorium der Akademie:
Teilt mit, daß der Pächter der beiden Wiesen, Graf von Lottum, eine Pacht von 18 Rt. bezahlen wolle, und bittet um Billigung der Verpachtung.
Berlin, 16. Febr. 1764
Behändigte Reinschrift, egh., mit einer Angabe von L. Euler, mitunterzeichnet von A.S. Marggraf und J.P. Heinius, daß die Verpachtung gebilligt werde.
I-XIV-36, Bl. 48

Nr. 1733
D. Köhler an das Direktorium der Akademie:
Teilt die Übersendung einer Vorstellung der Berliner Buchdrucker über die Papierpreise für den Kalenderdruck zur Genehmigung mit.
Berlin, 16. Febr. 1764
Behändigte Reinschrift, egh., mit einer Angabe von L. Euler, mitunterzeichnet von A.S. Marggraf und J.P. Heinius, daß mit den Buchdruckern ein Vertrag abzuschließen sei.
I-VIII-21, Bl. 637

Nr. 1734
Direktorium der Akademie an D. Köhler:
Beauftragt ihn, gemäß einer Anweisung Friedrich II. ein vollständiges Exemplar aller bisher erschienenen Akademieabhandlungen an H.A. de Catt als Geschenk zu überreichen sowie einen Bericht abzustatten über die Höhe der Unkosten und des Gewinns aus dem Verkauf der Edikten-sammlungen.
Berlin, 23. Febr. 1764
Angabe von L. Euler, mitunterzeichnet von A.S. Marggraf und J.P. Heinius.
I-VII-3, Bl. 35

Nr. 1735
L. Euler an D. Köhler:
Trägt ihm auf, zu prüfen, ob der Brauer C. Henschel für ein erbetenes Darlehen der Akademie genügend Sicherheiten bieten könne.
Berlin, 24. Febr. 1764
Angabe, egh.
I-XVI-28, Bl. 404

Nr. 1736
Rechnung von Haude und Spener über den Verkauf von 14 Bänden der Geschichte der Berliner Akademie, die auf Befehl Friedrich II. von der Akademie an H.A. de Catt überreicht wurden.
Berlin, 24. Febr. 1764
Behändigte Ausfertigung, egh., mit einer Angabe von L. Euler für D. Köhler, die Rechnung zu bezahlen.
I-XVI-236, Bl. 263

Nr. 1737
D. Köhler an das Direktorium der Akademie:
Berichtet über den Zustand der Häuser, die der Brauer C. Henschel als Sicherheit für ein Darlehen der Akademie anzubieten habe.
Berlin, 29. Febr. 1764
Behändigte Reinschrift, egh., mit einer Angabe von L. Euler vom 1.3., das Darlehen wegen unzureichender Sicherheit nicht zu gewähren.
I-XVI-28, Bl. 403

Nr. 1738-1749
Rechnungen über Ausgaben für den Botanischen Garten.
Berlin, 6. März - 13. Dez. 1764
Behändigte Ausfertigungen, egh., mit Angaben von L. Euler für D. Köhler, die Rechnungen zu bezahlen.
I-XVI-236, Bl. 325, 327, 329, 331, 333-334, 337-339, 342-344

Nr. 1750
D. Köhler an das Direktorium der Akademie:
Schlägt vor, die Gewährung von Darlehen durch die Akademie in den Zeitungen anzukündigen, und fragt an, ob er die 10.000 Rt. in neuen Friedrichsd'or in altes Geld einwechseln soll.
Berlin, 8. März 1764
Behändigte Reinschrift, egh., mit einer Angabe von L. Euler, mitunterzeichnet von A.S. Marggraf und J.P. Heinius, die Ankündigung in den Zeitungen zu besorgen und von einem Einwechseln des Kapitals Abstand zu nehmen.
I-XVI-28, Bl. 406

Nr. 1751
D. Köhler an das Direktorium der Akademie:
Fragt an, ob J.G. Sulzer nach der Kabinettsorder Friedrich II. 300 oder 500 Rt. Gehalt aus der Akademiekasse beziehen soll.
Berlin, 8. März 1764
Behändigte Reinschrift, egh., mit einer Angabe von L. Euler, mitunterzeichnet von A.S. Marggraf und J.P. Heinius, daß man deswegen in Potsdam anfragen werde.
I-III-11, Bl. 32

Nr. 1752
Quittung von L. Euler über den Empfang des Quartalsgehaltes in Höhe von 450 Rt.
Berlin, 9. März 1764
Behändigte Reinschrift, egh.
I-XVI-236, Bl. 97

Nr. 1753
D. Köhler an das Direktorium der Akademie:
Schlägt vor, der Bitte des Kalenderfaktors J.L. Kunst aus Stargard auf Gewährung einer Zulage wegen der hohen Kalenderfrachtkosten durch Bewilligung von 10 Rt. nachzukommen.
Berlin, 12. März 1764
Behändigte Reinschrift, mit einer Angabe von L. Euler, mitunterzeichnet von A.S. Marggraf und J.P. Heinius, diese Summe von 10 Rt. zu gewähren.
I-VIII-117, Bl. 162

Nr. 1754
D. Köhler an das Direktorium der Akademie:
Schlägt die Preise für den Berliner Adreßkalender und den Provinzialadreßkalender vor.
Berlin, 12. März 1764
Behändigte Reinschrift, egh., mit einer Angabe von L. Euler, mitunterzeichnet von A.S. Marggraf und J.P. Heinius, die vorgeschlagenen Preise

in den Zeitungen zu veröffentlichen.
I-VIII-189, Bl. 69

Nr. 1755
Voten der Akademiedirektoren A.S. Marggraf und J.P. Heinius zu der von L. Euler verfaßten Vorstellung der Akademie an Friedrich II. über die Aufgabe des Botanischen Gartens.
Berlin, 12. und 13. März 1764
Behändigte Reinschriften, egh.
I-XIV-50, Bl. 30

Nr. 1756
Berliner Akademie der Wissenschaften an Friedrich II.:
Führt aus, daß ein Teil vom Wohnhaus des Gärtners im Botanischen Garten eingestürzt sei und der Fonds der Akademie nicht ausreiche, um alle Gebäude des Botanischen Gartens neu zu errichten; schlägt vor, den außerhalb von Berlin gelegenen Botanischen Garten wegen der hohen Unkosten aufzugeben und der Akademie einen kleinen Garten in der Stadt anzuweisen.
Berlin, 13. März 1764
Konzept von L. Euler
I-XIV-50, Bl. 22, 29

Nr. 1757
L. Euler an D. Köhler:
Trägt ihm auf, die Vorstellung der Akademie an Friedrich II. über die Aufgabe des Botanischen Gartens ausfertigen zu lassen.
Berlin, [13.] März 1764
Fertigungsbefehl, egh.
I-XIV-50, Bl. 30

Nr. 1758
D. Köhler an das Direktorium der Akademie:
Teilt mit, daß sich noch ein weiterer Bewerber für das von der Akademie ausgesetzte Darlehen gemeldet habe, der ein massives Haus besitze.
Berlin, 15. März 1764
Behändigte Reinschrift, egh., mit einer Angabe von L. Euler, mitunterzeichnet von J.P. Heinius und A.S. Marggraf, daß nach Endes Bericht beide Anwärter nicht die nötigen Sicherheiten bieten können.
I-XVI-28, Bl. 407

Nr. 1759
D. Köhler an L. Euler:
Fragt an, an wen die auf der Post liegenden Bücherpakete abzuliefern seien.
Berlin, nach dem 16. März 1764
Behändigte Reinschrift, egh., mit einer Angabe von L. Euler, daß die

Bücher an J.B. Merian zu übergeben seien.
I-XII-1, Bl. 71

Nr. 1760
D. Köhler an das Direktorium der Akademie:
Teilt die Bewerber für das von der Akademie ausgesetzte Darlehen mit und bittet um eine Entscheidung.
Berlin, 22. März 1764
Behändigte Reinschrift, egh., mit einer Angabe von L. Euler vom 22.3., mitunterzeichnet von A.S. Marggraf, daß entsprechend der königlichen Order vom 19.8. die Akademie auch die baufälligen Gebäude im Botanischen Garten instand setzen müsse und daher vorerst kein Geld als Darlehen ausgeben könne.
I-XVI-28, Bl. 410

Nr. 1761
D. Köhler an das Direktorium der Akademie:
Schlägt vor, die erhöhten Preise für die Quarz- und Duodezkalender für 1765 beizubehalten.
Berlin, 28. März 1764
Behändigte Reinschrift, egh., mit einer Angabe von L. Euler, mitunterzeichnet von A.S. Marggraf und dem Kurator S.E. von Redern, daß der Vorschlag gebilligt werde.
I-VIII-21, Bl. 644

Nr. 1762
Rechnung über die Reparatur der Pendeluhr auf dem Observatorium.
Berlin, 29. März 1764
Behändigte Ausfertigung, egh., frz., mit einer Angabe von L. Euler für D. Köhler, mitunterzeichnet vom Kurator S.E. von Redern und A.S. Marggraf, die Rechnung zu bezahlen.
I-XVI-236, Bl. 305

Nr. 1763
L. Euler an A.S. Marggraf:
Teilt einen Zusatz für die Vorstellung der Akademie an Friedrich II. über den Botanischen Garten mit.
Berlin, März 1764
Behändigte Reinschrift, egh.
I-XIV-50, Bl. 18-19

Nr. 1764
Direktorium der Akademie an Friedrich II.:
Übersendet den Kostenanschlag des Baumeisters J. Boumann zu einem neuen Wohngebäude für den Chemiker und Astronomen der Akademie; bittet um Genehmigung dieses Vorhabens und um Anweisung von 15000 Talern für das neue Wohnhaus und die Errichtung einer Mauer um den Botanischen Garten.

Berlin, vor dem 6. Apr. 1764
Konzept von L. Euler, frz.
I-II-2, Bl. 14, Reinkonzept v. 5. Apr. 1764: Bl. 15

Nr. 1765
Friedrich II. an das Direktorium der Akademie:
Teilt mit, daß er mit dem Vorhaben der Direktoren einverstanden sei, es jedoch nur mit der Lieferung der erforderlichen Mauersteine aus Rüdersdorf und einem Passierschein für den freien Zugang der Baumaterialien unterstützen könne.
Potsdam, 10. Apr. 1764
Behändigte Ausfertigung, Schreiberhand, frz.
I-II-2, Bl. 17

Nr. 1766
Rechnung über Glaserarbeiten für die Akademie.
Berlin, 14. Apr. 1764
Behändigte Ausfertigung, egh., mit einer Angabe von L. Euler für D. Köhler, die Rechnung zu bezahlen.
I-XVI-236, Bl. 279

Nr. 1767
L. Euler an D. Köhler:
Trägt ihm auf, den neuen Vertrag über die Verpachtung der Köpenicker Maulbeerplantage auszufertigen und die rückständige Pacht auch in Groschenstücken anzunehmen.
Berlin, 16. Apr. 1764
Angabe, egh.
I-XVI-236, Bl. 3

Nr. 1768
J.G. Gleditsch an L. Euler:
Teilt mit, daß er einige Fuhren Mist und einen Tagelöhner für den Botanischen Garten besorgen könne; bittet um Anweisung an die Kasse, dem Gärtner eine kleine Summe für die Bezahlung des Fuhrmannes und des Tagelöhners auszuzahlen.
Berlin, 26. Apr. 1764
Behändigte Reinschrift, egh., mit einer Angabe von L. Euler für D. Köhler, das benötigte Geld vorzuschießen.
I-XIV-36, Bl. 53

Nr. 1769
D. Köhler an das Direktorium der Akademie:
Trägt das Gesuch des Buchdruckers D.C. Kanter aus Königsberg auf Herausgabe eines polnischen Kalenders vor und äußert sich zur Höhe des vorgeschlagenen Stempelgeldes.
Berlin, 21. Mai 1764

Behändigte Reinschrift, egh., mit einer Angabe von L. Euler, mitunterzeichnet von A.S. Marggraf, J.P. Heinius und dem Kurator S.E. von Redern, daß das von D. Köhler vorgeschlagene Stempelgeld für das kommende Jahr gebilligt werde und D. Köhler untersuchen solle, ob nicht die Akademie einen solchen Kalender selbst drucken söllte.
I-VIII-96, Bl. 252

Nr. 1770
Direktorium der Akademie an D. Köhler:
Trägt ihm auf, eine neue Auflage des Berliner Adreßkalenders für dieses Jahr drucken zu lassen.
Berlin, 24. Mai 1764
Angabe von L. Euler, mitunterzeichnet von A.S. Marggraf, J.P. Heinius und dem Kurator S.E. von Redern.
I-VIII-189, Bl. 71

Nr. 1771
D. Köhler an das Direktorium der Akademie:
Schlägt vor, auf die Neuauflage des Berliner Adreßkalenders zu verzichten, da der Neudruck Zeit koste und dann keine starke Nachfrage mehr nach diesen Kalendern bestehe.
Berlin, 24. Mai 1764
Behändigte Reinschrift, egh., mit einer Angabe von L. Euler, mitunterzeichnet von A.S. Marggraf, J.P. Heinius und dem Kurator S.E. von Redern, den Neudruck zu besorgen, da noch Nachfrage nach diesen Kalendern bestehe.
I-VIII-189, Bl. 74

Nr. 1772
Rechnung von A.S. Marggraf über Ausgaben für die Akademie.
Berlin, 24. Mai 1764
Behändigte Reinschrift, egh., mit einer Angabe von L. Euler für D. Köhler, mitunterzeichnet vom Kurator S.E. von Redern und J.P. Heinius, die Rechnung zu bezahlen.
I-XVI-236, Bl. 289

Nr. 1773
Oberbaudirektor J. Boumann an J.G. Gleditsch:
Teilt die Übersendung einer Zeichnung und eines Kostenanschlages für ein neues Wirtschaftsgebäude im Botanischen Garten mit.
Berlin, 2. Juni 1764
Behändigte Ausfertigung, egh., mit einer Angabe von L. Euler für D. Köhler, die Anschläge zu verwahren und an J. Boumann die Gelder für die neuen Gebäude auszuzahlen.
I-XIV-50, Bl. 31-32

Nr. 1774
D. Köhler an das Direktorium der Akademie:
Weist darauf hin, daß die Besoldungen für das nächste Gehaltsquartal noch mit altem Geld unter Berücksichtigung des Wertunterschiedes zum neuen Geld ausgezahlt werden müßten.
Berlin, 5. Juni 1764
Behändigte Reinschrift, egh., mit einer Angabe von L. Euler, mitunterzeichnet von A.S. Marggraf und dem Kurator S.E. von Redern, die Pensionen unter Berücksichtigung des Wertunterschiedes auszuzahlen.
I-XVI-28, Bl. 413

Nr. 1775
Quittung von L. Euler über den Empfang des Quartalsgehaltes in Höhe von 450 Rt.
Berlin, 20. Juni 1764
Behändigte Reinschrift, egh.
I-XVI-236, Bl. 98

Nr. 1776
D. Köhler an das Direktorium der Akademie:
Fragt an, ob das von Friedrich II. für J.G. Sulzer angewiesene Gehalt zusätzlich zu dessen bisheriger Pension auszuzahlen sei.
Berlin, 20. Juni 1764
Behändigte Reinschrift, egh., mit einer Angabe von L. Euler, mitunterzeichnet von A.S. Marggraf und J.P. Heinius, daß J.G. Sulzer dieses Gehalt zusätzlich zu seiner Pension erhalten soll.
I-III-11, Bl. 33

Nr. 1777
L. Euler an D. Köhler:
Trägt ihm auf, C. Kirch für die Anfertigung der Schlesischen Kalender 150 Rt. in neuem Geld auszuzahlen.
Berlin, 23. Juni 1764
Angabe von L. Euler
I-XVI-236, Bl. 155

Nr. 1778
Quittung von L. Euler über den Empfang von 300 Rt. als Agio für seine Quartalspension.
Berlin, Juni 1764
Behändigte Reinschrift, egh.
I-XVI-236, Bl. 196

Nr. 1779
Direktorium der Akademie an Friedrich II.:
Berichtet im Zusammenhang mit dem von dem Astronomieadjunkten D. Naudé an Friedrich II. eingereichten Gesuch um Erhöhung seiner Be-

soldung, daß D. Naudé eine umfangreiche Kalenderarbeit zur Zufriedenheit der Akademie vollbringe; befürwortet eine Erhöhung seiner Besoldung.
Berlin, 5. Juli 1764
Konzept von L. Euler, mit einem Fertigungsbefehl von L. Euler, mitunterzeichnet von J.P. Heinius.
I-III-11, Bl. 29

Nr. 1780
A.S. Marggraf an das Direktorium der Akademie:
Bittet darum, das chemische Laboratorium mit einer Uhr, die zu astronomischen Observationen nicht mehr zu gebrauchen sei, auszustatten.
Berlin, 12. Juli 1764
Behändigte Reinschrift, egh., mit einer Angabe von L. Euler für D. Köhler, mitunterzeichnet von A.S. Marggraf, J.P. Heinius und dem Kurator S.E. von Redern, die Uhr aus dem Inventar des Observatoriums in dasjenige des Laboratoriums zu übertragen.
I-XIII-20, Bl. 6

Nr. 1781
Berliner Akademie der Wissenschaften an den Obristen von Wartenberg:
Ersucht ihn, der Akademie ein leer stehendes Zimmer im Fürstenhaus anzuweisen, um dort Versuche zur Verbesserung der Stubenöfen anzustellen.
Berlin, 20. Juli 1764
Konzept von J.G. Sulzer, mit einem Fertigungsbefehl von L. Euler an D. Köhler.
I-VI-11, Bl. 33

Nr. 1782-1783
Rechnungen über Ausgaben für die Anatomie.
Berlin, 26. Juli, 18. Aug. 1764
Behändigte Ausfertigungen, egh., mit Angaben von L. Euler für D. Köhler, mitunterzeichnet von A.S. Marggraf und J.P. Heinius, die Rechnungen zu bezahlen.
I-XVI-236, Bl. 322-323

Nr. 1784
Direktorium der Akademie an D. Köhler:
Trägt ihm auf, dem Marquis d'Argens dessen Pension ein halbes Jahr im voraus zu bezahlen.
Berlin, 28. Juli 1764
Angabe von L. Euler, mitunterzeichnet von A.S. Marggraf und J.P. Heinius.
I-XVI-236, Bl. 131

Nr. 1785
Direktorium der Akademie an D. Köhler:
Trägt ihm auf, umgehend durch J.D. Blume die Ausfertigung des Pachtvertrages mit dem Pächter der Köpenicker Maulbeerplantage, P. Janick, ausfertigen zu lassen.
Berlin, Juli (?) 1764
Angabe von L. Euler, mitunterzeichnet von A.S. Marggraf, J.P. Heinius und dem Kurator S.E. von Redern.
I-X-8, Bl. 353

Nr. 1786
Berliner Buchdrucker an das Direktorium der Akademie:
Bitten um eine Zulage von 50 Prozent zum alten Preis für den Druck der Kalender.
Berlin, 1. Aug. 1764
Behändigte Ausfertigung von C.L. Kunst mit einer Angabe von L. Euler für D. Köhler, mitunterzeichnet von A.S. Marggraf und J.P. Heinius, den Buchdruckern eine Zulage von 25 Prozent zu gewähren.
I-VIII-21, Bl. 623

Nr. 1787
J.G. Gleditsch an das Direktorium der Akademie:
Erinnert an den Beschluß des Direktoriums, mit dem Förster im Grunewald einen Vertrag abzuschließen, das Deputatholz für den Botanischen Garten rechtzeitig zu schlagen und an den Gärtner abzuliefern; bittet um schriftliche Mitteilung dieses Beschlusses an den Gärtner.
Berlin, 10. Aug. 1764
Behändigte Reinschrift, egh., mit einer Angabe von L. Euler für D. Köhler, den Gärtner zu benachrichtigen.
I-XIV-36, Bl. 55

Nr. 1788
J.J. Wippel an L. Euler:
Übersendet ihm eine Eingabe an die Akademiedirektoren, in der er um einen Ausgleich seines durch die Münzverschlechterung entwerteten Honorars für die Ausarbeitung der historischen, geographischen und genealogischen Kalenderbeiträge sowie um die Zuerkennung des Titels eines Historikers der Akademie nachsucht; bittet ihn, sein Gesuch zu unterstützen.
Berlin, 21. Aug. 1764
Behändigte Ausfertigung, egh., mit einer Angabe von L. Euler für D. Köhler vom 30.8., mitunterzeichnet von A.S. Marggraf und J.P. Heinius, daß das Direktorium J.J. Wippel eine Gratifikation von 50 Rt. gewähre und ihm den Titel eines Chronographen der Akademie anbiete.
I-IV-40, Bl. 11-13

Nr. 1789
D. Köhler an das Direktorium der Akademie:
Schlägt einen Termin für die Abnahme der Kalenderhauptrechnung der Akademie für das Jahr 1763 vor.
Berlin, 24. Aug. 1764
Behändigte Reinschrift, egh., mit einem Vermerk von L. Euler, daß er zu dem vorgeschlagenen Termin erscheinen werde.
I-XVI-28, Bl. 416

Nr. 1790
Abnahme der Kalenderhauptrechnung für das Jahr 1763 durch das Direktorium der Akademie.
Berlin, 29. Aug. 1764
Behändigte Reinschrift von J.D. Blume, mitunterzeichnet von L. Euler.
I-VIII-316, Bl. 25

Nr. 1791
Quittung über die Abnahme der Jahresrechnung der Akademie für das Jahr 1763.
Berlin, 29. Aug. 1764
Behändigte Reinschrift, Schreiberhand, mitunterzeichnet von L. Euler.
I-XVI-129, S. 55-56

Nr. 1792
D. Köhler an das Direktorium der Akademie:
Schlägt vor, das Kapital des Eller-Legats als Darlehen auszugeben und die Zinsen davon entsprechend dem Testament von J.T. Eller zu verwenden.
Berlin, 30. Aug. 1764
Behändigte Reinschrift, egh., mit einer Angabe von L. Euler, mitunterzeichnet von A.S. Marggraf, daß diesem Vorschlag zugestimmt werde.
I-XVI-28, Bl. 417

Nr. 1793
Direktorium der Akademie an D. Köhler:
Trägt ihm auf, dem Rektor J.J. Wippel eine Gratifikation von 50 Rt. auszuzahlen.
Berlin, 30. Aug. 1764
Angabe von L. Euler, mitunterzeichnet von J.P. Heinius und A.S. Marggraf.
I-XVI-236, Bl. 253

Nr. 1794
L. Euler an D. Köhler:
Trägt ihm auf, die Landkarten von Deutschland mit den Postkursen, von Meißen und der Lausitz sowie von Thüringen an J.-H.S. Formey

zu übergeben, damit dieser sie an J. le Rond d'Alembert schicken kann.
Berlin, vor dem 1. Sept. 1764
Angabe, egh.
I-XVI-236, Bl. 38

Nr. 1795
Berliner Akademie der Wissenschaften an die Kurmärkische Kriegs- und Domänenkammer:
Bittet um eine Anweisung an den Förster in Spandau, das Deputatholz für den Botanischen Garten zu einer frühen Jahreszeit zur Verfügung zu stellen.
Berlin, 5. Sept. 1764
Konzept von J.D. Blume, mit einem Revisionsvermerk von L. Euler.
I-XIV-36, Bl. 54, 57

Nr. 1796
Buchbinder G. Hindenberg an die Berliner Akademie:
Bittet um Einrichtung einer eigenen Faktorei in Anklam zur Erhöhung des Kalenderabsatzes.
Anklam, 6. Sept. 1764
Behändigte Ausfertigung, egh., mit einer Angabe von L. Euler für D. Köhler, zur Eingabe des Buchbinders Hindenberg Stellung zu nehmen.
I-VIII-6, Bl. 147

Nr. 1797
L. Euler an D. Köhler:
Trägt ihm auf, das Schreiben an das Preußische Generaldirektorium wegen der Stubenöfen zurückzuschicken.
Berlin, [6.] Sept. 1764
Angabe, egh.
I-VI-11, Bl. 94

Nr. 1798
D. Köhler an L. Euler:
Teilt mit, daß er kein Schreiben an das Preußische Generaldirektorium wegen der Stubenöfen erhalten habe.
Berlin, 6. Sept. 1764
Behändigte Reinschrift, egh.,
I-VI-11, Bl. 94

Nr. 1799
L. Euler an D. Köhler:
Teilt mit, daß das Schreiben an das Preußische Generaldirektorium wegen der Stubenöfen von J.-H.S. Formey versiegelt an D. Köhler zur Bestellung übergeben worden sei.
Berlin, [6.] Sept. 1764

Behändigte Reinschrift, egh.
I-VI-11, Bl. 94

Nr. 1800
Preußisches Generaldirektorium an L.I. de Beausobre und L. Euler:
Rät ihnen, über den Akademieaufwärter Ende Erkundigungen über geeignete Zimmer zur Vornahme von Experimenten mit Stubenöfen einziehen zu lassen, und sichert weitere Unterstützung zu.
Berlin, 8. Sept. 1764
Behändigte Ausfertigung, Schreiberhand
I-VI-11, Bl. 41

Nr. 1801
Berliner Buchdrucker an das Direktorium der Berliner Akademie:
Führen aus, daß die ihnen angebotene Druckerlohnzulage auf den Kalenderdruck für 1765 zu gering sei, und bitten um eine Zulage von 50% des Druckerlohns.
Berlin, 12. Sept. 1764
Behändigte Ausfertigung, Schreiberhand, mit einer Angabe von L. Euler für D. Köhler vom 20.9., mitunterzeichnet von A.S. Marggraf und J.P. Heinius, den Buchdruckern auf ein Jahr eine Zulage von einem Drittel des Druckerlohns zu gewähren.
I-VIII-21, Bl. 617

Nr. 1802
Quittung von L. Euler über den Empfang des Quartalsgehaltes in Höhe von 450 Rt.
Berlin, 15. Sept. 1764
Behändigte Reinschrift, egh.
I-XVI-236, Bl. 99

Nr. 1803
D. Köhler an das Direktorium der Akademie:
Teilt eine Bekanntmachung an die Buchbinder über die Münzsorten, in denen die Kalender im Jahre 1765 verkauft werden sollen, zur Genehmigung mit.
Berlin, 19. Sept. 1764
Behändigte Reinschrift, egh., mit einer Angabe von L. Euler, mitunterzeichnet von A.S. Marggraf und J.P. Heinius, daß die Bekanntmachung genehmigt wurde.
I-VIII-21, Bl. 645

Nr. 1804
D. Köhler an das Direktorium der Akademie:
Teilt die Bewerber für das Darlehen aus dem Eller-Legat mit und bittet um eine Entscheidung.
Berlin, 24. Sept. 1764

Behändigte Reinschrift, egh., mit zwei Angaben von L. Euler, mitunterzeichnet von A.S. Marggraf und J.P. Heinius, das Darlehen gegen 5% Zinsen an den Herrn von Lieppen oder an den Bewerber aus Züllichau auszugeben.
I-XVI-28, Bl. 439

Nr. 1805
D. Köhler an das Direktorium der Akademie:
Berichtet, daß die Einrichtung einer eigenen Faktorei in Anklam nicht vorteilhaft sei und daß der Buchbinder G. Hindenberg die Kalender als Nebenfaktor von G. Pesenecker beziehen solle.
Berlin, 25. Sept. 1764
Behändigte Reinschrift, egh., mit einer Angabe von L. Euler, mitunterzeichnet von A.S. Marggraf und J.P. Heinius, den Buchbinder G. Hindenberg so zu bescheiden.
I-VIII-6, Bl. 144

Nr. 1806
D. Köhler an das Direktorium der Akademie:
Bittet um eine schriftliche Anordnung hinsichtlich der Bezahlung der Jetons.
Berlin, 25. Sept. 1764
Behändigte Reinschrift, egh., mit einer Angabe von L. Euler, mitunterzeichnet von A.S. Marggraf und J.P. Heinius, daß die Jetons bis auf weitere Anordnung zu je 1 Rt. ausgezahlt werden sollen.
I-IV-40, Bl. 14

Nr. 1807
Vertrag zwischen der Berliner Akademie und dem Oberförster J.F. Sonnenberg in Spandau über die Lieferung des jährlichen Deputatholzes für den Botanischen Garten.
Berlin, 29. Sept. 1764
Konzept von J.G. Gleditsch, mit einem Revisionsvermerk von L. Euler.
I-XIV-36, Bl. 66

Nr. 1808
Direktorium der Akademie an D. Köhler:
Trägt ihm auf, dem Generalfiskal J.F.B.L. d'Anières die Hauptrechnung der Akademie aus dem letzten Jahr zuzuschicken.
Berlin, 4. Okt. 1764
Angabe von L. Euler, mitunterzeichnet von A.S. Marggraf und J.P. Heinius.
I-XVI-28, Bl. 420

Nr. 1809
D. Köhler an das Direktorium der Akademie:
Nimmt Stellung zu den Erinnerungen des Generalfiskals J.F.B.L. d'Anières bezüglich der Hauptrechnung des Jahres 1763.
Berlin, 9. Okt. 1764
Behändigte Reinschrift, egh., mit einer Angabe von L. Euler, daß die Stellungnahme gebilligt werde.
I-XVI-28, Bl. 418

Nr. 1810
D. Köhler an das Direktorium der Akademie:
Schlägt vor, die neuen Friedrichsd'or als nicht mehr gangbare Münze einzuwechseln.
Berlin, 9. Okt. 1764
Behändigte Reinschrift, egh., mit einer Angabe von L. Euler, mitunterzeichnet von A.S. Marggraf und J.P. Heinius, die neuen Friedrichsd'or so vorteilhaft wie möglich gegen Silbergeld einzutauschen.
I-XVI-28, Bl. 421

Nr. 1811
Preußisches Generaldirektorium an die Berliner Akademie der Wissenschaften:
Teilt L.I. de Beausobre und L. Euler auf deren Schreiben vom 3.10. mit, daß es die zur Vornahme der Experimente mit Stubenöfen erforderliche Töpfer- und Schlosserarbeit sowie das Brennholz angewiesen habe.
Berlin, 11. Okt. 1764
Behändigte Ausfertigung, Schreiberhand
I-VI-11, Bl. 44

Nr. 1812
Rechnung über den Druck des Vorlesungskatalogs für das Collegium Medico-Chirurgicum.
Berlin, 24. Okt. 1764
Behändigte Ausfertigung, egh., mit einer Angabe von L. Euler für D. Köhler, mitunterzeichnet von J.P. Heinius und A.S. Marggraf, die Rechnung zu bezahlen.
I-XVI-236, Bl. 324

Nr. 1813
Direktorium der Akademie an den Buchbinder G. Pesenecker:
Ersucht ihn, einen seiner Buchbindergesellen für eine Bücheraktion m it Büchern aus der Akademiebibliothek abzustellen.
Berlin, 25. Okt. 1764
Konzept von L. Euler, mitunterzeichnet von A.S. Marggraf.
I-XII-2, Bl. 454

Nr. 1814
Akademiekommission zur Untersuchung der Stubenöfen an das Direktorium der Akademie:
Ersucht um Zahlung eines Vorschusses für den Bau der Öfen zur Vornahme von Experimenten.
Berlin, 1. Nov. 1764
Behändigte Reinschrift von L.I. de Beausobre, mit einer Angabe von L. Euler vom 1.11. für D. Köhler, mitunterzeichnet von A.S. Marggraf und J.P. Heinius, den Vorschuß auszuzahlen.
I-VI-11, Bl. 90

Nr. 1815
Direktorium der Akademie an D. Köhler:
Trägt ihm auf, an A.S. Marggraf die Wohnungsmiete von jährlich 150 Rt. quartalsweise zu bezahlen.
Berlin, 1. Nov. 1764
Angabe von L. Euler, mitunterzeichnet von J.P. Heinius und A.S. Marggraf.
I-XVI-237, Bl. 262

Nr. 1816
L. Euler an D. Köhler:
Teilt mit, daß der neue Pachtvertrag über die Köpenicker Plantage erst dann seinen Anfang nehmen könne, wenn dieser vom Pächter unterzeichnet sei und diese Angelegenheit in der nächsten Sitzung am Donnerstag geklärt sein wird.
Berlin, 3. Nov. 1764
Behändigte Reinschrift, egh.
I-X-8, Bl. 343

Nr. 1817
D. Köhler an L. Euler:
Teilt die Übersendung eines Konzepts an den Generalfiskal J.F.B.L. d'Anières wegen der Abgabe von Pflichtexemplaren durch die Buchhändler an die Akademiebibliothek zur Revision mit.
Berlin, November 1764
Behändigte Reinschrift, egh., mit einer Angabe von L. Euler, daß beim Generalfiskal anzufragen sei, wieviel Exemplare die Buchhändler von jedem Buch an die Akademiebibliothek abzuliefern haben.
I-XII-1, Bl. 86

Nr. 1818
Direktorium der Akademie an D. Köhler:
Trägt ihm auf, C. Kirch eine Gratifikation von 100 Rt. auszuzahlen.
Berlin, 6. Dez. 1764
Angabe von L. Euler, mitunterzeichnet von J.P. Heinius und A.S. Marggraf.

I-XVI-236, Bl. 252

Nr. 1819
A.S. Marggraf an das Direktorium der Akademie:
Ersucht um Auszahlung von 30 Rt. als Ausgleich für die Ausgaben, die er beim Auszug aus seinem Wohnhaus hatte.
Berlin, 6. Dez. 1764
Behändigte Reinschrift, egh., mit einer Angabe von L. Euler für D. Köhler, mitunterzeichnet von J.P. Heinius, an A.S. Marggraf 30 Rt. auszuzahlen.
I-XVI-236, Bl. 295

Nr. 1820
D. Köhler an das Direktorium der Akademie:
Fragt an, ab wann der Pächter P. Janick seine Pacht nach dem neuen Pachtvertrag zahlen soll.
Berlin, 7. Dez. 1764
Behändigte Reinschrift, egh., mit einer Angabe von L. Euler für J.G. Gleditsch vom 13.12., mitunterzeichnet von A.S. Marggraf und J.P. Heinius, die Umstände zu untersuchen und darüber zu berichten; mit einer weiteren Angabe von L. Euler vom 21.12., mitunterzeichnet von A.S. Marggraf, daß P. Janick bis Ostern 1765 die Pacht nach dem alten Vertrag zu bezahlen habe.
I-X-8, Bl. 342

Nr. 1821
L. Euler an D. Köhler:
Trägt ihm auf, an den Akademieaufwärter Ende 25 Rt. 12 Gr. für an die Akademie geliefertes Holz und Licht auszuzahlen.
Berlin, vor dem 9. Dez. 1764
Angabe, egh.
I-XVI-236, Bl. 304

Nr. 1822
Rechnung des Akademieaufwärters Ende über Reparaturen am Dach des Akademiegebäudes.
Berlin, 13. Dez. 1764
Behändigte Reinschrift, egh., mit einer Angabe von L. Euler für D. Köhler, mitunterzeichnet von J.P. Heinius und A.S. Marggraf, die Rechnung zu bezahlen.
I-XVI-236, Bl. 273

Nr. 1823
Quittung von L. Euler über den Empfang des Quartalsgehaltes in Höhe von 450 Rt.
Berlin, 15. Dez. 1764
Behändigte Reinschrift, egh.
I-XVI-236, Bl. 100

Nr. 1824
Direktorium der Akademie an D. Köhler:
Trägt ihm auf, F.-V. Toussaint die Hälfte von dessen Quartalspension auszuzahlen.
Berlin, 20. Dez. 1764
Angabe von L. Euler, mitunterzeichnet von A.S. Marggraf.
I-XVI-236, Bl. 138

Nr. 1825
Rechnung von A.S. Marggraf über Reparaturen am Laboratorium.
Berlin, 22. Dez. 1764
Behändigte Reinschrift, egh., mit einer Angabe von L. Euler für D. Köhler, mitunterzeichnet von A.S. Marggraf, die Rechnung zu bezahlen.
I-XVI-236, Bl. 276

Nr. 1826
Eintragung in der Jahresrechnung der Akademie über die Zahlung einer Jahrespension von 1800 Rt. an L. Euler, Direktor der mathematischen Klasse.
Berlin, 1764
Reinschrift von D. Köhler
I-XVI-130, S. 13

Nr. 1827
Totengräber Brohse an das Direktorium der Akademie:
Bittet um Auszahlung von 5 Rt. für die Lieferung von Leichnamen zur Anatomie.
Berlin, 2. Jan. 1765
Behändigte Ausfertigung, Schreiberhand, mit einer Angabe von L. Euler für D. Köhler, die Rechnung zu bezahlen.
I-XVI-237, Bl. 291

Nr. 1828
Rechnung über die Lieferung von Leichnamen zur Anatomie.
Berlin, 3. Jan. 1765
Behändigte Ausfertigung, egh., mit einer Angabe von L. Euler für D. Köhler, mitunterzeichnet von A.S. Marggraf, die Rechnung zu bezahlen.
I-XVI-236, Bl. 317

Nr. 1829
D. Köhler an das Direktorium der Akademie:
Fragt an, ob man dem Kalenderfaktor G. Pesenecker auf dessen Gesuch 30 Rt. Beihilfe für die erhöhten Kalenderfrachtkosten gewähren könne.
Berlin, 8. Jan. 1765
Behändigte Reinschrift, egh., mit einer Angabe von L. Euler, mitunterzeichnet von A.S. Marggraf und J.P. Heinius, diese Summe dem Kalender-

faktor zu gewähren.
I-VIII-6, Bl. 148

Nr. 1830
Direktorium der Akademie an das Preußische Generaldirektorium:
Teilt mit, daß es in der Anlage das Gutachten der Akademiedirektoren über das in Kleve beobachtete rote Regenwasser übersende.
Berlin, 10. Jan. 1765
Konzept von A.S. Marggraf, mit einem Fertigungsbefehl von L. Euler für J.D. Blume vom 10.1., mitunterzeichnet von A.S. Marggraf und J.P. Heinius.
I-V-37, Bl. 2

Nr. 1831
Direktorium der Akademie an D. Köhler:
Trägt ihm auf, die königliche Verordnung über die Abgabe von Pflichtexemplaren durch die Buchhändler an die Akademiebibliothek ausfindig zu machen und festzustellen, wieviel Exemplare von jedem verlegten Buch abzugeben seien.
Berlin, 10. Jan. 1765
Angabe von L. Euler, mitunterzeichnet von A.S. Marggraf und J.P. Heinius.
I-XII-1, Bl. 87, 91

Nr. 1832
Direktorium der Akademie an den Gärtner des Botanischen Gartens J.I. Müller:
Trägt ihm auf, im Frühjahr einen Heckenzaun um den Botanischen Garten gegen eine besondere Gratifikation anzulegen.
Berlin, 10. Jan. 1765
Konzept von L. Euler, mitunterzeichnet von A.S. Marggraf und J.P. Heinius.
I-XIV-37, Bl. 64

Nr. 1833
Direktorium der Akademie an D. Köhler:
Trägt ihm auf, dem Kalkulator Pittelko eine Gratifikation von 10 Rt. für außerordentliche Arbeiten angesichts der verschiedenen Geldsorten auszuzahlen.
Berlin, 10. Jan. 1765
Angabe von L. Euler, mitunterzeichnet von J.P. Heinius und A.S. Marggraf.
I-XVI-237, Bl. 240

Nr. 1834-1838
Rechnungen des Mechanikers J.H. Ring über die Anfertigung von mechanischen Instrumenten.

Berlin, 10. Jan. - 9. Okt. 1765
Behändigte Reinschriften, egh., mit Angaben von L. Euler für D. Köhler, mitunterzeichnet vom Kurator S.E. von Redern, J.P. Heinius und A.S. Marggraf, die Rechnungen zu bezahlen.
I-XVI-237, Bl. 270-274

Nr. 1839
D. Köhler an das Direktorium der Akademie:
Fragt an, ob den Königsbergern Buchbindern J.J. Meyer und N.N. Heinrichs, die bei einem Stadtbrand alle vom Faktor gekauften Akademiekalender für das Jahr 1765 eingebüßt hätten, die Kaufsumme zurückgezahlt werden kann.
Berlin, 15. Jan. 1765
Behändigte Reinschrift, egh., mit einer Angabe von L. Euler, mitunterzeichnet von A.S. Marggraf und J.P. Heinius, daß die Akademie für den Schaden aufkommen müsse.
I-VIII-96, Bl. 305

Nr. 1840-1850
Rechnungen über Ausgaben für den Botanischen Garten.
Berlin, 17. Jan. - 28. Sept. 1765
Behändigte Ausfertigungen, egh., mit Angaben von L. Euler für D. Köhler, mitunterzeichnet von J.P Heinius und A.S. Marggraf, die Rechnungen zu bezahlen.
I-XVI-237, Bl. 296, 298, 300, 305-306, 308, 311, 321-322, 324-325

Nr. 1851
L. Euler an D. Köhler:
Trägt ihm auf, dem Gärtner J.I. Müller für das Anlegen eines Heckenzaunes um den Botanischen Garten einen Abschlag von 30 Rt. auszuzahlen.
Berlin, 19. Jan. 1765
Angabe, egh.
I-XVI-237, Bl. 304

Nr. 1852
L. Euler an D. Köhler:
Trägt ihm auf, die vom Preußischen Generaldirektorium wegen der Verbesserung der Stubenöfen angewiesene Geldsumme zu übernehmen und einige Rechnungen zu bezahlen.
Berlin, 25. Jan. 1765
Angabe, egh.
I-VI-11, Bl. 74

Nr. 1853-1856
Rechnungen über die Anschaffung und das Einbinden von Büchern für die Akademiebibliothek.

Berlin, vor dem 2. Febr. - 28. Juni 1765
Behändigte Ausfertigungen, egh., mit Angaben von L. Euler für D. Köhler, mitunterzeichnet vom Kurator S.E. von Redern, J.P. Heinius und A.S. Marggraf, die Rechnungen zu bezahlen.
I-XVI-237, Bl. 247, 249, 250, 253

Nr. 1857-1860
Rechnungen über die Lieferung von Leichnamen zur Anatomie.
Berlin, 1. Febr. - 1. Mai 1765
Behändigte Ausfertigungen, egh., mit Angaben von L. Euler für D. Köhler, mitunterzeichnet von A.S. Marggraf, die Rechnungen zu bezahlen.
I-XVI-237, Bl. 283-286

Nr. 1861
H.A. de Catt an die Berliner Akademie der Wissenschaften:
Teilt im Auftrage Friedrich II. u. a. mit, daß der König die Einsetzung einer Kommission anordne, der L. Euler, J.G. Sulzer, L.I. de Beausobre, J. de Castillon, J.B. Merian und J.H. Lambert angehören sollen und die den Auftrag habe, für eine höhere Qualität der Kalender und größere Einkünfte aus deren Verkauf zu sorgen.
Potsdam, 19. Febr. 1765
Behändigte Ausfertigung, egh., frz.
I-IV-16, Bl. 2

Nr. 1862
L. Euler an D. Köhler:
Teilt ihm mit, wie lange die Zulage an den Gärtner des Botanischen Gartens für die Beköstigung des Gesindes zu gewähren sei.
Berlin, 19. Febr. 1765
Behändigte Reinschrift, egh.
I-XIV-36, Bl. 76

Nr. 1863
D. Köhler an das Direktorium der Akademie:
Teilt den Termin für den Verkauf der Kalendermakulatur mit und fragt an, ob die alten gedruckten Gundlingschen Sachen und die alten Akademieabhandlungen mit verkauft werden sollen.
Berlin, 20. Febr. 1765
Behändigte Reinschrift, egh., mit einer Angabe von L. Euler, mitunterzeichnet von A.S. Marggraf und J.P. Heinius, daß wegen der Gundlingschen Sachen noch eine Untersuchung anzustellen und für die alten Kalender J. de Castillon zuständig sei.
I-VIII-21, Bl. 658

Nr. 1864
D. Köhler an das Direktorium der Akademie:
Schlägt vor, eine neue Auflage der Ediktensammlung ab 1756 drucken

zu lassen und mit der Ediktensammlung von 1764 den Preis auf 12 Gr. pro Exemplar zu erhöhen.
Berlin, 20. Febr. 1765
Behändigte Reinschrift, egh., mit einer Angabe von L. Euler, mitunterzeichnet von A.S. Marggraf und J.P. Heinius, daß die Vorschläge genehmigt wurden.
I-IX-6, Bl. 20

Nr. 1865
Direktorium der Akademie an D. Köhler:
Teilt mit, daß für das neue Akademiemitglied J.H. Lambert von Friedrich II. eine jährliche Pension von 500 Rt. festgesetzt wurde, mit deren Auszahlung zu beginnen sei.
Berlin, 21. Febr. 1765
Angabe von L. Euler, mitunterzeichnet von A.S. Marggraf und J.P. Heinius.
I-III-11, Bl. 38

Nr. 1866
D. Köhler an das Direktorium der Akademie:
Fragt an, ob die Berliner Buchdrucker für den Kalenderdruck auf das Jahr 1766 den gleichen Druckerlohn wie für das Jahr 1765 erhalten sollen.
Berlin, 22. Febr. 1765
Behändigte Reinschrift, egh., mit einer Angabe von L. Euler, mitunterzeichnet vom Kurator S.E. von Redern, A.S. Marggraf und J.P. Heinius, den Buchdruckern den vierten Teil des ehemaligen Lohnes in gutem Geld als Zulage anzubieten.
I-VIII-27, Bl. 1

Nr. 1867
Aufstellung von D. Köhler über die an Friedrich II. übergebenen Landkarten.
Berlin, 23. Febr. 1765
Behändigte Reinschrift, egh., mit einem Vermerk von L. Euler über die sachliche Richtigkeit.
I-XVI-237, Bl. 26

Nr. 1868
D. Köhler an L. Euler:
Teilt den Wortlaut eines von den Direktoren L. Euler, A.S. Marggraf, J.P. Heinius und dem Kurator S.E. von Redern unterzeichneten Beschlusses vom Juni 1764 über die weitere Gewährung einer Zulage an den Gärtner des Botanischen Gartens für die Beköstigung des Gesindes mit.
Berlin, [Februar] 1765
Behändigte Reinschrift, egh.

I-XIV-36, Bl. 77

Nr. 1869
J. de Castillon an D. Köhler:
Teilt die Rückgabe der Unterlagen über die restlichen Kalender von 1764 mit.
Berlin, 1. März 1765
Behändigte Reinschrift, egh., mit einem Vermerk von D. Köhler, daß die Bescheinigung über die restlichen Kalender von L. Euler erteilt wurde.
I-VIII-21, Bl. 659

Nr. 1870
Direktorium der Akademie an D. Köhler:
Trägt ihm auf, dem Gärtner J.I. Müller eine Summe von 50 Rt. für das Anfahren von Mist in den Botanischen Garten auszuzahlen.
Berlin, 1. März 1765
Angabe von L. Euler, mitunterzeichnet von A.S. Marggraf.
I-XVI-237, Bl. 310

Nr. 1871
Quittung von L. Euler über den Empfang des Quartalsgehaltes in Höhe von 450 Rt.
Berlin, 2. März 1765
Behändigte Reinschrift, egh.
I-XVI-237, Bl. 85

Nr. 1872
Friedrich II. an die Berliner Akademie der Wissenschaften:
Ordnet an, daß die von ihm eingesetzte Kommission die Kalenderadministration überprüfe, ferner die Ausgaben über mehrere Jahre für die Landkarten, den Botanischen Garten, die Experimente und Instrumente mit dem Ziel der Einsparung von unnützen Ausgaben untersuche und über alles einen Bericht einreiche.
Potsdam, 4. März 1765
Behändigte Ausfertigung, Schreiberhand, frz.
I-IV-16, Bl. 3, Abschrift: Bl. 4

Nr. 1873
Direktorium der Akademie an D. Köhler:
Trägt ihm auf, an J.H. Lambert 105 Rt. als Anteil seiner Quartalspension ab 1.1.1765 auszuzahlen.
Berlin, 5. März 1765
Angabe von L. Euler, mitunterzeichnet von A.S. Marggraf und dem Kurator S.E. von Redern.
I-XVI-237, Bl. 72

Nr. 1874
D. Köhler an das Direktorium der Akademie:
Fragt an, welche Landkarte für den Historischen Kalender auf das Jahr 1766 zu nehmen sei, und unterbreitet Vorschläge.
Berlin, 5. März 1765
Behändigte Reinschrift, egh., mit einer Angabe von L. Euler, die Karte von Ostfriesland zu nehmen.
I-VIII-21, Bl. 660

Nr. 1875
D. Köhler an das Direktorium der Akademie:
Schlägt vor, im Vorbericht der Kalender künftig eine Bekanntmachung zu drucken, nach der jeder, der Kalender teurer als zum festgesetzten Preis verkaufe, 1 Rt. Strafe zahlen muß.
Berlin, 5. März 1765
Behändigte Reinschrift, egh., mit einer Angabe von L. Euler, daß die Bekanntmachung gebilligt wurde.
I-VIII-21, Bl. 662

Nr. 1876
D. Köhler an L. Euler:
Teilt ihm die Übersendung der verlangten Akademierechnungen aus den Jahren 1752 bis 1762 in der Anlage mit und regt an, dem König die Einrichtung eines Militär-Adreßkalenders vorzuschlagen.
Berlin, 8. März 1765
Behändigte Reinschrift, egh.
I-VIII-24, Bl. 5

Nr. 1877
L.I. de Beausobre an die Mitglieder der ökonomischen Kommission:
Schlägt vor, die geplanten Veränderungen für den Genealogischen Kalender nur an dem in französischer Sprache erscheinenden Kalender vorzunehmen und den deutschen Genealogischen Kalender unverändert drucken zu lassen.
Berlin, 10. März 1765
Behändigte Reinschrift, egh., frz., mit Stellungnahmen der Mitglieder L. Euler, J. de Castillon, J.H. Lambert und J.B. Merian.
I-VIII-26, Bl. 12-13

Nr. 1878
Berliner Buchdrucker an das Direktorium der Akademie:
Bitten darum, daß ihnen wie schon im vergangenen Jahr für den Druck der Kalender als Zulage der dritte Teil vom Papierballenpreis gewährt werde.
Berlin, 13. März 1765
Behändigte Ausfertigung von fremder Hand, mit einer Angabe von J.G.

Sulzer für D. Köhler vom 23.3., mitunterzeichnet von L. Euler, den Buchdruckern eine Zulage von 1 Rt. 16 Gr. pro Ballen zu gewähren.
I-VIII-24, Bl. 11

Nr. 1879
Vorschlag von L.I. de Beausobre in neun Punkten auf Verpachtung des Kalenderverlags.
Berlin, 19. März 1765
Behändigte Reinschrift, egh., frz., mit einer Stellungnahme von L. Euler zu einzelnen Punkten.
I-VIII-25, Bl. 5

Nr. 1880
D. Köhler an das Direktorium der Akademie:
Schlägt vor, die Kalender auf das Jahr 1766 zum gleichen Preis wie im Jahre 1765 zu verkaufen.
Berlin, 20. März 1765
Behändigte Reinschrift, egh., mit einer Angabe von L. Euler vom 21.3., mitunterzeichnet von A.S. Marggraf, die Kalenderpreise von 1765 beizubehalten.
I-VIII-21, Bl. 664

Nr. 1881
D. Köhler an das Direktorium der Akademie:
Fragt an, ob die großen Landkarten statt für bisher 12 Gr. je Exemplar künftig wegen der Verbesserung des Geldwertes für nur 8 Gr. verkauft werden sollen.
Berlin, 20. März 1765
Behändigte Reinschrift, egh., mit einer Angabe von L. Euler, mitunterzeichnet von A.S. Marggraf, daß der Preis für die großen Landkarten auf 8 Gr. herabzusetzen und dies in den Zeitungen anzukündigen sei.
I-VII-37, Bl. 229

Nr. 1882
Plan von J.G. Sulzer zur Reorganisation des Botanischen Gartens.
Berlin, 23. März 1765
Behändigte Reinschrift, egh., frz., mit Randbemerkungen von L. Euler.
I-XIV-36, Bl. 87-88

Nr. 1883
Stellungnahme von J. de Castillon zur Frage der Kalenderverpachtung.
Berlin, 24. März 1765
Behändigte Reinschrift, egh., frz., mit Randbemerkungen von L. Euler.
I-VIII-25, Bl. 16-17

Nr. 1884
D. Köhler an die ökonomische Kommission:

Berichtet auf deren Anfrage, daß der Buchdrucker C.L. Kunst keinen besonderen Vertrag von ihm erhalten habe und daß sämtliche Preise für Papier und Druckerlohn von der ehemaligen Kalenderkommission, der L. Euler, S. Pelloutier, J.G. Gleditsch und J. Kies angehörten, festgelegt worden waren.
Berlin, 25. März 1765
Behändigte Reinschrift, egh.
I-VIII-24, Bl. 7

Nr. 1885
L. Euler an D. Köhler:
Trägt ihm auf, dem Gärtner J.I. Miller für das Anlegen eines Heckenzaunes um den Botanischen Garten einen weiteren Vorschuß von 50 Rt. auszuzahlen.
Berlin, 25. März 1765
Angabe, egh.
I-XVI-237, Bl. 307

Nr. 1886
Erben des Kupferstechers Wolffgang an D. Köhler:
Nehmen Stellung zu den von der ökonomischen Kommission angeordneten Änderungen bei der Anfertigung der Titel und Devisen zu den Kalendern; erkennen an, daß es bessere Kupferstecher gebe, die aber auch viel teurer seien und erbitten eine Mitteilung, wie das Titelblatt und die Zeichnungen gestaltet werden sollen.
Berlin, 27. März 1765
Behändigte Ausfertigung, egh., mit einem Vermerk von L. Euler, daß erst seit einigen Jahren die Kupferabdrucke eine schlechte Qualität aufweisen, die der Akademie nicht würdig sei, und daß ihm schon verschiedene Personen zu verstehen gegeben haben, solche Kalender nicht mehr zu kaufen.
I-VIII-24, Bl. 18-19

Nr. 1887
D. Köhler an die ökonomische Kommission:
Fragt an, warum dem Buchdrucker C.L. Kunst von der ökonomischen Kommission aufgetragen wurde, sich die Druckbuchstaben für die kleine Schrift zum Genealogischen Kalender anzuschaffen; führt aus, daß bisher seine eigenen Druckbuchstaben für den Druck dieser Kalender verwendet wurden und er dafür 11 Rt. pro Ballen erhalten habe; bietet sich an, seine Druckbuchstaben der Akademie für den Kalenderdruck gegen einen Preis von 8 Rt. pro Ballen zu überlassen.
Berlin, 27. März 1765
Behändigte Reinschrift, egh., mit einer Angabe von L. Euler, daß D. Köhler sich mit dem Buchdrucker Kunst vergleichen und ihm entweder die

Buchstaben verkaufen oder sich deren Nutzung bezahlen lassen solle.
I-VIII-24, Bl. 13

Nr. 1888
Stellungnahme von J.H. Lambert zum Plan von J.G. Sulzer über die Reorganisation des Botanischen Gartens.
Berlin, 27. März 1765
Behändigte Reinschrift, egh., frz., mit einer Randbemerkung von L. Euler.
I-XIV-36, Bl. 90

Nr. 1889
Stellungnahme von J.G. Sulzer zur Frage der Kalenderverpachtung.
Berlin, zwischen dem 27. und 30. März 1765
Behändigte Reinschrift, egh., frz., mit Randbemerkungen von L. Euler.
I-VIII-25, Bl. 18

Nr. 1890
Stellungnahme von J. de Castillon zum Vorschlag der Kalenderverpachtung.
Berlin, März 1765
Behändigte Reinschrift, egh., frz., mit einem Vermerk von L. Euler, daß in der Akademie bisher noch niemand die Kalenderverwaltung übernehmen wollte und die Einnahmen der Akademie sicher leiden würden, wenn sich jemand dazu bereitfände.
I-VIII-25, Bl. 10

Nr. 1891
Ökonomische Kommission an den Buchdrucker C.L. Kunst:
Teilt ihm die Entscheidung der ökonomischen Kommission mit, daß er den französischen und deutschen Genealogischen Kalender gegen einen Preis pro Ballen von 22 Rt. für den französischen und von 20 Rt. für den deutschen Kalender drucken soll.
Berlin, 2. Apr. 1765
Konzept von L.I. de Beausobre, mitunterzeichnet von L. Euler, J.G. Sulzer, J.B. Merian, J. de Castillon und J.H. Lambert.
I-VIII-24, Bl. 23

Nr. 1892-1894
Rechnungen über Ausgaben für die Anatomie.
Berlin, 17. Apr. - 20. Juli 1765
Behändigte Ausfertigungen, egh., mit Angaben von L. Euler für D. Köhler, mitunterzeichnet vom Kurator S.E. von Redern, J.P. Heinius und A.S. Marggraf, die Rechnungen zu bezahlen.
I-XVI-237, Bl. 292-294

Nr. 1895
D. Köhler an J.G. Sulzer:
Führt aus, daß ein Verkauf des Landkartenverlags an einen Buchhändler für die Akademie von Nachteil wäre und daß nur einige Landkarten mehr gekostet als sie eingebracht haben, weshalb er L. Euler mitgeteilt habe, daß es besser gewesen wäre, wenn diese Landkarten nicht herausgegeben worden wären.
Berlin, 18. Apr. 1765
Behändigte Reinschrift, egh.
I-VIII-24, Bl. 39

Nr. 1896-1898
Rechnungen von A.S. Marggraf über Ausgaben für das Wohnhaus und das Laboratorium der Akademie.
Berlin, 25. Apr. - 10. Okt. 1765
Behändigte Reinschriften, egh., mit Angaben von L. Euler für D. Köhler, mitunterzeichnet von J.P. Heinius und A.S. Marggraf, die Rechnungen zu bezahlen.
I-XVI-237, Bl. 264-266

Nr. 1899
Stellungnahme von L. Euler in Form eines Berichtsentwurfs zu dem von L.I. de Beausobre entworfenen Kommissionsbericht an Friedrich II.:
L. Euler nimmt Stellung zur Verbesserung der Kalenderherstellung,zur Beibehaltung der Kalenderadministration, zu den Einnahmen aus dem Kalender für die Juden und aus dem Adreßkalender, zu den hohen Ausgaben für den Botanischen Garten, der der Akademie nicht viel Nutzen bringe, zu den Einnahmen aus dem Landkartenverkauf, zu den Ausgaben für Instrumente und Experimente sowie zu den Kosten für eine umfassende Reparatur der Dächer des Akademiegebäudes und des Observatoriums.
Berlin, nach dem 29. Apr. 1765
Behändigte Reinschrift, egh., frz.
I-IV-16, Bl. 6-7

Nr. 1900
Vorschläge von L. Euler in 14 Punkten für den Pachtanschlag des Kalenderverlags und Ausführungen zum Geldbestand der Akademiekasse.
Berlin, April 1765
Behändigte Reinschrift, egh.
I-VIII-25, Bl. 23

Nr. 1901
L. Euler an D. Köhler:
Trägt ihm auf, an C.S. Schumacher für die von ihm übernommene Anfertigung eines jüdischen Kalenders auf das Jahr 1766 eine Gratifikation von 10 Rt. auszuzahlen.

Berlin, 4. Mai 1765
Angabe, egh.
I-XVI-237, Bl. 280a

Nr. 1902
D. Köhler an die ökonomische Kommission:
Schlägt vor, die Alleen und Plätze in dem fertiggestellten Stich vom Tiergarten mit Namen zu versehen.
Berlin, 6. Mai 1765
Behändigte Reinschrift, egh., mit einer Angabe von J.G. Sulzer, mitunterzeichnet von den Kommissionsmitgliedern J. de Castillon, L. Euler, J.H. Lambert und J.B. Merian, daß A.A. Rhode feststellen solle, ob die Alleen und Plätze schon Namen erhalten haben.
I-VII-37, Bl. 234

Nr. 1903
Von J. de Castillon entworfener und zur Begutachtung an die anderen Kommissionsmitglieder geschickter Teilbericht der ökonomischen Kommission an Friedrich II. über die Kalenderadministration.
Berlin, 8. Mai 1765
Behändigte Reinschrift, egh., frz., mit einer Stellungnahme von L. Euler, der den Bericht ablehnt, da dieser den Ergebnissen der Kommissionssitzungen entgegengesetzt sei und Vorschläge zur Veränderung der bisherigen Kalenderadministration enthalte.
I-IV-16, Bl. 13-14

Nr. 1904-1909
Rechnungen über Ausgaben bei der Anfertigung von Landkarten durch die Akademie.
Berlin, 14. Mai - 29. Juli 1765
Behändigte Ausfertigungen, egh., mit Angaben von L. Euler für D. Köhler, mitunterzeichnet von A.S. Marggraf, die Rechnungen zu bezahlen.
I-XVI-237, Bl. 191, 193, 197, 200, 203-204

Nr. 1910
Quittung von L. Euler über den Empfang des Quartalsgehaltes in Höhe von 450 Rt.
Berlin, 29. Mai 1765
Behändigte Reinschrift, egh.
I-XVI-237, Bl. 86

Nr. 1911
Bericht der ökonomischen Kommission der Akademie an Friedrich II. über die Einnahmen und Ausgaben der Akademie.
Berlin, zwischen Mai und Juni 1765
Konzept von L.I. de Beausobre, frz., mit einem Votum von L. Euler, daß er nach Kürzung des Artikels über die Kalenderadministration den Be-

richt unterzeichnen werde.
I-IV-16, Bl. 28-29

Nr. 1912
D. Köhler an das Direktorium der Akademie:
Bittet um Rückgabe der Rechnungen und Belege von 1763.
Berlin, 4. Juni 1765
Behändigte Reinschrift, egh., mit einer Angabe von L. Euler für L.I. de Beausobre, mitunterzeichnet von A.S. Marggraf, die Rechnungen und Belege an D. Köhler abzuliefern.
I-VIII-24, Bl. 44

Nr. 1913
D. Köhler an das Direktorium der Akademie:
Schlägt vor, dem jüdischen Buchdrucker M. Gerson die nachgesuchte Zulage von 5 Rt. für den Druck des jüdischen Kalenders zu gewähren.
Berlin, 4. Juni 1765
Behändigte Reinschrift, egh., mit einer Angabe von L. Euler, mitunterzeichnet von A.S. Marggraf, daß die Zulage dieses Mal noch zu gewähren sei.
I-VIII-221, Bl. 23

Nr. 1914
D. Köhler an das Direktorium der Akademie:
Teilt die Übersendung eines Probedrucks des Plans vom Tiergarten mit, in dem die Namen der Alleen und Plätze eingestochen sind; fragt an, ob als Jahreszahl im Titel nicht 1765 statt 1764 angegeben werden sollte, ob der Preis je Exemplar 8 Gr. betragen soll und ob der Plan entsprechend der Anlage durch die Zeitungen anzukündigen sei; bittet um Anweisung der Rechnung für den Kupferstecher J.D. Schleuen.
Berlin, 12. Juni 1765
Behändigte Reinschrift, egh., mit einer Angabe von L. Euler, mitunterzeichnet von A.S. Marggraf, daß anstelle von 1764 das Jahr 1765 zu setzen sei, der Preis je Exemplar 8 Gr. betragen soll und die Rechnung angewiesen sei.
I-VII-37, Bl. 235

Nr. 1915
D. Köhler an das Direktorium der Akademie:
Übersendet den Text für die Ankündigung des Plans vom Tiergarten durch die Zeitungen.
Berlin, 12. Juni 1765
Behändigte Reinschrift, egh., mit einer Angabe von L. Euler, mitunterzeichnet von A.S. Marggraf, daß der Text gebilligt und zu veröffentlichen sei.
I-VII-37, Bl. 236

Nr. 1916
Kalkulator Pittelko an das Direktorium der Akademie:
Bittet um Gewährung einer Zulage von 10 Rt. für außerordentliche Arbeiten.
Berlin, 15. Juni 1765
Behändigte Ausfertigung, egh., mit einer Angabe von L. Euler für D. Köhler, mitunterzeichnet von J.P. Heinius und A.S. Marggraf, die Zulage zu gewähren.
I-XVI-237, Bl. 242

Nr. 1917
J. de Castillon an L. Euler:
Betont die Notwendigkeit einer Veränderung der bisherigen Kalenderadministration, da der Administrator D. Köhler auf Kosten der Akademie einen zu großen Gewinn daraus ziehe; schlägt als eines der Mittel zur Erhöhung der Akademieeinnahmen vor, mit D. Köhler einen neuen und für die Akademie vorteilhafteren Vertrag abzuschließen.
Berlin, vor dem 16. Juni 1765
Behändigte Reinschrift, egh., frz.
I-IV-16, Bl. 51

Nr. 1918
Stellungnahme von L. Euler zum Schreiben von J. de Castillon an ihn:
Verteidigt die bisherige Kalenderadministration und lehnt deren Veränderung sowie die Einsetzung einer ständigen Kommission als für die Akademie unvorteilhaft ab.
Berlin, vor dem 16. Juni 1765
Behändigte Reinschrift, egh., frz.
I-IV-16, Bl. 51

Nr. 1919
L. Euler an J. de Castillon:
Hält es für äußerst schwierig, die gegenwärtige Kalenderadministration zu verbessern, und teilt mit, daß er niemals dem Vorschlag an den König zustimmen werde, die Kalenderadministration zu verändern, solange keine ihn überzeugende Alternativlösung vorliege.
Berlin, vor dem 16. Juni 1765
Behändigte Reinschrift, egh., frz.
I-IV-16, Bl. 50

Nr. 1920
Entwurf des Berichts der ökonomischen Kommission von J. de Castillon an Friedrich II. über die Einnahmen und Ausgaben der Akademie:
Zum Schluß des Berichts wird auf die Vorbehalte von L. Euler hinsichtlich einer Veränderung der bisherigen Kalenderadministration hingewiesen, weswegen dieser den Bericht nicht unterzeichnen wolle

und seine Gründe dafür dem König sicherlich selbst darlegen werde.
Berlin, vor dem 16. Juni 1765
Konzept, egh., frz.
I-IV-16, B. 37-39, Reinschrift von Schreiberhand ohne den Schlußteil über L. Euler: Bl. 44-45, Abschrift des Schlußteils: Bl. 49

Nr. 1921
Friedrich II. an die ökonomische Kommission der Akademie:
Ordnet an, die bisherige Kalenderadministration unter D. Köhler aufzuheben und den Kalendervertrieb für mindestens 16000 Rt. pro Jahr zu verpachten; teilt mit, daß der Botanische Garten in Zukunft wieder Mist aus dem königlichen Stall erhalten soll; fordert die Kommission auf, den Einnahme- und Ausgabeetat der Akademie einzusenden.
Potsdam, 16. Juni 1765
Behändigte Ausfertigung, Schreiberhand
I-IV-16, Bl. 64-65

Nr. 1922
L. Euler an L.I. de Beausobre:
Übersendet die von Friedrich II. erhaltene Kabinettsorder, die er der ökonomischen Kommission übergeben soll; schlägt eine baldige Versammlung der Kommissionsmitglieder vor.
Berlin, nicht vor dem 16. Juni 1765
Behändigte Reinschrift, egh., frz.
I-IV-16, Bl. 63

Nr. 1923
L.I. de Beausobre an J.G. Sulzer:
Teilt mit, daß J. de Castillon, der schon abgereist sei, den Brief und Bericht an Friedrich II. bereits unterzeichnet habe; bittet um Mitteilung, wann J.G. Sulzer an einer Versammlung der Kommissionsmitglieder teilnehmen könne, damit er danach L. Euler benachrichtigen könne.
Berlin, nicht vor dem 16. Juni 1765
Behändigte Reinschrift, egh., frz.
I-IV-16, Bl. 54

Nr. 1924
J.G. Sulzer an L.I. de Beausobre:
Erklärt seine Bereitschaft, zu jedem beliebigen Zeitpunkt an der Versammlung der Kommissionsmitglieder teilzunehmen und wünscht sich, daß der Bericht den Artikel über die Schwierigkeiten mit L. Euler enthalte.
Berlin, nicht vor dem 16. Juni 1765
Behändigte Reinschrift, egh., frz.
I-IV-16, Bl. 54

Nr. 1925
D. Köhler an das Direktorium der Akademie:
Bittet um einen Termin für die Abnahme der Kalenderhauptrechnung der Akademie aus dem Jahre 1764.
Berlin, 18. Juni 1765
Behändigte Reinschrift, egh., mit einer Angabe von L. Euler, mitunterzeichnet von A.S. Marggraf und J.P. Heinius, daß man sich wegen des Termins nach dem Generalfiskal J.F.B.L. d'Anières richten werde.
I-XVI-28, Bl. 422

Nr. 1926
Vermerk von L.I. de Beausobre auf dem Anschreiben der Kommission an Friedrich II. vom 18.6.1765:
Stellt fest, daß vor Absendung des Berichts mit den drei Projekten an Friedrich II. die Kabinettsorder des Königs vom 16.6. eingetroffen sei, daß man daher nur den Bericht mit einer kleinen Veränderung abgeschickt habe, der auch von L. Euler unterzeichnet worden sei.
Berlin, nicht vor dem 18. Juni 1765
Reinschrift, egh., frz.
I-IV-16, Bl. 40

Nr. 1927
L.I. de Beausobre an L. Euler:
Übersendet den von ihm überarbeiteten Briefentwurf der Kommission an Friedrich II. und bittet L. Euler um seine Meinung.
Berlin, 20. Juni 1765
Behändigte Reinschrift, egh., frz.
I-IV-16, Bl. 53, 60

Nr. 1928
L. Euler an L.I. de Beausobre:
Sendet den Briefentwurf der Kommission an Friedrich II. mit seinem Zustimmungsvermerk zurück.
Berlin, [20.] Juni 1765
Behändigte Reinschrift, egh., frz.
I-IV-16, Bl. 55, 60

Nr. 1929
Ökonomische Kommission der Akademie an Friedrich II.:
Berichtet über die Einnahmen und Ausgaben der Akademie und unterbreitet Vorschläge zur Erhöhung der Einnahmen und Senkung der Ausgaben.
Berlin, 20. Juni 1765
Reinschrift, Schreiberhand, frz., mit den Unterschriften der Kommissionsmitglieder bis auf L. Euler und dem Vermerk, daß L. Euler das Original unterzeichnet habe.
I-IV-16, Bl. 56-57

Nr. 1930
Direktorium der Akademie an D. Köhler:
Teilt mit, daß auf Grund einer Order Friedrich II. die Zahlung der Pension an den französischen Kopisten Castagnier, der schon seit Jahren der Akademie keine Dienste mehr leiste, einzustellen sei.
Berlin, 20. Juni 1765
Angabe von L. Euler, mitunterzeichnet von A.S. Marggraf und J.P. Heinius.
I-III-11, Bl. 39

Nr. 1931
Friedrich II. an die Berliner Akademie der Wissenschaften:
Ordnet an, daß die Kalenderpreise nicht verändert werden sollen, daß zur Beaufsichtigung der Kalenderpächter und der verschiedenen Einnahmen der Akademie drei Akademiedeputierte eingesetzt werden sollen und daß D. Köhler die Funktionen eines Kassierers und Archivars weiter bekleiden soll.
Potsdam , 21. Juni 1765
Behändigte Ausfertigung, Schreiberhand, frz.
I-IV-16, Bl. 71

Nr. 1932
L.I. de Beausobre an L. Euler:
Fragt an, wann L. Euler die vom König angeforderte Etataufstellung fertiggestellt haben werde und man dazu eine Kommissionssitzung ansetzen könne; weist darauf hin, daß die Kommission die drei Akademiedeputierten einsetzen oder den König bitten müsse, sie zu benennen, und daß man D. Köhler über den ihn betreffenden Inhalt der Kabinettsorder Friedrich II. informieren müsse.
Berlin, nicht vor dem 21. Juni 1765
Behändigte Reinschrift, egh., frz.
I-IV-16, Bl. 72

Nr. 1933
L. Euler an L.I. de Beausobre:
Teilt mit, daß er die Etataufstellung noch heute oder morgen anfertigen und ihm übersenden werde, daß er D. Köhler über die Entscheidung Friedrich II. bereits informiert habe und daß er an der Kommissionssitzung teilnehmen werde, für die er den nächsten Montag als Termin vorschlage.
Berlin, nicht vor dem 21. Juni 1765
Behändigte Reinschrift, egh., frz.
I-IV-16, Bl. 73

Nr. 1934
Aufstellung des Etats der Berliner Akademie für das Jahr 1764 von L. Euler mit Erläuterungen und dem Gehaltsetat für das laufende Jahr 1765.
Berlin, nicht vor dem 21. Juni 1765
Behändigte Reinschrift, egh.
I-IV-16, Bl. 58-59, Abschrift der Etataufstellung in französischer Sprache: Bl. 61-62

Nr. 1935
Generalfiskal J.F.B.L. d'Anières an D. Köhler:
Teilt mit, daß ihm jeder Termin für die Rechnungsabnahme der Kalenderhauptrechnung recht sei.
Berlin, 22. Juni 1765
Behändigte Reinschrift, Schreiberhand, mit einer Angabe von L. Euler, die Sitzung zur Rechnungsabnahme am Freitag um 3 Uhr im Versammlungssaal der Akademie durchzuführen.
I-XVI-28, Bl. 423

Nr. 1936
Ökonomische Kommission der Akademie an Friedrich II.:
Übersendet auftragsgemäß den Etat der Akademie für das Jahr 1764 und den Gehaltsetat für 1765; berichtet über die Verwendung der Akademieersparnisse und fragt an, ob die Herstellung und der Verkauf der Landkarten und Ediktensammlungen auch in Pacht gegeben werden sollen.
Berlin, [27.] Juni 1765
Reinschrift, Schreiberhand, frz., mit den Unterschriften der Kommissionsmitglieder, darunter der von L. Euler.
I-IV-16, Bl. 61-62

Nr. 1937
D. Köhler an das Direktorium der Akademie:
Teilt mit, daß Herr von Lieppen aus Blankenfelde seinen von der Akademie ausgeliehenen Hypothekenschein nicht wieder zurückgegeben habe, und fragt an, ob die Akademie ihm das gewährte Darlehen aufkündigen soll.
Berlin, 27. Juni 1765
Behändigte Reinschrift, egh., mit einer Angabe von L. Euler, mitunterzeichnet von J.P. Heinius, das Darlehen aufzukündigen, falls der Hypothekenschein nicht wieder zurückgegeben werde.
I-XVI-28, Bl. 434

Nr. 1938
Berliner Akademie an die Buchhandlung Haude und Spener:
Beschwert sich über die schlechte Papierqualität des letzten Bandes der Akademieabhandlungen und droht mit Aufhebung des Vertrages, wenn

nicht pro Jahr zwei Bände mit Akademieabhandlungen gedruckt werden.
Berlin, 28. Juni 1765
Reinkonzept von L. Euler
I-VII-3, Bl. 42 Rohkonzept von L. Euler und fremder Hand: Bl. 43

Nr. 1939
B.E. Borgau an das Mitglied der ökonomischen Kommission J.H. Lambert: Teilt die Übersendung einer Probeübersetzung aus dem Französischen Kalender mit und fragt an, womit eine noch leere Quartseite in der historisch-geographischen Beschreibung des Kalenders auszufüllen sei.
Berlin, 28. Juni 1765
Behändigte Ausfertigung, egh., mit einer Stellungnahme von L.I. de Beausobre vom 28.6., der L. Euler beipflichtet, daß B.E. Borgau dies selbst besorgen könne und man alle Verwaltungsgeschäfte bis zu einer Entscheidung über die vorliegenden Projekte aufschieben sollte.
I-VIII-24, Bl. 54

Nr. 1940
Abnahme der Kalenderhauptrechnung für das Jahr 1764 durch das Direktorium der Akademie.
Berlin, 28. Juni 1765
Behändigte Reinschrift von J.D. Blume, mitunterzeichnet von L. Euler.
I-VIII-317, Bl. 24

Nr. 1941
Quittung über die Abnahme der Jahresrechnung der Akademie für das Jahr 1764
Berlin, 28. Juni 1765
Behändigte Reinschrift, Schreiberhand, mitunterzeichnet von L. Euler.
I-XVI-130, S. 43-44

Nr. 1942
L. Euler an [J.G. Sulzer]:
Schlägt als Antwort auf das Schreiben des Staatsministers E.W. von Schlabrendorf vom 28.6. vor, daß die von Friedrich II. zur Erhöhung der Akademieeinnahmen eingesetzte Kommission aus Akademiemitgliedern dem König berichtet habe, daß die Juden in Berlin und Schlesien nur eine geringe Summe jährlich für ihre Kalender bezahlen, die nicht mehr ihrem gewachsenen Vermögen und ihrer Bevölkerungszahl entspreche und durch eine königliche Weisung erhöht werden könnte; dem Staatsminister bleibe es überlassen festzusetzen, ob die schlesischen Juden einen höheren Betrag für die Kalender entrichten sollen.
Berlin, nicht vor dem 28. Juni 1765
Angabe, egh.
I-VIII-25, Bl. 62

Nr. 1943
L. Euler an L.I. de Beausobre:
Teilt mit, daß er die Antwort Friedrich II. auf den Bericht der Kommission erhalten habe, nach der nicht nur die Kalender für mindestens 16.000 Rt., sondern auch die Landkarten und Ediktensammlungen in Pacht gegeben werden sollen, und daß er das Antwortschreiben den Direktoren übergeben werde, da es direkt an die Akademie gerichtet sei.
Berlin, 29. Juni 1765
Behändigte Reinschrift, egh., frz.
I-IV-16, Bl. 66

Nr. 1944
L.I. de Beausobre an J.G. Sulzer:
Übersendet das Schreiben von J.H. Lambert mit der darauf befindlichen Mitteilung von L. Euler über den Empfang der Order Friedrich II., aus der hervorgehe, daß L. Euler die Order nicht der Kommission übergeben wolle; schlägt vor, L. Euler aufzufordern, die königliche Order der Kommission auszuhändigen.
Berlin, 29. Juni 1765
Behändigte Reinschrift, egh., frz.
I-IV-16, Bl. 67

Nr. 1945
J.G. Sulzer an L.I. de Beausobre:
Vertritt die Auffassung, daß L. Euler nicht das Recht habe, die königliche Order der Kommission vorzuenthalten, daß die Order vermutlich Dinge enthalte, die L. Euler nicht passen, daß man L. Euler auffordern könne, die Order zu übergeben und daß die Kommission möglichst bald zusammentreten sollte.
Berlin, 30. Juni 1765
Behändigte Reinschrift, egh., frz.
I-IV-16, Bl. 68

Nr. 1946
J.G. Sulzer, J.H. Lambert und J. de Castillon an L.I. de Beausobre:
Teilen mit, daß sie mit dem von L.I. de Beausobre vorgeschlagenen Versammlungstermin der Kommission einverstanden und der Auffassung sind, daß L. Euler die Order Friedrich II. an die Kommission zu übergeben habe.
Berlin, 30. Juni 1765
Behändigte Reinschrift, egh., frz.
I-IV-16, Bl. 66

Nr. 1947
L.I. de Beausobre an L. Euler:
Teilt den Termin für die Kommissionssitzung mit und übersendet die

Stellungnahmen der anderen Kommissibnsmitglieder hinsichtlich der Zurückhaltung der königlichen Order durch L. Euler.
Berlin, 30. Juni 1765
Behändigte Reinschrift, egh., frz.
I-IV-16, Bl. 69

Nr. 1948
L. Euler an L.I. de Beausobre:
Teilt mit, daß er an der Kommissionssitzung teilnehmen und eine Kopie der königlichen Order mitbringen werde, falls er das Originalschreiben Friedrich II. nicht rechtzeitig von den Direktoren zurückerhalte.
Berlin, 30. Juni 1765
Behändigte Reinschrift, egh., frz.
I-IV-16, Bl. 69

Nr. 1949
J.H. Lambert an die Kommissionsmitglieder:
Beschreibt einige Schwierigkeiten bei der inhaltlichen Gestaltung des französischen und historischen Kalenders und unterbreitet Vorschläge zu ihrer Überwindung.
Berlin, 30. Juni 1765
Behändigte Reinschrift, egh., frz., mit einem Vermerk von L. Euler, daß er mit dem Vorschlag von J.H. Lambert einverstanden sei.
I-IV-16, Bl. 66

Nr. 1950
Aufstellung von D. Köhler über den Geldbestand der Akademiekasse und daraus zu bestreitende Ausgaben.
Berlin, [Juni] 1765
Behändigte Reinschrift, egh., mit einem Vermerk von L. Euler über die Kosten der Mauer des Botanischen Gartens und des Gärtnergebäudes.
I-VIII-24, Bl. 46

Nr. 1951
Vorschlag von L. Euler in sechs Punkten über die Bedingungen der Landkartenverpachtung.
Berlin, vor dem 4. Juli 1765
Behändigte Reinschrift, egh.
I-VII-40, Bl. 5

Nr. 1952
Promemoria von J.H. Lambert über die Verpachtung der Landkarten und Ediktensammlungen: In der Einleitung wird ausgeführt, daß L. Euler seinen Vorschlag bereits ausgearbeitet habe.
Berlin, [4.] Juli 1765
Behändigte Reinschrift, egh., frz.
I-VII-40, Bl. 11-12

Nr. 1953
Votum von J.G. Sulzer zum Promemoria von J.H. Lambert über die Verpachtung der Landkarten und Ediktensammlung:
Stellt u. a. fest, daß er zu wenig über die Herausgabe der Ediktensammlung und des Codicis Fridericiani wisse und daß L. Euler die Mitglieder der ökonomischen Kommission über diese Dinge wohl hätte aufklären können, da alles durch seine Hände gegangen sei.
Berlin, [5.] Juli 1765
Behändigte Reinschrift, egh., frz.
I-VII-40, Bl. 13-14

Nr. 1954
L.I. de Beausobre an J. de Castillon:
Teilt mit, daß sich die Mitglieder der ökonomischen Kommission am Donnerstag wegen der Landkartenverpachtung versammeln sollten und daß er L. Euler von dem Versammlungstermin in Kenntnis setzen werde.
Berlin, 8. Juli 1765
Behändigte Reinschrift, egh., frz.
I-VII-40, Bl. 18

Nr. 1955
Direktorium der Akademie an den Staatsminister E.W. von Schlabrendorf:
Teilt mit, daß die von Friedrich II. zur Erhöhung der Akademieeinnahmen eingesetzte Kommission aus Akademiemitgliedern dem König berichtet habe, daß die Juden in Berlin und Schlesien nur eine geringe Summe jährlich für ihre Kalender bezahlen, die nicht ihrem gewachsenen Vermögen und ihrer Bevölkerungszahl entspreche; überläßt es dem Staatsminister zu entscheiden, ob die schlesischen Juden einen höheren Betrag für die Kalender entrichten können.
Berlin, vor dem 10. Juli 1765
Rohkonzept von J.G. Sulzer, mit einem Fertigungsbefehl von L. Euler an den Kanzlisten J.D. Blume.
I-VIII-27, Bl. 13, Reinkonzept von J.D. Blume: Bl. 12, 17

Nr. 1956
L.I. de Beausobre an L. Euler:
Bittet L. Euler, an der für Donnerstag angesetzten Kommissionssitzung teilzunehmen, um die Verpachtung der Ediktensammlung und der Landkarten abschließend zu beraten.
Berlin, 10. Juli 1765
Behändigte Reinschrift, egh., frz., mit der Antwort von L. Euler, daß er nach Möglichkeit teilnehmen werde, auf jeden Falle aber alles unterzeichnen werde, was die Kommission dazu beschließen wird.
I-VIII-25, Bl. 54

Nr. 1957
Rechnung von A.F. Happe über die Anfertigung einer Zeichnung für die Akademie.
Berlin, 12. Juli 1765
Behändigte Ausfertigung, egh., mit einer Angabe von L. Euler für D. Köhler, mitunterzeichnet von J.P. Heinius und A.S. Marggraf, die Rechnung zu bezahlen.
I-XVI-237, Bl. 279

Nr. 1958
L.I. de Beausobre an L. Euler:
Übersendet ihm ein Schreiben Friedrich II. vom 24.7., in dem die ökonomische Kommission aufgefordert wird, dem Finanzrat J. Flesche, der im Auftrage des Königs die Verpachtung der Kalender, Ediktensammlung und der Landkarten besorgen soll, alle erforderlichen Unterlagen und Informationen zu übergeben; bittet ihn, den Finanzrat J.Flesche aufzusuchen.
Berlin, 24. Juli 1765
Behändigte Reinschrift, egh., frz., mit der Antwort von L. Euler, daß es ihm heute nicht möglich sei, den Besuch vorzunehmen.
I-VIII-25, Bl. 55-56

Nr. 1959
L. Euler an L.I. de Beausobre:
Teilt mit, daß der Finanzrat J. Flesche die Kommissionsakten über die Verpachtungsprojekte und eine Beratung mit den Kommissionsmitgliedern am nächsten Montag wünsche; bittet ihn, die Akten an J. Flesche zu schicken und die Beratung zu organisieren.
Berlin, 26. Juli 1765
Behändigte Reinschrift, egh., frz.
I-VIII-25, Bl. 58, 61

Nr. 1960
L.I. de Beausobre an J. de Castillon:
Teilt mit, daß er L. Euler geantwortet habe, daß sich die Akten bei J.H. Lambert befinden; bittet ihn und die anderen Kommissionsmitglieder, die Beratung mit dem Finanzrat J. Flesche durchzuführen, da er sich erholen müsse.
Berlin, 26. Juli 1765
Behändigte Reinschrift, egh., frz.
I-VIII-25, Bl. 58, 61

Nr. 1961
Berliner Akademie der Wissenschaften an das Preußische Generaldirektorium:
Berichtet auftragsgemäß über die Güte der eingesandten Salzproben.

Berlin , 28. Juli 1765
Konzept von J.H. Lambert, mit einem Fertigungsbefehl von L. Euler für J.D. Blume.
I-V-35, Bl. 11-12

Nr. 1962
Finanzrat J. Flesche an L. Euler:
Teilt ihm die Übersendung der Reinschriften und Konzepte der Pachtanschläge mit und bittet um eine Besprechung mit den Kommissionsmitgliedern am nächsten Montag wegen der Verpachtung der Ediktensammlung und Landkarten.
Berlin, 2. Aug. 1765
Behändigte Ausfertigung, egh.
I-VIII-25, Bl. 59-60

Nr. 1963
Inserattext über den Termin der Pachtversteigerung des Kalenderverlags, in dem die Pachtinteressenten aufgefordert werden, ihre Anfragen zu einzelnen Artikeln des Pachtanschlags schriftlich an den Direktor L. Eulèr einzureichen.
Berlin, 16. Aug. 1765
Konzept von J.F.B.L. d'Anières
I-VIII-36, Bl. 11

Nr. 1964
J.F.B.L. d'Anières an L. Euler:
Teilt mit, daß er an der Pachtversteigerung wegen anderer Geschäfte nicht teilnehmen könne.
Berlin, 28. Aug. 1765
Behändigte Reinschrift, egh.
I-VIII-36, Bl. 12-13

Nr. 1965
Quittung von L. Euler über den Empfang des Quartalsgehaltes in Höhe von 450 Rt.
Berlin, 2. Sept. 1765
Behändigte Reinschrift, egh.
I-XVI-237, Bl. 87

Nr. 1966
Rechnung von A.F. Happe über die Anfertigung von drei Zeichnungen zu den Akademieabhandlungen.
Berlin, 14. Sept. 1765
Behändigte Ausfertigung, egh., mit einer Angabe von L. Euler für D. Köhler, mitunterzeichnet von J.P. Heinius und A.S. Marggraf, die Rechnung zu bezahlen.
I-XVI-237, Bl. 280

Nr. 1967
Berliner Akademie der Wissenschaften an Friedrich II.:
Übersendet zur Genehmigung den Etat der Einnahmen und Ausgaben der Akademie für das Jahr 1766.
Berlin, 16. Sept. 1765
Konzept von J.G. Sulzer, frz., mitunterzeichnet von L. Euler, J.B. Merian, J.H. Lambert und J. de Castillon.
I-XVI-29, Bl. 2

Nr. 1968
Kalenderpächter J.H. Gravius an die ökonomische Kommission:
Bittet um eine Erneuerung des Verbots, ausländische Kalender zu verkaufen, um eine Bekanntmachung in der Zeitung, an wen sich die Käufer von Kalendern wenden sollen, um die Übersendung der Instruktion und eines Verzeichnisses über schon gedruckte und versandte Kalender sowie einer Liste der Faktoren, der Postmeister sowie der Buchdrucker und Buchbinder.
Berlin, 21. Sept. 1765
Behändigte Ausfertigung, egh., mit drei Angaben von L. Euler zur Erfüllung dieser Punkte.
I-VIII-27, Bl. 18, 21

Nr. 1969
Friedrich II. an L. Euler und die übrigen Mitglieder der ökonomischen Kommission:
Übersendet den Einnahme- und Ausgabeetat der Akademie für das Jahr 1766 mit einigen Verfügungen über die Verwendung der noch freien Gelder zurück.
Potsdam, 22. Sept. 1765
Behändigte Ausfertigung, Schreiberhand, frz.
I-XVI-29, Bl. 1, 3, Abschrift des von Friedrich II. am 22.9. bewilligten Akademieetats von L. Eulers Hand: I-IV-2, Bl. 276

Nr. 1970
J.P. Süßmilch an das Direktorium der Akademie:
Bittet um Ausstellung eines Zeugnisses über seine langjährige Tätigkeit als Akademiemitglied.
Berlin, 22. Sept. 1765
Behändigte Reinschrift, egh., frz., mit einer Angabe von L. Euler für J.-H.S. Formey, mitunterzeichnet von A.S. Marggraf und J.P. Heinius, ein solches Zeugnis für J.P. Süßmilch auszustellen.
I-III-11, Bl. 44

Nr. 1971
L. Euler an die Mitglieder der ökonomischen Kommission:
Ersucht die Mitglieder um Unterzeichnung des Pachtvertrages zwischen

der Berliner Akademie und dem Kalenderpächter J.H. Gravius.
Berlin, 22. Sept. 1765
Behändigte Reinschrift, egh., frz.
I-VIII-36, Bl. 35

Nr. 1972
L. Euler an die Mitglieder der ökonomischen Kommission:
Teilt die Übersendung des Schreibens des Kalenderpächters J.H. Gravius mit und bittet um Angabe eines Termins für eine außerordentliche Sitzung, um über die Forderungen von Gravius und über die Entscheidung Friedrich II. zum Akademieetat, die er gestern abend erhalten habe, zu beraten.
Berlin, 23. Sept. 1765
Behändigte Reinschrift, egh., frz.
I-VIII-27, Bl. 19

Nr. 1973
Pachtvertrag zwischen der Berliner Akademie der Wissenschaften und dem Hofrat J.H. Gravius über den Verkauf der Kalender.
Berlin, 25. Sept. 1765
Vollzogene Reinschrift, Schreiberhand, seitens der Akademie unterzeichnet von L. Euler, J.B. Merian, J.G. Sulzer, J. de Castillon und J.H. Lambert.
I-VIII-36, Bl. 21-24

Nr. 1974
Protokoll über die Kautionsstellung des Kalenderpächters J.H. Gravius, über die Unterzeichnung der Pachtverträge und über die Übergabe des Kalenderverlags durch D. Köhler an J.H. Gravius.
Berlin, 25. Sept. 1765
Vollzogene Reinschrift von J. Flesche, seitens der Akademie unterzeichnet von L. Euler, J.B. Merian, J.G. Sulzer, J.H. Lambert und D. Köhler.
I-VIII-36, Bl. 31-32

Nr. 1975
Ökonomische Kommission an J.G. Sulzer:
Ersucht ihn um Ausarbeitung eines Instandsetzungsplanes, eines Inventarverzeichnisses und einer Instruktion für den Direktor und Gärtner des Botanischen Gartens.
Berlin, 30. Sept. 1765
Behändigte Reinschrift von J.H. Lambert, mitunterzeichnet von L. Euler, J.B. Merian und J. de Castillon.
I-XIV-49, Bl. 10

Nr. 1976
Berliner Akademie der Wissenschaften an das Amt Mühlenhof:
Ersucht um Mitteilung, auf wessen Veranlassung den Bauern von Schoeneberg anbefohlen wurde, ihre Dienste wieder im Botanischen Garten abzuleisten.
Berlin, 3. Okt. 1765
Konzept von J.D. Blume, mit einer Revisionsunterschrift von L. Euler.
I-XIV-37, Bl. 4

Nr. 1977
L. Euler an die Kommissionsmitglieder:
Unterbreitet in 12 Punkten seine Vorstellungen über die Organisation des Archivs und die Aufgaben des Archivars.
Berlin, 3. Okt. 1765
Behändigte Reinschrift, egh., frz., mit Randbemerkungen von J.H. Lambert und J.G. Sulzer.
I-III-83, Bl. 14-15

Nr. 1978
Stellungnahme von J.H. Lambert zur Organisation des Archivs:
Erinnert daran, daß die Kommissionsmitglieder den einstimmigen Beschluß gefaßt hätten, geeignete Personen in der nächsten Sitzung für die Funktion des Archivars vorzuschlagen und darüber abzustimmen, daß L. Euler in der letzten Sitzung jedoch keinen Vorschlag gemacht hätte, obwohl aus seiner Ausarbeitung hervorgehe, daß er D. Köhler auf diesem Posten sehen möchte; fordert zur Verwirklichung des Kommissionsbeschlusses und der königlichen Anweisungen auf und weist darauf hin, daß keinerlei Notwendigkeit bestehe, D. Köhler anzustellen.
Berlin, 9. Okt. 1765
Behändigte Reinschrift, egh., frz.
I-III-83, Bl. 18

Nr. 1979
Finanzrat J. Flesche an L. Euler:
Teilt die Übersendung der Kautionsunterlagen von J.H. Gravius, des Protokolls über die Unterzeichnung des Pachtvertrags und ein Exemplar des Pachtvertrags mit; bittet um eine Zusammenkunft mit den Mitgliedern der ökonomischen Kommission wegen der Verpachtung der Landkarten und Ediktensammlungen.
Berlin, 10. Okt. 1765
Behändigte Ausfertigung, egh.
I-VIII-36, Bl. 40

Nr. 1980
Protokoll über die Aushändigung des Pachtvertrages über den Kalenderverlag an J.H. Gravius und über die Erfüllung der Kautionsbedingungen.
Berlin, 12. Okt. 1765
Vollzogene Reinschrift von J. Flesche, seitens der Akademie unterzeichnet von L. Euler, J.B. Merian, J. de Castillon und J.H. Lambert.
I-VIII-36, Bl. 42

Nr. 1981
J.G. Sulzer an die Mitglieder der ökonomischen Kommission:
Schlägt eine Reihe von Maßnahmen zur besseren Einrichtung des Botanischen Gartens vor, u. a. den Ankauf von Pferden, und bittet um eine Entscheidung der Mitglieder.
Berlin, 13. Okt. 1765
Behändigte Reinschrift, egh., frz., mit einer Stellungnahme von L. Euler über die Realisierung der vorgeschlagenen Maßnahmen, der die anderen Mitglieder J. de Castillon, J.B. Merian und J.H. Lambert zustimmen.
I-XIV-37, Bl. 26

Nr. 1982
J.G. Sulzer an L. Euler:
Übersendet zur Unterzeichnung eine für D. Köhler bestimmte Anweisung über die Auszahlung von Geldbeträgen an den Gärtner und J.G. Sulzer zur Wiederherstellung des Botanischen Gartens.
Berlin, 15. Okt. 1765
Behändigte Reinschrift, egh., mit einer Angabe von L. Euler für D. Köhler vom 17.10., mitunterzeichnet von A.S. Marggraf und J.P. Heinius, daß ohne eine ausdrückliche Weisung Friedrich II. keine großen Summen aus der Akademiekasse für die Wiederherstellung des Botanischen Gartens auszuzahlen seien.
I-XIV-37, Bl. 28-29

Nr. 1983
Direktorium der Akademie an D. Köhler:
Trägt ihm auf, dem Gärtner J.I. Müller einen Vorschuß von 60 Rt. für notwendige Arbeiten im Botanischen Garten auszuzahlen.
Berlin, 17. Okt. 1765
Angabe von L. Euler, mitunterzeichnet von J.P. Heinius und A.S. Marggraf.
I-XVI-237, Bl. 313

Nr. 1984
J.G. Sulzer an die Mitglieder der ökonomischen Kommission:
Berichtet über die Entscheidung von L. Euler und der anderen Direkto-

ren in der Frage der Geldzahlungen zur Wiederherstellung des Botanischen Gartens und ersucht sie, diese Angelegenheit zu beraten und ihn bei der Ausführung seines Auftrages zu unterstützen.
Berlin, 19. Okt. 1765
Behändigte Reinschrift, egh., frz., mit Stellungnahmen von J.H. Lambert und J. de Castillon.
I-XIV-37, Bl. 30-31

Nr. 1985
D. Köhler an das Direktorium der Akademie:
Teilt die Übersendung des Bittschreibens der Kartenausmalerin W. Sauerbrey mit, in dem um die Bezahlung von 3 Rt. für das farbige Ausmalen von 100 großen Landkarten gebeten wird, und fragt an, welcher Lohn ihr zu zahlen sei.
Berlin, 23. Okt. 1765
Behändigte Reinschrift, egh., mit einer Angabe von L. Euler, mitunterzeichnet von A.S. Marggraf und J.P. Heinius, W. Sauerbrey 3 Rt. für das farbige Ausmalen von 100 großen Karten zu gewähren.
I-VII-37, Bl. 238

Nr. 1986
J.G. Gleditsch an J.G. Sulzer:
Gibt einen Bericht über die Geschichte und die weitere Nutzung des Botanischen Gartens, in dem er u. a. erwähnt, daß von L. Euler trotz seiner Gegenargumente die Pferde des Botanischen Gartens abgeschafft wurden.
Berlin, Oktober 1765
Behändigte Reinschrift, egh.
I-XIV-37, Bl. 6-11

Nr. 1987
L. Euler an die ökonomische Kommission:
Teilt mit, daß er an der Kommissionssitzung am 2.11. nicht teilnehmen könne, und bittet um Mitteilung der in der Sitzung eventuell gefaßten Beschlüsse.
Berlin, 1. Nov. 1765
Behändigte Reinschrift, egh., frz.
I-IV-16, Bl. 76

Nr. 1988
Kanzlist J.D. Blume an L. Euler:
Fragt an, ob der Staatsminister J.L. von Dorville ein Freiexemplar der Ediktensammlung von 1764 bekommen könne.
Berlin, 1. Nov. 1765
Behändigte Reinschrift, egh., mit einer Angabe von L. Euler, dem Staatsminister ein Exemplar der Ediktensammlung kostenlos zu überge-

ben.
I-IX-6, Bl. 34

Nr. 1989

A.S. Marggraf an das Direktorium der Akademie:
Ersucht um nochmalige Bezahlung einer Jahresmiete, da er in sein neues Akademiewohnhaus noch nicht wieder einziehen könne.
Berlin, 7. Nov. 1765
Behändigte Reinschrift, egh., mit einer Angabe von L. Euler für D. Köhler, mitunterzeichnet von J.P. Heinius und A.S. Marggraf, die Wohnungsmiete aus der Akademiekasse zu bezahlen.
I-XVI-237, Bl. 263

Nr. 1990

Rechnung über den Druck des Vorlesungskatalogs für das Collegium Medico-Chirurgicum.
Berlin, 7. Nov. 1765
Behändigte Ausfertigung, egh., mit einer Angabe von L. Euler für D. Köhler, mitunterzeichnet von J.P. Heinius und A.S. Marggraf, die Rechnung zu bezahlen.
I-XVI-237, Bl. 295

Nr. 1991

Berliner Akademie der Wissenschaften an die Professoren des Theatri anatomici und des Collegii Medico-Chirurgici:
Vertritt den Standpunkt, daß die zwei Professoren des Theatri anatomici nur dem Direktorium der Akademie unterstehen, daß nicht die Akademie, sondern nur der König eine über den Akademieetat hinausgehende Unterhaltssumme gewähren könne und daß die auf dem Theatrum anatomicum benutzten physikalischen Instrumente und anatomischen Präparate Eigentum der Akademie seien.
Berlin, 13. Nov. 1765
Rohkonzept von L.I. de Beausobre, mit einem Votum von L. Euler.
I-XIV-8, Bl. 15, Reinkonzept: Bl. 16-17, Abschrift: I-XIV-14, Bl. 23

Nr. 1992

Direktorium der Akademie an die ökonomische Kommission der Akademie:
Bittet zu untersuchen, ob die neue Vorstellung des Collegii Medico-Chirurgici zu Veränderungen in der den Anatomieprofessoren zu erteilenden Resulution führe.
Berlin, 14. Nov. 1765
Behändigte Reinschrift von L. Euler, mitunterzeichnet von A.S. Marggraf.
I-XIV-8, Bl. 14

Nr. 1993

Direktorium der Akademie an D. Köhler:

Trägt ihm auf, an C. Kirch die Gratifikation von 100 Rt. auszuzahlen.

Berlin, 20. Nov. 1765

Angabe von L. Euler.

I-XVI-237, Bl. 238

Nr. 1994

L.I. de Beausobre an L. Euler:

Nimmt Bezug auf das Fehlen von L. Euler an der Kommissionssitzung und teilt ihm mit, daß man ihn über deren Inhalt in der nächsten Sitzung unterrichten werde; bittet um Unterzeichnung eines Schreibens an D. Köhler.

Berlin, vor dem 23. Nov. 1765

Behändigte Reinschrift, egh., frz., mit einem Vermerk von L.I. de Beausobre vom 23.11., daß sein Schreiben von L. Euler ohne Antwort und ohne dessen Unterschrift auf der Beilage zurückgeschickt wurde.

I-VIII-25, Bl. 71

Nr. 1995

L. Euler an die ökonomische Kommission der Akademie:

Teilt mit, daß ihn das überstürzte Vorgehen einiger Kommissionsmitglieder bei der Abfassung eines Schreibens an Friedrich II. im Namen der ganzen Kommission geärgert habe, daß solch wichtige Angelegenheiten reiflich unter allen Kommissionsmitgliedern und auch im Direktorium hätten beraten werden müssen und daß er an den Beratungen der Kommission erst dann wieder teilnehmen werde, wenn die Kommission die erforderlichen Maßnahmen gegen solche Unregelmäßigkeiten ergreifen werde.

Berlin, 25. Nov. 1765

Behändigte Reinschrift, egh., frz.

I-IV-16, Bl. 78

Nr. 1996

Stellungnahmen von J.H. Lambert und J.G. Sulzer zur Frage der Abstimmung und Beschlußfassung in den Kommissionssitzungen:

Sind der Auffassung, daß die Beschlüsse der Kommission mit Stimmenmehrheit gefaßt werden müssen, daß nur die an einer Sitzung teilnehmenden Kommissionsmitglieder Stimmrecht besitzen und daß L. Euler wohl das Recht habe, seine Stimme mehrheitlich gefaßten Beschlüssen zu verweigern, jedoch die Ausführung dieser Beschlüsse nicht hindern dürfe.

Berlin, nach dem 25. Nov. 1765

Behändigte Reinschriften, egh., frz.

I-IV-16, Bl. 74

Nr. 1997
Finanzrat J. Flesche an L. Euler:
Teilt mit, daß er an der festgesetzten Kommissionssitzung nicht teilnehmen könne; bittet um Benachrichtigung der übrigen Mitglieder und schlägt einen neuen Sitzungstermin vor.
Berlin, 26. Nov. 1765
Behändigte Ausfertigung, egh.
I-VIII-25, Bl. 76

Nr. 1998
Quittung von L. Euler über den Empfang des Quartalsgehaltes in Höhe von 450 Rt.
Berlin, 14. Dez. 1765
Behändigte Reinschrift, egh.
I-XVI-237, Bl. 88

Nr. 1999
Berliner Akademie der Wissenschaften an den Baumeister J. Boumann:
Bittet um einen Kostenanschlag über die Reparatur der Dächer des Observatoriums und des Versammlungszimmers der Akademie, da die von ihm mündlich an L. Euler erteilten Auskünfte für einen Bericht an Friedrich II. nicht ausreichen.
Berlin, 18. Dez. 1765
Konzept, Schreiberhand
I-II-2, Bl. 27

Nr. 2000
Eintragung in der Jahresrechnung der Akademie über die Zahlung einer Jahrespension von 1800 Rt. an L. Euler, Direktor der mathematischen Klasse.
Berlin, 1765
Reinschrift von D. Köhler
I-XVI-131, S. 13

Nr. 2001
Finanzrat J. Flesche an die ökonomische Kommission der Akademie:
Teilt die Übersendung der Schriftstücke über die Verpachtung des Landkarten- und Ediktenverkaufs mit und schlägt einen Versammlungstermin zur Besprechung der noch offenen Fragen vor.
Berlin, 17. Jan. 1766
Behändigte Ausfertigung, egh., mit einem Vermerk von L. Euler, daß er wegen der bekannten Umstände nicht an der Versammlung teilnehmen könne.
I-IX-9, Bl. 15

Nr. 2002
Quittung von L. Euler über den Empfang des Quartalsgehaltes in Höhe von 450 Rt.

Berlin, 19. Febr. 1766
Behändigte Reinschrift, egh.
I-XVI-238, Bl. 101

Nr. 2003
Quittung von L. Euler über den Empfang des Quartalsgehaltes in Höhe von 450 Rt.
Berlin, 10. Mai 1766
Behändigte Reinschrift, egh.
I-XVI-238, Bl. 102

Nr. 2004
Friedrich II. an die Berliner Akademie der Wissenschaften:
Befiehlt ihr, J.-L. Comte de Lagrange zum ordentlichen Mitglied der Akademie und anstelle von L. Euler zum Direktor der mathematischen Klasse zu berufen und ihm außer seinem Direktoratsgehalt in Höhe von 200 Rt. jährlich eine Pension von 1500 Rt. auszuzahlen.
Sanssouci, 27. Sept. 1766
Behändigte Ausfertigung, frz., Schreiberhand
I-XVI-238, Bl. 104

Nr. 2005
Eintragung in der Jahresrechnung der Akademie über die Zahlung einer Halbjahrespension von 900 Rt. an L. Euler, Direktor der mathematischen Klasse.
Berlin, 1766
Reinschrift von D. Köhler
I-XVI-132, S. 13

Nr. 2006
Protokollaufzeichnungen von J. Bernoulli (III.) als Aufseher des Druckereiwesens bei der Akademie, in denen u. a. auf seine Besprechungen mit L. Euler eingegangen wird.
Berlin, 1766
Reinschrift, egh., frz.
I-IV-17, Bl. 1-7

III. Protokolle von Akademiesitzungen

1. Sitzungsprotokolle von 1742-1766

Nr. 1
Konzilium
Sekretar P.J. de Jariges zeigt an, daß er L. Euler, der eine Zierde der Sozietät sei und sich um die Fortsetzung der Miscellanea sehr verdient mache, die Miscellanea in sechs Teilen geschenkt habe, was gebilligt wird.
9. März 1742
dt.
I-IV-9, Bl. 137

Nr. 2
Mathematische Klasse - L. Euler anwesend -
L. Euler und J.N. Lieberkühn, die zum ersten Mal an einer Klassensitzung teilnehmen, werden begrüßt; L. Euler zeigt an, daß er seit seiner Ankunft in Berlin sieben Abhandlungen für die Miscellanea ausgearbeitet habe; die Klasse beschließt, wegen des Umfangs der Abhandlungen die zwei letzten Arbeiten von L. Euler für einen Fortsetzungsband der Miscellanea zurückzustellen; P. Naudé legt eine Abhandlung für die Miscellanea vor, die L. Euler gutheißt; L. Euler teilt mit, daß die ihm zur Begutachtung übergebene mathematische Abhandlung des Pariser Gelehrten Curry nicht gut geraten sei.
6. Sept. 1742
dt.
I-IV-37, Bl. 147-149

Nr. 3
Konzilium
Sekretar P.J. de Jariges trägt das Schreiben von L. Euler über die bessere Nutzung des Observatoriums zu astronomischen Untersuchungen und über den Vorschlag, dafür den Astronomen J. Kies anzustellen, vor; teilt die ihm von L. Euler mündlich gemachten Hinweise mit, daß an der Pariser und Petersburger Akademie drei Astronomen tätig seien und daß J. Kies sich in der höheren Geometrie und in der Newtonschen Philosophie weiterbilden möchte; Konzilium beschließt die Annahme des Vorschlags von L. Euler, J. Kies als Astronomen der Akademie zu bestellen.
12. Sept. 1742
dt.
I-IV-9, Bl. 140-141

Nr. 4
Konzilium
Sekretar P.J. de Jariges legt den Entwurf von L. Euler über die Aufgaben eines Astronomen vor; Konzilium beschließt, die Bestallung von J.

Kies auf der Grundlage des Entwurfes von L. Euler vorzunehmen.
21. Nov. 1742
dt.
I-IV-9, Bl. 144-145

Nr. 5
Société littéraire - L. Euler anwesend -
1. Aug. 1743
frz.
I-IV-10, Bl. 7

Nr. 6
Société littéraire - L. Euler anwesend -
L. Euler verliest einen Brief aus Petersburg, in dem ihm die Beobachtungen mitgeteilt werden, die in Peking von Jesuiten über den Kometen angestellt wurden, der im März 1742 erschienen war. Dem Brief ist eine Karte über die Figur und den Lauf des Kometen beigefügt.
15. Aug. 1743
Protokollauszug, frz.
I-IV-10, Bl. 2, Abschrift: I-I-5, Bl. 156

Nr. 7
Société littéraire - L. Euler anwesend -
L. Euler übergibt seine Abhandlung "Sur le mouvement des corps renfermés dans un tube droit, mobile autour d'une axe fixe" und verliest daraus das Vorwort, um eine Idee von dem Problem zu vermitteln, das mit sehenswerten Berechnungen angefüllt ist.
22. Aug. 1743
Protokollauszug, frz.
I-IV-10, Bl. 2, Abschrift: I-I-5, Bl. 156

Nr. 8
Société littéraire - L. Euler anwesend -
L. Euler überreicht eine von ihm angefertigte Tabelle, in der er die Beobachtungen vergleicht, die die Astronomen von Peking, Petersburg und Paris über den Lauf des Kometen angestellt haben.
5. Sept. 1743
Protokollauszug, frz.
I-IV-10, Bl. 2, Abschrift: I-I-5, Bl. 156

Nr. 9
Société littéraire - L. Euler anwesend -
L. Euler verliest einen Brief von G. Heinsius aus Petersburg, der besondere Bemerkungen über die Phasen der Ringe des Saturn enthält, die man nächsten Winter wird beobachten können.
3. Okt. 1743
Protokollauszug, frz.

I-IV-10, Bl. 2-3, Abschrift, I-I-5, Bl. 156-157

Nr. 10
Société littéraire - L. Euler anwesend -
L. Euler verliest einen Brief von Prof. M. Knutzen aus Königsberg mit dessen Beobachtungen über den Durchgang des Merkur durch die Sonne am 5.11.1743.
14. Nov. 1743
Protokollauszug, frz.
I-IV-10, Bl. 3, Abschrift: I-I-5, Bl. 157

Nr. 11
Société littéraire
P. Naudé trägt die Lösung eines Problems aus der Mechanik vor, das D. Bernoulli an L. Euler geschickt hat, um es der Sozietät mitzuteilen.
9. Jan. 1744
Protokollauszug, frz.
I-IV-10, Bl. 4, Abschrift: I-I-5, Bl. 158

Nr. 12
Société littéraire - L. Euler anwesend -
16. Jan. 1744
frz.
I-IV-10, Bl. 16-18

Nr. 13
Mathematische Klasse - L. Euler anwesend -
Wahl des Astronomen P.C. Le Monnier von der Pariser Akademie der Wissenschaften durch die Klassenmitglieder.
29. Jan. 1744
dt., egh. unterzeichnet von L. Euler und A. de Humbert
I-IV-11, Bl. 39

Nr. 14
Sondersitzung der Mathematischen Klasse - L. Euler anwesend -
Erörterung des schlechten baulichen Zustandes und der Ausrüstung des Observatoriums sowie Festlegung von Maßnahmen zu deren Verbesserung.
29. Jan. 1744
dt., egh. unterzeichnet von L. Euler
I-XIV-26, Bl. 194, 198

Nr. 15
Gesamtsitzung - L. Euler anwesend -
30. Jan. 1744
frz.
I-IV-10, Bl. 19

Nr. 16
Gesamtsitzung - L. Euler anwesend -
Vortrag L. Euler, Sur la lumière et les couleurs
L. Euler legt von A.-C. Clairaut, Mitglied der Pariser Akademie der Wissenschaften, dessen Buch "Théorie de la figure de la terre, tirée des principes de l'hydrostatique" vor und teilt mit, daß Clairaut das Buch der Akademie schenke und deren Mitglied werden möchte.
6. Febr. 1744
frz.
I-IV-10, Bl. 20

Nr. 17
Gesamtsitzung - L. Euler anwesend -
13. Febr. 1744
dt.
I-IV-12, S. 5-11, Abschrift: I-I-5, Bl. 161-163, Konzept: Bl. 215-217, Konzept: I-IV-10, Bl. 21

Nr. 18
Direktorium
Kurator S. von Schmettau verliest u. a. ein Schreiben von L. Euler, in dem dieser um die Bestätigung des von ihm aufgesetzten Vertrages mit dem Kalkulator C.S. Schumacher über die Fortsetzung der Manfredischen Ephemeriden ersucht; das Direktorium erklärt sich einverstanden und überträgt der mathematischen Klasse die Kontrolle hinsichtlich der Erfüllung des Vertrages sowie die Herausgabe der Ephemeriden.
16. Febr. 1744
dt.
I-IV-12, S. 16-29, Abschrift: I-I,5, Bl. 165-169, Unvollständige Konzepte: I-V-5, Bl. 217-220, I-I-5, Bl. 219-222, S. 23-25

Nr. 19
Gesamtsitzung - L. Euler anwesend -
27. Febr. 1744
frz.
I-IV-10, Bl. 22

Nr. 20
Gesamtsitzung - L. Euler anwesend -
19. März 1744
dt.
I-IV-10, Bl. 25

Nr. 21
Gesamtsitzung - L. Euler anwesend -
Vortrag L. Euler, Sur les tables astronomiques pour corriger celles

qui contiennent le mouvement du soleil
9. Apr. 1744
frz.
I-IV-10, Bl. 26-27

Nr. 22
Gesamtsitzung - L. Euler anwesend -
16. Apr. 1744
frz.
I-IV-10, Bl. 28

Nr. 23
Mathematische Klasse - L. Euler anwesend -
29. Apr. 1744
frz.
I-IV-10, Bl. 30

Direktorium
Beschließt u. a., die Eleven der Akademie D. Naudé und A.N. Grischow in die Arbeit zur Herstellung der Kalender einzubeziehen; es wird daran erinnert, daß vor einigen Tagen der Kurator S. von Schmettau auf eine Vorstellung von L. Euler vorgeschlagen habe, die beiden Eleven unter der Aufsicht von J.W. Wagner und C. Kirch in die Kalendariographie einzuweisen, was vom Direktorium gebilligt worden sei.
9. Mai 1744
dt.
I-IV-12, S. 36-55, Konzept: I-IV-10, Bl. 33-38

Nr. 25
Gesamtsitzung - L. Euler anwesend -
Vortrag L. Euler, Comparaison entre le choc et la pression ou entre les forces vives et mortes
4. Juni 1744
frz.
I-IV-10, Bl. 39

Nr. 26
Gesamtsitzung - L. Euler anwesend -
Vortrag L. Euler, Recherches physiques sur la nature des moindres parties des corps.
L. Euler verliest einen Brief von A.-C. Clairaut, dem L. Euler seine Kometenberechnungen zugeschickt hatte. A.-C. Clairaut nimmt Stellung zu den Auffassungen von L. Euler über die Wirkungen, die der letzte Komet auf den Merkur gehabt haben könnte, und übersendet die Beobachtungen von J. Cassini aus Paris über den Kometen.

18. Juni 1744
frz.
I-IV-10, Bl. 40

Nr. 27
Sitzung der mathematischen Klasse in L. Eulers Wohnung
Gemäß der Aufforderung durch das Direktorium beraten die Klassenmitglieder über die Abhandlungen, die seit 1743 geschrieben wurden und für den Druck geeignet erscheinen. Für eine Veröffentlichung vorgeschlagen werden u. a. auch die Abhandlungen von L. Euler "Sur le mouvement des corps, enfermés dans un tube droit mobile autour d'une axe fixe", "Sur la lumiere et les couleurs", "Sur des nouvelles tables astronomiques pour calculer la place du soleil", Comparaison entre le Choc et la pression, ou entre les forces vives et mortes" und "Recherches physiques sur la nature des moindres parties des corps".
26. Juni 1744
dt.
I-I-5, Bl. 181-182

Nr. 28
Direktorium
Es wird u. a. daran erinnert, daß der Kurator G.A. von Gotter L. Euler beauftragt habe, die meteorologischen Observationen von A. Grischow so zu kürzen, daß sie mit den übrigen Abhandlungen der Akademiemitglieder in einem Band veröffentlicht werden können. Da diese Observationen mehrere Jahrgänge umfassen, wird beschlossen, sie nur kolumnenweise unter Weglassung der von A. Grieschow dazu angefertigten Ausführungen in den Abhandlungsband aufzunehmen.
11. Juli 1744
dt.
I-IV-12, S. 55-67, Konzept: I-IV-11, Bl. 12-17

Nr. 29
Direktorium
L. Euler läßt die vom Kalkulator C.S. Schumacher verfertigten Tabulas ascensionum rectarum Eclipticae vorlegen und befürwortet deren Drucklegung. Direktorium beschließt, L. Euler zu beauftragen, einen Verleger für die Drucklegung zu finden. Direktorium beauftragt die mathematische Klasse und besonders deren Direktor, dafür zu sorgen, daß bei den astronomischen Kalenderberechnungen keine Fehler mehr auftreten.
19. Sept. 1744
dt.
I-IV-12, S. 68-85, Konzept: I-IV-11, Bl. 24-33

Nr. 30
Mathematische Klasse - L. Euler anwesend -

L. Euler verliest ein Schreiben des Tübinger Professors G.W. Krafft, in dem dieser um Aufnahme in die Berliner Akademie ersucht. Die anwesenden Mitglieder der mathematischen Klasse votieren für eine Aufnahme von G.W. Krafft in die Akademie.
24. Sept. 1744
dt., egh. unterzeichnet von L. Euler
I-IV-11, Bl. 34

Nr. 31
Direktorium
Beschließt, die vom Preußischen Generaldirektorium erhaltenen Vorschläge des Kriegsrates S.E. Ihering aus Aurich zur Verbesserung des ostfriesischen Deichwesens an die Mitglieder L. Euler, A. de Humbert und J.N. Lieberkühn zu übergeben, damit sie das vom Generaldirektorium angeforderte Gutachten fertigstellen.
15. Okt. 1744
dt.
I-IV-12, S. 85-88, Konzept: I-IV-11, Bl. 41-42

Nr. 32
Mathematische Klasse - L. Euler anwesend -
L. Euler verliest eine Abhandlung, worauf der Kurator K.W. von Borcke auf die Notwendigkeit der Herausgabe des ersten Teils der Akademieabhandlungen hinweist. Zu diesem Zweck soll jede Klasse die drei besten von allen in der jeweiligen Klasse gehaltenen Vorträgen auswählen.
5. Nov. 1744
dt.
I-IV-12, S. 88-90, Konzept: I-IV-11, Bl. 42

Nr. 33
Mathematische Klasse - L. Euler anwesend -
L. Euler legt ein Schreiben des sächsischen Kommissionsrats J.T. Waltz vor, in dem dieser um Aufnahme als Akademiemitglied ersucht. In der sich anschließenden Abstimmung wird J.T. Waltz zum Mitglied gewählt.
10. Nov. 1744
dt. egh. unterzeichnet von L. Euler
I-IV-11, Bl. 34

Nr. 34
Gesamtsitzung - L. Euler anwesend -
Vortrag L. Euler, Enodatio quaestionis: utrum materie tribui possit vis cogitandi nec ne ex principiis Mechanicis petita.
L. Euler geht kurz auf den Inhalt seiner Abhandlung "De Effectu successivae prorogationis lucis in apparitione tam planetarum quam cometarum" ein.

19. Nov. 1744
lat. und dt.
I-IV-10, Bl. 41

Nr. 35
Gesamtsitzung - L. Euler anwesend -
29. Jan. 1745
dt.
I-IV-12, S. 96-98

Nr. 36
Gesamtsitzung - L. Euler anwesend -
L. Euler teilt mit, daß P.-L.M. de Maupertuis zum Mitglied der Akademie G.-L.L. de Buffon, Mitglied der Pariser Akademie und Intendant der königlichen Gärten von Frankreich, vorgeschlagen hat.
4. März 1745
frz.
I-IV-10, Bl. 42

Nr. 37
Direktorium
Beschließt u. a., S. Pelloutier, L. Euler und P.J. de Jariges zu beauftragen, Vorschläge für die Einrichtung einer ständigen Kommission für das Kalenderwesen auszuarbeiten und dem Direktorium zur Beschlußfassung zu unterbreiten.
1. April 1745
dt.
I-IV-12, S. 99-107, Konzept: I-IV-11, Bl. 45-48

Nr. 38
Gesamtsitzung - L. Euler anwesend -
31. Mai 1745
dt.
I-IV-12, S. 108-112, Konzept: I-IV-11, Bl. 49, 54

Nr. 39
Direktorium - L. Euler anwesend -
Berät u. a. gemeinsam mit L. Euler, wie nach dem Tode des Astronomen J.W. Wagner die Kalenderarbeit fortzusetzen sei; beschließt, von der Besoldung J.W. Wagners 150 Rt. jährlich der mathematischen Klasse für die Anfertigung der zuvor von J.W. Wagner besorgten Kalender anzuweisen.
22. Okt. 1745
dt.
I-IV-12, S. 127-135, unvollständiges Konzept: I-IV-11, Bl. 56-58

Nr. 40
Gesamtsitzung - L. Euler anwesend -
Das vom Generaldirektorium an die Kuratoren übersandte Schreiben vom 18.1.1746 wegen des vom Kriegsrat S.E. Ihering aus Aurich eingesandten Vorschlags über das Anfüllen der Splittdobben an den ostfriesischen Deichen wird J.N. Lieberkühn übergeben, damit dieser und L. Euler das dazu angeforderte Gutachten anfertigen. Bei der Wahl der vier Klassendeputierten für das Direktorium wird L. Euler als Deputierter der mathematischen Klasse gewählt und löst damit A. de Humbert ab.
3. Febr. 1746
dt.
I-IV-12, S. 135-142, Konzept: I-IV-11, Bl. 59-62

Nr. 41
Direktorium - L. Euler anwesend -
3. März 1746
dt.
I-IV-12, S. 142-153, Konzept: I-IV-11, Bl. 62-66

Nr. 42
Gesamtsitzung - L. Euler anwesend -
L. Euler berichtet, daß die aus den Mitgliedern der mathematischen Klasse J.T. Eller, J.N. Lieberkühn und ihm selbst gebildete Kommission die zur Preisaufgabe für das Jahr 1746 eingesandten Preisbewerbungsschriften über den Wind sorgfältig begutachtet habe und einstimmig den Preis der Abhandlung mit der Devise "Haec ego de Ventis, dum Ventorum ocyor alis Palantes pellit populos Fridericus, et orbi Insignis lauro, ramum praetendit olivae" zuerkenne, deren Verfasser J.L.R. d'Alembert ist.
2. Juni 1746
I-IV-31, Bl. 1-3

Nr. 43-44
Gesamtsitzungen - L. Euler anwesend -
9. Juni, 16. Juni 1746
I-IV-31, Bl. 3, 4

Nr. 45
Gesamtsitzung - L. Euler anwesend -
Vortrag L. Euler, De trajectoriis reciprocis
23. Juni 1746
I-IV-31, Bl. 4

Nr. 46-50
Gesamtsitzungen - L. Euler anwesend -
30. Juni, 6. [7.] Juli, 19. [18.] Aug., 25. Aug., 1. Sept. 1746
I-IV-31, Bl. 4, 5

Nr. 51
Gesamtsitzung - L. Euler anwesend -
L. Euler verliest die Erklärung einer Passage aus I. Newtons Werk "De resistentia fluidorum"
8. Sept. 1746
I-IV-31, Bl. 6

Nr. 52
Gesamtsitzung - L. Euler anwesend -
L. Euler trägt vor "Des Observations sur la declinaison de l'Aiman" aus einem Brief von G.W. Krafft aus Tübingen, "Quelques Réfléxions Sur des Sujets de Mathematique" aus einem Brief von G. Cramer aus Genf und eine Abhandlung "De promotione Simplici".
22. Sept. 1746
I-IV-31, Bl. 6

Nr. 53
Gesamtsitzung - L. Euler anwesend -
Präsident P.-L.M. de Maupertuis schlägt vor, daß der Kalkulator C.S. Schumacher anstelle seiner bisherigen Kalenderberechnungen die Ephemeriden des Mondes nach der neuen Theorie von L. Euler berechnen solle. L. Euler übernimmt es als Direktor der mathematischen Klasse, diesbezüglich alles mit C.S. Schumacher zu regeln.
5. Okt. 1746
I-IV-31, Bl. 6-7

Nr. 54-55
Gesamtsitzungen - L. Euler anwesend -
6. Okt., 20. Okt. 1746
I-IV-31, Bl. 7, 8

Nr. 56
Gesamtsitzung - L. Euler anwesend -
Vortrag L. Euler, De seriebus divergentibus
27. Okt. 1746
I-IV-31, Bl. 8

Nr. 57
Gesamtsitzung - L. Euler anwesend -
3. Nov. 1746
I-IV-31, Bl. 8

Nr. 58
Gesamtsitzung - L. Euler anwesend -
Vortrag L. Euler, Theoremata de Radicibus aequationum imaginariis
10. Nov. 1746
I-IV-31, Bl. 8

Nr. 59 - 61
Gesamtsitzungen - L. Euler anwesend -
17. Nov., 24. Nov. 1. Dez. 1746
I-IV-31, Bl. 9

Nr. 62
Gesamtsitzung - L. Euler nicht anwesend -
A. de Humbert verliest einen Auszug aus dem Werk eines englischen Autors über die Artillerie, das L. Euler neu herausgegeben hat.
8. Dez. 1746
I-IV-31, Bl. 9

Nr. 63
Gesamtsitzung - L. Euler anwesend -
15. Dez. 1746
I-IV-31, Bl. 10

Nr. 64
Sitzung des Komitees für die ökonomischen Angelegenheiten - L. Euler anwesend -
11. Jan. 1747
I-IV-31, Bl. 10

Nr. 65
Gesamtsitzung - L. Euler anwesend -
L. Euler berichtet über den Inhalt einiger Aufsätze, die J.L.R. d'Alembert der Akademie geschickt hat.
Vortrag L. Euler, Demonstratio gemina Theorematis Newtoniani, in quo traditur relatio inter coefficientes cujusvis aequationis algebraicae et Summas potestatum radicum ejusdem.
12. Jan. 1747
I-IV-31, Bl. 11

Nr. 66
Gesamtsitzung mit anschließender Sitzung des ökonomischen Komitees - L. Euler anwesend -
19. Jan. 1747
I-IV-31, Bl. 11

Nr. 67-70
Gesamtsitzungen - L. Euler anwesend -
26. Jan., 2. Febr., 9. Febr.,16. Febr. 1747
I-IV-31, Bl. 11-12

Nr. 71
Gesamtsitzung - L. Euler anwesend -
L. Euler verliest eine Abhandlung von J.L.R. d'Alembert "Sur la Theorie de la Lune".

23. Febr. 1747
I-IV-31, Bl. 12

Nr. 72
Gesamtsitzung und anschließende Sitzung des ökonomischen Komitees
- L. Euler anwesend -
2. März 1747
I-IV-31, Bl. 13

Nr. 73-74
Gesamtsitzungen - L. Euler anwesend -
9. März, 16. März 1747
I-IV-31, Bl. 13

Nr. 75
Gesamtsitzung - L. Euler anwesend -
L. Euler verliest einen Auszug aus zwei Antworten von P.C. Le Monnier über "La précession des Equinoxes" und "Sur la véritable position de Saturne".
Vortrag L. Euler, Theoremata circa divisores Numerorum
23. März 1747
I-IV-31, Bl. 14

Nr. 76
Gesamtsitzung - L. Euler anwesend -
Präsident P.-L.M. de Maupertuis ernennt sieben Mitglieder, darunter L. Euler, zu Gutachtern für die Beurteilung der eingesandten Abhandlungen zur Preisaufgabe über die Monaden.
13. Apr. 1747
I-IV-31, Bl. 14

Nr. 77
Sitzung des Komitees für ökonomische Angelegenheiten
- L. Euler anwesend -
14. Apr. 1747
I-IV-31, Bl. 15

Nr. 78-81
Gesamtsitzungen - L. Euler anwesend -
20. Apr., 27. Apr., 4. Mai, 1. Juni 1747
I-IV-31, Bl. 15-16

Nr. 82
Gesamtsitzung - L. Euler anwesend -
L. Euler legt der Akademie die Fortsetzung der Untersuchungen von J.L.R. d'Alembert "Sur le Calcul intégral" vor.
Vortrag L. Euler, Sur les mouvemens des Corps celestes en general
8. Juni 1747

I-IV-31, Bl. 17

Nr. 83
Gesamtsitzung - L. Euler anwesend -
15. Juni 1747
I-IV-31, Bl. 17

Nr. 84
Gesamtsitzung - L. Euler anwesend -
Vortrag L. Euler, Découverte d'une proprieté extraordinaire des nombres par rapport à la somme de leurs diviseurs.
22. Juni 1747
I-IV-31, Bl. 17

Nr. 85-86
Gesamtsitzungen - L. Euler anwesend -
29. Juni, 13. Juli 1747
I-IV-31, Bl. 18

Nr. 87
Gesamtsitzung - L. Euler anwesend -
L. Euler teilt die Abhandlung von J.L.R. d'Alembert "De l'orbite des Planetes dans l'espace absolu" mit.
Vortrag L. Euler, De reductione linearum curvarum ad arcus circulares.
20. Juli 1747
I-IV-31, Bl. 18

Nr. 88-89
Gesamtsitzungen - L. Euler anwesend -
24. Aug., 31. Aug. 1747
I-IV-31, Bl. 19

Nr. 90
Sitzung des Direktoriums - L. Euler anwesend -
5. Sept. 1747
I-IV-31, Bl. 19

Nr. 91
Gesamtsitzung - L. Euler anwesend -
L. Euler teilt eine Ergänzung von J.L.R. d'Alembert zu dessen Abhandlung "Sur l'Orbite des Planetes dans l'espace absolu" sowie dessen Abhandlung "De la trajectoire que décrit un Corps attiré par des Forces quelconques" mit.
Vortrag L. Euler, Sur les Logarithmes des nombres negatifs et imaginaires.
7. Sept. 1747
I-IV-31, Bl. 20

Nr. 92
Gesamtsitzung - L. Euler anwesend -
14. Sept. 1747
I-IV-31, Bl. 20

Nr. 93
Gesamtsitzung - L. Euler anwesend -
Vortrag L. Euler, Methode pour trouver les vrais momens tant des nouvelles que des pleines Lunes
21. Sept. 1747
I-IV-31, Bl. 20

Nr. 94-95
Gesamtsitzungen - L. Euler anwesend -
28. Sept., 5. Okt. 1747
I-IV-31, Bl. 21

Nr. 96
Gesamtsitzung - L. Euler anwesend -
Vortrag L. Euler, Mémoire concernant une contradiction apparente dans la Doctrine des Lignes courbes.
12. Okt. 1747
I-IV-31, Bl. 21

Nr. 97
Gesamtsitzung - L. Euler anwesend -
19. Okt. 1747
I-IV-31, Bl. 21

Nr. 98
Gesamtsitzung - L. Euler anwesend -
L. Euler übernimmt die Prüfung und Berichterstattung zu einem eingesandten Aufsatz des Leutnants von Schönholtz "Sur le Probleme des Longitudes".
Vortrag L. Euler, Sur le point de rebroussement de la seconde espece de M^r le Marquis de l'Hopital
26. Okt. 1747
I-IV-31, Bl. 22

Nr. 99
Gesamtsitzung und anschließende Sitzung des ökonomischen Komitees - L. Euler anwesend -
2. Nov. 1747
I-IV-31, Bl. 22

Nr. 100-101
Gesamtsitzungen - L. Euler anwesend -
9. Nov., 17. [16.] Nov. 1747

I-IV-31, Bl. 23

Nr. 102
Gesamtsitzung - L. Euler anwesend -
Vortrag L. Euler, Sur la force des rames
23. Nov. 1747
I-IV-31, Bl. 23

Nr. 103
Gesamtsitzung - L. Euler anwesend -
30. Nov. 1747
I-IV-31, Bl. 23

Nr. 104
Gesamtsitzung - L. Euler anwesend -
Vortrag L. Euler, Sur la Parallaxe de la Lune etc.
6. 7. Dez. 1747
I-IV-31, Bl. 24

Nr. 105-106
Gesamtsitzungen - L. Euler anwesend -
14. Dez., 21. Dez. 1747
I-IV-31, Bl. 24

Nr. 107
Direktoriumssitzung - L. Euler anwesend -
L. Euler unterzeichnet zusammen mit dem Präsidenten, den Kuratoren, den anderen Direktoren, dem Akademiejustitiar und dem Akademiesekretar eine Vorstellung über die Nutzung des von Friedrich II. der Akademie gewährten Zensur- und Landkartenprivilegs.
8. Jan. 1748
I-IV-31, Bl. 25

Nr. 108
Gesamtsitzung - L. Euler anwesend -
11. Jan. 1748
I-IV-31, Bl. 26

Nr. 109
Gesamtsitzung - L. Euler anwesend -
Vortrag L. Euler, Sur le nombre des points, où deux lignes des ordres quelconques peuvent se couper
18. Jan. 1748
I-IV-31, Bl. 26

Nr. 110
Gesamtsitzung - L. Euler anwesend -
25. Jan. 1748
I-IV-31, Bl. 26

Nr. 111
Gesamtsitzung - L. Euler anwesend -
Vortrag L. Euler, Réflexions sur l'Espace et sur le Tems
1. Febr. 1748
I-IV-31, Bl. 27

Nr. 112-117
Gesamtsitzungen - L. Euler anwesend -
8. Febr., 15. Febr., 22. Febr., 29. Febr., 8. [7.] März, 14. März 1748
I-IV-31, Bl. 27-29

Nr. 118
Gesamtsitzung - L. Euler anwesend -
L. Euler verliest die von J.A. von Segner der Akademie eingesandte Abhandlung "Von der Verfertigung und dem Gebrauch gewisser Maasstäbe, durch welche alle Aufgaben der gemeinen und sphärischen Trigonometri etc. gelöset werden können".
21. März 1748
I-IV-31, Bl. 29

Nr. 119-121
Gesamtsitzungen - L. Euler anwesend -
28. März, 4. Apr., 25. Apr. 1748
I-IV-31, Bl. 29-30

Nr. 122
Direktoriumssitzung - L. Euler anwesend -
L. Euler unterzeichnet mit den übrigen Direktoren und dem Kurator P.C.K. von Keith das Protokoll über die Prüfung der Rechnungen und über getroffene Maßnahmen hinsichtlich des Kalender-, Karten- und Ediktenverlags.
1. Mai 1748
I-IV-31, Bl. 30

Nr. 123
Gesamtsitzung - L. Euler anwesend -
L. Euler gibt einen Bericht über die von J.D. von Segner eingesandte Abhandlung "Infinitae Lunae quadrabiles"
2. Mai 1748
I-IV-31, Bl. 30

Nr. 124
Gesamtsitzung - L. Euler anwesend -
9. Mai 1748
I-IV-31, Bl. 31

Nr. 125
Sitzung der Kommission zur Verleihung des Preises für die Beantwortung der Preisaufgabe auf das Jahr 1748 - L. Euler anwesend -

16. Mai 1748
I-IV-31, Bl. 31

Nr. 126
Gesamtsitzung - L. Euler anwesend -
L. Euler verliest das Programm für die Preisaufgabe auf das Jahr 1750.
Vortrag L. Euler, De Vibratione Chordarum.
L. Euler verliest eine von J. Bernoulli (II.) eingesandte Abhandlung "Remarques sur les principes de la conservation des forces vives".
16. Mai 1748
I-IV-31, Bl. 31

Nr. 127-130
Gesamtsitzungen - L. Euler anwesend -
30. Mai, 13. Juni, 20. Juni, 27. Juni 1748
I-IV-31, Bl. 32-33

Nr. 131
Direktoriumssitzung - L. Euler anwesend -
L. Euler unterzeichnet mit den übrigen Direktoren und dem Präsidenten das Beschlußprotokoll über den Druck der Akademieabhandlungen, der Preisschriften und über das Stechen der Landkarten.
1. Juli 1748
I-IV-31, Bl. 33

Nr. 132
Gesamtsitzung - L. Euler anwesend -
Vortrag L. Euler, Sur la friction des Corps solides
4. Juli 1748
I-IV-31, Bl. 34

Nr. 133-136
Gesamtsitzungen - L. Euler anwesend -
11. Juli, 17. [18.] Juli, 22. Aug., 5. Sept. 1748
I-IV-31, Bl. 34-35

Nr. 137
Gesamtsitzung - L. Euler anwesend -
Vortrag L. Euler, Reflexions sur la derniere Eclipse de Soleil, arrivée le 25 Juillet 1748
12. Sept. 1748
I-IV-31, Bl. 35-36

Nr. 138
Gesamtsitzung und anschließende Direktoriumssitzung - L. Euler anwesend -
L. Euler unterzeichnet mit dem Präsidenten P.-L.M. de Maupertuis und dem Direktor J.T. Eller das Beschlußprotokoll der Direktoriumssitzung

über Angelegenheiten der Akademiebibliothek und der Landkartenanfertigung.
19. Sept. 1748
I-IV-31, Bl. 36

Nr. 139
Gesamtsitzung - L. Euler anwesend -
Vortrag L. Euler, Sur la perfection des verres objectifs des Lunettes.
27. [26.] Sept. 1748
I-IV-31, Bl. 36

Nr. 140-141
Gesamtsitzungen - L. Euler anwesend -
3. Okt., 17. Okt. 1748
I-IV-31, Bl. 37

Nr. 142
Gesamtsitzung - L. Euler anwesend -
L. Euler macht Mitteilung von verschiedenen Berichten über astronomische Finsternisse in diesem Jahr, die von G.J. Marinoni, J.F. Polack, J.F. Weidler, G.M. Bose und anderen eingesandt worden sind.
Vortrag L. Euler, Sur l'accord des deux dernieres Eclipses avec son calcul
24. Okt. 1748
I-IV-31, Bl. 37

Nr. 143-147
Gesamtsitzungen - L. Euler anwesend -
31. Okt., 7.Nov., 14. Nov., 21. Nov., 28. Nov. 1748
I-IV-31, Bl. 38-39

Nr. 148
Gesamtsitzung - L. Euler anwesend -
Vortrag L. Euler, De Atmosphaera Lunae ex Eclipsi Solis evicta
5. Dez. 1748
I-IV-31, Bl. 39

Nr. 149
Gesamtsitzung - L. Euler anwesend -
12. Dez. 1748
I-IV-31, Bl. 39

Nr. 150
Gesamtsitzung - L. Euler anwesend -
Vortrag L. Euler, Recherches de maximis et minimis dans les actions des forces
19. Dez. 1748
I-IV-31, Bl. 39

Nr. 151
Gesamtsitzung - L. Euler anwesend -
9. Jan. 1749
I-IV-31, Bl. 40

Nr. 152
Gesamtsitzung und anschließende Direktoriumssitzung - L. Euler anwesend -
L. Euler unterzeichnet mit den anderen Direktoren das Protokoll der Direktoriumssitzung über Kalenderangelegenheiten und über die Köpenicker Plantage.
16. Jan. 1749
I-IV-31, Bl. 40

Nr. 153
Gesamtsitzung - L. Euler anwesend -
23. Jan. 1749
I-IV-31, Bl. 41

Nr. 154
Gesamtsitzung - L. Euler anwesend -
L. Euler erklärt, daß er den von dem Geographen I. Bruckner der Akademie übersandten Globus geprüft und ihn für sehr nützlich gefunden habe.
30. Jan. 1749
I-IV-31, Bl. 41

Nr. 155
Gesamtsitzung - L. Euler anwesend -
Vortrag L. Euler, Réfléxions sur quelques Loix générales de la Nature, qui s'observent dans les effets des forces quelconques
6. Febr. 1749
I-IV-31, Bl. 42

Nr. 156
Gesamtsitzung - L. Euler anwesend -
13. Febr. 1749
I-IV-31, Bl. 42

Nr. 157
Gesamtsitzung - L. Euler anwesend -
Vortrag L. Euler, Sur la diminution de la resistance du frottement
20. Febr. 1749
I-IV-31, Bl. 42

Nr. 158-160
Gesamtsitzungen - L. Euler anwesend -
27. Febr., 6. März, 13. März 1749

I-IV-31, Bl. 42-43

Nr. 161
Gesamtsitzung - L. Euler anwesend -
Vortrag L. Euler, De Numeris quae sunt aggregata duorum quadratorum
20. März 1749
I-IV-31, Bl. 43

Nr. 162
Gesamtsitzung - L. Euler anwesend -
27. März 1749
I-IV-31, Bl. 43-44

Nr. 163
Gesamtsitzung - L. Euler anwesend -
Vortrag L. Euler, Sur l'irregularité du mouvement des Planetes
17. Apr. 1749
I-IV-31, Bl. 44

Nr. 164
Gesamtsitzung und anschließende Direktoriumssitzung
- L. Euler anwesend -
L. Euler unterzeichnet mit den anderen Direktoren und dem Präsidenten das Protokoll der Direktoriumssitzung über die Rechnungsabnahme und den Seidenbau.
1. Mai 1749
I-IV-31, Bl. 44-45

Nr. 165
Direktoriumssitzung - L. Euler anwesend -
L. Euler unterzeichnet mit den anderen Direktoren, dem Präsidenten und dem Kurator P.C.K. v. Keith das Sitzungsprotokoll über die Rechnungsabnahme, über den Botanischen Garten und über die Bezahlung von Reparaturen in den Akademiewohnungen.
7. Mai 1749
I-IV-31, Bl. 45

Nr. 166
Gesamtsitzung - L. Euler anwesend -
L. Euler berichtet, daß er die auf Veranlassung des Kurators S. von Schmettau von J. Bruckner gestochenen Seekarten geprüft habe und diese Karten für die besten bisher erschienenen Karten halte. Der Akademiesekretar übergibt L. Euler ein Werk von Clerget aus Paris "Sur la Quadrature du Cercle".
Vortrag L. Euler, Sur la veritable cause du mouvement progressif des Aphelies des Planetes
5. Juni 1749

I-IV-31, Bl. 46

Nr. 167
Gesamtsitzung - L. Euler anwesend -
L. Euler legt einen schriftlichen Bericht über das ihm zur Begutachtung übergebene Werk von Clerget "Sur la Quadrature du Cercle" vor.
12. Juni 1749
I-IV-31, Bl. 46

Nr. 168
Gesamtsitzung - L. Euler anwesend -
Vortrag L. Euler, Consideratio quarundam serierum, quae singularibus proprietatibus sunt praeditae
19. Juni 1749
I-IV-31, Bl. 46

Nr. 169
Gesamtsitzung - L. Euler anwesend -
3. Juli 1749
I-IV-31, Bl. 47

Nr. 170
Gesamtsitzung - L. Euler anwesend -
Der Akademiesekretar übergibt L. Euler ein Schreiben von Clerget aus Paris mit Antworten auf die Beanstandungen, die L. Euler gegen dessen Quadratur des Kreises gemacht hatte.
10. Juli 1749
I-IV-31, Bl. 48

Nr. 171
Gesamtsitzung - L. Euler anwesend -
17. Juli 1749
I-IV-31, Bl. 48

Nr. 172
Gesamtsitzung - L. Euler anwesend -
Vortrag L. Euler, Conjectura Physica de propagatione soni et luminis
28. Aug. 1749
I-IV-31, Bl. 48-49

Nr. 173
Gesamtsitzung - L. Euler anwesend -
L. Euler übergibt sein Gutachten über den Aufsatz "Sur la duplication du Cube" von Clerget aus Paris.
4. Sept. 1749
I-IV-31, Bl. 49

Nr. 174
Gesamtsitzung - L. Euler anwesend -
Vortrag L. Euler, Animadversiones in rectificationem Ellipsis
11. Sept. 1749
I-IV-31, Bl. 49

Nr. 175-178
Gesamtsitzungen - L. Euler anwesend -
18. Sept., 25.Sept., 2. Okt., 9. Okt. 1749
I-IV-31, Bl. 49-50

Nr. 179
Gesamtsitzung - L. Euler anwesend -
L. Euler, J. Kies und C.F. Ludolff übergeben ihr Gutachten über eine von I. von Born erfundene Maschine zum Sägen von Brettern.
16. Okt. 1749
I-IV-31, Bl. 50-51

Nr. 180
Gesamtsitzung - L. Euler anwesend -
Vortrag L. Euler, Sur le mouvement de l'eau par des tuyaux de conduite
23. Okt. 1749
I-IV-31, Bl. 51

Nr. 181-183
Gesamtsitzungen - L. Euler anwesend -
30. Okt., 6. Nov.,13. Nov. 1749
I-IV-31, Bl. 51-52

Nr. 184
Gesamtsitzungen - L. Euler anwesend -
Vortrag L. Euler, Discussion plus particuliere des diverses manieres d'elever l'eau
20. Nov. 1749
I-IV-31, Bl. 52

Nr. 185
Gesamtsitzung - L. Euler anwesend -
27. Nov. 1749
I-IV-31, Bl. 53

Nr. 186
Gesamtsitzung - L. Euler anwesend -
Vortrag L. Euler, De perturbatione motus Planetarum ab eorum figura non Sphaerica oriunda
4. Dez. 1749
I-IV-31, Bl. 53

Nr. 187
Gesamtsitzung - L. Euler anwesend -
L. Euler wird beauftragt, die eingesandte Abhandlung "Sur la Substitution de l'Arithmetique à la Logique" von Juthmann aus Danzig zu begutachten.
11. Dez. 1749
I-IV-31, Bl. 54

Nr. 188
Gesamtsitzung - L. Euler anwesend -
L. Euler erstattet Bericht über die Abhandlung "Sur la Substitution de l'Arithmetique à la Logique" und überreicht ein Werk von J.L.R. d'Alembert "Recherches sur la précession des Equinoxes".
18. Dez. 1749
I-IV-31, Bl. 54

Nr. 189
Gesamtsitzung - L. Euler anwesend -
L. Euler, J. Kies und A.N. Grischow werden zu Gutachtern für die Beurteilung der zur Preisaufgabe auf das Jahr 1750 eingegangenen Abhandlungen ernannt und erhalten diese ausgehändigt.
8. Jan. 1750
I-IV-31, Bl. 55

Nr. 190
Gesamtsitzung und anschließende Direktoriumssitzung
- L. Euler anwesend -
L. Euler ist Mitunterzeichner des Protokolls der Direktoriumssitzung über die Köpenicker Maulbeerplantage und über Kalenderangelegenheiten.
15. Jan. 1750
I-IV-31, Bl. 55

Nr. 191-192
Gesamtsitzungen - L. Euler anwesend -
22. Jan., 29. Jan. 1750
I-IV-31, Bl. 56

Nr. 193
Gesamtsitzung - L. Euler anwesend-
L. Euler liest die Fortsetzung der Abhandlung "Maximes pour arranger le plus avantageusement les Machines destineés à elever l'eau par le moyen des Pompes"
5. Febr. 1750
I-IV-31, Bl. 57

Nr. 194-196
Gesamtsitzungen - L. Euler anwesend -
12. Febr., 19. Febr., 26. Febr. 1750
I-IV-31, Bl. 57

Nr. 197
Gesamtsitzung - L. Euler anwesend -
Vortrag L. Euler, Recherches Sur la précession des Equinoxes.
L. Euler berichtet über die von J. Gautier eingesandte Arbeit "Chroagenesie", die er für wertlos hält. Über die von Thibault d'Avignon eingesandte Abhandlung "Sur la Quadrature du Cercle" wird L. Euler einen Bericht anfertigen.
5. März 1750
I-IV-31, Bl. 58

Nr. 198
Gesamtsitzung - L. Euler anwesend -
12. März 1750
I-IV-31, Bl. 58

Nr. 199
Gesamtsitzung - L. Euler anwesend -
Vortrag L. Euler, Emendatio Laternae Magicae ac Microscopii Solaris
19. März 1750
I-IV-31, Bl. 58

Nr. 200-202
Gesamtsitzungen - L. Euler anwesend -
9. Apr., 16. Apr., 23. Apr. 1750
I-IV-31, Bl. 59

Nr. 203
Gesamtsitzung - L. Euler anwesend -
Vortrag L. Euler, De constructione aptissima molarum alatarum
30. Apr. 1750
I-IV-31, Bl. 59-60

Nr. 204
Direktoriumssitzung - L. Euler anwesend -
L. Euler ist Mitunterzeichner des Sitzungsprotokolls über die Rechnungsabnahme.
5. Mai 1750
I-IV-31, Bl. 60

Nr. 205-210
Gesamtsitzungen - L. Euler anwesend -
21. Mai, 28. Mai, 4. Juni, 11. Juni, 18. Juni, 16. Juli 1750
I-IV-31, Bl. 60-63

Nr. 211
Direktoriumssitzung - L. Euler anwesend -
L. Euler ist Mitunterzeichner des Protokolls der Sitzung über die Köpenicker Plantage.
28. Juli 1750
I-IV-31, Bl. 63

Nr. 212
Gesamtsitzung - L. Euler anwesend -
Vortrag L. Euler, Decouverte d'un nouveau principe de Mechanique
3. Sept. 1750
I-IV-31, Bl. 64

Nr. 213
Direktoriumssitzung - L. Euler anwesend -
L. Euler und S. Pelloutier werden bauftragt zu prüfen, ob man die Druckplatten der Hofdruckerei als Geschenk annehmen könne. Präsident P.-L.M. de Maupertuis teilt den Wunsch Friedrich II. mit, einige Karten für einen klassischen Atlas stechen zu lassen. L. Euler wird beauftragt, sich dieser Sache anzunehmen. L. Euler ist Mitunterzeichner des Sitzungsprotokolls.
8. Sept. 1750
I-IV-31, Bl. 64

Nr. 214-216
Gesamtsitzungen - L. Euler anwesend -
10. Sept., 17. Sept., 26. [24.] Sept. 1750
I-IV-31, Bl. 65-66

Nr. 217
Gesamtsitzung - L. Euler anwesend -
Vortrag L. Euler, Réflèxions sur les forces en général
1. Okt. 1750
I-IV-31, Bl. 66

Nr. 218
Gesamtsitzung - L. Euler anwesend -
8. Okt. 1750
I-IV-31, Bl. 66

Nr. 219
Gesamtsitzung - L. Euler anwesend -
Vortrag L. Euler, De Numeris, qui sunt aggregata duorum quadratorum
15. Okt. 1750
I-IV-31, Bl. 67

Nr. 220-221
Gesamtsitzungen - L. Euler anwesend -

21. (22.) Okt., 29. Okt. 1750
I-IV-31, Bl. 67

Nr. 222
Gesamtsitzung - L. Euler anwesend -
Vortrag L. Euler, De motu corporum coelestium a viribus quibuscunque perturbato
12. Nov. 1750
I-IV-31, Bl. 68

Nr. 223
Gesamtsitzung - L. Euler anwesend -
19. Nov. 1750
I-IV-31, Bl. 68

Nr. 224
Gesamtsitzung - L. Euler anwesend -
L. Euler übergibt der Akademie das Manuskript "Geometriae triangulorum perfectae dimensionis, et specimen" des Rektors Drasig aus Lüben.
Vortrag L. Euler, Elementa doctrinae Solidorum
26. Nov. 1750
I-IV-31, Bl. 68-69

Nr. 225-227
Gesamtsitzungen - L. Euler anwesend -
3. Dez., 10. Dez., 17. Dez. 1750
I-IV-31, Bl. 69

Nr. 228
Gesamtsitzung - L. Euler anwesend -
Vortrag L. Euler, De Methodo Diophanteae analoga in Analysi infinitorum
7. Jan. 1751
I-IV-31, Bl. 70

Nr. 229
Gesamtsitzung - L. Euler anwesend -
Vortrag L. Euler, Sur le Probleme Isoperimetrique
14. Jan. 1751
I-IV-31, Bl. 70

Nr. 230
Direktoriumssitzung - L. Euler anwesend -
16. Jan. 1751
I-IV-31, Bl. 70

Nr. 231-236
Gesamtsitzungen - L. Euler anwesend -
21. Jan., 28. Jan., 4. Febr., 11. Febr., 18. Febr., 25. Febr. 1751

I-IV-31, Bl. 71-72

Nr. 237
Gesamtsitzung - L. Euler anwesend -
Vortrag L. Euler, Réflexions sur les divers degrés de Lumière du Soleil et des autres Corps celestes
4. März 1751
I-IV-31, Bl. 73

Nr. 238-240
Gesamtsitzungen - L. Euler anwesend -
11. März, 18. März, 1. Apr. 1751
I-IV-31, Bl. 73-74

Nr. 241
Gesamtsitzung und anschließende Direktoriumssitzung - L. Euler anwesend -
Vortrag L. Euler, Theoria Motus Lunae
22. Apr. 1751
I-IV-31, Bl. 74

Nr. 242
Gesamtsitzung - L. Euler anwesend -
29. Apr. 1751
I-IV-31, Bl. 75

Nr. 243
Gesamtsitzung - L. Euler anwesend -
Vortrag L. Euler, Recherches sur le mouvement des rivieres
6. Mai 1751
I-IV-31, Bl. 75

Nr. 244-245
Gesamtsitzungen - L. Euler anwesend -
13. Mai, 26. [27.] Mai 1751
I-IV-31, Bl. 75-76

Nr. 246
Gesamtsitzung - L. Euler anwesend -
L. Euler übergibt einen schriftlichen Bericht über das Werk von S.D. Le Fevre "Sur le Nivellement", das er als sehr nützlich einschätzt.
10. Juni 1751
I-IV-31, Bl. 77

Nr. 247
Gesamtsitzung - L. Euler anwesend -
Vortrag L. Euler, Demonstratio Theorematis Fermatiani, omnem numerum, sive integrum, sive fractum, esse Summam quatuor pauciorumve

quadratorum
17. Juni 1751
I-IV-31, Bl. 78

Nr. 248-251
Gesamtsitzungen - L. Euler anwesend -
24. Juni, 1. Juli, 8. Juli, 15. Juli 1751
I-IV-31, Bl. 77-79

Nr. 252
Gesamtsitzung - L. Euler anwesend -
L. Euler, C.F. Ludolff und J. Kies erstatten ihr Gutachten über eine Erfindung des Hofschlossers Schröder.
22. Juli 1751
I-IV-31, Bl. 79

Nr. 253
Gesamtsitzung - L. Euler anwesend -
Vortrag L. Euler, Mémoire concernant une Machine Hydraulique de l'invention de Mr Segner, Membre de l'Academie, par laquelle il semble qu'on produit un Mouvement perpetuel
27. [26.] Aug. 1751
I-IV-31, Bl. 79

Nr. 254
Gesamtsitzung - L. Euler anwesend -
2. Sept. 1751
I-IV-31, Bl. 80

Nr. 255
Gesamtsitzung - L. Euler anwesend -
Vorträge L. Euler, Theoreme l'Arithmetique und Theoreme de Stereometrie
9. Sept. 1751
I-IV-31, Bl. 80

Nr. 256-258
Gesamtsitzungen - L. Euler anwesend -
16. Sept., 23. Sept., 30. Sept. 1751
I-IV-31, Bl. 80-81

Nr. 259
Gesamtsitzung - L. Euler anwesend -
Vortrag L. Euler, Du mouvement d'un Corps solide quelconque lorsqu'il tourne autour d'un Axe mobile
7. Okt. 1751
I-IV-31, Bl. 81

Nr. 260
Gesamtsitzung - L. Euler anwesend -
14. Okt. 1751
I-IV-31, Bl. 82

Nr. 261
Gesamtsitzung und anschließende Direktoriumssitzung
- L. Euler anwesend -
Vortrag L. Euler, De Cochlea Archimedis.
L. Euler ist Mitunterzeichner des Sitzungsprotokolls der Direktoriumssitzung über das Ersuchen von M.M. Ludolff, ihm eine bestimmte Anzahl von Büchern aus der Bibliothek zu überlassen.
21. Okt. 1751
I-IV-31, Bl. 82-83

Nr. 262
Gesamtsitzung - L. Euler anwesend -
L. Euler und J.G. Sulzer werden beauftragt, ein Gutachten über ein von Hohlfeld erfundenes Odometer anzufertigen.
28. Okt. 1751
I-IV-31, Bl. 83

Nr. 263-264
Gesamtsitzungen - L. Euler anwesend -
4. Nov., 11. Nov. 1751
I-IV-31, Bl. 83-84

Nr. 265
Gesamtsitzung - L. Euler anwesend -
Vortrag L. Euler, Réflexions sur la Machine de Mr Mauer pour elever l'eau
18. Nov. 1751
I-IV-31, Bl. 84

Nr. 266
Gesamtsitzung - L. Euler anwesend -
25. Nov. 1751
I-IV-31, Bl. 84

Nr. 267
Gesamtsitzung - L. Euler anwesend -
Vortrag L. Euler, Tentamen Theoriae de frictione Solidorum.
2. Dez. 1751
I-IV-31, Bl. 85

Nr. 268-269
Gesamtsitzungen - L. Euler anwesend -
9. Dez., 16. Dez. 1751

I-IV-31, Bl. 85

Nr. 270
Gesamtsitzung - L. Euler anwesend -
L. Euler legt die Abhandlung von I. v. Born "Sur les moyens de fertiliser la Terre" vor.
L. Euler übernimmt es, das von dem Marquis Fagnano dei Toschi der Akademie eingesandte zweibändige Werk über Geometrie zu begutachten.
23. Dez. 1751
I-IV-31, Bl. 86-87

Nr. 271
Gesamtsitzung - L. Euler anwesend -
L. Euler berichtet über den Plan von I. v. Born zur Erhöhung der Bodenfruchtbarkeit und verliest das von J.T. Eller dazu angefertigte Gutachten.
13. Jan. 1752
I-IV-31, Bl. 88

Nr. 272
Gesamtsitzung - L. Euler anwesend [?]-
19. Jan. 1752
I-IV-31, Bl. 88

Nr. 273
Gesamtsitzung - L Euler anwesend -
Vortrag L. Euler, Observationes de comparatione arcuum curvarum irrectificabilium
27. Jan. 1752
I-IV-31, Bl. 89

Nr. 274
Gesamtsitzung - L. Euler anwesend -
3. Febr. 1752
I-IV-31, Bl. 89

Nr. 275
Gesamtsitzung - L. Euler anwesend -
L. Euler berichtet, daß J.G. Sulzer, J. Kiès und er die vom Präsidenten P.-L.M. de Maupertuis ernannten Gutachter für die Beurteilung der eingesandten Abhandlungen zur mathematischen Preisaufgabe seien.
L. Euler verliest "Observations d'Astronomie faites à Closterberge près de Magdebourg".
Vortrag L. Euler, Nouvelle Methode d'éliminer les quantités inconnues des Equations
10. Febr. 1752
I-IV-31, Bl. 89

Nr. 276-278
Gesamtsitzungen - L. Euler anwesend -
17. Febr., 24. Febr., 2. März 1752
I-IV-31, Bl. 90

Nr. 279
Gesamtsitzung - L. Euler anwesend -
L. Euler schlägt im Auftrage des Präsidenten P.-L.M. de Maupertuis die Wahl von L. Godin, J. Jallabert und J.K. Wettstein zu auswärtigen Mitgliedern der Akademie in einer Woche vor.
Vortrag L. Euler, Subsidium doctrinae Sinuum
9. März 1752
I-IV-31, Bl. 90

Nr. 280
Gesamtsitzung - L. Euler anwesend -
16. März 1752
I-IV-31, Bl. 91

Nr. 281
Gesamtsitzung - L. Euler anwesend -
L. Euler wird eine Abhandlung von J. van Iperen aus Lille "De Arithmetica Infinitorum ad Quaestionem de origine mali applicanda" übergeben.
Vortrag L. Euler, De aptissima rotarum dentibus figura tribuenda
23. März 1752
I-IV-31, Bl. 91

Nr. 282
Gesamtsitzung - L. Euler anwesend -
L. Euler erstattet einen lateinischen Bericht, in dem er Beweise anführt, die die von S. König als Fragment eines Briefes von G.W. Leibniz angegebene Passage über das Prinzip der kleinsten Aktion als eine Fälschung erscheinen lassen.
L. Euler ist Mitunterzeichner des Beschlusses der Gesamtsitzung, der die von S. König zitierte Briefstelle von G.W. Leibniz als Fälschung bezeichnet.
13. Apr. 1752
I-IV-31, Bl. 91-92

Nr. 283
Gesamtsitzung - L. Euler anwesend -
20. Apr. 1752
I-IV-31, Bl. 92

Nr. 284
Gesamtsitzung - L. Euler anwesend -

L. Euler verliest das Dankschreiben von J.K. Wettstein über dessen Aufnahme als Akademiemitglied.
27. Apr. 1752
I-IV-31, Bl. 92

Nr. 285
Gesamtsitzung - L. Euler anwesend -
L. Euler und J.G. Sulzer werden beauftragt, drei Abhandlungen des Berner Kirchenpastors J.E. Bertrand "Sur la structure intérieure de la Terre" zu begutachten.
L. Euler verliest einen Brief von P.C. Le Monnier über "Les Opérations Astronomiques de la Parallaxe".
4. Mai 1752
I-IV-31, Bl. 93

Nr. 286
Gesamtsitzung - L Euler anwesend -
1. Juni 1752
I-IV-31, Bl. 93-94

Nr. 287
Direktoriumssitzung - L. Euler anwesend -
L. Euler ist Mitunterzeichner des Protokolls über die Rechnungsabnahme
5. Juni 1752
I-IV-31, Bl. 94

Nr. 288-289
Gesamtsitzungen - L. Euler anwesend -
8. Juni, 15. Juni 1752
I-IV-31, Bl. 94-95

Nr. 290
Gesamtsitzungen - L. Euler anwesend -
Vortrag L. Euler, Sur la Réfraction de la Lumiere
22. Juni 1752
I-IV-31, Bl. 95-96

Nr. 291-293
Gesamtsitzungen - L. Euler anwesend -
29. Juni, 6. Juli, 13. Juli 1752
I-IV-31, Bl. 96-97

Nr. 294
Gesamtsitzung - L. Euler anwesend -
Vortrag L. Euler, Recherches sur la veritable Courbe que descrivent des Corps jetées dans l'air, ou dans un autre fluide quelconque
20. Juli 1752

I-IV-31, Bl. 97

Nr. 295
Gesamtsitzung - L. Euler anwesend -
L. Euler berichtet, daß ein Uhrmacher aus Jena sein Werk "Sur les moyens de perfectionner les Montres de poche" der Akademie zugeschickt hat.
L. Euler erstattet Bericht über die von Brincken erfundenen astronomischen Instrumente, der im Protokoll wiedergegeben ist.
L. Euler verliest eine Fortsetzung der von G. Mazéas eingesandten "Observations et Expériences faites à S. Germain en Laye sur l'analogie de la Foudre et de l'Electricité".
L. Euler trägt ein Schreiben von M. Venturi, Leibarzt der spanischen Königin vor, der um Aufnahme in die Akademie bittet.
24. Aug. 1752
I-IV-31, Bl. 98

Nr. 296
Gesamtsitzung - L. Euler anwesend -
Vortrag L. Euler, De motu fluidorum in genere
31. Aug. 1752
I-IV-31, Bl. 99

Nr. 297-298
Gesamtsitzungen - L. Euler anwesend -
14. Sept., 21. Sept. 1752
I-IV-31, Bl. 99-100

Nr. 299
Gesamtsitzung - L. Euler anwesend -
Vortrag L. Euler, Sur l'application de la Machine hydraulique de Mr Segner"
28. Sept. 1752
I-IV-31, Bl. 100

Nr. 300
Gesamtsitzung - L. Euler anwesend -
Vortrag L. Euler, De formulis differentialibus
12. Okt. 1752
I-IV-31, Bl. 100

Nr. 301-303
Gesamtsitzungen - L. Euler anwesend -
19. Okt., 26. Okt., 2. Nov. 1752
I-IV-31, Bl. 101

Nr. 304
Gesamtsitzung - L. Euler nicht anwesend -

J.B. Merian verliest die Abhandlung von L. Euler "Harmonie entre les principes géneraux de repos et de mouvement de Mr de Maupertuis".
9. Nov. 1752
I-IV-31, Bl. 101

Nr. 305
Gesamtsitzung - L. Euler anwesend -
16. Nov. 1752
I-IV-31, Bl. 102

Nr. 306
Gesamtsitzung - L. Euler anwesend -
L. Euler verliest einen Brief des Präsidenten P.-L.M. de Maupertuis, in dem der Akademie mitgeteilt wird, daß Friedrich II. anstelle des verstorbenen C.L. von Stille C. v. Cagnoni zum Kurator der Akademie ernannt habe.
L. Euler trägt die Abhandlung von J.F. Unger "Delineatio Machinae ad sonos et concentus quoscumque ope clavicordii productos in ipso cantationis actu charta tradendos" vor.
23. Nov. 1752
I-IV-31, Bl. 102

Nr. 307
Gesamtsitzung - L. Euler anwesend -
L. Euler verliest das Dankschreiben von A.R.B. Deslandes.
30. Nov. 1752
I-IV-31, Bl. 102

Nr. 308-309
Gesamtsitzungen - L. Euler anwesend -
7. Dez., 14. Dez. 1752
I-IV-31, Bl. 102-103

Nr. 310
Gesamtsitzung - L. Euler anwesend -
L. Euler legt vor drei Bände der Petersburger Akademieabhandlungen und die "Theorie de la Lune" von A.-C. Clairaut.
Vortrag L. Euler, Examen Dissertationis Cl. Prof. König Actis Erud. Lips. insertae, pro Mense Majo 1751
21. Dez. 1752
I-IV-31, Bl. 103

Nr. 311
Gesamtsitzung - L. Euler anwesend -
L. Euler verliest die Abhandlung von G. Mazéas "Observations sur les Couleurs engendrées par le frottement des Surfaces planes et transparentes".

11. Jan. 1753
I-IV-31, Bl. 103

Nr. 312
Gesamtsitzung und Direktoriumssitzung - L. Euler anwesend -
L. Euler verliest einen Brief des Bürgermeisters von Einbeck J.F. Unger, in dem dieser Stellung nimmt zu den von L. Euler gemachten Einwänden über den von J.F. Unger der Akademie mitgeteilten Plan für ein Cembalo.
Vortrag L. Euler, Principes de la Trigonometrie sphérique, tirés de la methode des plus grands et des plus petits.
L. Euler ist Mitunterzeichner des Protokolls der Direktoriumssitzung über die Besitzrechte der Akademie an den beiden Wiesen neben dem Botanischen Garten.
18. Jan. 1753
I-IV-31, Bl. 104

Nr. 313-316
Gesamtsitzungen - L. Euler anwesend -
25. Jan., 1. Febr., 8. Febr., 15. Febr. 1753
I-IV-31, Bl. 104-105

Nr. 317
Gesamtsitzung - L. Euler anwesend -
L. Euler verliest die von P.L. Masson de Chamère von der Akademie in Dijon an die Berliner Akademie eingeschickte Abhandlung "Projet pour faire remonter les bateaux à force de rames"
Vortrag L. Euler, Sur le Principe de la moindre Action
22. Febr. 1753
I-IV-31, Bl. 105

Nr. 318
Gesamtsitzung - L. Euler anwesend -
1. März 1753
I-IV-31, Bl. 106

Nr. 319
Gesamtsitzung - L. Euler anwesend -
Vortrag L. Euler, Calcul de probabilités dans les Jeux de hazard
8. März 1753
I-IV-31, Bl. 106

Nr. 320-322
Gesamtsitzungen - L. Euler anwesend -
15. März, 22. März, 29. März 1753
I-IV-31, Bl. 106-107

Nr. 323
Gesamtsitzung - L. Euler anwesend -
L. Euler legt eine aus Halle eingeschickte Quadratur des Kreises vor.
5. Apr. 1753
I-IV-31, Bl. 107

Nr. 324
Gesamtsitzung - L. Euler anwesend -
12. Apr. 1753
Vortrag L. Euler, Exposition Physique de la cause des couleurs dans des feuilles très minces
12. Apr. 1753
I-IV-31, Bl. 107

Nr. 325
Gesamtsitzung - L. Euler anwesend -
Vortrag L. Euler, Resolutio Aequationum cujusvis generis
3. Mai 1753
I-IV-31, Bl. 108

Nr. 326-327
Gesamtsitzungen - L. Euler anwesend -
10. Mai, 24. Mai 1753
I-IV-31, Bl. 108-109

Nr. 328
Gesamtsitzung und Direktoriumssitzung - L. Euler anwesend -
L. Euler ist Mitunterzeichner des Protokolls der Direktoriumssitzung über die Rechnungsabnahme.
30. Mai 1753
I-IV-31, Bl. 109

Nr. 329
Gesamtsitzung - L. Euler anwesend -
7. Juni 1753
I-IV-31, Bl. 109

Nr. 330
Gesamtsitzung - L. Euler anwesend -
L. Euler teilt mit, daß ihn der Präsident P.-L.M. de Maupertuis beauftragt habe, der Akademie die Wahl von J.S.L. Kurdwanowski, J.B. de Chabert, L.J.R. de Cahusac in einer Woche vorzuschlagen
L. Euler legt zwei Abhandlungen von C. Walmesley über Geometrie vor.
Vortrag L. Euler, Specimen novae methodi quadraturas curvarum inveniendi
21. Juni 1753
I-IV-31, Bl. 110

Nr. 331
Gesamtsitzung - L.Euler anwesend -
28. Juni 1753
I-IV-31, Bl. 110

Nr. 332
Gesamtsitzung - L. Euler anwesend -
Vortrag L. Euler, De Problematis indeterminatis, quae videntur plusquam determinata
5. Juli 1753
I-IV-31, Bl. 110

Nr. 333-334
Gesamtsitzungen - L. Euler anwesend -
12. Juli, 19. Juli 1753
I-IV-31, Bl. 111

Nr. 335
Gesamtsitzung- L. Euler anwesend -
L. Euler verliest einen Auszug aus einem Brief über chemische Experimente und einen anderen über elektrische Experimente an kranken Personen
23. Aug. 1753
I-IV-31, Bl. 111

Nr. 336
Gesamtsitzung - L. Euler anwesend -
L. Euler verliest den Bericht über den Unfall, den G.W. Richmann bei elektrischen Experimenten mit Gewitterwolken erlitten hat.
30. Aug. 1753
I-IV-31, Bl. 111

Nr. 337
Gesamtsitzung - L. Euler anwesend -
6. Sept. 1753
I-IV-31, Bl. 112

Nr. 338
Gesamtsitzung - L. Euler anwesend -
Vortrag L. Euler, Theorie plus complette des Machines, qui agissent par la réaction de l'eau
13. Sept. 1753
I-IV-31, Bl. 112

Nr. 339-341
Gesamtsitzungen - L. Euler anwesend -
20. Sept., 27. Sept., 3. [4.] Okt. 1753
I-IV-31, Bl. 112-113

Nr.342
Gesamtsitzung - L. Euler anwesend -
Vortrag L. Euler, Principes généraux de l'etat d'équilibre d'un fluide
11. Okt. 1753
I-IV-31, Bl. 113

Nr. 343
Gesamtsitzung - L. Euler anwesend -
L. Euler legt eine hinterlassene Schrift von G. Cramer über die Lösung eines geometrischen Problems vor, die im nächsten Band der Akademieabhandlungen gedruckt werden soll.
18. Okt. 1753
I-IV-31, Bl. 113

Nr. 344
Gesamtsitzung - L. Euler anwesend -
Vortrag L. Euler, De frictione corporum rotantium
25. Okt. 1753
I-IV-31, Bl. 113

Nr. 345-347
Gesamtsitzungen - L. Euler anwesend -
1. Nov., 8. Nov., 15. Nov. 1753
I-IV-31, Bl. 114

Nr. 348
Gesamtsitzung - L. Euler anwesend -
L. Euler verliest die Abhandlung des Präsidenten P.-L.M. de Maupertuis "Sur le principe de la moindre action".
Vortrag L. Euler, Specimen de usu Observationum in Mathesi pura
22. Nov. 1753
I-IV-31, Bl. 114

Nr. 349-351
Gesamtsitzungen - L. Euler anwesend -
29. Nov., 6. Dez., 13. Dez. 1753
I-IV-31, Bl. 115

Nr. 352
Gesamtsitzung - L. Euler anwesend -
L. Euler berichtet der Akademie, daß der Kurator G.A. von Gotter in die Liste der Ehrenmitglieder aufzunehmen sei, was gebilligt wird.
20. Dez. 1753
I-IV-31, Bl. 115

Nr. 353
Gesamtsitzung - L. Euler anwesend -

L. Euler legt die eingesandten Abhandlungen für die Preisverleihung in diesem Jahr vor und verteilt sie zur Begutachtung an J.G. Sulzer und J. Kies.
L. Euler teilt ferner astronomische Beobachtungen aus Peking mit.
10. Jan. 1754
I-IV-31, Bl. 116

Nr. 354
Gesamtsitzung - L. Euler anwesend -
Vortrag L. Euler, Sur les Scies
17. Jan. 1754
I-IV-31, Bl. 116

Nr. 355
Gesamtsitzung - L. Euler anwesend -
24. Jan. 1754
I-IV-31, Bl. 116

Nr. 356
Gesamtsitzung - L. Euler anwesend -
Vortrag L. Euler, De Numeris
31. Jan. 1754
I-IV-31, Bl. 117

Nr. 357-358
Gesamtsitzungen - L. Euler anwesend -
7. Febr., 21. Febr. 1754
I-IV-31, Bl. 117

Nr. 359
Gesamtsitzung - L. Euler anwesend -
L. Euler verliest eine Abhandlung von D. Bernoulli "Sur les vibrations des cordes tendues".
28. Febr. 1754
I-IV-31, Bl. 118

Nr. 360
Gesamtsitzung - L. Euler anwesend -
7. März 1754
I-IV-31, Bl. 118

Nr. 361
Gesamtsitzung - L. Euler anwesend -
L. Euler verliest eine Abhandlung von D. Bernoulli "Sur le mélange de plusieurs especes de vibrations simples isochrones etc.".
14. März 1754
I-IV-31, Bl. 118

Nr. 362-364
Gesamtsitzungen - L. Euler anwesend -
21. März, 28. März, 4. Apr. 1754
I-IV-31, Bl. 118-119

Nr. 365
Gesamtsitzung - L. Euler anwesend -
L. Euler trägt eine Abhandlung zu den beiden Abhandlungen von D. Bernoulli vor, die er am 28.2. und 14.3.1754 verlesen hat.
25. Apr. 1754
I-IV-31, Bl. 119

Nr. 366
Gesamtsitzung - L. Euler anwesend -
2. Mai 1754
I-IV-31, Bl. 119

Nr. 367
Gesamtsitzung - L. Euler anwesend -
L. Euler teilt die in dem Brief von J.T. Mayer enthaltenen astronomischen Beobachtungen mit.
Vortrag L. Euler, Solutio generalis quorundam Problematum Diophanteorum etc.
9. Mai 1754
I-IV-31, Bl. 120

Nr. 368-369
Gesamtsitzungen - L. Euler anwesend -
16. Mai, 6. Juni 1754
I-IV-31, Bl. 120

Nr. 370
Gesamtsitzung - L. Euler anwesend -
L. Euler teilt einen Brief von Short mit, der die Beschreibung eines neu erfundenen Mikrometers enthält.
13. Juni 1754
I-IV-31, Bl. 121

Nr. 371
Gesamtsitzung - L. Euler anwesend -
20. Juni 1754
I-IV-31, Bl. 121

Nr. 372
Gesamtsitzung - L. Euler anwesend -
L. Euler verliest einen Brief von J.A. v. Segner über die Erfindung eines neuen geometrischen Instruments.
Vortrag L. Euler, De expressione integralium per factores

27. Juni 1754
I-IV-31, Bl. 121

Nr. 373-374
Gesamtsitzungen - L. Euler anwesend -
1. Juli, 3. [4.] Juli 1754
I-IV-31, Bl. 121-122

Nr. 375
Gesamtsitzung - L. Euler anwesend -
L. Euler schlägt im Auftrage des Präsidenten P.-L.M. de Maupertuis für die Wahl zu auswärtigen Mitgliedern in der nächsten Sitzung P.D. von Holbach, G.B. Morgagni, M.J.B.N. Daine und P. Collinson vor.
11. Juli 1754
I-IV-31, Bl. 122

Nr. 376
Gesamtsitzung - L. Euler anwesend -
18. Juli 1754
I-IV-31, Bl. 122

Nr. 377
Gesamtsitzung - L. Euler anwesend -
L. Euler schlägt im Auftrage des Präsidenten P.-L.M. de Maupertuis für die Wahl zu auswärtigen Mitgliedern in der nächsten Sitzung L. Turpin de Crissé, P.J. de Solignac, J.C.A. Helvetius und C.N. Le Cat vor.
Vortrag L. Euler, Examen d'une Controverse Sur la loi de réfraction des rayons de diverses couleurs
22. Aug. 1754
I-IV-31, Bl. 123

Nr. 378-379
Gesamtsitzungen - L. Euler anwesend -
28. [29.] Aug., 5. Sept. 1754
I-IV-31, Bl. 123-124

Nr. 380
Gesamtsitzung - L. Euler anwesend-
Vortrag L. Euler, Elémens de la Trigonométrie Sphérique, tirés de la Methode des plus grands et des plus petits
11. [12.] Sept. 1754
I-IV-31, Bl. 124

Nr. 381
Gesamtsitzung und Direktoriumssitzung - L. Euler anwesend -
L. Euler ist Mitunterzeichner des Protokolls der Direktoriumssitzung über Kapitalanlagen und über die Akademiebibliothek.

19. Sept. 1754
I-IV-31, Bl. 124

Nr. 382-383
Gesamtsitzungen - L. Euler anwesend -
26. Sept., 3. Okt. 1754
I-IV-31, Bl. 125

Nr. 384
Gesamtsitzung und Direktoriumssitzung - L. Euler anwesend -
L. Euler ist Mitunterzeichner des Protokolls der Direktoriumssitzung über die Köpenicker Maulbeerplantage und eine Kapitalanlage.
10. Okt. 1754
I-IV-31, Bl. 125

Nr. 385-386
Gesamtsitzungen - L. Euler anwesend -
17. Okt., 24. Okt. 1754
I-IV-31, Bl. 126

Nr. 387
Gesamtsitzung - L. Euler anwesend -
Vortrag L. Euler, Exposition de quelques paradoxes dans le calcul intégral
31. Okt. 1754
I-IV-31, Bl. 126

Nr. 388
Gesamtsitzung - L. Euler anwesend -
7. Nov. 1754
I-IV-31, Bl. 127

Nr. 389
Gesamtsitzung - L. Euler anwesend -
Vorträge L. Euler, Réflexions sur un Problème de Geométrie traitté par quelques Geomètres, et qui est néanmoins impossible; Sur le Projet que Mr l'Architecte Buchte a proposé pour la perfection des Moulins
15. [14.] Nov. 1754
I-IV-31, Bl. 127

Nr. 390
Gesamtsitzung - L. Euler anwesend -
21. Nov. 1754
I-IV-31, Bl. 127

Nr. 391
Gesamtsitzung - L. Euler anwesend -
Präsident P.-L.M. de Maupertuis schlägt für die Wahl zum ordentlichen

Mitglied der mathematischen Klasse in einer Woche den Sohn von L. Euler, J.A. Euler, vor.
28. Nov. 1754
I-IV-31, Bl. 127

Nr. 392
Gesamtsitzung - L. Euler anwesend -
Der Sohn von L. Euler, J.A. Euler, wird zum ordentlichen Akademiemitglied gewählt.
6. [5.] Dez. 1754
I-IV-31, Bl. 127

Nr. 393
Gesamtsitzung - L. Euler anwesend -
Vortrag L. Euler, Recherches Physiques Sur la diverse réfrangibilité des rayons de lumiere
12. Dez. 1754
I-IV-31, Bl. 128

Nr. 394
Gesamtsitzung - L. Euler anwesend -
L. Euler verliest die Abhandlung des Erfurter Professors Mangold "De differentia quarundam calcium sic dictarum auri".
19. Dez. 1754
I-IV-31, Bl. 128

Nr. 395
Gesamtsitzung - L. Euler anwesend -
L. Euler schlägt im Auftrage des Präsidenten für die Wahl zu auswärtigen Akademiemitgliedern in einer Woche A. Mayer, J.J. Soares de Barros e Vasconcellos, M. Maty und F.B. de Sauvages de la Croix vor.
L. Euler teilt die Abhandlung von Wartmann "Sur la force de la poudre à canon" mit.
9. Jan. 1755
I-IV-31, Bl. 128

Nr. 396-399
Gesamtsitzungen - L. Euler anwesend -
15. [16.] Jan., 23. Jan., 30. Jan., 6. Febr. 1755
I-IV-31, Bl. 129

Nr. 400
Gesamtsitzung - L. Euler anwesend -
L. Euler schlägt im Auftrage des Präsidenten P.-L.M. de Maupertuis für die Wahl zum auswärtigen Akademiemitglied in einer Woche C.P. de Robien vor.
Vortrag L. Euler, Theoremata circa residua ex divisione potestatum

relicta, et Demonstratio Theorematis et Solutio Problematis in Actis Erud. Lipsiensibus propositorum
14. [13.] Febr. 1755
I-IV-31, Bl. 130

Nr. 401
Gesamtsitzung - L. Euler anwesend -
L. Euler schlägt im Auftrage des Präsidenten P.-L.M. de Maupertuis für die Wahl zum ordentlichen Akademiemitglied in einer Woche L.I. de Beausobre und zum auswärtigen Mitglied N.L. de La Caille vor.
20. Febr. 1755
I-IV-31, Bl. 130

Nr. 402
Gesamtsitzung - L. Euler anwesend -
Vorträge L. Euler, Sur l'avantage du Banquier au jeu de pharaon; Solutio problematis de tribus numeris etc.
27. Febr. 1755
I-IV-31, Bl. 130

Nr. 403-405
Gesamtsitzung - L. Euler anwesend -
6. März, 13. März, 20. März 1755
I-IV-31, Bl. 131

Nr. 406
Gesamtsitzung - L. Euler anwesend -
L. Euler schlägt im Auftrage des Präsidenten für die Wahl zum ordentlichen Mitglied in einer Woche F.U.T. Aepinus und zum auswärtigen Mitglied J.B. de Secondat vor.
Vortrag J.A. Euler, De tempore descensus corporis ad centrum virium in ratione reciproca distantiarum attracti
10. Apr. 1755
I-IV-31, Bl. 132

Nr. 407
Gesamtsitzung - L. Euler anwesend -
L. Euler verliest die Abhandlung von F.B. de Sauvages "Recherches sur les Loix du mouvement du Sang dans les Vaisseaux".
17. Apr. 1755
I-IV-31, Bl. 132

Nr. 408
Gesamtsitzung - L. Euler anwesend -
Vortrag L. Euler, Sur la variation de la latitude des Etoiles, et l'obliquité de l'Ecliptique
24. Apr. 1755

I-IV-31, Bl. 133

Nr. 409-411
Gesamtsitzungen - L. Euler anwesend -
1. Mai, 28. [29.] Mai, 5. Juni 1755
I-IV-31, Bl. 133-134

Nr. 412
Gesamtsitzung - L. Euler anwesend -
Vortrag L. Euler, De integratione aequationum differentialium
12. Juni 1755
I-IV-31, Bl. 134

Nr. 413
Gesamtsitzung - L. Euler anwesend -
19. Juni 1755
I-IV-31, Bl. 134

Nr. 414
Gesamtsitzung - L. Euler anwesend -
L. Euler schlägt im Auftrage des Präsidenten P.-L.M. de Maupertuis für die Wahl zu auswärtigen Akademiemitgliedern in einer Woche J.E. Montucla und F. Roncalli-Parolino vor.
Vortrag L. Euler, Recherches pour servir à la perfection des Lunettes
26. Juni 1755
I-IV-31, Bl. 134

Nr. 415-416
Gesamtsitzungen - L. Euler anwesend -
3. Juli, 10. Juli 1755
I-IV-31, Bl. 134-135

Nr. 417
Direktoriumssitzung - L. Euler anwesend -
L. Euler schlägt vor, Friedrich II. um die Aufnahme der Hofpersonen in den Adreßkalender zu bitten. Er ist Mitunterzeichner des Sitzungsprotokolls über die Rechnungsabnahme und das Gesuch des Kupferstechers N.F. Sauerbrey.
12. Juli 1755
I-IV-31, Bl. 135

Nr. 418
Gesamtsitzung - L. Euler anwesend -
17. Juli 1755
I-IV-31, Bl. 135

Nr. 419
Gesamtsitzung - L. Euler anwesend -
L. Euler verliest einen Brief von L.F.A. Dilthey über einen Plan,

Indigo aus einer von diesem entdeckten Pflanze zu gewinnen.
J.A. Euler beginnt den Vortrag der Abhandlung "Theoria inclinationis acus Magneticae Experimentis confirmata.
21. Aug. 1755
I-IV-31, Bl. 136

Nr. 420
Gesamtsitzung - L. Euler anwesend -
28. Aug. 1755
I-IV-31, Bl. 136

Nr. 421
Gesamtsitzung - L. Euler anwesend -
Vortrag L. Euler, Principes généraux du Mouvement des Fluides
4. Sept. 1755
I-IV-31, Bl. 136

Nr. 422-424
Gesamtsitzungen - L. Euler anwesend -
11. Sept., 18. Sept., 25. Sept. 1755
I-IV-31, Bl. 137

Nr.,425
Gesamtsitzung - L. Euler anwesend -
L. Euler verliest das Dankschreiben von P. Rémont de Sainte Albine.
L. Euler setzt den Vortrag seiner Abhandlung "Principes généraux du mouvement des fluides" fort.
2. Okt. 1755
I-IV-31, Bl. 137

Nr. 426-430
Gesamtsitzungen - L. Euler anwesend -
9. Okt., 16. Okt., 23. Okt., 30. Okt., 6. Nov. 1755
I-IV-31, Bl. 138-139

Nr. 431
Gesamtsitzung - L. Euler anwesend -
L. Euler schlägt im Auftrage des Präsidenten P.-L.M. de Maupertuis die Wahl von H.G. Machnitzky zum auswärtigen Akademiemitglied in einer Woche vor.
13. Nov. 1755
I-IV-31, Bl. 139

Nr. 432
Gesamtsitzung - L. Euler anwesend -
20. Nov. 1755
I-IV-31, Bl. 139

Nr. 433
Gesamtsitzung - L. Euler anwesend
L. Euler verliest ein Schreiben des Präsidenten P.-L.M. de Maupertuis mit dem Vorschlag, P.J. de Jariges zum Ehrenmitglied der Akademie zu wählen.
J.A. Euler liest die Fortsetzung seines Vortrags "Theoria inclinationis acus Magneticae experimentis confirmata"
27. Nov. 1755
I-IV-31, Bl. 139-140

Nr. 434-436
Gesamtsitzungen - L. Euler anwesend -
4. Dez., 11. Dez., 18. Dez. 1755
I-IV-31, Bl. 140

Nr. 437
Gesamtsitzung - L. Euler anwesend -
8. Jan. 1756
I-IV-31, Bl. 141

Nr. 438
Gesamtsitzung - L. Euler anwesend -
Vortrag L. Euler, Recherches plus exactes sur l'effet des Moulins à vent
15. Jan. 1756
I-IV-31, Bl. 141

Nr. 439
Gesamtsitzung - L. Euler anwesend -
L. Euler beendet den Vortrag seiner Abhandlung "Sur les Moulins à vent".
22. Jan. 1756
I-IV-31, Bl. 141

Nr. 440
Gesamtsitzung - L. Euler anwesend -
29. Jan. 1756
I-IV-31, Bl. 142

Nr. 441
Gesamtsitzung - L. Euler anwesend -
L. Euler verliest einen Brief von J.A. Gesner über die neuen Entdeckungen in der Gerberei.
5. Febr. 1756
I-IV-31, Bl. 142

Nr. 442
Gesamtsitzung und anschließende Direktoriumssitzung

- L. Euler anwesend -
L. Euler ist Mitunterzeichner des Protokolls der Direktoriumssitzung über den Gärtner der Köpenicker Maulbeerplantage und des Botanischen Gartens.
12. Febr. 1756
I-IV-31, Bl. 142-143

Nr. 443
Gesamtsitzung - L. Euler anwesend -
19. Febr. 1756
I-IV-31, Bl. 143

Nr. 444
Gesamtsitzung - L. Euler anwesend -
Vortrag L. Euler, Principia Theoriae Machinarum
26. Febr. 1756
I-IV-31, Bl. 143

Nr. 445-448
Gesamtsitzungen - L. Euler anwesend -
4. März, 11. März, 19. [18.] März, 1. Apr. 1756
I-IV-31, Bl. 143-144

Nr. 449
Gesamtsitzung - L. Euler anwesend -
L. Euler schlägt im Auftrage des Präsidenten P.-L.M. de Maupertuis die Wahl des Herzogs von Nivernais L.J.B. Mancini-Mazarini zum auswärtigen Akademiemitglied vor, die sofort vorgenommen wird.
Vortrag L. Euler, Dilucidationes de resistentia fluidorum
8. Apr. 1756
I-IV-31, Bl. 145

Nr. 450
Gesamtsitzung - L. Euler anwesend -
29. Apr. 1756
I-IV-31, Bl. 145

Nr. 451
Gesamtsitzung - L. Euler anwesend -
L. Euler teilt einen Brief und eine Abhandlung von J.-L. Lagrange über das Prinzip der kleinsten Aktion mit.
7. [6.] Mai 1756
I-IV-31, Bl. 145

Nr. 452
Gesamtsitzung - L. Euler anwesend -
L. Euler berichtet, daß die mathematische Klasse den Preis für die beste eingesandte Abhandlung zur diesjährigen Preisaufgabe derjenigen

mit der Devise "Constituisti terminos ejus qui praeteriri non poterunt" zuerkannt habe.
13. Mai 1756
I-IV-31, Bl. 146

Nr. 453-455
Gesamtsitzungen - L. Euler anwesend -
20. Mai, 3. Juni, 24. Juni 1756
I-IV-31, Bl. 146-147

Nr. 456
Gesamtsitzung - L. Euler anwesend -
1. Juli 1756
Vortrag L. Euler, Règles générales pour la construction des Telescopes et des Microscopes
1. Juli 1756
I-IV-31, Bl. 147

Nr. 457
Gesamtsitzung - L. Euler anwesend -
8. Juli 1756
I-IV-31, Bl. 147

Nr. 458
Gesamtsitzung - L. Euler anwesend -
Vortrag L. Euler, Recherches sur les Lunettes à trois verres qui représentent les objets renversés
14. [15.] Juli 1756
I-IV-31, Bl. 147

Nr. 459
Gesamtsitzung - L. Euler anwesend -
22. Juli 1756
I-IV-31, Bl. 148

Nr. 460
Gesamtsitzung - L. Euler anwesend -
L. Euler schlägt auf Anordnung des Präsidenten P.-L.M. de Maupertuis die Wahl von J.-A. Sallé und J.-L. Lagrange zu auswärtigen Akademiemitgliedern in einer Woche vor.
26. Aug. 1756
I-IV-31, Bl. 148

Nr. 461
Gesamtsitzung - L. Euler anwesend -
L. Euler verliest die Abhandlung von J.J. Soares de Barros e Vasconcellos "Nouvelles équations pour la perfection de la théorie des Satellites".

2. Sept. 1756
I-IV-31, Bl. 148

Nr. 462
Gesamtsitzung - L. Euler anwesend -
L. Euler verliest das Programm für die Preisaufgabe der Manufakturgesellschaft von England.
Vortrag L. Euler, Analytica explicatio methodi maximorum et minimorum
9. Sept. 1756
I-IV-31, Bl. 148

Nr. 463
Gesamtsitzung - L. Euler anwesend -
Vortrag L. Euler, Elementa calculi variationum
16. Sept. 1756
I-IV-31, Bl. 149

Nr. 464
Gesamtsitzung - L. Euler anwesend -
L. Euler übergibt zwei Bände der Geschichte der Royal Society of London von T. Birch.
L. Euler beendet den Vortrag der Abhandlung von J.J. Soares de Barros e Vasconcellos "Nouvelles équations pour la perfection de la théorie des Satellites".
23. Sept. 1756
I-IV-31, Bl. 149

Nr. 465-467
Gesamtsitzungen - L. Euler anwesend -
30. Sept., 7. Okt., 14. Okt. 1756
I-IV-31, Bl. 149-150

Nr. 468
Gesamtsitzung - L. Euler anwesend -
Vortrag L. Euler, De integratione aequationum differentialium
21. Okt. 1756
I-IV-31, Bl. 150

Nr. 469
Gesamtsitzung - L. Euler anwesend -
28. Okt. 1756
I-IV-31, Bl. 150

Nr. 470
Gesamtsitzung - L. Euler anwesend -
Vortrag J.A. Euler, De Draconibus volantibus
4. Nov. 1756

I-IV-31, Bl. 150

Nr. 471-475
Gesamtsitzungen - L. Euler anwesend -
11. Nov., 18. Nov., 25. Nov., 2. Dez., 9. Dez. 1756
I-IV-31, Bl. 150-151

Nr. 476
Gesamtsitzung - L. Euler anwesend -
Vortrag L. Euler, De aequationibus differentialibus secundi gradus
16. Dez. 1756
I-IV-31, Bl. 151

Nr. 477
Gesamtsitzung - L. Euler anwesend -
6. Jan. 1757
I-IV-31, Bl. 152

Nr. 478
Gesamtsitzung - L. Euler anwesend -
L. Euler legt den ersten Band des "Traité de l'attaque et de la Défense des Places" von S.D. Le Fevre vor, der um die Führung des Titels Akademiemitglied auf dem Titelblatt seines Werkes nachsucht, was ihm gewährt wird.
14. [13.] Jan. 1757
I-IV-31, Bl. 152

Nr. 479-482
Gesamtsitzungen - L. Euler anwesend -
20. Jan., 27. Jan., 3. Febr., 10. Febr. 1757
I-IV-31, Bl. 152-153

Nr. 483
Gesamtsitzung - L. Euler anwesend -
J.B. Merian legt einen Brief von J. le Rond d'Alembert vom 4.2.1757 mit einem Auszug eines Briefes vom gleichen Datum vor, der dessen Meinungsstreit mit L. Euler über die Schwingung der Saiten betrifft und von dem d'Alembert wünsche, daß er in die Akademieabhandlungen aufgenommen werde. Nach einer Beratung wird beschlossen, den Auszug in die Akademieabhandlungen mit der Klausel aufzunehmen, daß sich L. Euler nicht gegen einen früheren Abdruck dieses Auszuges in den Akademieabhandlungen gewehrt habe, sondern daß die Akademie selbst einen solchen Meinungsstreit von ihren Abhandlungen fernhalten wollte.
Vortrag J.A. Euler, Data allitudine coni, determinare figuram basis, ut conus inter omnes alios ejusdem Superficies maximam habeat soliditatem
17. Febr. 1757

I-IV-31, Bl. 153

Nr. 484-488
Gesamtsitzungen - L. Euler anwesend -
24. Febr., 3. März, 10. März, 17. März, 24. März 1757
I-IV-31, Bl. 154-155

Nr. 489
Gesamtsitzung - L Euler anwesend -
L. Euler verliest eine Abhandlung von J.A. von Segner "Demonstratio Regulae Cartesii de cognoscendo numero radicum affirmativarum et negativarum quae possunt esse in aequatione".
31. März 1757
I-IV-31, Bl. 155

Nr. 490
Gesamtsitzung - L. Euler anwesend -
L. Euler legt der Akademie die Bände 3 und 4 der Geschichte der Royal Society of London von T. Birch vor.
21. Apr. 1757
I-IV-31, Bl. 155

Nr. 491-492
Gesamtsitzungen - L. Euler anwesend -
28. Apr., 5. Mai 1757
I-IV-31, Bl. 155-156

Nr. 493
Gesamtsitzung - L. Euler anwesend -
Vortrag J.A. Euler, De motu plani a vento abrepto.
10. [12.] Mai 1757
I-IV-31, Bl. 156

Nr. 494
Gesamtsitzung - L. Euler anwesend -
9. Juni 1757
I-IV-31, Bl. 156

Nr. 495
Gesamtsitzung - L. Euler anwesend -
L. Euler teilt der Akademie eine von G.C. Fagnano dei Toschi eingesandte Abhandlung über Geometrie mit.
Vortrag L. Euler, Expériences pour déterminer la réfraction de toutes sortes de liqueurs transparentes
23. Juni 1757
I-IV-31, Bl. 157

Nr. 496
Gesamtsitzung - L. Euler anwesend -

30. Juni 1757
I-IV-31, Bl. 157

Nr. 497
Direktoriumssitzung - L. Euler anwesend -
4. [5.] Juli 1757
I-IV-31, Bl. 157

Nr. 498-499
Gesamtsitzungen - L. Euler anwesend -
7. Juli, 14. Juli 1757
I-IV-31, Bl. 157

Nr. 500
Gesamtsitzung - L. Euler anwesend -
Vortrag L. Euler, Specimen Algorithmi Singularis
21. Juli 1757
I-IV-31, Bl. 157

Nr. 501
Gesamtsitzung - L. Euler anwesend -
25. Aug. 1757
I-IV-31, Bl. 158

Nr. 502
Gesamtsitzung - L. Euler anwesend -
Vortrag L. Euler, Sur la force des Colomnes
1. Sept. 1757
I-IV-31, Bl. 158

Nr. 503-505
Gesamtsitzungen - L. Euler anwesend -
8. Sept., 15. Sept., 22. Sept. 1757
I-IV-31, Bl. 158

Nr. 506
Gesamtsitzung - L. Euler anwesend -
Vortrag L. Euler, Recherches sur la déclinaison de l'Aiguille aimantée
29. Sept. 1757
I-IV-31, Bl. 159

Nr. 507
Gesamtsitzung - L. Euler anwesend -
6. Okt. 1757
I-IV-31, Bl. 159

Nr. 508
Gesamtsitzung - L. Euler anwesend -
Vortrag J.A. Euler, Sur la cause physique de l'electricité

13. Okt. 1757
I-IV-31, Bl. 159

Nr. 509-511
Gesamtsitzungen - L. Euler anwesend -
20. Okt., 27. Okt., 3. Nov. 1757
I-IV-31, Bl. 159-160

Nr. 512
Gesamtsitzung - L. Euler anwesend -
J.A. Euler beendet den Vortrag seiner Abhandlung über die Elektrizität.
10. Nov. 1757
I-IV-31, Bl. 160

Nr. 513
Gesamtsitzung - L. Euler anwesend -
17. Nov. 1757
I-IV-31, Bl. 160

Nr. 514
Gesamtsitzung - L. Euler anwesend -
Vortrag L. Euler, De modo quoentes in catinis poliuntur
24. Nov. 1757
I-IV-31, Bl. 160

Nr. 515-517
Gesamtsitzungen - L. Euler anwesend -
1. Dez., 8. Dez., 15. Dez. 1757
I-IV-31, Bl. 160-161

Nr. 518
Gesamtsitzung - L. Euler anwesend -
Vortrag L. Euler, Sur le Mouvement diurne des Planetes
12. Jan. 1758
I-IV-31, Bl. 161

Nr. 519-520
Gesamtsitzungen - L. Euler anwesend-
19. Jan., 26. Jan. 1758
I-IV-31, Bl. 161-162

Nr. 521
Gesamtsitzung - L. Euler anwesend -
Vortrag L. Euler, Sur la plus avantageuse construction des Lunettes à trois verres, qui réprésentent les objets debout
2. Febr. 1758
I-IV-31, Bl. 162

Nr. 522-524
Gesamtsitzungen - L. Euler anwesend -
9. Febr., 16. Febr., 23. Febr. 1758
I-IV-31, Bl. 162-163

Nr. 525
Gesamtsitzung - L. Euler anwesend -
Vortrag L. Euler, Solution d'une Question curieuse, qui ne paroit soumise à aucune analyse
2. März 1758
I-IV-31, Bl. 163

Nr. 526
Gesamtsitzung - L. Euler anwesend -
L. Euler verliest die von Dr. Gabry aus Den Haag an die Akademie eingesandte Abhandlung "Delineatio et observatio Aurorae Borealis die 16 Septembris 1757 Nov. st. facta Hagae Comitum".
9. März 1758
I-IV-31, Bl. 163

Nr. 527
Gesamtsitzung - L. Euler anwesend -
Vortrag L. Euler, Recherches sur la transformation des formules intégrales
16. März 1758
I-IV-31, Bl. 163

Nr. 528-530
Gesamtsitzungen - L. Euler anwesend -
6. Apr., 13. Apr., 20. Apr. 1758
I-IV-31, Bl. 163-164

Nr. 531
Gesamtsitzung - L. Euler anwesend -
Vortrag L. Euler, Remarques sur l'effet du frottement dans l'equilibre
27. Apr. 1758
I-IV-31, Bl. 164

Nr. 532-533
Gesamtsitzungen - L. Euler anwesend -
25. Mai, 1. Juni 1758
I-IV-31, Bl. 164

Nr. 534
Gesamtsitzung - L. Euler anwesend -
L. Euler legt die Abhandlung von F.U.T. Aepinus "Theoria centri oscillationis ex principio minimae actionis" vor.

Vortrag L. Euler, Theoremata Arithmetica nova Methodo demonstrata
8. Juni 1758
I-IV-31, Bl. 165

Nr. 535-537
Gesamtsitzungen - L. Euler anwesend -
15. Juni, 22. Juni, 29. Juni 1758
I-IV-31, Bl. 165

Nr. 538
Gesamtsitzung - L. Euler anwesend -
L. Euler legt die Abhandlung von G. Tartini "Sur la Musique" vor.
Vortrag L. Euler, Recherches sur la connoissance mécanique des corps
6. Juli 1758
I-IV-31, Bl. 165

Nr. 539
Gesamtsitzung - L. Euler anwesend -
13. Juli 1758
I-IV-31, Bl. 166

Nr. 540
Gesamtsitzung - L. Euler anwesend -
Vorträge L. Euler, Annotationes in locum, quendam Cartesii ad Circuli quadraturam spectantem; Sur l'avantage du Banquier au jeu de Pharaon
20. Juli 1758
I-IV-31, Bl. 166

Nr. 541
Gesamtsitzung - L. Euler anwesend -
L. Euler verliest die Abhandlung von N. de Beguelin "Sur la découverte d'un Chiffre proposé par feu M^{r} le Professeur Hermann comme absolument indéchiffrable"
31. Aug. 1758
I-IV-31, Bl. 166

Nr. 542
Gesamtsitzung - L. Euler anwesend -
7. Sept. 1758
I-IV-31, Bl. 166

Nr. 543
Direktoriumssitzung - L. Euler anwesend -
L. Euler ist Mitunterzeichner des Sitzungsprotokolls über die Köpenicker Maulbeerplantage und den Botanischen Garten.
12. Sept. 1758
I-IV-31, Bl. 167

Nr. 544
Gesamtsitzung - L. Euler anwesend -
14. Sept. 1758
I-IV-31, Bl. 167

Nr. 545
Gesamtsitzung - L. Euler anwesend -
Vorträge L. Euler, De resolutione formularum quadraticarum indeterminatarum per numeros integros; Sur la perfection des Lunettes Astronomiques, qui présentent les objets renversés
21. Sept. 1758
I-IV-31, Bl. 167

Nr. 546
Gesamtsitzung - L. Euler anwesend -
28. Sept. 1758
I-IV-31, Bl. 168

Nr. 547
Gesamtsitzung - L. Euler anwesend -
Vortrag J.A. Euler, Recherches des mouvemens d'un Globe sur un plan horizontal
5. Okt. 1758
I-IV-31,Bl. 168

Nr. 548-550
Gesamtsitzungen - L. Euler anwesend -
12. Okt., 19. Okt., 26. Okt. 1758
I-IV-31, Bl. 168-169

Nr. 551
Gesamtsitzung - L. Euler anwesend -
L. Euler legt den letzten Band der "Transactions Philosophiques" vor.
2. Nov. 1758
I-IV-31, Bl. 169

Nr. 552
Gesamtsitzung - L. Euler anwesend -
Vorträge L. Euler, Constructio aequationis differentis - differentialis; Du mouvement de rotation d'un corp solide autour d'un axe variable
9. Nov. 1758
I-IV-31, Bl. 169

Nr. 553
Gesamtsitzung - L. Euler anwesend -
16. Nov. 1758
I-IV-31, Bl. 169

Nr. 554
Gesamtsitzung - L. Euler anwesend -
Vorträge L. Euler, De progressionibus arcuum circularium, quorum tangentes secundum certam legem procedunt; Recherches des forces dont les corps sont sollicités en tant qu'ils ne sont pas sphériques
23. Nov. 1758
I-IV-31, Bl. 170

Nr. 555-557
Gesamtsitzungen - L. Euler anwesend -
30. Nov., 7. Dez., 14. Dez. 1758
I-IV-31, Bl. 170-171

Nr. 558
Gesamtsitzung - L. Euler anwesend -
J.A. Euler setzt den Vortrag seiner Abhandlung "Recherches Sur le mouvement d'un Globe Sur un plan horizontal" fort.
21. Dez. 1758
I-IV-31, Bl. 171

Nr. 559
Gesamtsitzung - L. Euler anwesend -
11. Jan. 1759
I-IV-31, Bl. 171

Nr. 560
Gesamtsitzung - L. Euler anwesend -
Vortrag L. Euler, Recherches sur le mouvement de rotation des corps celestes
18. Jan. 1759
I-IV-31, Bl. 172

Nr. 561-563
Gesamtsitzungen - L. Euler anwesend -
25. Jan., 1. Febr.,15. Febr. 1759
I-IV-31, Bl. 172-173

Nr. 564
Gesamtsitzung - L. Euler anwesend -
Vortrag L. Euler, Réflexions sur le mouvement de libration de la Lune
22. Febr. 1759
I-IV-31, Bl. 173

Nr. 565
Gesamtsitzung - L. Euler anwesend -
1. März 1759

I-IV-31, Bl. 173

Nr. 566
Gesamtsitzung - L. Euler anwesend -
Vorträge L. Euler, Investigatio functionum et data differentialium conditione; Determination de la Figure de la Terre par des Observations de la Lune
8. März 1759
I-IV-31, Bl. 174

Nr. 567-569
Gesamtsitzungen - L. Euler anwesend -
15. März, 22. März, 29. März 1759
I-IV-31, Bl. 174

Nr. 570
Gesamtsitzung - L. Euler anwesend -
Vortrag L. Euler, De motu corporis ad duo centra virium attracti
5. Apr. 1759
I-IV-31, Bl. 175

Nr. 571
Gesamtsitzung - L. Euler anwesend -
26. Apr. 1759
I-IV-31, Bl. 175

Nr. 572
Gesamtsitzung - L. Euler anwesend -
Vortrag L. Euler, Sur les Lunettes à trois verres, qui représentent les objets debout
3. Mai 1759
I-IV-31, Bl. 175

Nr. 573-577
Gesamtsitzungen - L. Euler anwesend -
10. Mai, 17. Mai, 31. Mai, 21. Juni, 28. Juni 1759
I-IV-31, Bl. 176-177

Nr. 578
Gesamtsitzung - L. Euler anwesend -
Vortrag L. Euler, Cogitationes de aggeribus construendis
5. Juli 1759
I-IV-31, Bl. 177

Nr. 579
Gesamtsitzung - L. Euler anwesend -
12. Juli 1759
I-IV-31, Bl. 178

Nr. 580
Direktoriumssitzung - L. Euler anwesend -
L. Euler ist Mitunterzeichner des Sitzungsprotokolls über die Köpenicker Maulbeerplantage und den Botanischen Garten.
16. Juli 1759
I-IV-31, Bl. 178

Nr. 581
Gesamtsitzung - L. Euler anwesend -
Vortrag J.A. Euler, Recherches sur le dérangement du mouvement d'une Planete par l'action d'une autre Planete, ou Comete
19. Juli 1759
I-IV-31, Bl. 178

Nr. 582
Gesamtsitzung - L. Euler anwesend -
23. Aug. 1759
I-IV-31, Bl. 179

Nr. 583
Gesamtsitzung - L. Euler anwesend -
L. Euler legt einen Brief von J.-L. Lagrange an den verstorbenen Präsidenten P.-L.M. de Maupertuis vor.
30. Aug. 1759
I-IV-31, Bl. 179

Nr. 584-585
Gesamtsitzungen - L. Euler anwesend -
6. Sept., 13. Sept. 1759
I-IV-31, Bl. 179

Nr. 586
Gesamtsitzung - L. Euler anwesend -
Vortrag L. Euler, Du mouvement des absides des Satellites de Jupiter
20. Sept. 1759
I-IV-31, Bl. 180

Nr. 587
Gesamtsitzung - L. Euler anwesend -
27. Sept. 1759
I-IV-31, Bl. 180

Nr. 588
Gesamtsitzung - L. Euler anwesend -
Vortrag L. Euler, De reductione formularum integralium ad rectificationem Ellipseos et Hyperbolae
4. Okt. 1759
I-IV-31, Bl. 180

Nr. 589-591
Gesamtsitzungen - L. Euler anwesend -
11. Okt., 18. Okt., 25. Okt. 1759
I-IV-31, Bl. 180-181

Nr. 592
Gesamtsitzung - L. Euler anwesend -
Vortrag L. Euler, Sur la propagation du Son
1. Nov. 1759
I-IV-31, Bl. 181

Nr. 593
Gesamtsitzung - L. Euler anwesend -
8. Nov. 1759
I-IV-31, Bl. 182

Nr. 594
Gesamtsitzung - L. Euler anwesend -
Vortrag L. Euler, De motu vibratorio fili flexilis corpusculis quotcunque onusti
15. Nov. 1759
I-IV-31, Bl. 182

Nr. 595-597
Gesamtsitzungen - L. Euler anwesend -
22. Nov., 30. [29.] Nov., 6. Dez. 1759
I-IV-31, Bl. 182

Nr. 598
Gesamtsitzung - L. Euler anwesend -
L. Euler trägt einen Nachtrag zu seinem Vortrag "Recherches sur la propogation du son" vor.
13. Dez. 1759
I-IV-31, Bl. 183

Nr. 599
Gesamtsitzung - L. Euler anwesend -
10. Jan. 1760
I-IV-31, Bl. 183

Nr. 600
Gesamtsitzung - L. Euler anwesend -
L. Euler verliest einen Brief, der der Akademie den Tod des auswärtigen Mitglieds N. Bernoulli aus Basel mitteilt.
L. Euler beendet seinen Vortrag "Recherches sur la propagation du son"
17. Jan. 1760
I-IV-31, Bl. 184

Nr. 601-604
Gesamtsitzungen - L. Euler anwesend -
24. Jan., 31. Jan., 7. Febr., 14. Febr. 1760
I-IV-31, Bl. 184-185

Nr. 605
Gesamtsitzung - L. Euler anwesend -
Vortrag L. Euler, De motu vibratorio chordarum inaequaliter crassarum
21. Febr. 1760
I-IV-31, Bl. 185

Nr. 606
Gesamtsitzung - L. Euler anwesend -
28. Febr. 1760
I-IV-31, Bl. 185

Nr. 607
Gesamtsitzung - L. Euler anwesend -
L. Euler beginnt mit der Verlesung einer Abhandlung von J.E. Silberschlag "Sur les Catapultes".
6. März 1760
I-IV-31, Bl. 185

Nr. 608
Gesamtsitzung - L. Euler anwesend -
13. März 1760
I-IV-31, Bl. 186

Nr. 609
Gesamtsitzung - L. Euler anwesend -
L. Euler setzt die Verlesung der Abhandlung von J.E. Silberschlag "Sur les Catapultes" fort.
20. März 1760
I-IV-31, Bl. 186

Nr. 610
Gesamtsitzung - L. Euler anwesend -
27. März 1760
I-IV-31, Bl. 186

Nr. 611
Gesamtsitzung - L. Euler anwesend -
L. Euler beendet die Verlesung der Abhandlung von J.E. Silberschlag "Sur les Catapultes".
18. [17.] Apr. 1760
I-IV-31, Bl. 186

Nr. 612-615
Gesamtsitzungen - L. Euler anwesend -
24. Apr., 1. Mai, 8. Mai, 5. Juni 1760
I-IV-31, Bl. 186-187

Nr. 616
Gesamtsitzung - L. Euler anwesend -
L. Euler teilt einen Brief von J.J. Lalande über die in Frankreich stattfindenden Vorbereitungen zur Beobachtung des Venusdurchgangs durch die Sonne im Jahre 1761 mit.
12. Juni 1760
I-IV-31, Bl. 188

Nr. 617-619
Gesamtsitzungen - L. Euler anwesend -
19. Juni, 26. Juni, 3. Juli 1760
I-IV-31, Bl. 188

Nr. 620
Gesamtsitzung - L. Euler anwesend -
Vortrag L. Euler, Conjectures sur la raison de quelques dissonances généralement reçues dans la Musique
10. Juli 1760
I-IV-31, Bl. 189

Nr. 621-623
Gesamtsitzungen - L. Euler anwesend -
17. Juli, 4. Sept., 11. Sept. 1760
I-IV-31, Bl. 189

Nr. 624
Gesamtsitzung - L. Euler anwesend -
L. Euler hält eine kurze Ansprache zum Tode des Direktors der physikalischen Klasse J.T. Eller. Darauf verkündet er die sofortige Wahl eines neuen Direktors dieser Klasse. Nach erfolgter Abstimmung ist A.S. Marggraf zum Direktor gewählt.
18. Sept. 1760
I-IV-31, Bl. 190

Nr. 625
Gesamtsitzung und anschließende Direktoriumssitzung
- L. Euler anwesend -
Vortrag L. Euler, Tentamen de sono campanarum
Die Direktoren beschließen u. a., Friedrich II. um die Gewährung von Gehältern für J.P. Süßmilch, J.F. Meckel und für J.A. Euler in seiner Eigenschaft als Astronom der Akademie zu bitten.
25. Sept. 1760

I-IV-31, Bl. 190

Nr. 626
Gesamtsitzung - L. Euler anwesend -
2. Okt. 1760
I-IV-31, Bl. 191

Nr. 627
Gesamtsitzung - L. Euler anwesend -
L. Euler verliest das Protestschreiben von J.H. Pott gegen die Wahl des Direktors der physikalischen Klasse.
16. Okt. 1760
I-IV-31, Bl. 191

Nr. 628-631
Gesamtsitzungen - L. Euler anwesend -
23. Okt., 30. Okt., 6. Nov., 13. Nov. 1760
I-IV-31, Bl. 191-192

Nr. 632
Gesamtsitzung - L. Euler anwesend -
Vortrag J.A. Euler, Sur le mouvement d'un Globe sur un plan horizontal
20. Nov. 1760
I-IV-31, Bl. 193

Nr. 633
Gesamtsitzung - L. Euler anwesend -
L. Euler verliest einen Brief der Witwe von J.T. Eller mit der Kopie eines Artikels aus dem Testament von J.T. Eller, aus dem hervorgeht, daß J.T. Eller der Akademie ein Legat vermacht hat.
L. Euler verliest einen Brief von J.H. Lambert über "Expériences Sur le mouvement du pendule dans le plein et dans le vuide".
27. Nov. 1760
I-IV-31, Bl. 193

Nr. 634
Gesamtsitzung - L. Euler anwesend -
J.A. Euler setzt seinen Vortrag "Sur le mouvement d'un Globe sur un plan horizontal" fort.
4. Dez. 1760
I-IV-31, Bl. 193

Nr. 635
Gesamtsitzung - L. Euler anwesend -
L. Euler verliest einen Brief von Frau Becmann, der den Tod des ordentlichen Akademiemitglieds B.L. Becmann mitteilt.
11. Dez. 1760

I-IV-31, Bl. 193

Nr. 636
Gesamtsitzung - L. Euler anwesend -
18. Dez. 1760
I-IV-31, Bl. 194

Nr. 637
Gesamtsitzung - L. Euler anwesend -
L. Euler übergibt dem Sekretar J.-H.S. Formey 100 Jetons, von denen 20 an die anwesenden Akademiemitglieder verteilt werden.
8. Jan. 1761
I-IV-31, Bl. 194-195

Nr. 638
Direktoriumssitzung - L. Euler anwesend -
L. Euler verliest einen Brief von Frau Humbert, die den Tod ihres Mannes, des ordentlichen Akademiemitglieds A. de Humbert, mitteilt. L. Euler berichtet ferner, daß der Kalenderfaktor in Königsberg befürchte, vom russischen Gouvernement gestört zu werden, und verliest eine Instruktion für den Kalenderfaktor, die gebilligt wird.
16. [15.] Jan. 1761
I-IV-31, Bl. 195

Nr. 639
Gesamtsitzung - L. Euler anwesend -
16. 15. Jan. 1761
I-IV-31, Bl. 195

Nr. 640
Gesamtsitzung - L. Euler anwesend -
Vortrag L. Euler, De motu vibratorio tympanorum
22. Jan. 1761
I-IV-31, Bl. 195

Nr. 641-642
Gesamtsitzungen - L. Euler anwesend -
29. Jan., 5. Febr. 1761
I-IV-31, Bl. 196

Nr. 643
Gesamtsitzung - L. Euler anwesend -
Vortrag L. Euler, Demonstratio Theorematis Bernoulliani, quod ex evolutione cujuscunque curvae rectangulae in infinitum continuata cycloides tandem nascantur
12. Febr. 1761
I-IV-31, Bl. 196

Nr. 644-645
Gesamtsitzungen - L. Euler anwesend -
19. Febr., 26. Febr. 1761
I-IV-31, Bl. 197

Nr. 646
Gesamtsitzung - L. Euler anwesend -
L. Euler verliest einen Antrag von von Wedel, der einen Vorschlag des Akademiejustitiars J.C. Uhden zur Erhöhung der Akademieeinkünfte enthält.
5. März 1761
I-IV-31, Bl. 197

Nr. 647
Gesamtsitzung - L. Euler anwesend -
Vortrag L. Euler, Constructio lentium objectivarum ex duplici vitro etc.
12. März 1761
I-IV-31, Bl. 197

Nr. 648
Gesamtsitzung - L. Euler anwesend -
2. Apr. 1761
I-IV-31, Bl. 198

Nr. 649
Gesamtsitzung - L. Euler anwesend -
Vortrag J.A. Euler, Disquisitio de lentibus objectivis ex aqua et vitro parandis
9. Apr. 1761
I-IV-31, Bl. 198

Nr. 650-651
Gesamtsitzungen - L. Euler anwesend -
16. Apr., 23. Apr. 1761
I-IV-31, Bl. 198

Nr. 652
Gesamtsitzung - L. Euler anwesend -
L. Euler verliest eine von dem Pariser Advokaten Prolange eingesandte Abhandlung über eine Berechnung von Parallaxen.
Vortrag L. Euler, Dilucidationes de Tautochronis in medio resistente
28. Mai 1761
I-IV-31, Bl. 199

Nr. 653
Gesamtsitzung - L. Euler anwesend -
11. Juni 1761

I-IV-31, Bl. 200

Nr. 654
Gesamtsitzung - L. Euler nicht anwesend -
Vortrag J.A. Euler, Pensées sur la nature du milieu dans lequel les Planetes se meuvent.
18. Juni 1761
I-IV-31, Bl. 200

Nr. 655-657
Gesamtsitzungen - L. Euler anwesend -
25. Juni, 2. Juli, 10. [9.] Juli 1761
I-IV-31, Bl. 200

Nr. 658
Gesamtsitzung - L. Euler anwesend -
18. [16.] Juli 1761
I-IV-31, Bl. 201

Nr. 659
Direktoriumssitzung - L. Euler anwesend -
6. Aug. 1761
I-IV-31, Bl. 201

Nr. 660
Gesamtsitzung - L. Euler anwesend -
27.Aug. 1761
I-IV-31, Bl. 202

Nr. 661
Gesamtsitzung - L. Euler anwesend -
Vortrag L. Euler, De insigni promotione Methodi tangentium inversae
3. Sept. 1761
I-IV-31, Bl. 202

Nr. 662-664
Gesamtsitzungen - L. Euler anwesend -
10. Sept., 17. Sept. 24. Sept. 1761
I-IV-31, Bl. 202-203

Nr. 665
Gesamtsitzung - L. Euler anwesend -
Vortrag J.A. Euler, Expériences sur la quantité de réfraction des fluides
1. Okt. 1761
I-IV-31, Bl. 203

Nr. 666
Gesamtsitzung - L. Euler anwesend -

8. Okt. 1761
I-IV-31, Bl. 203

Nr. 667
Gesamtsitzung - L. Euler anwesend -
Vortrag L. Euler, Considérations des difficultés qu'on rencontre dans des verres objectifs, delivrés de toute confusion
15. Okt. 1761
I-IV-31, Bl. 203

Nr. 668-670
Gesamtsitzungen - L. Euler anwesend -
22. Okt., 29. Okt., 5. Nov. 1761
I-IV-31, Bl. 204

Nr. 671
Gesamtsitzung - L. Euler anwesend -
Vortrag L. Euler, De Telescopiis quatuor lentibus instructis, quibus objecta situ erecto repraesentantur, eorumque perfectione
12. Nov. 1761
I-IV-31, Bl. 204

Nr. 672
Gesamtsitzung - L. Euler anwesend -
19. Nov. 1761
I-IV-31, Bl. 205

Nr. 673
Gesamtsitzung - L. Euler anwesend -
Vortrag L. Euler, Recherches sur les Microscopes simples et les moyens de les perfectionner
26. Nov. 1761
I-IV-31, Bl. 205

Nr. 674-676
Gesamtsitzungen - L. Euler anwesend -
3. Dez., 11. 10. Dez., 17. Dez. 1761
I-IV-31, Bl. 205-206

Nr. 677
Gesamtsitzung - L. Euler anwesend -
Vortrag L. Euler, Recherches sur les Microscopes à trois verres et sur les moyens de les perfectionner
7. Jan. 1762
I-IV-31, Bl. 206

Nr. 678
Gesamtsitzung - L. Euler anwesend -
14. Jan. 1762

I-IV-31, Bl. 206

Nr. 679
Gesamtsitzung - L. Eulèr anwesend -
J.A. Euler beendet den Vortrag seiner Abhandlung "Sur la réfraction des fluides"
21. Jan. 1762
I-IV-31, Bl. 207

Nr. 680-683
Gesamtsitzungen - L. Euler anwesend -
28. Jan., 4. Febr., 11. Febr., 18. Febr. 1762
I-IV-31, Bl. 207-208

Nr. 684
Gesamtsitzung - L. Euler anwesend -
Vortrag L. Euler, Recherches sur les Telescopes à réflexion, et sur les moyens de les perfectionner
25. Febr. 1762
I-IV-31, Bl. 208

Nr. 685
Gesamtsitzung - L. Euler anwesend -
4. März 1762
I-IV-31, Bl. 208

Nr. 686
Gesamtsitzung - L. Euler anwesend -
Vortrag J.A. Euler, De l'influence de la chaleur sur la réfraction des fluides
11. März 1762
I-IV-31, Bl. 208

Nr. 687-689
Gesamtsitzungen - L. Euler anwesend -
18. März, 25. März, 1. Apr. 1762
I-IV-31, Bl. 209

Nr. 690
Gesamtsitzung - L. Euler anwesend -
Vortrag L. Euler, Considerationes de motu corporum coelestium
22. Apr. 1762
I-IV-31, Bl. 209

Nr. 691
Gesamtsitzung - L. Euler anwesend -
29. Apr. 1762
I-IV-31, Bl. 210

Nr. 692
Gesamtsitzung - L. Euler nicht anwesend -
Vortrag J.A. Euler, Von der Verhältniss der Kräfften, welche auf den Mond würcken, zu seiner mittleren bewegung, wie auch mittlere entfernung von der Erde.
6. Mai 1762
I-IV-31, Bl. 210

Nr. 693-696
Gesamtsitzungen - L. Euler anwesend -
13. Mai, 3. Juni, 10. Juni, 17. Juni 1762
I-IV-31, Bl. 210-211

Nr. 697
Gesamtsitzung - L. Euler anwesend -
L. Euler verliest einen Auszug aus dem Brief von J.J. Lalande über astronomische Fragen.
Vorträge L. Euler, Sur les moyens de procurer aux Telescopes à réflexion un plus grand champ; Recherches sur une autre construction des Telescopes à réflexion.
24. Juni 1762
I-IV-31, Bl. 212

Nr. 698
Gesamtsitzung - L. Euler anwesend -
1. Juli 1762
I-IV-31, Bl.212

Nr. 699
Gesamtsitzung - L. Euler anwesend -
Vortrag L. Euler, Nouvelle Methode de déterminer les dérangemens dans les Corps celestes, causés par leur action mutuelle.
8. Juli 1762
I-IV-31, Bl. 212

Nr. 700
Gesamtsitzung - L. Euler anwesend -
15. Juli 1762
I-IV-31, Bl. 212

Nr. 701
Direktoriumssitzung - L. Euler anwesend -
21. Juli 1762
I-IV-31, Bl. 213

Nr. 702-703
Gesamtsitzungen - L. Euler anwesend -
22. Juli, 26. Aug. 1762
I-IV-31, Bl. 213

Nr. 704
Gesamtsitzung - L. Euler anwesend -
Vortrag L. Euler, Sur la confusion que cause dans les Instrumens de Dioptrique la diverse réfrangibilité des rayons
2. Sept. 1762
I-IV-31, Bl. 213

Nr. 705
Gesamtsitzung - L. Euler anwesend -
9. Sept. 1762
I-IV-31, Bl. 214

Nr. 706
Gesamtsitzung - L. Euler anwesend -
Vortrag L. Euler, Considérations sur les nouvelles Lunettes d'Angleterre de Mr Dollond, et Sur le principe qui en est le fondement
16. Sept. 1762
I-IV-31, Bl. 214

Nr. 707-708
Gesamtsitzungen - L. Euler anwesend -
23. Sept., 30. Sept. 1762
I-IV-31, Bl. 214

Nr. 709
Gesamtsitzung - L. Euler anwesend -
J.A. Euler legt der Akademie die Abhandlung "Sur la résistance des l'Ether" vor, die er hat drucken lassen.
7. Okt. 1762
I-IV-31, Bl. 215

Nr. 710
Gesamtsitzung - L. Euler anwesend -
Vortrag L. Euler, Supplementum de figura dentium rotarum
14. Okt. 1762
I-IV-31, Bl. 215

Nr. 711
Gesamtsitzung - L. Euler anwesend -
21. Okt. 1762
I-IV-31, Bl. 215

Nr. 712
Gesamtsitzung - L. Euler anwesend -
Vortrag L. Euler, Un corps étant attiré en raison réciproque quarrée des distances vers deux points fixes données, trouver les cas où la courbe décrite par ce corps sera algébrique

28. Okt. 1762
I-IV-31, Bl. 215

Nr. 713-715
Gesamtsitzungen - L. Euler anwesend -
4. Nov., 11. Nov., 18. Nov. 1762
I-IV-31, Bl. 216

Nr. 716
Gesamtsitzung - L. Euler anwesend -
Vortrag L. Euler, Disquisitio de vera lege refractionis radiorum diversi colorum
25. Nov. 1762
I-IV-31, Bl. 216

Nr. 717
Gesamtsitzung - L. Euler anwesend -
2. Dez. 1762
I-IV-31, Bl. 217

Nr. 718
Gesamtsitzung - L. Euler anwesend -
Vortrag L. Euler, De usu functionum discontinuarum in Analysi
9. Dez. 1762
I-IV-31, Bl. 217

Nr. 719
Gesamtsitzung - L. Euler anwesend -
16. Dez. 1762
I-IV-31, Bl. 217

Nr. 720
Gesamtsitzung - L. Euler anwesend -
J.A. Euler legt die meteorologischen Tafeln vor, die er für 1762 angefertigt hat.
6. Jan. 1763
I-IV-31, Bl. 217

Nr. 721
Gesamtsitzung - L. Euler anwesend -
13. Jan. 1763
I-IV-31, Bl. 218

Nr. 722
Gesamtsitzung - L. Euler anwesend -
Vortrag L. Euler, De Phaenomenis Coeli per segmenta sphaerica diaphana spectati
20. Jan. 1763
I-IV-31, Bl. 218

Nr. 723-724
Gesamtsitzungen - L. Euler anwesend -
27. Jan., 3. Febr. 1763
I-IV-31, Bl. 218-219

Nr. 725
Gesamtsitzung - L. Euler anwesend -
Vortrag J.A. Euler, Réflexions sur un Probleme qu'on trouve dans l'Astronomie nautique de Mr de Maupertuis
10. Febr. 1763
I-IV-31, Bl. 219

Nr. 726-728
Gesamtsitzungen - L. Euler anwesend -
17. Febr., 24. Febr., 3. März 1763
I-IV-31, Bl. 219-220

Nr. 729
Gesamtsitzung - L. Euler anwesend -
Vortrag L. Euler, Réflexions sur une espece singuliere de Lotterie, nommée Lotterie Génoise
11. [10.] März 1763
I-IV-31, Bl. 220

Nr. 730
Gesamtsitzung - L. Euler anwesend -
17. März 1763
I-IV-31, Bl. 220

Nr. 731
Gesamtsitzung - L. Euler anwesend -
Vortrag L. Euler, Investigatio accuratior phaenomenorum motus diurni Terrae etc.
24. März 1763
I-IV-31, Bl. 220

Nr. 732-734
Gesamtsitzungen - L. Euler anwesend -
14. Apr., 21. Apr., 28. Apr. 1763
I-IV-31, Bl. 221

Nr. 735
Gesamtsitzung - L. Euler anwesend -
Vortrag L. Euler, De Telescopiis quatuor lentibus instructis, eorumque perfectione
5. Mai 1763
I-IV-31, Bl. 221

Nr. 736
Physikalische Klasse - L. Euler anwesend -
L. Euler berichtet, daß man eine Abhandlung über das Gehör eingesandt habe, die den Preis der Preisaufgabe über das Gehör zu verdienen scheine.
21. Mai 1763
I-IV-31, Bl. 222

Nr. 737
Mathematische Klasse - L. Euler anwesend -
L. Euler berichtet schriftlich dem Sekretar J.-H.S. Formey, daß die Mitglieder der mathematischen Klasse den Preis zur Preisaufgabe über das Gehör einer deutschen Abhandlung mit der Devise "Documenta sunt ut plurimum optima documenta etc." zuerkannt haben.
31. Mai 1763
I-IV-31, Bl. 222

Nr. 738-741
Gesamtsitzungen - L. Euler anwesend -
2. Juni, 9. Juni, 16. Juni, 23. Juni 1763
I-IV-31, Bl. 223-224

Nr. 742
Gesamtsitzung - L. Euler anwesend -
Vortrag J.A. Euler, Résolution de quelques Problemes qui regardent la quantité des figures des Nombres
30. Juni 1763
I-IV-31, Bl. 224

Nr. 743
Gesamtsitzung - L. Euler anwesend -
L. Euler und J.A. Euler übernehmen die Begutachtung von zwei Abhandlungen, die der Koblenzer Pastor Meyen eingeschickt hat.
7. Juli 1763
I-IV-31, Bl. 224

Nr. 744
Gesamtsitzung - L. Euler anwesend -
Vortrag L. Euler, Sur le mouvement d'un Corps attiré vers deux centres qu'on suppose fixes
14. Juli 1763
I-IV-31, Bl. 224-225

Nr. 745
Gesamtsitzung - L. Euler anwesend -
22. [21.] Juli 1763
I-IV-31, Bl. 225

Nr. 746
Direktoriumssitzung zur Rechnungsabnahme - L. Euler anwesend -
28. Juli 1763
I-IV-31, Bl. 225

Nr. 747-748
Gesamtsitzungen - L. Euler anwesend -
25. Aug., 1. Sept. 1763
I-IV-31, Bl. 226

Nr. 749
Gesamtsitzung - L. Euler anwesend -
L. Euler teilt der Akademie die Ergebnisse der Beobachtungen über den Durchgang der Venus durch die Sonne mit.
Vortrag L. Euler, Recherches sur les courbures des Surfaces
8. Sept. 1763
I-IV-31, Bl. 226

Nr. 750
Gesamtsitzung - L. Euler anwesend -
15. Sept. 1763
I-IV-31, Bl. 226

Nr. 751
Gesamtsitzung - L. Euler anwesend -
Vortrag L. Euler, Proprietates triangulorum quorum anguli inter se certam tenent rationem
22. Sept. 1763
I-IV-31, Bl. 227

Nr. 752-754
Gesamtsitzungen - L. Euler anwesend -
29. Sept., 5. [6.] Okt., 13. Okt. 1763
I-IV-31, Bl. 227

Nr. 755
Gesamtsitzung - L. Euler anwesend -
Vortrag L. Euler, Sur la construction de Lunettes à cinq ou six verres et sur leur perfection ultérieure
20. Okt. 1763
I-IV-31, Bl. 228

Nr. 756
Gesamtsitzung - L. Euler anwesend -
27. Okt. 1763
I-IV-31, Bl. 228

Nr. 757
Gesamtsitzung - L. Euler anwesend -

Vortrag J.A. Euler, De promotione navium Sine vi venti
3. Nov. 1763
I-IV-31, Bl. 228

Nr. 758-760
Gesamtsitzungen - L. Euler anwesend -
10. Nov., 17. Nov., 24. Nov. 1763
I-IV-31, Bl. 228-229

Nr. 761
Gesamtsitzung - L. Euler anwesend -
Vortrag L. Euler, De equilibrio et motu corporum flexuris elasticis junctorum
1. Dez. 1763
I-IV-31, Bl. 229

Nr. 762
Gesamtsitzung - L. Euler anwesend -
8. Dez. 1763
I-IV-31, Bl. 229

Nr. 763
Gesamtsitzung - L. Euler anwesend -
Vortrag L. Euler, Réflexions Sur les différentes manieres dont on peut représenter le mouvement de la Lune
15. Dez. 1763
I-IV-31, Bl. 230

Nr. 764
Gesamtsitzung - L. Euler anwesend -
L. Euler teilt einen Brief von J.B. de Boyer Marquis d'Argens über die von Friedrich II. gewünschte Wahl von K.G. Guichardt (Quintus Icilius), J. de Castilon und J. (III.) Bernoulli zu ordentlichen und von L. Chevalier de Jaucourt sowie C.-A. Helvetius zu auswärtigen Mitgliedern mit.
L. Euler empfängt mit J.G. Sulzer und J. Du Fresne de Francheville den türkischen Internuntius in Berlin, Ahmed Efendi, der an der Akademiesitzung teilnehmen will, beim Aussteigen aus der Karosse.
J.A. Euler führt elektrische Experimente vor.
31. Dez. 1763
I-IV-31, Bl. 231

Nr. 765
Gesamtsitzung - L. Euler anwesend -
J.A. Euler legt der Akademie die meteorologischen Beobachtungen vor, die er im Verlaufe des letzten Jahres angestellt hat.
5. Jan. 1764
I-IV-31, Bl. 230

Nr. 766-768
Gesamtsitzungen - L. Euler anwesend -
12. Jan., 19. Jan., 26. Jan. 1764
I-IV-31, Bl. 231-232

Nr. 769
Gesamtsitzung - L. Euler anwesend -
L. Euler legt eine gedruckte Abhandlung von G. Bianchi "De duplici Tethys genere" vor.
2. Febr. 1764
I-IV-31, Bl. 233

Nr. 770
Gesamtsitzung - L. Euler anwesend -
L. Euler verliest einen Brief des Marquis d'Argens zu den Anordnungen von Friedrich II. über die akademischen Pensionen.
9. Febr. 1764
I-IV-31, Bl. 233

Nr. 771
Gesamtsitzung - L. Euler anwesend -
16. Febr. 1764
I-IV-31, Bl. 233

Nr. 772
Gesamtsitzung - L. Euler anwesend -
Vortrag L. Euler, De motu fluidorum a diverso gradu caloris oriundo
23. Febr. 1764
I-IV-31, Bl. 233

Nr. 773
Gesamtsitzung - L. Euler anwesend -
J.G. Sulzer, L.I. Beausobre und J.A. Euler werden zur Begutachtung der eingesandten Abhandlungen über die Konstruktion von Stubenöfen bestimmt.
1. März 1764
I-IV-31, Bl. 234

Nr. 774
Gesamtsitzung - L. Euler anwesend -
8. März 1764
I-IV-31, Bl. 234

Nr. 775
Gesamtsitzung - L. Euler anwesend -
J.A. Euler beginnt den Vortrag einer zweiten Abhandlung "De promotione navium sine vi venti".

15. März 1764
I-IV-31, Bl. 234

Nr. 776
Gesamtsitzung - L. Euler anwesend -
22. März 1764
I-IV-31, Bl. 234

Nr. 777
Gesamtsitzung - L. Euler anwesend -
J.A. Euler beendet den Vortrag seiner Abhandlung "De promotione navium sine vi venti".
29. März 1764
I-IV-31, Bl. 235

Nr. 778-780
Gesamtsitzungen - L. Euler anwesend -
5. Apr., 12. Apr., 3. Mai 1764
I-IV-31, Bl. 235-236

Nr. 781
Gesamtsitzung - L. Euler anwesend -
Vortrag L. Euler, Construction des objectifs composés de deux différentes sortes de verre, qui ne produisent aucune confusion, ni par leur ouverture, ni par la différente réfrangibilité des rayons avec la maniere la plus avantageuse d'en faire des lunettes
10. Mai 1764
I-IV-31, Bl. 236

Nr. 782
Gesamtsitzung - L. Euler anwesend -
17. Mai 1764
I-IV-31, Bl. 236

Nr. 783
Gesamtsitzung - L. Euler anwesend -
L. Euler beendet den Vortrag seiner Abhandlung "Sur la Construction des objectifs etc.".
24. Mai 1764
I-IV-31, Bl. 237

Nr. 784
Gesamtsitzung - L. Euler anwesend -
7. Juni 1764
I-IV-31, Bl. 237

Nr. 785
Gesamtsitzung - L. Euler anwesend -
L. Euler teilt einen Brief mit, in dem Friedrich II. die Akademie anweist, die Erfindung eines Pantometers von G.F. Brander aus Augsburg zu prüfen. Der Bericht wird sogleich von der Akademie erstattet.
21. Juni 1764
I-IV-31, Bl. 238

Nr. 786-789
Gesamtsitzungen - L. Euler anwesend -
28. Juni, 5. Juli, 12. Juli, 19. Juli 1764
I-IV-31, Bl. 238-239

Nr. 790
Gesamtsitzung - L. Euler anwesend -
J.B. Merian verliest die Abhandlung von J.A. Euler "Series maxime idoneae pro quadratura circuli investiganda".
23. Aug. 1764
I-IV-31, Bl. 239

Nr. 791-793
Gesamtsitzungen - L. Euler anwesend -
30. Aug., 6. Sept., 13. Sept. 1764
I-IV-31, Bl. 239-240

Nr. 794
Gesamtsitzung - L. Euler anwesend -
Vortrag J.A. Euler, Neue prüfung der Theorie von der Bahn und der bewegung der Geschütz-Kugeln.
20. Sept. 1764
I-IV-31, Bl. 240

Nr. 795
Gesamtsitzung - L. Euler anwesend -
27. Sept. 1764
I-IV-31, Bl. 240

Nr. 796
Gesamtsitzung - L. Euler anwesend -
L. Euler verliest die von dem Architekten Richter an die Akademie eingesandte Abhandlung "Sur la construction des Ponts".
4. Okt. 1764
I-IV-31, Bl. 241

Nr. 797
Gesamtsitzung - L. Euler anwesend -
11. Okt. 1764
I-IV-31, Bl. 241

Nr. 798
Gesamtsitzung - L. Euler anwesend -
L. Euler legt den Plan eines Werkes über die Artillerie mit dem Titel "Norma rationalis et experimentalis der zur Artillerie angewandten Mechanick" vor.
18. Okt. 1764
I-IV-31, Bl. 241

Nr. 799
Gesamtsitzung - L. Euler anwesend -
25. Okt. 1764
I-IV-31, Bl. 241

Nr. 800
Gesamtsitzung - L. Euler anwesend -
L. Euler beginnt den Vortrag seiner Abhandlung "Sur le vrai caractere de la Musique moderne".
1. Nov. 1764
I-IV-31, Bl. 242

Nr. 801-802
Gesamtsitzungen - L. Euler anwesend -
8. Nov., 15. Nov. 1874
I-IV-31, Bl. 242

Nr. 803
Gesamtsitzung - L. Euler anwesend -
L. Euler beendet den Vortrag seiner Abhandlung "Sur le vrai caractere de la Musique moderne".
22. Nov. 1764
I-IV-31, Bl. 242

Nr. 804
Gesamtsitzung - L. Euler anwesend -
L. Euler teilt ein Reskript des Hofes mit einem beiliegenden Bericht über einen Blutregen mit, den A.S. Marggraf begutachten wird.
6. Dez. 1764
I-IV-31, Bl. 243

Nr. 805
Gesamtsitzung - L. Euler anwesend -
L. Euler teilt einen Brief von H.A. de Catt mit, in dem angezeigt wird, daß Friedrich II. die Wahl der Prinzen F.A. Herzog von Braunschweig-Oels und W.A. Herzog zu Braunschweig zu Ehrenmitgliedern der Akademie genehmige, worauf sogleich zur Wahl geschritten wird.
13. Dez. 1764
I-IV-31, Bl. 243

Nr. 806
Gesamtsitzung - L. Euler anwesend -
20. Dez. 1764
I-IV-31, Bl. 243

Nr. 807
Gesamtsitzung - L. Euler anwesend -
L. Euler schlägt auf Anordnung Friedrich II. die Wahl von J.H. Lambert zum ordentlichen Mitglied vor, die sogleich erfolgt.
J. (III.) Bernoulli verliest einen Auszug aus den von J.A. Euler im vergangenen Jahr angestellten meteorologischen Beobachtungen.
10. Jan. 1765
I-IV-31, Bl. 244

Nr. 808
Gesamtsitzung - L. Euler anwesend -
L. Euler teilt neue Beobachtungen über den Satelliten Venus aus einer Broschüre mit dem Titel "Mémoire de Mr Trebuchet etc." mit. Er berichtet über das von G.F. Brander in Augsburg konstruierte Pantometer.
Vortrag L. Euler, Reflexions sur la maniere d'examiner la réfraction des verres par le moyen des Prismes.
17. Jan. 1765
I-IV-31, Bl. 244

Nr. 809-813
Gesamtsitzungen - L. Euler anwesend -
24. Jan., 31. Jan., 7. Febr., 14. Febr., 21. Febr. 1765
I-IV-31, Bl. 245-246

Nr. 814
Gesamtsitzung - L. Euler anwesend -
L. Euler verliest einen Brief von J.M. de Turre aus Neapel über die Vervollkommnung von Fernrohren.
28. Febr. 1765
I-IV-31, Bl. 246

Nr. 815
Gesamtsitzung - L. Euler anwesend -
L. Euler teilt einen Brief von Vierthaler aus Brandenburg über "une nouvelle préparation du Régule d'Antimoine" mit.
L. Euler beendet eine Abhandlung "Sur l'Intégration de quelques équations".
Vortrag L. Euler, Considérations sur quelques formules intégrales.
7. März 1765
I-IV-31, Bl. 247

Nr. 816-818
Gesamtsitzungen - L. Euler anwesend -
14. März, 21. März, 28. März 1765
I-IV-31, Bl. 247

Nr. 819
Gesamtsitzung - L. Euler anwesend -
Vortrag J.A. Euler, Nouvelles Expériences rélatives à la construction des fourneaux.
18. Apr. 1765
I-IV-31, Bl. 248

Nr. 820-821
Gesamtsitzungen - L. Euler anwesend -
25. Apr., 2. Mai 1765
I-IV-31, Bl. 248

Nr. 822
Gesamtsitzung - L. Euler anwesend -
J.A. Euler beendet den Vortrag seiner Abhandlung "Sur la construction des fourneaux".
9. Mai 1765
I-IV-31, Bl. 249

Nr. 823
Gesamtsitzung - L. Euler anwesend -
6. Juni 1765
I-IV-31, Bl. 249

Nr. 824
Gesamtsitzung - L. Euler anwesend -
L. Euler legt ein Schreiben des Preußischen Generaldirektoriums vor, in dem die Akademie aufgefordert wird, das in Unna hergestellte Salz zu begutachten.
13. Juni 1765
I-IV-31, Bl. 250

Nr. 825-828
Gesamtsitzungen - L. Euler anwesend -
20. Juni, 27. Juni, 4. Juli, 11. Juli 1765
I-IV-31, Bl. 250-251

Nr. 829
Gesamtsitzung - L. Euler anwesend -
Vortrag L. Euler, Sur le mouvement d'une corde qui au commencement n' a été ébranlée que dans une partie.
18. Juli 1765
I-IV-31, Bl. 251

Nr. 830
Gesamtsitzung - L. Euler anwesend -
L. Euler übergibt die Beobachtung der letzten astronomischen Finsternis von C. Kirch.
22. Aug. 1765
I-IV-31, Bl. 251

Nr. 831-833
Gesamtsitzungen - L. Euler anwesend -
29. Aug., 5. Sept., 12. Sept. 1765
I-IV-31, Bl. 252

Nr. 834
Gesamtsitzung - L. Euler anwesend -
Vortrag L. Euler, Eclaircissemens plus détailles Sur la génération et la propagation du son et Sur la formation de l'Echo.
19. Sept. 1765
I-IV-31, Bl. 253

Nr. 835
Gesamtsitzung - L. Euler anwesend -
L. Euler beendet den Vortrag seiner Abhandlung "Sur la formation du son etc.".
26. Sept. 1765
I-IV-31, Bl. 253

Nr. 836
Gesamtsitzung - L. Euler anwesend -
L. Euler verliest die letzten Weisungen Friedrich II. zur Verwendung der Akademieeinnahmen.
3. Okt. 1765
I-IV-31, Bl. 253

Nr. 837-840
Gesamtsitzungen - L. Euler anwesend -
10. Okt., 17. Okt., 24. Okt., 31. Okt. 1765
I-IV-31, Bl. 254

Nr. 841
Gesamtsitzung - L. Euler anwesend -
Vortrag J.A. Euler, Recherches des forces dont les corps celestes sont sollicités, en tant qu'ils ne sont pas sphériques
L. Euler legt für die Aufnahme in den XIII. Band der Akademieabhandlungen zwei Abhandlungen vor, nämlich: 1. Theorie génèrale de la Dioptrique, 2. Corrections nécessaires pour la théorie de la declinaison magnétique.
7. Nov. 1765
I-IV-31, Bl. 255

Nr. 842-844
Gesamtsitzungen - L. Euler anwesend -
14. Nov., 21. Nov., 19. Dez. 1765
I-IV-31, Bl. 255-256

Nr. 845
Gesamtsitzung - L. Euler anwesend -
9. Jan. 1766
I-IV-31, Bl. 257

Nr. 846
Gesamtsitzung - L. Euler anwesend -
J.A. Euler und J. (III.) Bernoulli übernehmen die Begutachtung der eingesandten Abhandlungen zur mathematischen Preisaufgabe.
16. Jan. 1766
I-IV-31, Bl. 257

Nr. 847-848
Gesamtsitzungen - L. Euler anwesend -
23. Jan., 6. Febr. 1766
I-IV-31, Bl. 257-258

Nr. 849
Gesamtsitzung - L. Euler anwesend -
J. (III.) Bernoulli verliest die Abhandlung von L. Euler "Essai de Dioptrique".
13. Febr. 1766
I-IV-31, Bl. 258

Nr. 850-852
Gesamtsitzungen - L. Euler anwesend -
20. Febr., 27. Febr., 10. Apr. 1766
I-IV-31, Bl. 259, 262

Nr. 853
Gesamtsitzung - L. Euler anwesend -
Vortrag J.A. Euler, Réflexions sur la variation de la Lune.
17. Apr. 1766
I-IV-31, Bl. 262

Nr. 854
Gesamtsitzung - L. Euler anwesend -
24. Apr. 1766
I-IV-31, Bl. 262

Nr. 855
Gesamtsitzung - L. Euler anwesend -
L. Euler und J.A. Euler halten ihre Abschiedsrede. Der Sekretar J.-H.

S. Formey weist in seiner Antwort darauf hin, wie sehr die Akademie von ihrem Weggang betroffen werde.
29. Mai 1766
I-IV-31, Bl. 261

2. Direktoriumsprotokolle von 1760-1765

Nr. 856
Direktorium
Geschäfte: Entgegennahme der der Akademie von J.T. Eller testamentarisch vermachten Kassenscheine. Schreiben an das Collegium Medicum in Glogau. Anweisung von Rechnungen über Reparaturen an den Gewächshäusern des Botanischen Gartens und für die Bibliothek.
18. Dez. 1760
Reinschrift von Schreiberhand und L. Euler, mitunterzeichnet von J.P. Heinius und A.S. Marggraf.
I-IV-2, Bl. 2

Nr. 857
Direktorium
Geschäfte: Entgegennahme einer Abschrift vom Testament des verstorbenen J.T. Eller. Schreiben an das Collegium Medicum in Glogau. Verschiebung der Anfrage des Kalenderfaktors in Preußen auf die nächste Sitzung.
8. Jan. 1761
Reinschrift von L. Euler, mitunterzeichnet von J.P. Heinius und A.S. Marggraf.
I-IV-2, Bl. 3

Nr. 858
Direktorium
Geschäfte: Gewährung einer Zulage für den Gärtner des Botanischen Gartens. Schreiben an die Kurmärkische Kriegs- und Domänenkammer wegen des Bauholzes für einen Zaun um die Köpenicker Maulbeerplantage. Vorstellung an die Russische Regierung in Preußen, bestimmt für die Kalenderfaktoren in Preußen, wegen der Kalenderherstellung.
15. Jan. 1761
Reinschrift von L. Euler, mitunterzeichnet von J.P. Heinius und A.S. Marggraf.
I-IV-2, Bl. 3

Nr. 859
Direktorium
Geschäfte: Unterzeichnung der Vorstellung an die Russische Regierung in Preußen. Anweisung einer Rechnung über Ausgaben für das Laboratorium.

22. Jan. 1761
Reinschrift von L. Euler, mitunterzeichnet von J.P. Heinius und A.S. Marggraf.
I-IV-2, Bl. 3

Nr. 860
Direktorium
Geschäfte: Anweisung einer Rechnung über Bücher für die Bibliothek. Schreiben des Marquis d'Argens über die weitere Austeilung von Jetons an die Akademiemitglieder für deren Teilnahme an den Akademiesitzungen.
5. Febr. 1761
Reinschrift von L. Euler, mitunterzeichnet von J.P. Heinius und A.S. Marggraf.
I-IV-2, Bl. 3

Nr. 861
Direktorium
Geschäfte: Mitteilung des Marquis d'Argens über das von Friedrich II. angeordnete Prägen von vier silbernen Preismedaillen. Beauftragung von D. Köhler, die Anfertigung der Medaillen zu veranlassen.
12. Febr. 1761
Reinschrift von L. Euler, mitunterzeichnet von J.P. Heinius und A.S. Marggraf.
I-IV-2, Bl. 3

Nr. 862
Direktorium
Geschäfte: Gewährung einer Gratifikation von 150 Rt. für den Bergrat J.G. Lehmann. Ablehnung der Vorstellung der Buchdrucker wegen einer Zulage zum Druckerlohn für die Kalender. Auftrag an D. Köhler, Vorschläge zur Erhöhung der Kalenderpreise auszuarbeiten.
19. Febr. 1761
Reinschrift von L. Euler und A.S. Marggraf, mitunterzeichnet von J.P. Heinius und dem Kurator S.E. von Redern.
I-IV-2, Bl. 3

Nr. 863
Direktorium
Geschäfte: Festsetzung des Arbeitslohnes für den Mechaniker Ring. Anweisung der Rechnung über das Prägen von vier Preismedaillen.
26. Febr. 1761
Reinschrift von L. Euler, mitunterzeichnet von A.S. Marggraf und dem Kurator S.E. von Redern.
I-IV-2, Bl. 3

Nr. 864
Direktorium
Geschäfte: Bedingungen für den Ankauf von vier gezeichneten Landkarten von Hessen.
5. März 1761
Reinschrift von L. Euler, mitunterzeichnet von J.P. Heinius und A.S. Marggraf.
I-IV-2, Bl. 4

Nr. 865
Direktorium
Geschäfte: Preisfestsetzung für die Spezialkarte von Hessen.
12. März 1761
Reinschrift von L. Euler, mitunterzeichnet von J.P. Heinius, A.S. Marggraf und dem Kurator S.E. von Redern.
I-IV-2, Bl. 4

Nr. 866
Direktorium
Geschäfte: Druck der Kalender durch den Buchdrucker Vogel. Druckkosten des Anhangs zum Codex Fridericianus. Gewährung einer Zulage für das Kolorieren von Landkarten. Erhöhung des Preises der Schulkarten.
2. Apr. 1761
Reinschrift von L. Euler, mitunterzeichnet von A.S. Marggraf und dem Kurator S.E. von Redern.
I-IV-2, Bl. 4

Nr. 867
Direktorium
Geschäfte: Reparaturen auf dem Observatorium. Anfertigung des Kupferstichs vom ersten Teil der Landkarte von Hessen.
9. Apr. 1761
Reinschrift von L. Euler, mitunterzeichnet vom Kurator S.E. von Redern.
I-IV-2, Bl. 4

Nr. 868
Direktorium
Geschäfte: Festsetzung des Preises für die Schulkarten. Gewährung einer Zulage an die Buchdrucker für den Kalenderdruck. Erhöhung des Preises für die Genealogischen Kalender. Vorschlag auf Neuauflage des alten Codex Fridericianus.
16. Apr. 1761
Reinschrift von L. Euler, mitunterzeichnet von J.P. Heinius, A.S. Marggraf und dem Kurator S.E. von Redern.
I-IV-2, Bl. 4

Nr. 869
Direktorium
Geschäfte: Erteilung des Auftrages auf Einbinden der Genealogischen Kurfürstlichen Kalender. Inventarisierung des Besitzes der Akademie. Aufnahme der Landkarte von den Bistümern Münster, Osnabrück und Paderborn in die Kalender auf das Jahr 1762.
23. Apr. 1761
Reinschrift von L. Euler, mitunterzeichnet von J.P. Heinius, A.S. Marggraf und dem Kurator S.E. von Redern.
I-IV-2, Bl. 4

Nr. 870
Direktorium
Geschäfte: Anweisung von Rechnungen über Ausgaben für das Laboratorium und das Einbinden von Büchern für die Bibliothek.
28. Mai 1761
Reinschrift von L. Euler, mitunterzeichnet von J.P. Heinius und A.S. Marggraf.
I-IV-2, Bl. 4

Nr. 871
Direktorium
Geschäfte: Gewährung einer Gratifikation von 300 Rt. an den Berlin verlassenden Bergrat J.G. Lehmann für die der Akademie geleisteten Verdienste.
11. Juni 1761
Reinschrift von L. Euler, mitunterzeichnet von J.P. Heinius, A.S. Marggraf und dem Kurator S.E. von Redern.
I-IV-2, Bl. 4

Nr. 872
Direktorium
Geschäfte: Schulden des Kalenderfaktors in Soest. Wetterschaden im Botanischen Garten.
25. Juni 1761
Reinschrift von L. Euler, mitunterzeichnet von J.P. Heinius, A.S. Marggraf und dem Kurator S.E. von Redern.
I-IV-2, Bl. 4

Nr. 873
Direktorium
Geschäfte: Anweisung einer Rechnung über Ausgaben für das Laboratorium.
9. Juli 1761
Reinschrift von L. Euler
I-IV-2, Bl. 5

Nr. 874
Direktorium
Geschäfte: Abschlagszahlung für Reparaturen auf dem Observatorium. Erhöhung des Pergamentpreises für die Anfertigung der Genealogischen Kalender. Bezahlung von für die Bibliothek angeschafften Büchern.
16. Juli 1761
Reinschrift von L. Euler, mitunterzeichnet von J.P. Heinius, A.S. Marggraf und dem Kurator S.E. von Redern.
I-IV-2, Bl. 5

Nr. 875
Direktorium
Geschäfte: Gesuch des Kastellans der Anatomie auf Gewährung einer Zulage. Preiserhöhungen für Kalender. Anweisung einer Rechnung über Reparaturen auf dem Observatorium.
27. Aug. 1761
Reinschrift von L. Euler, mitunterzeichnet von J.P. Heinius, A.S. Marggraf und dem Kurator S.E. von Redern.
I-IV-2, Bl. 5

Nr. 876
Direktorium
Geschäfte: Ankauf von Gerätschaft für das Laboratorium. Gewährung einer Zulage für den Gärtner des Botanischen Gartens zur Beköstigung des Gesellen und des Jungen. Auftrag an J.G. Gleditsch, die Reparaturen im Botanischen Garten zu veranlassen.
3. Sept. 1761
Reinschrift von L. Euler, mitunterzeichnet von J.P. Heinius, A.S. Marggraf und dem Kurator S.E. von Redern.
I-IV-2, Bl. 5

Nr. 877
Direktorium
Geschäfte: Anweisung einer Rechnung über Reparaturen in der Wohnung von A.S. Marggraf. Auftrag an J.B. Merian, eine Bücherauktion mit überflüssigen Büchern aus der Akademiebibliothek durchzuführen.
10. Sept. 1761
Reinschrift von L. Euler, mitunterzeichnet von J.P. Heinius und dem Kurator S.E. von Redern.
I-IV-2, Bl. 5

Nr. 878
Direktorium
Geschäfte: Anweisung einer Rechnung über eine Glaserreparatur für die Anatomie. Erhöhung des Drucks der Ediktensammlung. Billigung eines Schreibens an den Magistrat von Zielenzig über die Jahrmarktsangabe.

Auftrag von J.C. Uhden, die Buchhändler und -drucker zur Abgabe von Pflichtexemplaren an die Akademiebibliothek anzuhalten.
17. Sept. 1761
Reinschrift von L. Euler, mitunterzeichnet von J.P. Heinius, A.S. Marggraf und dem Kurator S.E. von Redern.
I-IV-2, Bl. 5

Nr. 879
Direktorium
Geschäfte: Schreiben des Collegii Medico-Chirurgici über die Notwendigkeit einer Zulage für den Kastellan der Anatomie.
24. Sept. 1761
Reinschrift von L. Euler, mitunterzeichnet von J.P. Heinius und A.S. Marggraf.
I-IV-2, Bl. 5

Nr. 880
Direktorium
Geschäfte: Anweisung von zwei Rechnungen über Reparaturen im Botanischen Garten. Gewährung einer Zulage an den Kastellan der Anatomie.
22. Okt. 1761
Reinschrift von L. Euler, mitunterzeichnet von J.P. Heinius, A.S. Marggraf und dem Kurator S.E. von Redern.
I-IV-2, Bl. 5

Nr. 881
Direktorium
Geschäfte: Antrag der Berliner Buchdrucker auf Gewährung einer Zulage für den Kalenderdruck. Anweisung einer Rechnung über Ausgaben für das Laboratorium.
5. Nov. 1761
Reinschrift von L. Euler.
I-IV-2, Bl. 5

Nr. 882
Direktorium
Geschäfte: Gewährung von Zulagen an die Berliner Buchdrucker für den Druck der Kalender. Erhöhung der Kalenderpreise für das Jahr 1763. Anfertigung eines Schreibens an die Kriegs- und Domänenkammer mit der Bitte, die Papiermühlen anzuweisen, das Papier für den Kalenderdruck zu gemäßigten Preisen zu verkaufen.
19. Nov. 1761
Reinschrift von L. Euler, mitunterzeichnet von J.P. Heinius und A.S. Marggraf.
I-IV-2, Bl. 6

Nr. 883
Direktorium
Geschäfte: Bezahlung von zwei gezeichneten Landkarten von Vorpommern.
3. Dez. 1761
Reinschrift von L. Euler.
I-IV-2, Bl. 6

Nr. 884
Direktorium
Geschäfte: Gewährung einer Gratifikation von 100 Rt. für C. Kirch. Anweisung einer Rechnung über Reparaturen an dem Dach über dem Sitzungszimmer und der Bibliothek.
10. Dez. 1761
Reinschrift von L. Euler, mitunterzeichnet von J.P. Heinius, A.S. Marggraf und dem Kurator S.E. von Redern.
I-IV-2, Bl. 6

Nr. 885
Direktorium
Geschäfte: Anweisung von 500 Rt. an D. Köhler zur Bezahlung von 250 Medaillen. Unterzeichnung einer Rechnung über Tapeziererarbeiten auf dem Observatorium.
14. Jan. 1762
Reinschrift von L. Euler, mitunterzeichnet von J.P. Heinius, A.S. Marggraf und dem Kurator S.E. von Redern.
I-IV-2, Bl. 6

Nr. 886
Direktorium
Geschäfte: Bericht über das von den Österreichern erlassene Verbot des Verkaufs von Akademiekalendern in den von ihnen besetzten schlesischen Gebieten. Gewährung einer Zulage an den Berliner Kalenderfaktor G. Pesenecker.
21. Jan. 1762
Reinschrift von L. Euler, mitunterzeichnet von A.S. Marggraf und dem Kurator S.E. von Redern.
I-IV-2, Bl. 6

Nr. 887
Direktorium
Geschäfte: Auswahl der Landkarte von Schleswig-Holstein für die Aufnahme in die Historisch-Geographischen Kalender auf das Jahr 1763. Anweisung einer Rechnung über ein chemisches Glas für das Laboratorium.
4. Febr. 1762
Reinschrift von L. Euler.
I-IV-2, Bl. 6

Nr. 888
Direktorium
Geschäfte: Festsetzung des Preises für die Hessische Landkarte.
11. Febr. 1762
Reinschrift von L. Euler.
I-IV-2, Bl. 6

Nr. 889
Direktorium
Geschäfte: Kosten- und Gewinnüberschlag aus dem Verkauf der Hessischen Landkarten.
18. Febr. 1762
Reinschrift von L. Euler.
I-IV-2, Bl. 6

Nr. 890
Direktorium
Geschäfte: Vergabe des Drucks der Judenkalender. Ernennung eines neuen Kalenderfaktors in Breslau.
25. Febr. 1762
Reinschrift von L. Euler, mitunterzeichnet von J.P. Heinius, A.S. Marggraf und dem Kurator S.E. von Redern.
I-IV-2, Bl. 6

Nr. 891
Direktorium
Geschäfte: Bedingungen für die Übertragung des Drucks der Judenkalender an Moses Marcus. Auftrag an A.S. Marggraf, die eingeschickten Proben von Zinnober und Vitriol zu untersuchen, Auftrag an J.-H.S. Formey, eine Landkarte von Mecklenburg zu beschaffen.
4. März 1762
Reinschrift von L. Euler, mitunterzeichnet von J.P. Heinius und dem Kurator S.E. von Redern.
I-IV-2, Bl. 6

Nr. 892
Direktorium
Geschäfte: Festlegung der Münzsorte, in der die Besoldungen an die Akademiemitglieder auszuzahlen sind. Übertragung der Besoldung des verstorbenen J.T. Eller an A.S. Marggraf.
11. März 1762
Reinschrift von L. Euler, mitunterzeichnet von J.P. Heinius, A.S. Marggraf und dem Kurator S.E. von Redern.
I-IV-2, Bl. 6

Nr. 893
Direktorium
Geschäfte: Vergabe eines Jetons an den Großkanzler der Justiz P.J. de Jariges. Auszahlung der Besoldungen.
18. März 1762
Reinschrift von L. Euler, mitunterzeichnet von J.P. Heinius, A.S. Marggraf und dem Kurator S.E. von Redern.
I-IV-2, Bl. 7

Nr. 894
Direktorium
Geschäfte: Anweisung einer Rechnung über Bücher für die Bibliothek.
25. März 1762
Reinschrift von L. Euler.
I-IV-2, Bl. 7

Nr. 895
Direktorium
Geschäfte: Anweisung einer Rechnung über Materialien für das Laboratorium. Stempelung von Büchern, die einen Kalender enthalten.
1. Apr. 1762
Reinschrift von L. Euler, mitunterzeichnet von A.S. Marggraf und dem Kurator S.E. von Redern.
I-IV-2, Bl. 7

Nr. 896
Direktorium
Geschäfte: Bezahlung der Kalenderarbeit von C. Kirch. Gewährung einer Gratifikation an A.A. Rhode für die Landkartenzeichnung der australischen Hemisphäre. Vertrag mit dem Kupferstecher Berger über den Druck von Landkarten. Erhöhung des Preises für die Landkarten mit den Postkursen auf Leinwand. Druckkosten für die Adreßkalender. Reparaturkosten an dem Haus von A.S. Marggraf.
22. Apr. 1762
Reinschrift von L. Euler.
I-IV-2, Bl. 7

Nr. 897
Direktorium
Geschäfte: Vorlage des Untersuchungsergebnisses durch A.S. Marggraf zu den von der Brandenburgischen Kriegs- und Domänenkammer eingeschickten Präparaten. Angebot des Buchhändlers Voss zum Druck der Akademieabhandlungen.
29. Apr. 1762
Reinschrift von L. Euler.
I-IV-2, Bl. 7

Nr. 898
Direktorium
Geschäfte: Erhöhung der Kalenderpreise. Aufkündigung des S.E. von Redern gewährten Darlehens.
6. Mai 1762
Reinschrift von L. Euler.
I-IV-2, Bl. 7

Nr. 899
Direktorium
Geschäfte: Bezahlung des Landkartenzeichners A.A. Rhode.
10. Juni 1762
Reinschrift von L. Euler, mitunterzeichnet von A.S. Marggraf.
I-IV-2, Bl. 7

Nr. 900
Direktorium
Geschäfte: Klage des Bergrats von Justi gegen den Gärtner J.I. Müller. Bezahlung der Ausgaben für die Anatomie in guter Münzsorte. Bezahlung der von A. A. Rhode angefertigten geographischen Tabellen. Beauftragung von D. Köhler, den Druck der Tabellen vorzubereiten.
17. Juni 1762
Reinschrift von L. Euler, mitunterzeichnet von A.S. Marggraf.
I-IV-2, Bl. 7

Nr. 901
Direktorium
Geschäfte: Aussetzung des Drucks der geographischen Tabellen bis zum Friedensschluß. Anlage eines Kapitals von 20.000 Rt.
24. Juni 1762
Reinschrift von L. Euler.
I-IV-2, Bl. 7

Nr. 902
Direktorium
Geschäfte: Auftrag an J.C. Uhden, das Verschwinden eines Kalenderpaketes und die Beschwerde des Bergrats von Justi zu untersuchen. Antrag des Pächters P. Janick auf Erbpacht der Köpenicker Maulbeerplantage. Bezahlung des Landkartenzeichners A.A. Rhode.
1. Juli 1762
Reinschrift von L. Euler, mitunterzeichnet von A.S. Marggraf.
I-IV-2, Bl. 7

Nr. 903
Direktorium
Geschäfte: Bezahlung des Kupferstechers Berger. Termin für die Abnah-

me der Jahresrechnung von 1761.
15. Juli 1762
Reinschrift von L. Euler.
I-IV-2, Bl. 8

Nr. 904
Direktorium
Geschäfte: Abnahme der Jahresrechnung von 1761. Nichtgewährung einer Zulage für den jüdischen Buchdrucker.
21. Juli 1762
Reinschrift von L. Euler.
I-IV-2, Bl. 8

Nr. 905
Direktorium
Geschäfte: Einwechslung von fremden Münzsorten aus der Akademiekasse. Anweisung einer Rechnung über Ausgaben für die Anatomie.
22. Juli 1762
Reinschrift von L. Euler.
I-IV-2, Bl. 8

Nr. 906
Direktorium
Geschäfte: Lieferung und Bezahlung des Bandes der Pariser Akademieabhandlungen aus dem Jahre 1756 für die Bibliothek.
26. Aug. 1762
Reinschrift von L. Euler.
I-IV-2, Bl. 8

Nr. 907
Direktorium
Geschäfte: Anweisung einer Rechnung über Reparaturen am Akademiegebäude, Bezahlung des Landkartenzeichners A.A. Rhode.
2. Sept. 1762
Reinschrift von L. Euler.
I-IV-2, Bl. 8

Nr. 908
Direktorium
Geschäfte: Niederschlagung eines Postens verlorengegangener Kalender in der Kalenderrechnung. Festlegung der Münzsorte aus dem Kalenderverkauf in Schlesien. Benutzung der Akademiebibliothek.
9. Sept. 1762
Reinschrift von L. Euler.
I-IV-2, Bl. 8

Nr. 909
Direktorium
Geschäfte: Kauf eines Objektivglases für das Observatorium.
16. Sept. 1762
Reinschrift von L. Euler.
I-IV-2, Bl. 8

Nr. 910
Direktorium
Geschäfte: Umtausch der Kassenscheine von J.B. Merian und des Gärtners J.I. Müller gegen Geld aus der Akademiekasse. Gewährung eines Vorschusses an den Kopisten Castagnier.
23. Sept. 1762
Reinschrift von L. Euler, mitunterzeichnet von J.P. Heinius und A.S. Marggraf.
I-IV-2, Bl. 8

Nr. 911
Direktorium
Geschäfte: Transport der Kalender nach Schlesien. Mitteilung an die Faktoren und Kommissionshändler, daß die Akademiekasse nur Sächsische Acht- und Eingroschenstücke aus dem Kalenderverkauf annimmt. Anweisung einer Rechnung über Ausgaben für das Laboratorium.
30. Sept. 1762
Reinschrift von L. Euler, mitunterzeichnet von J.P. Heinius und A.S. Marggraf.
I-IV-2, Bl. 8

Nr. 912
Direktorium
Geschäfte: Schreiben an den Breslauer Magistrat wegen des ehemaligen Kalenderfaktors T. Wagner. Auftrag an J.C. Uhden, ein Gutachten über die beim Kalenderverkauf anzunehmenden Münzsorten auszuarbeiten.
7. Okt. 1762
Reinschrift von L. Euler.
I-IV-2, Bl. 8

Nr. 913
Direktorium
Geschäfte: Bezahlung des Drucks eines Reglements für das Theatrum Anatomicum. Unterstützung des Kopisten Castagnier bei seinem Studium.
21. Okt. 1762
Reinschrift von L. Euler.
I-IV-2, Bl. 8

Nr. 914
Direktorium
Geschäfte: Festsetzung der Kalenderpreise für Preußen. Mitteilung an die auswärtigen Faktoren, die Kalender nicht teurer als festgesetzt zu verkaufen. Kosten für Holzfuhren in den Botanischen Garten.
28. Okt. 1762
Reinschrift von L. Euler, mitunterzeichnet von J.P. Heinius und A.S. Marggraf.
I-IV-2, Bl. 8

Nr. 915
Direktorium
Geschäfte: Auftrag an J.G. Gleditsch, für das Preußische Generaldirektorium den Nutzen des aus Sonnenblumenkernen gepreßten Öls zu untersuchen. Anweisung von Rechnungen über die Zeichnung einer Pflanze und über Reparaturen am Wohnhaus von A.S. Marggraf.
4. Nov. 1762
Reinschrift von L. Euler, mitunterzeichnet von J.P. Heinius und A.S. Marggraf.
I-IV-2, Bl. 9

Nr. 916
Direktorium
Geschäfte: Auseinandersetzung mit dem Armendirektorium wegen der Bezahlung von Leichnamen für die Anatomie.
11. Nov. 1762
Reinschrift von L. Euler.
I-IV-2, Bl. 9

Nr. 917
Direktorium
Geschäfte: Auftrag an D. Köhler, über die Beschwerde der Berliner und Brandenburger Buchbinder wegen des geringen Buchbinderlohnes zu berichten.
18. Nov. 1762
Reinschrift von L. Euler.
I-IV-2, Bl. 9

Nr. 918
Direktorium
Geschäfte: Ausfertigung und Unterzeichnung des Antwortschreibens an die Buchbinder.
25. Nov. 1762
Reinschrift von L. Euler.
I-IV-2, Bl. 9

Nr. 919
Direktorium
Geschäfte: Angebot des Marquis d'Argens, sich bei Friedrich II. für die Akademie zu verwenden. Anweisung einer Gratifikation von 100 Rt. für C. Kirch und einer Rechnung über Ausgaben für das Laboratorium sowie über Reparaturen am Wohnhaus von A.S. Marggraf. Bezahlung des vom Observatorium entfernten Holzes.
2. Dez. 1762
Reinschrift von L. Euler, mitunterzeichnet von J.P. Heinius und A.S. Marggraf.
I-IV-2, Bl. 9

Nr. 920
Direktorium
Geschäfte: Unterzeichnung einer Rechnung über Reparaturen. Bezahlung von je 1 Rt. für die als Jetons ausgeteilten Landkarten.
9. Dez. 1762
Reinschrift von L. Euler.
I-IV-2, Bl. 9

Nr. 921
Direktorium
Geschäfte: Anweisung einer Rechnung über das Einbinden von Büchern für die Bibliothek. Gewährung einer Gratifikation von 5 Rt. für die Totengräberin. Mitteilung des Schreibens des Marquis d'Argens vom 27.12.1762 über die Zustimmung Friedrich II. zur Austeilung von Jetons und zum Darlehen der Akademie an den Kurator S.E. von Redern. Übersendung der Ediktensammlung an die Regierungspräsidenten als Geschenk.
6. Jan. 1763
Reinschrift von L. Euler, mitunterzeichnet von J.P. Heinius und A.S. Marggraf.
I-IV-2, Bl. 9

Nr. 922
Direktorium
Geschäfte: Kaution für die Kalenderfaktorei in Stargard. Umfrage unter den Akademiemitgliedern wegen der Festbeleuchtung der Akademiezimmer zu den bevorstehenden Friedensfeierlichkeiten.
3. Febr. 1763
Reinschrift von L. Euler.
I-IV-2, Bl. 9

Nr. 923
Direktorium
Geschäfte: Beschwerde des Buchbinders J.H. Jahn wegen Nichtbezahlung

der von ihm eingebundenen Kalender. Auftrag an D. Köhler, darüber einen Bericht zu geben.
10. Febr. 1763
Reinschrift von L. Euler, mitunterzeichnet von J.P. Heinius und A.S. Marggraf.
I-IV-2, Bl. 9

Nr. 924
Direktorium
Geschäfte: Bericht von D. Köhler über den Buchbinder J.H. Jahn. Aussetzung des Einwechselns von Münzsorten wegen ihres geringen Wertes. Antwort an die Stettiner Kriegs- und Domänenkammer wegen des Kalenderpreises. Verzicht auf die Festbeleuchtung der Akademiezimmer.
17. Febr. 1763
Reinschrift von L. Euler, mitunterzeichnet von A.S. Marggraf.
I-IV-2, Bl. 10

Nr. 925
Direktorium
Geschäfte: Mitteilung des Marquis d'Argens über die Zustimmung von Friedrich II. zur Festbeleuchtung der Akademiezimmer und Anweisung an den Aufwärter F. Ende, die nötigen Vorkehrungen zu treffen. Rückzahlung des dem Kurator S.E. von Redern gewährten Darlehens der Akademie.
24. Febr. 1763
Reinschrift von L. Euler, mitunterzeichnet von A.S. Marggraf und dem Kurator S.E. von Redern.
I-IV-2, Bl. 10

Nr. 926
Direktorium
Geschäfte: Auszahlung der bisher ausgesetzten Besoldung für den Mechaniker J.L. Koch.
3. März 1763
Reinschrift von L. Euler.
I-IV-2, Bl. 10

Nr. 927
Direktorium
Geschäfte: Bezahlung von Buchbinderarbeiten. Ankauf der Ephemeriden von E. Zanotti. Bezahlung von Schulden des ehemaligen Kalenderfaktors in Breslau.
10. März 1763
Reinschrift von L. Euler.
I-IV-2, Bl. 10

Nr. 928
Direktorium
Geschäfte: Bezahlung des Buchbinders J.H. Jahn. Bescheid an D. Köhler wegen seines Gewinns aus dem Verkauf der Hessischen Landkarten. Gewährung einer Zulage an Moses Marcus.
17. März 1763
Reinschrift von L. Euler, mitunterzeichnet von J.P. Heinius und A.S. Marggraf.
I-IV-2, Bl. 10

Nr. 929
Direktorium
Geschäfte: Antwort an das Preußische Generaldirektorium wegen des Sonnenblumensamens.
24. März 1763
Reinschrift von L. Euler.
I-IV-2, Bl. 10

Nr. 930
Direktorium
Geschäfte: Auftrag an D. Köhler, für eine bessere Qualität der Kupferstiche in den Genealogischen Kalendern Sorge zu tragen. Eintreiben einer Schuldforderung durch J.C. Uhden.
14. Apr. 1763
Reinschrift von L. Euler.
I-IV-2, Bl. 10

Nr. 931
Direktorium
Geschäfte: Schreiben an das Generalpostamt wegen der Bezahlung von Kalendergeldern. Anweisung einer Rechnung wegen Ausgaben für das Laboratorium. Anweisung der Ausgaben für die Festbeleuchtung des Akademiegebäudes. Erteilung des Titels eines Buchhändlers der Akademie an J.J. Kanter in Königsberg. Preisfestsetzung für Landkarten und Kalender. Auftrag an J.-H.S. Formey, einen einfachen und einen doppelten Jeton als Geschenk an H.A. de Catt zu überreichen.
21. Apr. 1763
Reinschrift von L. Euler.
I-IV-2, Bl. 11

Nr. 932
Direktorium
Geschäfte: Aufkündigung eines Darlehens der Akademie. Anfertigung des Kupferstichs vom ersten Blatt der Landkarte vom Königreich Preußen.
28. Apr. 1763
Reinschrift von L. Euler.
I-IV-2, Bl. 11

Nr. 933
Direktorium
Geschäfte: Angebot des Preußischen Generaldirektoriums, einen Preis für Preisaufgaben über ökonomische Fragen auszusetzen. Festsetzung der künftigen Kalenderpreise.
5. Mai 1763
Reinschrift von L. Euler.
I-IV-2, Bl. 11

Nr. 934
Direktorium
Geschäfte: Bezahlung des Landkartenzeichners A.A. Rhode.
9. Juni 1763
Reinschrift von L. Euler.
I-IV-2, Bl. 11

Nr. 935
Direktorium
Geschäfte: Antwort des Preußischen Generaldirektoriums wegen der Bezahlung der Kalender durch die Juden in Kleve. Genehmigung des von D. Köhler vorgeschlagenen Preises für die Kolorierung der Landkarten.
16. Juni 1763
Reinschrift von L. Euler.
I-IV-2, Bl. 11

Nr. 936
Direktorium
Geschäfte: Vorstellung an Friedrich II. wegen des schlechten Zustandes des Botanischen Gartens. Auftrag an D. Köhler, das Legat von J.T. Eller als Darlehen anzulegen.
23. Juni 1763
Reinschrift von L. Euler.
I-IV-2, Bl. 11

Nr. 937
Direktorium
Geschäfte: Schreiben von Friedrich II. über die Herrichtung des Botanischen Gartens. Auftrag an den Aufwärter Ende, einen Kostenanschlag über die Wiederinstandsetzung des Botanischen Gartens zu besorgen. Schreiben an den Buchhändler Voss über die Herausgabe der Akademieabhandlungen. Anweisung einer Rechnung über Ausgaben für das Laboratorium. Vornahme von Arbeiten im Botanischen Garten.
30. Juni 1763
Reinschrift von L. Euler, mitunterzeichnet von J.P. Heinius und A.S. Marggraf.
I-IV-2, Bl. 11

Nr. 938
Direktorium
Geschäfte: Rückzahlung eines Darlehens an die Akademie. Anweisung einer Rechnung über Ausgaben für den Botanischen Garten. Kostenanschlag für die Errichtung einer Mauer um den Botanischen Garten. Anlegen des Ellerschen Legats als Darlehen.
7. Juli 1763
Reinschrift von L. Euler.
I-IV-2, Bl. 12

Nr. 939
Direktorium
Geschäfte: Einschätzung des Wertes des Ellerschen Legats in neuen. Münzsorten. Anweisung Friedrich II., die Mauer um den Botanischen Garten von J. Boumann errichten zu lassen. Bezahlung des Landkartenzeichners A.A. Rhode.
21. Juli 1763
Reinschrift von L. Euler.
I-IV-2, Bl. 12

Nr. 940
Direktorium
Geschäfte: Instruktion an die Kalenderfaktoren über die Münzsorten, in denen die Kalender zu bezahlen seien. Absendung eines Schreibens für Friedrich II. an den Marquis d'Argens zur Unterzeichnung und Übergabe.
25. Aug. 1763
Reinschrift von L. Euler.
I-IV-2, Bl. 12

Nr. 941
Direktorium
Geschäfte: Verzicht auf die Übergabe des für Friedrich II. bestimmten Schreibens. Rückzahlung eines Akademiedarlehens. Anweisung einer Rechnung über Ausgaben für das Laboratorium.
1. Sept. 1763
Reinschrift von L. Euler, mitunterzeichnet von J.P. Heinius, A.S. Marggraf und dem Kurator S.E. von Redern.
I-IV-2, Bl. 12

Nr. 942
Direktorium
Geschäfte: Auftrag an J.C. Uhden, den Pächter der Köpenicker Maulbeerplantage zur Zahlung der Pacht anzuhalten. Auftrag an D. Köhler, die Rückzahlung eines Akademiedarlehens durch S.E. von Redern im Beisein

von J.C. Uhden in Empfang zu nehmen. Verlängerung eines aufgekündigten Akademiedarlehens.
8. Sept. 1763
Reinschrift von L. Euler.
I-IV-2, Bl. 12

Nr. 943
Direktorium
Geschäfte: Genehmigung eines Siegels für die Korrespondenz von D. Köhler mit den Kalenderfaktoren. Auftrag an D. Köhler, über das von S.E. von Redern zurückzuzahlende Darlehen eine besondere Rechnung zu führen und dieses Geld in Goldmünzen nicht mit dem übrigen Kassenbestand zu vermengen. Auftrag an D. Köhler, zu überlegen, ob nicht die Magistrate der Städte, in denen sich Regierungen befinden, mit in die Provinzialadreßkalender aufzunehmen seien.
15. Sept. 1763
Reinschrift von L. Euler.
I-IV-2, Bl. 12

Nr. 944
Direktorium
Geschäfte: Auftrag an D. Köhler, sich mit dem Kupferstecher Berger wegen des Aufstechens der Kalenderplatten zu einigen. Rückzahlung des Akademiedarlehens durch S.E. von Redern.
22. Sept. 1763
Reinschrift von L. Euler.
I-IV-2, Bl. 12

Nr. 945
Direktorium
Geschäfte: Auftrag an J.G. Gleditsch, für die Anfuhr des Brennholzes in den Botanischen Garten zu sorgen. Anweisung einer Rechnung über Ausgaben für den Botanischen Garten.
29. Sept. 1763
Reinschrift von L. Euler.
I-IV-2, Bl. 12

Nr. 946
Direktorium
Geschäfte: Auftrag an J.C. Uhden, die Verlängerung eines Akademiedarlehens zu unterzeichnen. Bezahlung des Landkartenzeichners A.A. Rhode. Auftrag an J.C. Uhden, ein Gutachten über die vorgeschlagene Erbpacht für die Köpenicker Maulbeerplantage zu erstellen. Bescheid an D. Köhler, daß dem Kupferstecher Berger das Aufstechen der Kalenderplatten zu bezahlen sei. Mitteilung an den Kastellan der Anatomie, auf außerordentliche Ausgaben künftig zu verzichten.

6. Okt. 1763
Reinschrift von L. Euler
I-IV-2, Bl. 12

Nr. 947
Direktorium
Geschäfte: Gewährung einer Entschädigung an den Kalenderfaktor C. Bredow für den während des Krieges erlittenen Schaden. Übergabe der Holzassignation für den Botanischen Garten an J.G. Gleditsch. Bedingungen für die Rückzahlung eines Akademiedarlehens durch den Bäcker Toppert. Mitteilung der Pachtbedingungen an P. Janick, Pächter der Köpenicker Maulbeerplantage.
13. Okt. 1763
Reinschrift von L. Euler.
I-IV-2, Bl. 13

Nr. 948
Direktorium
Geschäfte: Bericht über den Buchdrucker G.J. Decker für das Preußische Generaldirektorium.
20. Okt. 1763
Reinschrift von L. Euler.
I-IV-2, Bl. 13

Nr. 949
Direktorium
Geschäfte: Auftrag an D. Köhler, mit dem Kupferstecher J.D. Schleuen einen Vertrag über das Stechen der Landkarten von Mecklenburg abzuschließen.
27. Okt. 1763
Reinschrift von L. Euler.
I-IV-2, Bl. 13

Nr. 950
Direktorium
Geschäfte: Bedingungen für die Gewährung des Gnadenjahres im Zusammenhang mit dem Ableben von C.F. Ludolff.
3. Nov. 1763
Reinschrift von L. Euler.
I-IV-2, Bl. 13

Nr. 951
Direktorium
Geschäfte: Eingang von Artikeln für den Provinzialadreßkalender aus Preußen und dem Herzogtum Magdeburg. Anweisung von zwei Rechnungen über Ausgaben für den Botanischen Garten. Preisfestsetzung für das Stechen der Kupferplatte von Mecklenburg.

10. Nov. 1763
Reinschrift von L. Euler
I-IV-2, Bl. 13

Nr. 952
Direktorium
Geschäfte: Auftrag an J.C. Uhden, ein Gutachten zur Vorstellung der Erben von C.F. Ludolff anzufertigen, Anweisung einer Rechnung über eine Reparatur im Akademiegebäude.
17. Nov. 1763
Reinschrift von L. Euler
I-IV-2, Bl. 13

Nr. 953
Direktorium
Geschäfte: Mitteilung des Gutachtens von J.C. Uhden über das Gnadenjahr an die Erben von C.F. Ludolff.
24. Nov. 1763
Reinschrift von L. Euler
I-IV-2, Bl. 13

Nr. 954
Direktorium
Geschäfte: Anweisung einer Gratifikation von 100 Rt. an C. Kirch und einer Rechnung über eine Reparatur am Dach des Akademiegebäudes.
8. Dez. 1763
Reinschrift von L. Euler
I-IV-2, Bl. 13

Nr. 955
Direktorium
Geschäfte: Preisfestsetzung für das Stechen der Landkarten von Preußen. Ausleihe von Büchern aus der Akademiebibliothek. Anweisung einer Rechnung über Ausgaben für das Laboratorium.
15. Dez. 1763
Reinschrift von L. Euler
I-IV-2, Bl. 13

Nr. 956
Geschäfte: Bericht an Friedrich II. über vakante Pensionen, über den Bestand der Akademiekasse und über die Akademiemitglieder, die keine oder nur eine geringe Pension beziehen.
22. Dez. 1763
Reinschrift von L. Euler
I-IV-2, Bl. 13

Nr. 957
Direktorium
Geschäfte: Schreiben des Generalfiskals J.F.B.L. d'Anières über die zum Kauf der Kalender geltenden Münzsorten. Bezahlung der Reparatur von physikalischen Instrumenten im Zusammenhang mit der Teilnahme des türkischen Gesandten Resmi Ahmed Efendi an der außerordentlichen Akademiesitzung am 31.12.1763.
5. Jan. 1764
Reinschrift von L. Euler.
I-IV-2, Bl. 13

Nr. 958
Direktorium
Geschäfte: Anweisung einer Rechnung über chemische Präparate für Demonstrationen anläßlich des Besuchs des türkischen Gesandten Resmi Ahmed Efendi. Bezahlung des Landkartenzeichners A.A. Rhode.
12. Jan. 1764
Reinschrift von L. Euler.
I-IV-2, Bl. 13

Nr. 959
Direktorium
Geschäfte: Einladung von D. Köhler zur Sitzung am 2.2. über das Kalenderwesen.
19. Jan. 1764
Reinschrift von L. Euler.
I-IV-2, Bl. 13

Nr. 960
Direktorium
Geschäfte: Gewährung einer Zulage an den Faktor G. Pesenecker wegen erhöhter Frachtkosten. Festlegung der Porträts für die Aufnahme in die Kalender.
2. Febr. 1764
Reinschrift von L. Euler.
I-IV-2, Bl. 13

Nr. 961
Direktorium
Geschäfte: Kabinettsorder Friedrich II. über Besoldungen und Verwendung von Akademiegeldern zum Bau einer Mauer um den Botanischen Garten. Anweisung einer Rechnung über Ausgaben im Zusammenhang mit dem Besuch des türkischen Gesandten Resmi Ahmed Efendi.
9. Febr. 1764
Reinschrift von L. Euler.
I-IV-2, Bl. 13-14

Nr. 962
Direktorium
Geschäfte: Verpachtung der Wiesen des Botanischen Gartens.
16. Febr. 1764
Reinschrift von L. Euler.
I-IV-2, Bl. 14

Nr. 963
Direktorium
Geschäfte: Auftrag an D. Köhler, H.A. de Catt alle bisher erschienenen Bände mit Akademieabhandlungen als Geschenk zu überreichen. Anweisung einer Rechnung über Anfertigung einer Brücke zum Laboratorium wegen des Hochwassers.
23. Febr. 1764
Reinschrift von L. Euler.
I-IV-2, Bl. 14

Nr. 964
Direktorium
Geschäfte: Bedingungen für die Herausgabe der Akademieabhandlungen und des neuen Codicis Fridericiani durch die Buchhandlung Haude und Spener.
8. März 1764
Reinschrift von L. Euler.
I-IV-2, Bl. 14

Nr. 965
Direktorium
Geschäfte: Anweisung einer Rechnung über Ausgaben für das Laboratorium. Bezahlung des Landkartenzeichners A.A. Rhode. Gewährung einer Zulage an den Kalenderfaktor in Stargard wegen erhöhter Frachtkosten.
15. März 1764
Reinschrift von L. Euler.
I-IV-2, Bl. 14

Nr. 966
Direktorium
Geschäfte: Kabinettsorder Friedrich II. über die Wiederinstandsetzung der Gebäude im Botanischen Garten. Übertragung der Bauausführung an J. Boumann. Kostenanschlag von J. Boumann für das Wohnhaus des Chemikers und Astronomen.
22. März 1764
Reinschrift von L. Euler.
I-IV-2, Bl. 14

Nr. 967
Direktorium
Geschäfte: Bezahlung des Uhrmachers für die Reparatur der Pariser Uhr auf dem Observatorium. Übernahme der eingesandten Schriften zur Verbesserung der Öfen durch S.E. von Redern zur Versendung an das Preußische Generaldirektorium. Prüfung des Aufsatzes über eine neue Geographie in Tabellen durch S.E. von Redern.
29. März 1764
Reinschrift von L. Euler.
I-IV-2, Bl. 14

Nr. 968
Direktorium
Geschäfte: Gewährung einer Gratifikation an F. Köhler für außerordentliche Arbeiten. Anlegung eines Heckenzauns um den Botanischen Garten.
5. Apr. 1764
Reinschrift von L. Euler.
I-IV-2, Bl. 14

Nr. 969
Direktorium
Geschäfte: Anweisung einer Rechnung über Glaserarbeiten für das Observatorium.
3. Mai 1764
Reinschrift von L. Euler.
I-IV-2, Bl. 14

Nr. 970
Direktorium
Geschäfte: Anweisung einer Rechnung über Materialien für das Laboratorium.
10. Mai 1764
Reinschrift von L. Euler.
I-IV-2, Bl. 14

Nr. 971
Direktorium
Geschäfte: Anweisung einer Rechnung über Anschaffung von Gläsern für das Laboratorium.
17. Mai 1764
Reinschrift von L. Euler.
I-IV-2, Bl. 14

Nr. 972
Direktorium
Geschäfte: Neuauflage des Berliner Adreßkalenders. Festlegung des Stempelgeldes für den Polnischen Quartkalender.

24. Mai 1764
Reinschrift von L. Euler.
I-IV-2, Bl. 14

Nr. 973
Direktorium
Geschäfte: Bezahlung des Landkartenzeichners A.A. Rhode.
21. Juni 1764
Reinschrift von L. Euler.
I-IV-2, Bl. 14

Nr. 974
Direktorium
Geschäfte: Auftrag an D. Köhler, einen Bericht über die Höhe der Pension von D. Naudé einzureichen. Schreiben an die Kurmärkische Kriegs- und Domänenkammer über den Standort der zu den Ofenproben anzuliefernden Steine.
28. Juni 1764
Reinschrift von L. Euler.
I-IV-2, Bl. 14

Nr. 975
Direktorium
Geschäfte: Bericht an Friedrich II. über das Gehalt von D. Naudé. Preisfestlegung für das Stechen einer Karte von Preußen.
5. Juli 1764
Reinschrift von L. Euler.
I-IV-2, Bl. 15

Nr. 976
Direktorium
Geschäfte: Zulage für den Gärtner des Botanischen Gartens. Abschlägige Antwort auf das Schreiben der Akademie an Friedrich II. Umsetzung einer Uhr vom Observatorium zum Laboratorium.
12. Juli 1764
Reinschrift von L. Euler.
I-IV-2, Bl. 15

Nr. 977
Direktorium
Geschäfte: Beschleunigung des Drucks der Akademieabhandlungen.
19. Juli 1764
Reinschrift von L. Euler.
I-IV-2, Bl. 15

Nr. 978
Direktorium
Geschäfte: Tilgung der Schulden der Judenschaft in Kleve. Termin für die Abnahme der Jahresrechnung von D. Köhler.
23. Aug. 1764
Reinschrift von L. Euler.
I-IV-2, Bl. 15

Nr. 979
Direktorium
Geschäfte: Gewährung einer Zulage an die Buchdrucker. Preisfestlegung für die von A.A. Rhode gefertigte Karte vom Tiergarten.
26. Aug. 1764
Reinschrift von L. Euler.
I-IV-2, Bl. 15

Nr. 980
Direktorium
Geschäfte: Gewährung einer Gratifikation sowie des Titels eines Chronographen an den Rektor J.J. Wippel.
30. Aug. 1764
Reinschrift von L. Euler.
I-IV-2, Bl. 15

Nr. 981
Direktorium
Geschäfte: Schreiben an die Kurmärkische Kriegs- und Domänenkammer wegen Lieferung von Brennholz in den Botanischen Garten.
6. Sept. 1764
Reinschrift von L. Euler.
I-IV-2, Bl. 15

Nr. 982
Direktorium
Geschäfte: Erhöhung der Zulage für die Buchdrucker. Auftrag an den Aufwärter Ende, einige Räume in königlichen Gebäuden ausfindig zu machen, wo die Versuche mit den Stubenöfen vorgenommen werden können. Instruktion für die Buchbinder über die Geldsorten, in denen die Kalender im nächsten Jahr zu verkaufen seien.
20. Sept. 1764
Reinschrift von L. Euler.
I-IV-2, Bl. 15

Nr. 983
Direktorium
Geschäfte: Auftrag an D. Köhler, das Eller-Legat sicher als Darlehen anzulegen und für jeden Jeton 1 Rt. auszuzahlen.

27. Sept. 1764
Reinschrift von L. Euler.
I-IV-2, Bl. 15

Nr. 984
Direktorium
Geschäfte: Anweisung einer Rechnung über Glaserarbeiten für die Akademie.
4. Okt. 1764
Reinschrift von L. Euler.
I-IV-2, Bl. 15

Nr. 985
Direktorium
Geschäfte: Gutachten zu der Abhandlung des Bauadjutanten Richter, unter Wasser zu bauen.
11. Okt. 1764
Reinschrift von L. Euler.
I-IV-2, Bl. 15

Nr. 986
Direktorium
Geschäfte: Auftrag an den Aufwärter Ende, mit dem Spandauer Forstamt einen Vertrag über die Lieferung von Brennholz in den Botanischen Garten abzuschließen. Schreiben an die Glogauer Juden, die restlichen Kalendergelder zu bezahlen.
18. Okt. 1764
Reinschrift von L. Euler.
I-IV-2, Bl. 15

Nr. 987
Direktorium
Geschäfte: Bezahlung der Jahresmiete für die Wohnung von A.S. Marggraf. Anweisung an D. Köhler, für die Versuche mit den Stubenöfen einen Vorschuß auszuzahlen.
1. Nov. 1764
Reinschrift von L. Euler.
I-IV-2, Bl. 15

Nr. 988
Direktorium
Geschäfte: Aufkündigung der Pacht über die zum Botanischen Garten gehörigen Wiesen. Vertragsabschluß mit dem Oberförster in Spandau wegen Lieferung von Brennholz für den Botanischen Garten.
8. Nov. 1764
Reinschrift von L. Euler.
I-IV-2, Bl. 15

Nr. 989
Direktorium
Geschäfte: Vergleich mit J.H. Lambert über die von ihm erfundene Projektion der beiden Hemisphären.
15. Nov. 1764
Reinschrift von L. Euler.
I-IV-2, Bl. 15

Nr. 990
Direktorium
Geschäfte: Anweisung einer Gratifikation für C. Kirch. Gewährung einer Gratifikation für A.S. Marggraf. Anweisung einer Rechnung über von J. de Castillon in Auftrag gegebene Mechanikerarbeiten. Schreiben an H.A. de Catt, den Wunsch der beiden Prinzen von Braunschweig in die Akademie aufgenommen zu werden, König Friedrich II. vorzutragen. Übernahme der vom Preußischen Generaldirektorium angewiesenen Untersuchung von rotem Regenwasser aus dem Herzogtum Kleve. Auftrag an J.B. Merian, ein Gutachten über den Vorschlag der Ablieferung von Büchern durch die Buchhändler anzufertigen.
6. Dez. 1764
Reinschrift von L. Euler.
I-IV-2, Bl. 16

Nr. 991
Direktorium
Geschäfte: Anweisung einer Rechnung über Dachreparaturen am Akademiegebäude.
13. Dez. 1764
Reinschrift von L. Euler.
I-IV-2, Bl. 16

Nr. 992
Direktorium
Geschäfte: Anweisung einer Gratifikation für den Kalkulator Pittelko. Auftrag an den Gärtner des Botanischen Gartens, im Frühjahr einen Heckenzaun um den Botanischen Garten anzulegen. Auftrag an D. Köhler, die Anordnung über die Abgabe von Pflichtexemplaren durch die Buchhändler an die Akademie in der Registratur herauszusuchen.
10. Jan. 1765
Reinschrift von L. Euler.
I-IV-2, Bl. 16

Nr. 993
Direktorium
Geschäfte: Gewährung einer Zulage für den Faktor G. Pesenecker wegen der hohen Frachtkosten für Kalender. Zahlungsnachlaß für den Faktor

in Königsberg wegen der im Großbrand verlorenen Kalender.
17. Jan. 1765
Reinschrift von L. Euler.
I-IV-2, Bl. 16

Nr. 994
Direktorium
Geschäfte: Schreiben an die Regierung in Kleve wegen rückständiger Kalenderschulden. Rückerstattung der Ausgaben für die Versuche mit Stubenöfen durch das Preußische Generaldirektorium.
31. Jan. 1765
Reinschrift von L. Euler.
I-IV-2, Bl. 16

Nr. 995
Direktorium
Geschäfte: Bericht an den Generalfiskal J.F.B.L. d'Anières über einen nachgemachten Kalenderstempel. Gesuch an den Generalfiskal, die Kabinettsorder über die Ablieferung von Pflichtexemplaren durch die Buchhändler an die Akademiebibliothek ausfindig zu machen. Bericht an das Preußische Generaldirektorium über die Versuche mit Stubenöfen.
14. Febr. 1765
Reinschrift von L. Euler.
I-IV-2, Bl. 16

Nr. 996
Direktorium
Geschäfte: Anweisung einer Rechnung über Ausgaben für die Akademiebibliothek. Anweisung Friedrich II., J.H. Lambert aus der Akademiekasse eine Pension von 500 Rt. zu bezahlen. Einsetzung einer Kommission aus Akademiemitgliedern durch Friedrich II. zur Untersuchung der Mängel im Kalenderwesen. Auftrag an den Aufwärter Ende, einen Kostenanschlag über die Instandsetzung des Daches vom Akademiegebäude und des Bodens vom Observatorium anfertigen zu lassen. Übersendung je eines Exemplares von allen von der Akademie herausgegebenen Landkarten unter Angabe des daraus gezogenen Gewinns.
21. Febr. 1765
Reinschrift von L. Euler.
I-IV-2, Bl. 16

Nr. 997
Direktorium
Geschäfte: Auftrag an D. Köhler, den Buchdruckern in Berlin den vierten Teil der Bezahlung im letzten Jahr als Zulage anzubieten.
28. Febr. 1765
Reinschrift von L. Euler
I-IV-2, Bl. 16

Nr. 998
Direktorium
Geschäfte: Antrag des medizinischen Oberkollegiums auf Gewährung eines Platzes im Botanischen Garten zum Anbau von Heilkräutern. Vorstellung der Berliner Buchdrucker wegen der zu gewährenden Zulage. Übergabe einer Rechnung von J. de Castillon über Reparaturen auf dem Observatorium. Ablieferung der Akten über die Versuche mit Stubenöfen durch L.I. de Beausobre.
14. März 1765
Reinschrift von L. Euler.
I-IV-2, Bl. 16

Nr. 999
Direktorium
Geschäfte: Druck der Akademieabhandlungen. Schreiben der Akademie gegen eine unter dem Observatorium eingerichtete Wohnung wegen der damit verbundenen Brandgefahr. Preisfestsetzung für die Landkarten und Kalender.
21. März 1765
Reinschrift von L. Euler.
I-IV-2, Bl. 17

Nr. 1000
Direktorium
Geschäfte: Anweisung einer Rechnung über die Anfertigung eines Teleskops.
28. März 1765
Reinschrift von L. Euler.
I-IV-2, Bl. 17

Nr. 1001
Direktorium
Geschäfte: Bezahlung von 20 Exemplaren des Bandes XIV der Akademieabhandlungen und einer Rechnung wegen Unterhaltung der Uhr auf der Anatomie. Bericht von J. Boumann über die Kosten der Reparaturen des Daches vom Akademiegebäude und vom Observatorium.
18. Apr. 1765
Reinschrift von L. Euler.
I-IV-2, Bl. 17

Nr. 1002
Direktorium
Geschäfte: Gewährung einer Gratifikation für A.S. Marggraf.
25. Apr. 1765

Reinschrift von L. Euler.
I-IV-2, Bl. 17

Nr. 1003
Direktorium
Geschäfte: Aufnahme des Planes vom Tiergarten in die Genealogischen Kalender auf das Jahr 1766.
2. Mai 1765
Reinschrift von L. Euler.
I-IV-2, Bl. 17

Nr. 1004
Direktorium
Geschäfte: Bezahlung des Kupferstechers J.D. Schleuen für die Anfertigung des Planes vom Tiergarten. Auftrag an A.S. Marggraf, J.G. Gleditsch, J. du Fresne de Francheville und J.H. Lambert, das vom Preußischen Generaldirektorium eingeschickte Salz aus Unna zu untersuchen.
13. Juni 1765
Reinschrift von L. Euler.
I-IV-2, Bl. 17

Nr. 1005
Direktorium
Geschäfte: Vornahme einer Änderung im Adreßkalender. Gewährung einer Zulage an den Kalkulator Pittelko. Streichung der Pension für den Kopisten Castagnier. Lieferung von Mist aus den königlichen Ställen in den Botanischen Garten.
20. Juni 1765
Reinschrift von L. Euler.
I-IV-2, Bl. 17

Nr. 1006
Direktorium
Geschäfte: Anweisung einer Rechnung über das Anlegen eines Heckenzaunes um den Botanischen Garten.
27. Juni 1765
Reinschrift von L. Euler.
I-IV-2, Bl. 17

Nr. 1007
Direktorium
Geschäfte: Auszahlung noch eines Gehaltsquartals an den Kopisten Castagnier. Aufkündigung eines Akademiedarlehens. Beschleunigung des Drucks der Akademieabhandlungen.
4. Juli 1765
Reinschrift von L. Euler.
I-IV-2, Bl. 17

Nr. 1008
Direktorium
Geschäfte: Bezahlung von Ausgaben für die Anatomie. Antwortschreiben an den Staatsminister E.W. von Schlabrendorf wegen der Kalender für die Juden in Schlesien.
11. Juli 1765
Reinschrift von L. Euler
I-IV-2, Bl. 17

Nr. 1009
Direktorium
Geschäfte: Auftrag an den Baumeister J. Boumann, im Laboratorium einen Brunnen zu bauen.
22. Aug. 1765
Reinschrift von L. Euler
I-IV-2, Bl. 17

Nr. 1010
Direktorium
Geschäfte: Schreiben des Preußischen Generaldirektoriums wegen eines Gutachtens über das Salzwesen in Westfalen. Auktion für die Verpachtung des Kalenderverlags.
28. Aug. 1765
Reinschrift von L. Euler
I-IV-2, Bl. 17-18

Nr. 1011
Direktorium
Geschäfte: Gewährung von Gratifikationen an D. Naudé und an den Konrektor B.E. Borgau.
29. Aug. 1765
Reinschrift von L. Euler
I-IV-2, Bl. 18

Nr. 1012
Direktorium
Geschäfte: Schreiben des Staatsministers E.W. von Schlabrendorf an die ökonomische Kommission über die Zahlung der Kalendergelder durch die schlesischen Juden.
5. Sept. 1765
Reinschrift von L. Euler
I-IV-2, Bl. 18

Nr. 1013
Direktorium
Geschäfte: Verlesung der Kabinettsorder Friedrich II. über den neuen Etat der Akademie. Auftrag an J.G. Sulzer, mit einem Medailleur einen

Vertrag über die Anfertigung von Jetons aus Silber abzuschließen.
3. Okt. 1765
Reinschrift von L. Euler
I-IV-2, Bl. 18

Nr. 1014
Direktorium
Geschäfte: Anweisung einer Rechnung über Holz für das Laboratorium. Gewährung eines Geschenkes an die Bauleute des Wohnhauses für den Chemiker und Astronomen. Anweisung einer Rechnung über eine angeschaffte Magnetnadel.
10. Okt. 1765
Reinschrift von L. Euler
I-IV-2, Bl. 18

Nr. 1015
Direktorium
Geschäfte: Auszahlung eines Vorschusses an den Gärtner des Botanischen Gartens, J.I. Müller, auf Vorstellung der ökonomischen Kommission. Weigerung des Direktoriums, ohne ausdrückliche Order Friedrich II. größere Summen für die Wiederherstellung des Botanischen Gartens auszahlen zu lassen. Auftrag an J.B. Merian, den Inhalt eines Schreibens aus Geldern in holländischer Sprache über einen nachgemachten Kalenderstempel zu untersuchen und darüber zu berichten. Anweisung von zwei Rechnungen über Ausgaben für den Botanischen Garten.
17. Okt. 1765
Reinschrift von L. Euler
I-IV-2, Bl. 19

Nr. 1016
Direktorium
Geschäfte: Preisfestlegung für das Kolorieren von 100 großen Landkarten.
24. Okt. 1765
Reinschrift von L. Euler
I-IV-2, Bl. 19

Nr. 1017
Direktorium
Geschäfte: Auftrag an J.C. Uhden, über das in Geldern ergangene Urteil wegen des nachgemachten Kalenderstempels und über das weitere Vorgehen zu berichten.
31. Okt. 1765
Reinschrift von L. Euler
I-IV-2, Bl. 19

Nr. 1018
Direktorium
Geschäfte: Bezahlung der Druckkosten für den Vorlesungskatalog des Collegii Medico-Chirurgici. Bereitschaft der Akademie, ihren Anteil zum Bau einer steinernen Brücke auf der Chaussee hinter dem Laboratorium zu bezahlen. Bezahlung der Hausmiete von A.S. Marggraf bis zu dessen Umzug in das neue Akademiegebäude.
7. Nov. 1765
Reinschrift von L. Euler
I-IV-2, Bl. 19

Nr. 1019
Direktorium
Geschäfte: Anweisung einer Rechnung über botanische Zeichnungen und der Gratifikation für C. Kirch.
21. Nov. 1765
Reinschrift von L. Euler
I-IV-2, Bl. 19

Nr. 1020
Direktorium
Geschäfte: Rückzahlung eines Akademiedarlehens und Beauftragung von D. Köhler, das zurückgezahlte Kapital in der Zeitung als Darlehen anzubieten.
28. Nov. 1765
Reinschrift von J.P. Heinius, mitunterzeichnet von A.S. Marggraf und dessen Vermerk, daß ihm am 28.11. der Sohn von L. Euler, J.A. Euler, zwei Schlüssel abgegeben habe, welche A.S. Marggraf an J.P. Heinius übergab, der den Empfang bestätigte.
I-IV-2, Bl. 19

3. Protokolle der ökonomischen Kommission von 1765-1766

Nr. 1021
Ökonomische Kommission
Auf Anfrage von L. Euler beschließt die Kommission, für den Genealogischen Kalender den Plan vom Tiergarten stechen zu lassen.
8. März 1765
I-IV-15, S. 1a

Nr. 1022
Ökonomische Kommission
L. Euler nimmt Stellung zur Frage der Kalenderverpachtung.
9. März 1765
I-IV-15, S. 2

Nr. 1023
Ökonomische Kommission
L. Euler legt eine Eingabe der Buchdrucker vor, die eine höhere Zulage für den Kalenderdruck fordern, und fragt an, welche Artikel neu in den Genealogischen Kalender aufzunehmen seien.
23. März 1765
I-IV-15, S. 5

Nr. 1024
Ökonomische Kommission
L. Euler und L.I. de Beausobre verlesen ihre Entwürfe für den Bericht der Kommission an Friedrich II., über die im Anschluß beraten wird.
12. Apr. 1765
I-IV-15, S. 11

Nr. 1025
Ökonomische Kommission
L. Euler erklärt sich bereit, mit einem Juden wegen Anfertigung eines jüdischen Kalenderblattes als Beilage zum Historischen Kalender zu sprechen.
23. Apr. 1765
I-IV-15, S. 14

Nr. 1026
Ökonomische Kommission
L. Euler unterzeichnet unter Vorbehalt den Entwurf des Schreibens und des Berichtes der Kommission an Friedrich II.
21. Mai 1765
I-IV-15, S. 17

Nr. 1027
Ökonomische Kommission
L. Euler erklärt, nur das Schreiben und nicht den Bericht der Kommission an Friedrich II. unterzeichnen zu wollen.
19. Juni 1765
I-IV-15, S. 17

Nr. 1028
Ökonomische Kommission
Die Kommission beschließt, den von L. Euler entworfenen Bericht in gekürzter Fassung sowie ein Schreiben an Friedrich II. zu schicken.
24. Juni 1765
I-IV-15, S. 18

Nr. 1029
Ökonomische Kommission
L. Euler legt eine Abschrift der Entscheidung von Friedrich II. auf den Bericht der Kommission vor und teilt mit, daß er das an die Aka-

demie gerichtete Original in der nächsten Akademiesitzung vorlegen würde, womit die übrigen Kommissionsmitglieder nicht einverstanden sind.
1. Juli 1765
I-IV-15, S. 19

Nr. 1030
Ökonomische Kommission
L. Euler übergibt der Kommission ein Schreiben von E.W. von Schlabrendorf über die Einnahmen aus dem jüdischen Kalender in Schlesien und legt seinen Entwurf zur Verpachtung der Landkarten vor. Nach der ordentlichen Akademiesitzung legt L. Euler der Akademie das Originalschreiben von Friedrich II. vor, worauf die Akademie zu dem Schluß kommt, daß dieses Schreiben die ökonomische Kommission betreffe und in deren Akten gehöre.
4. Juli 1765
I-IV-15, S. 19

Nr. 1031
Ökonomische Kommission
L. Euler übergibt Unterlagen im Zusammenhang mit der bevorstehenden Kalenderverpachtung.
21. Aug. 1765
I-IV-15, S. 24

Nr. 1032
Ökonomische Kommission
L. Euler übergibt ein Schreiben von E.W. von Schlabrendorf über die von den schlesischen Juden zu kaufenden jüdischen Kalender.
24. Aug. 1765
I-IV-15, S. 24-25

Nr. 1033
Ökonomische Kommission
L. Euler übergibt das Antwortschreiben von D. Köhler über dessen Tätigkeit bei der Kalenderherstellung bis zum Inkrafttreten des Kalenderpachtvertrages.
16. Sept. 1765
I-IV-15, S. 29

Nr. 1034
Ökonomische Kommission
L. Euler übergibt einige Unterlagen zum angestrengten Prozeß wegen eines gefälschten Kalenderstempels im Herzogtum Geldern.
8. Okt. 1765
I-IV-15, S. 31

Nr. 1035
Ökonomische Kommission
Die Kommission billigt auf Vorschlag von J.H. Lambert die Anschaffung von Instrumenten für J.A. Euler zur Vornahme von meteorologischen Beobachtungen. L. Euler vertritt die Auffassung, daß alle Rechnungsanweisungen von den Direktoren zu bestätigen sind, was von den übrigen Kommissionsmitgliedern nicht gebilligt wird.
25. Okt. 1765
I-IV-15, S. 32

Nr. 1036
Ökonomische Kommission
Die Kommission stellt fest, daß L. Euler, der zu dieser Sitzung eingeladen wurde, sich entschuldigt und darum gebeten habe, ihm die gefaßten Beschlüsse der Kommission schriftlich mitzuteilen.
2. Nov. 1765
I-IV-15, S. 32

Nr. 1037
Ökonomische Kommission
Die Sitzung wird mit der Mitteilung eröffnet, daß sich L. Euler entschuldigen ließ und daß er ein Schreiben an den Finanzrat J. Flesche mit den Beschwerden des Kalenderpächters J.H. Gravius geschickt hat.
23. Nov. 1765
I-IV-15, S. 33

Nr. 1038
Ökonomische Kommission
Die Kommission entwirft eine Erklärung an L. Euler als Antwort auf dessen Schreiben an die Kommission.
27. Nov. 1765
I-IV-15, S. 34

Nr. 1039
Ökonomische Kommission
J.B. Merian teilt mit, daß L. Euler J. Bernoulli (III.) darüber informiert habe, daß die Royal Society in London eine Anschrift erbitte, an die sie ihre Akademieabhandlungen schicken könne.
11. März 1766
I-IV-15, S. 46

Bei Fragen zur Produktsicherheit wenden Sie sich bitte an:
If you have any questions regarding product safety,
please contact:

Walter de Gruyter GmbH
Genthiner Straße 13
10785 Berlin
productsafety@degruyterbrill.com